近世代数及其应用

徐　洪　陈卫红　段　明　张军琪　编著

科学出版社

北　京

内 容 简 介

本书系统介绍了群、环、域、模等四种代数结构的基本理论、性质和研究方法，并简要介绍了它们在数学、编码和密码等领域的一些简单应用. 全书共七章，第 1 章是预备知识，第 2、3 章介绍群论知识及其在计数问题中的应用，第 4、5 章介绍环论知识及其在编码和密码中的简单应用，第 6 章介绍域扩张理论及其在解决高次方程根式解问题和尺规作图问题中的应用，第 7 章介绍模论基础及其应用.

本书可以作为数学、密码、通信等专业的本科生教材，也可以作为其他相关专业的研究生教材或者参考书.

图书在版编目(CIP)数据

近世代数及其应用/徐洪等编著. —北京：科学出版社，2021.6
ISBN 978-7-03-069222-1

Ⅰ. ①近… Ⅱ. ①徐… Ⅲ. ①抽象代数 Ⅳ. ①O153

中国版本图书馆 CIP 数据核字（2021）第 112970 号

责任编辑：梁 清 孙翠勤／责任校对：杨聪敏
责任印制：张 伟／封面设计：蓝正设计

科 学 出 版 社 出版
北京东黄城根北街 16 号
邮政编码：100717
http://www.sciencep.com
天津市新科印刷有限公司 印刷
科学出版社发行 各地新华书店经销
*
2021 年 6 月第 一 版 开本：720 × 1000 1/16
2023 年 2 月第四次印刷 印张：15 3/4
字数：318 000

定价：59.00 元

（如有印装质量问题，我社负责调换）

前 言

PREFACE

群、环、域、模是近世代数中最重要、最基本的四种代数结构, 在数学和其他学科都有着广泛的应用. 本书系统介绍了群、环、域、模的基本概念、性质、理论和方法, 并给出了它们在数学、编码和密码等领域的一些简单应用.

全书共七章：第 1 章是预备知识; 第 2 章介绍群、子群、群同态、正规子群、商群等群论基础知识; 第 3 章介绍群的同构定理、群作用、西罗定理、群的直和等进一步性质, 并介绍群作用在项链计数问题中的应用; 第 4 章介绍环、子环、理想、商环、环同态等环论基础知识; 第 5 章介绍多项式环、唯一分解整环、主理想整环等进一步的性质, 并介绍环论知识在编码和密码中的简单应用; 第 6 章介绍代数扩张、有限扩张、正规扩张、可分扩张、伽罗瓦扩张等域扩张基本理论并简单介绍它们在解决高次方程根式解问题和尺规作图问题中的应用; 第 7 章介绍模论基础知识、主理想整环上有限生成模的分解及其应用. 为便于代数基本概念和性质的理解, 书中列举了大量例题, 并在每节后面准备了适量的不同难度的练习题.

本书的内容适合数学或者相关专业一个学年的教学任务, 可以先讲授前四章内容, 再讲授后三章, 或者先讲授群、环、域、模的基本概念和性质, 再讲授群作用、唯一分解整环、伽罗瓦理论、主理想整环上有限生成模的分解等进一步的结论. 为便于理解相关代数概念和例子, 建议读者先预修高等代数和初等数论课程.

作 者

2020 年 11 月

前言

目录

CONTENTS

第 1 章 预备知识

CHAPTER 1

本章介绍集合与映射、集合上的等价关系、自然数的公理化定义、偏序集和佐恩引理、代数运算和代数系统、同态映射等基本概念和性质.

1.1 集合和映射

本节介绍集合和映射的基本概念和性质. 先介绍集合的相关概念.

具有一定属性能够辨别彼此的若干事物组成的整体称为一个**集合**. 一般用大写字母 A, B, C, $\cdots$ 来表示一个集合, 集合里的事物称为这个集合的**元素**, 元素一般用小写字母 a, b, c, $\cdots$ 来表示.

设 S 是一个集合, 如果 x 是 S 中的一个元素, 则记为 $x \in S$; 如果 x 不是 S 的元素, 则记为 $x \notin S$.

只有有限个元素的集合称为**有限集**, 否则称为**无限集**. 用 $|S|$ 表示 S 的元素个数, 并称之为 S 的**阶**. 若 S 为无限集, 则记 $|S| = \infty$.

当集合 S 是有限集时, 一般用列举出它的元素的方式表示.

若 S 是由所有使得某一命题 $P(x)$ 成立的元素组成的集合, 记 $S = \{x|P(x)\}$.

通常记 $\mathbf{N}$ 为全体自然数组成的集合, $\mathbf{Z}$ 为全体整数组成的集合, $\mathbf{Q}$ 为全体有理数组成的集合, $\mathbf{R}$ 为全体实数组成的集合, $\mathbf{C}$ 为全体复数组成的集合, $\mathbf{Z}_n$ 为整数模 n 的剩余类组成的集合.

若集合 X 的每个元素都在集合 Y 中, 则称 X 为 Y 的**子集**, 记为 $X \subseteq Y$.

若 $X \subseteq Y$ 但 $X \neq Y$, 称 X 是 Y 的**真子集**, 记为 $X \subset Y$.

如果 $X \subseteq Y$, 且 $Y \subseteq X$, 称两个集合 X, Y 相等.

不含元素的集合叫做**空集**, 用 $\varnothing$ 表示.

S 的所有子集组成的集合称为 S 的**幂集**, 记为 $P(S) = \{Y|Y \subseteq S\}$.

设 X 和 Y 是两个集合, 所有属于 X 或者属于 Y 的元素组成的集合称为 X 与 Y 的**并集**, 记为 $X \cup Y$. 所有既属于 X 又属于 Y 的元素组成的集合称为 X 与 Y 的**交集**, 记为 $X \cap Y$.

进而, 集合 X 中不属于集合 Y 的元素所组成的集合, 称为 X 与 Y 的**差集**, 记为 $X - Y$, 或者 $X \backslash Y$. 特别, 当 $Y \subseteq X$ 时, $X - Y$ 也称为 Y (在 X 中) 的**余集**(或者**补集**), 记为 $\bar{Y}$.

如果 $A, B, C, \cdots$ 都是集合, 则 $\{A, B, C, \cdots\}$ 称为一个**集簇**. 称 I 是一个集簇的指标集, 如果对 I 的每一个元素 i, 在这个集簇中都有一个意义明确的集合 X_i 与之对应. 以 I 为指标集的集簇的并和交分别记为 $\bigcup\limits_{i\in I} X_i$ 和 $\bigcap\limits_{i\in I} X_i$.

若 $\{X_i|i\in I\}$ 是一集簇, 且当 $i\neq j$ 时, $X_i\cap X_j=\varnothing$, 则称这一集族中的集合是**两两不相交的**. 如果 $X=\bigcup\limits_{i\in I} X_i$, 且集合 X_i 两两不相交, 则称 $\{X_i|i\in I\}$ 是 X 的一个**划分**.

如果 $\{X_1, \cdots, X_n\}$ 是 n 个集合的一个集簇, 则它们的**笛卡儿积**定义为

$$X_1\times\cdots\times X_n=\{(x_1,\cdots,x_n)|x_i\in X_i, i=1,2,\cdots,n\},$$

简记为 $\prod\limits_{i=1}^{n} X_i$, 并规定 $(x_1, \cdots, x_n)=(y_1, \cdots, y_n)$ 当且仅当 $x_i=y_i$, $i=1,2,\cdots,n$.

笛卡儿积的定义可以推广到任一集簇上.

下面不加证明地给出集合运算的一些简单性质.

定理 1.1.1 (集合运算的简单性质)

(1) **幂等律** $A\cap A=A$, $A\cup A=A$;

(2) **交换律** $A\cap B=B\cap A$, $A\cup B=B\cup A$;

(3) **结合律** $(A\cap B)\cap C=A\cap(B\cap C)$, $(A\cup B)\cup C=A\cup(B\cup C)$;

(4) **吸收律** $A\cup(A\cap B)=A$, $A\cap(A\cup B)=A$;

(5) **分配律** $A\cap(B\cup C)=(A\cap B)\cup(A\cap C)$, $A\cup(B\cap C)=(A\cup B)\cap(A\cup C)$;

(6) **包容排斥原理** 对有限集，有 $|A\cup B|=|A|+|B|-|A\cap B|$.

下面介绍映射的概念和性质. 通过映射和变换来研究代数系统, 是近世代数中最重要的研究方法之一.

定义 1.1.1 设 X 和 Y 是两个非空集合, 如果存在一个法则 f, 使得对于 X 中每一个元素 x, 都存在 Y 中唯一一个元素 y 与它对应, 则称法则 f 为集合 X 到集合 Y 的一个**映射** (或**函数**). 一般我们用

$$f:X\to Y,\ 或\ X\xrightarrow{f}Y,\ 或\ f:\begin{cases}X\to Y,\\ x\mapsto f(x)\end{cases}$$

来表示 f 是 X 到 Y 的映射. 称 y 为 x 在映射 f 下的**象**, 记为 $y=f(x)$. 称 x 为 y 在映射 f 下的**原象**. 称 X 为映射 f 的**定义域**, Y 为映射 f 的**值域**.

若 f 是集合 X 到 Y 的一个映射, 则 f 对于 X 中每个元素都必须有确定的象, 并且 X 中相等元素的象也必须相等, 即 X 中每个元素的象是唯一的. 例

如, 有理数集上的对应法则 $f: \dfrac{b}{a} \to a+b$ 就不是映射, 因为元素 $\dfrac{1}{2}=\dfrac{2}{4}$, 但 $f\left(\dfrac{1}{2}\right)=1+2 \neq f\left(\dfrac{2}{4}\right)$.

集合 $f(X)=\{f(x)|x \in X\}$ 叫做映射 f 的**象**, 记为 $\mathrm{Im}(f)$.

一般地, 设 S 为 X 的任一子集, 称集合 $f(S)=\{f(x)|x \in S\}$ 为 S 在映射 f 下的**象**. 设 T 为 Y 的任一子集, 称集合 $f^{-1}(T)=\{x \in X|f(x) \in T\}$ 为 T 在映射 f 下的**原象**.

定义 1.1.2 设 f 是集合 X 到 Y 的一个映射, 如果 X 中不同的元素在 Y 中的象也不同 (即若 $f(x_1)=f(x_2)$, 则有 $x_1=x_2$), 则称 f 是**单射**; 如果 Y 中的每个元素在 X 中都有原象 (即 $f(X)=Y$), 则称 f 是**满射**; 若 f 既是单射又是满射, 则 f 叫做**双射**.

若 X, Y 都是有限集合且元素个数相等, 则 X 到 Y 的映射 f 是单射当且仅当 f 是满射.

定义 1.1.3 集合 X 到自身的映射叫做集合 X 的一个**变换**.

类似可以定义单射变换、满射变换和双射变换.

有限集 $X=\{1,2,\cdots,n\}$ 到自身的变换 f 可以用 $\begin{pmatrix} 1 & 2 & 3 & \cdots & n \\ a_1 & a_2 & a_3 & \cdots & a_n \end{pmatrix}$ 表示, 其中

$$f(1)=a_1, \quad f(2)=a_2, \quad \cdots, \quad f(n)=a_n.$$

集合 X 中每个元素映到自身的变换称为集合 X 的**恒等变换**或**单位变换**, 简记为 $\mathbf{1}$ 或 $\mathbf{1}_X$.

设 A 是集合 X 的子集, 并设 $f: X \to Y$, $g: A \to Y$ 均是映射, 如果对任意 $a \in A$, 有 $f(a)=g(a)$, 则 g 称为 f 在 A 上的**限制**, 记为 $f|_A$, 即 $f|_A=g$. 此时, 也称 f 为 g 的**延拓**.

设 $f: A \to B$, $g: B \to C$ 是两个映射, 定义 f, g 的**乘积** (或**合成**) 为映射

$$h: \begin{cases} A \to C, \\ a \mapsto g(f(a)), \end{cases}$$

通常记 $h=g \circ f$, 或简记为 $h=gf$.

可以证明**映射的合成满足结合律**, 且有

定理 1.1.2 设 $f: A \to B$, g: $B \to C$, h: $C \to D$ 是三个映射, 则有

(1) $h \circ (g \circ f)=(h \circ g) \circ f$; (结合律)

(2) $1_B \circ f=f$, $f \circ 1_A=f$.

设 f: $X \to Y$, g: $Y \to Z$, h: $X \to Z$ 是三个映射, 如果 $h=g\,f$, 则称图 1-1 可交换.

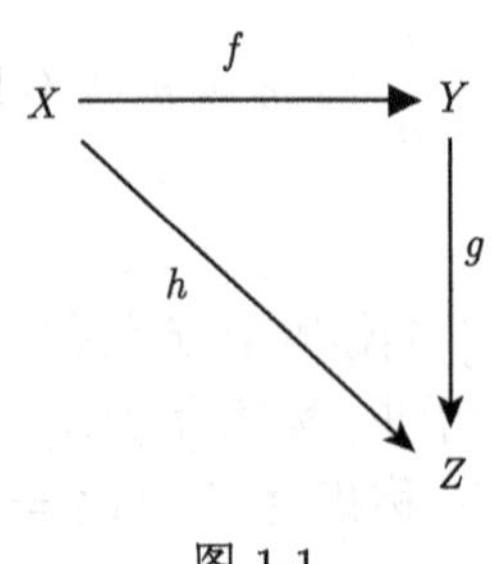

图 1-1

类似地, 如果 $f_2f_1 = f_4f_3$, 也称图 1-2 可交换.

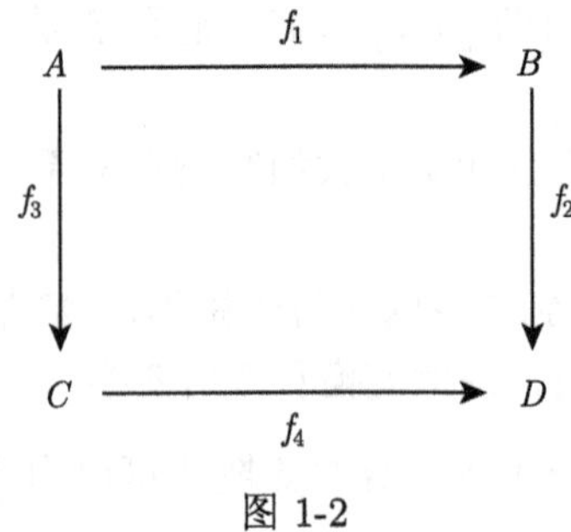

图 1-2

定义 1.1.4 如果 $f: X \to Y$, $g: Y \to X$ 且 $gf = 1_X$, 则称 g 是 f 的**左逆映射**; 如果 $fg = 1_Y$, 则称 g 是 f 的**右逆映射**. 若 g 既是 f 的左逆映射, 又是 f 的右逆映射, 则称 g 是 f 的**逆映射**, 此时也称 f 是一个**可逆映射**.

关于可逆映射, 容易证明下面的结论成立.

引理 1.1.1 设 $f: X \to Y$ 是映射.

(1) 如果 f 既有左逆映射 g, 又有右逆映射 h, 则 $g = h$.

(2) 进而, 如果 f 是可逆映射, 则其逆映射是唯一的. 记 f 的逆映射为 f^{-1}, 则有 $(f^{-1})^{-1} = f$.

证明 (1) 由定义有 $gf = 1_X$, $fh = 1_Y$, 故对任意 $y \in Y$, 有

$$g(y) = g((fh)(y)) = (gf)(h(y)) = h(y),$$

即有 $g = h$.

(2) 若 f 是可逆映射, 设 g 和 h 都是它的逆映射, 则它们分别也是 f 的左逆映射和右逆映射, 故由 (1) 知 $g = h$, 因此 f 的逆映射是唯一的.

不妨记 f 的逆映射为 f^{-1}, 并设 $g = f^{-1}$, 则有 $gf = 1_X$, $fg = 1_Y$, 从而对 g 来说, f 是其右逆映射和左逆映射, 故 $g^{-1} = f$, 即 $(f^{-1})^{-1} = f$. #

定理 1.1.3 设 $f: X \to Y$ 是映射, 则

(1) f 具有左逆映射当且仅当 f 是单射;

(2) f 具有右逆映射当且仅当 f 是满射;

(3) f 是可逆映射当且仅当 f 是双射.

证明 (1) **必要性** 设 f 具有左逆映射, 则存在 $g: Y \to X$, 使 $gf = 1_X$. 若 $f(x_1) = f(x_2)$, 则

$$x_1 = (gf)(x_1) = g(f(x_1)) = g(f(x_2)) = (gf)(x_2) = x_2,$$

故 f 是单射.

充分性 设 f 是单射, 定义 $g: Y \to X$ 为

$$g(y) = \begin{cases} x_y, & \text{若 } y \in f(X), \text{这时存在唯一的 } x_y \in X \text{ 使 } f(x_y) = y, \\ x_0, & \text{若 } y \in Y - f(X), \text{ 这里 } x_0 \text{ 是 } X \text{ 中一固定元素}. \end{cases}$$

显然, $gf = 1_X$, 故 g 是 f 的左逆映射.

(2) **必要性** 设 f 具有右逆映射, 则存在 $g: Y \to X$, 使得 $fg = 1_Y$, 于是对于任意 $y \in Y$, 有 $fg(y) = y$, 故 y 有原象 $g(y)$, 从而 f 为满射.

充分性 设 f 是满射, 则对任意 $y \in Y$, 存在 $x_y \in X$, 使得 $f(x_y) = y$, 定义 $g(y) = x_y$, 则 $fg = 1_X$, 故 g 是 f 的右逆映射.

(3) 可从 (1), (2) 和引理 1.1.1 直接推出. #

习 题 1.1

1. 设 $A = \bigcup\limits_{i=1}^{\infty} A_i$, 证明: 存在 A_i 的子集 B_i, $i = 1, 2, \cdots$, 使得

$$A = \bigcup_{i=1}^{\infty} B_i, \text{ 且当 } i \neq j \text{ 时}, B_i \cap B_j = \varnothing.$$

2. 设 S 为 n 个元素的集合, 则 S 的幂集 $P(S) = \{Y | Y \subseteq S\}$ 的元素个数为 2^n.

3. 证明定理 1 中集合的运算性质.

4. 设 X, Y 为两个非空集合, f 是 X 到 Y 的映射. 对任意子集合 $S \subseteq X, T \subseteq Y$, 证明:

(1) $S \subseteq f^{-1}(f(S))$, 当 f 为单射时等号成立;

(2) $f(f^{-1}(T)) \subseteq T$, 当 f 为满射时等号成立.

5. 设 $f: A \to B$, $g: B \to C$, $h: C \to D$ 是三个映射, 证明 $(hg)f = h(gf)$, 即映射的合成满足结合律.

6. 设 $f = \begin{pmatrix} 1 & 2 & 3 & 4 \\ 2 & 1 & 4 & 3 \end{pmatrix}, g = \begin{pmatrix} 1 & 2 & 3 & 4 \\ 3 & 1 & 4 & 2 \end{pmatrix}$, 计算 fg 和 gf.

7. 设 X, Y, Z 为任意集合, $\psi_i: X \to Y$, $i = 1, 2$, $\xi: Y \to Z$ 为映射. 证明: ξ 是一个单射当且仅当对任意的 ψ_1, ψ_2, 由 $\eta\psi_1 = \eta\psi_2$ 总可以得到 $\psi_1 = \psi_2$.

8. 设 X, Y, Z 为任意集合, $\eta: X \to Y$, $\phi_i: Y \to Z$, $i = 1, 2$ 为映射. 证明: η 是一个满射当且仅当对任意的 ϕ_1, ϕ_2, 由 $\phi_1\eta = \phi_2\eta$ 总可以得到 $\phi_1 = \phi_2$.

1.2 等 价 关 系

集合中的两个元素之间常常存在某种关系. 例如, 两个实数的大小, 两个矩阵的相似或不相似, 空间两直线平行或者不平行, 两个整数模 n 同余或者不同余都是特定集合上的重要关系.

定义 1.2.1 设 S 是一个非空集合, R 是 $S\times S$ 的一个子集, 则 R 叫做 S 上的一个**二元关系** (简称**关系**). 若 $(a,b)\in R$, 则说 a, b 有关系 R, 记作 aRb.

上面列举的 "大小""相似""平行""同余" 等都是它们相应的集合上的二元关系. 又如, 整数集合上整数的整除关系也是该集合上的二元关系.

按照矩阵的相似关系可以将 n 阶复矩阵分成若干类, 使之每一类都有一个标准形作为代表, 按照整数模 n 同余的关系也可以将整数分成若干类, 这些都是下面介绍的等价关系.

定义 1.2.2 如果一个非空集合 S 上的二元关系 R 满足下列条件:

(1) **反身性** 对任意 $a\in S$, 均有 aRa;

(2) **对称性** 若 aRb, 则 bRa;

(3) **传递性** 若 aRb 且 bRc, 则 aRc.

则称 R 是 S 上的一个**等价关系**, 等价关系通常记成 "$\sim$".

例如, 空间两条直线的平行关系, 两个 n 阶复矩阵的相似关系都是等价关系. 但实数集合上的大小关系, 整数集合上整数的整除关系, 都不是等价关系. 下面的一个例子是我们经常用到的一个等价关系.

例 1.2.1 设 n 是一给定的正整数, 对任意 $a,b\in \mathbf{Z}$, 规定

$$a\sim b \text{ 当且仅当 } n|(a-b),$$

则 $\sim$ 是整数集 $\mathbf{Z}$ 上的一个等价关系.

设 S 是一非空集合, "$\sim$" 是 S 上的一个等价关系, 对任意 $a\in S$, 令

$$\overline{a}=\{x\in S|x\sim a\},$$

称 $\overline{a}$ 为 a 所在的**等价类**, 称 a 为该等价类的一个**代表元**. 容易证明

(1) 对任意 $a,b\in S$, $a\sim b$ 当且仅当 $b\in\overline{a}$ 当且仅当 $\overline{a}=\overline{b}$;

(2) 对任意 $a,b\in S$, 要么 $\overline{a}=\overline{b}$, 要么 $\overline{a}\cap\overline{b}=\varnothing$;

(3) 集合 S 中的元素可以分成不交的一些等价类的并, 即有 $S=\bigcup\limits_{a\in S}\overline{a}$.

定义 1.2.3 如果非空子集 S 的一组子集 $\{S_\lambda|\lambda\in I\}$, 其中 I 为指标集, 满足下列条件:

(1) $S=\bigcup\limits_{\lambda\in I}S_\lambda$;

(2) $S_\lambda\cap S_\mu=\varnothing,\ \lambda\neq\mu,\ \lambda,\ \mu\in I$.

则 $\{S_\lambda\}$ 叫做 S 的一个**划分**.

设 $\sim$ 是集合 S 上的一个等价关系, S 的全体等价类构成的集合 $\{\overline{a}|a\in S\}$ (去掉重复的等价类) 就是 S 的一个划分. S 的这些非重复的不同的等价类构成一个新的集合, 称为 S 关于等价关系 $\sim$ 的**商集**, 记为 $S/\sim$.

反之, 如果 $\{S_\lambda|\lambda\in I\}$ 是集合 S 的一个划分, 对任意 $a,b\in S$, 规定

$$a\sim b\ \text{当且仅当}\ a,b\ \text{属于同一个}\ S_\lambda.$$

可以证明这样定义的二元关系"$\sim$"是 S 上的一个等价关系.

整数集合 $\mathbf{Z}$ 在例 1.2.1 中定义的等价关系下的商集为 $\{\overline{0},\overline{1},\overline{2},\cdots,\overline{n-1}\}$, 其中 $\overline{i}=\{i+kn,|k\in\mathbf{Z}\}$, 称为模 n 的**同余类**. $\{\overline{0},\overline{1},\overline{2},\cdots,\overline{n-1}\}$ 为整数集 $\mathbf{Z}$ 的一个划分.

设 $\sim$ 是集合 S 上的一个等价关系, 则可以构造 S 到商集 $S/\sim$ 上的**自然映射**

$$\varphi:a\rightarrow\overline{a},\ a\in S,$$

它是一个满射, 而且 $\varphi(a)=\varphi(b)$ 当且仅当 $a\sim b$.

反之, 设 ψ 为集合 S 到 T 的一个映射, 在 S 上可以如下定义一个关系 $\sim$:

$$a\sim b\ \text{当且仅当}\ \psi(a)=\psi(b),a,b\in S,$$

可以证明 $\sim$ 是 S 上的一个等价关系, 于是存在 S 到 $S/\sim$ 的自然映射φ. 再构造 $S/\sim$ 到 T 的如下对应关系 $\overline{\psi}$:

$$\overline{\psi}(\overline{a})=\psi(a),\quad a\in S.$$

可以证明 $\overline{\psi}$ 是映射, 且是单射, 并且有 $\psi=\overline{\psi}\cdot\varphi$, 用图表示就是图 1-3.

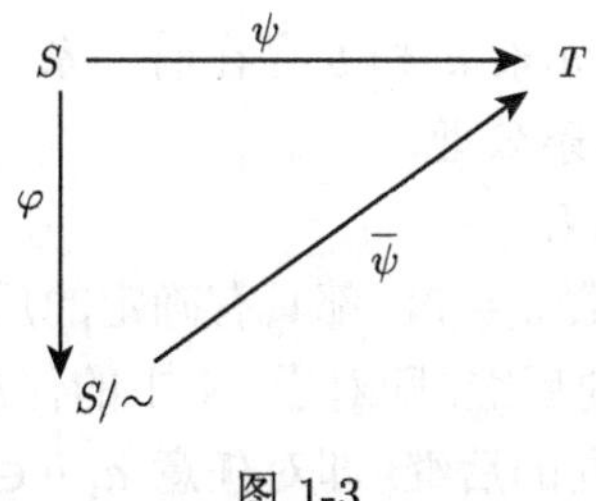

图 1-3

进而, 如果ψ 是满射, 则 $\overline{\psi}$ 也是满射.

习　题　1.2

1. 试判断反身性、对称性和传递性对下列二元关系是否成立?

(1) 实数集 $\mathbf{R}$, $x \geqslant y$;

(2) 实数集 $\mathbf{R}$, $x< y$;

(3) 实数集 $\mathbf{R}$, $|x-y| \leqslant 1$;

(4) 实数集 $\mathbf{R}$, $|x-y| = 1$;

(5) 整数集 $\mathbf{Z}$, $x|y$.

2. 举例说明, 一个非空集合 S 上的等价关系的三条公理是独立的.

3. 设 n 是一给定的正整数, 对任意 $a, b \in \mathbf{Z}$, 规定

$$a \sim b \text{ 当且仅当 } n|(a-b),$$

证明: $\sim$ 是整数集 $\mathbf{Z}$ 上的一个等价关系, $\{\overline{0}, \overline{1}, \overline{2}, \cdots, \overline{n-1}\}$ 是不同的等价类.

4. 设ψ 为集合 S 到 T 的一个映射, 在 S 上可以如下定义一个关系:

$$a \sim b \text{ 当且仅当 } \psi(a) = \psi(b), a, b \in S,$$

证明 $\sim$ 是 S 上的一个等价关系. 对任意 $a \in S$, 再令 $\overline{\psi}(\overline{a}) = \psi(a)$, 则 $\overline{\psi}$ 是商集 $S/\sim$ 到 T 的单射, 并且 $\psi = \overline{\psi} \cdot \varphi$.

1.3　自然数的公理化定义

在人类历史的漫长岁月中, 人类通过生产和生活实践, 逐步产生了数的概念. 人们对数的认识是从自然数开始的, 然后才逐渐认识整数、有理数、实数和复数. 通常我们用 0, 1, 2, $\cdots$ 来表示自然数, 用 $\mathbf{N}$ 表示自然数集. 自然数集是可数无限集合的一个原型, 自然数的整除性和素数的研究又促进了数论的发展. 1889 年, 意大利数学家佩亚诺 (Peano) 在《用一种新方法陈述的算术原理》一书中阐述了如下关于自然数的公理化定义, 刻画了自然数的本质, 也给出了数学归纳法原理的依据.

定义 1.3.1 (自然数的佩亚诺公理)　任何一个非空集合 $\mathbf{N}$ 称为**自然数集合**, 如果在这个集合中对于某些元素 a 和 b 存在着关系 "b 是 a 的后继" (a 的后继用 a' 来表示), 且满足下面的**五条公理**:

(1) 0 是自然数, 即 $0\in \mathbf{N}$;

(2) 每一个确定的自然数 $a \in \mathbf{N}$, 都具有确定的后继 $a' \in \mathbf{N}$;

(3) 0 不是任何自然数的后继, 即对于 $\mathbf{N}$ 中的任意元素 a, 都有 $a' \neq 0$;

(4) 不同的自然数有不同的后继, 即对任意 $a, b \in \mathbf{N}$, 若 $a' = b'$, 则 $a = b$;

(5) 设 S 为 $\mathbf{N}$ 的子集合, 如果 S 满足: (i) $0 \in S$, (ii) 若 $a \in S$, 则 $a' \in S$, 那么 S 是包含所有自然数的集合, 即 $S = \mathbf{N}$ (归纳公理).

满足上面公理的 $\mathbf{N}$ 中的元素通常称为**自然数**. 若 b 为 a 的后继, 也称 b 在 a 的**后面**, 或者 a 在 b 的**前面**.

由自然数的公理化定义 (2) 和 (4) 可知 $\mathbf{N}$ 是无限集合, 并且由 (5) 归纳公理可以得到下面的第一数学归纳法原理成立, 它是归纳法证明方法的基础.

第一数学归纳法 设 $P(n)$ 是关于自然数 n 的某种性质, 如果我们能够证明:

(1) $P(0)$ 是真的;

(2) 若对任一自然数 n, $P(n)$ 是真的, 则 $P(n')$ 也是真的.

那么可以断言 $P(n)$ 对所有自然数都是真的.

利用第一数学归纳法可以证明:

命题 1.3.1 自然数集 $\mathbf{N}$ 中任一非 0 元素均在一个元素的前面.

证明 若记 S 为自然数集 $\mathbf{N}$ 中在某个元素后面的元素构成的集合, 需要证 $S \cup \{0\} = \mathbf{N}$.

显然 $0 \in S \cup \{0\}$. 此外, 若 $n \in S$, 则由集合 S 的定义, 显然有 $n' \in S$, 故由第一数学归纳法知, $S \cup \{0\} = \mathbf{N}$, 即自然数集 $\mathbf{N}$ 中任一非 0 元素均在一个元素的前面. #

此外, 在自然数上还可以**归纳地定义**一个概念或者归纳地构造一个函数. 自然数的加法和乘法的定义就是典型的例子.

在自然数集 $\mathbf{N}$ 上可以定义**加法**: 对任意 $m, n \in \mathbf{N}$, 规定

$$m + 0 = m,$$

$$m + n' = (m + n)'$$

可以证明*加法满足结合律、交换律和加法消去律*. 下面以加法结合律为例加以说明.

命题 1.3.2 证明: 对任意 $m, n, k \in \mathbf{N}$, 有

$$(m + n) + k = m + (n + k).$$

证明 对自然数 k 归纳.

(1) 当 $k = 0$ 时, 有

$$\text{左边} = (m + n) + 0 = m + n,$$

$$\text{右边} = m + (n + 0) = m + n,$$

故当 $k = 0$ 时结论成立.

(2) 假设结论对自然数 k 成立, 下面证明结论对自然数 k' 也成立. 事实上, 由自然数加法的定义和归纳假设有

$$(m+n)+k' = ((m+n)+k)' = (m+(n+k))' = m+(n+k)' = m+(n+k'),$$

故结论对自然数 k' 也成立.

综上, 由第一数学归纳法知, 结论对任意自然数 k 都成立. #

在自然数集 $\mathbf{N}$ 上还可以定义**乘法**: 对任意 $m, n \in \mathbf{N}$, 规定

$$m \cdot 0 = 0,$$

$$m \cdot n' = m \cdot n + m,$$

可以证明乘法具有结合律、交换律和乘法消去律, 并且乘法对加法具有分配律.

如果规定 $0' = 1$, 则 $m \cdot 1 = m$.

在自然数集 $\mathbf{N}$ 上可以定义 $\leqslant$ **关系** (**序**), 规定 $a \leqslant b$ 当且仅当 $a + x = b$ 在 $\mathbf{N}$ 中有解.

可以证明 $\leqslant$ 关系具有下列性质:

(1) **反身性** 对任意 $m \in \mathbf{N}$, 有 $m \leqslant m$;

(2) **传递性** 对任意 $m, n, k \in \mathbf{N}$, 若 $m \leqslant n$, $n \leqslant k$, 则 $m \leqslant k$;

(3) **反对称性** 对任意 $m, n \in \mathbf{N}$, 若 $m \leqslant n$, 且 $n \leqslant m$, 则 $m = n$.

满足这些性质的二元关系称为**偏序** (参见 1.4 节).

类似可以定义自然数集 $\mathbf{N}$ 上的 $<$ **关系**, 规定 $m < n$ 当且仅当 $m \leqslant n$ 且 $m \neq n$.

显然对任意 $n \in \mathbf{N}$, 有 $n < n'$, 且 n 和 n' 之间不存在其他的自然数.

自然数集的最小数原理 (良序性质) 自然数集 $\mathbf{N}$ 的任意一个非空子集 S 必含有一个最小数, 也就是说存在一个数 $a \in S$, 对于任意的 $b \in S$, 都有 $a \leqslant b$.

证明 设 S 为自然数集 $\mathbf{N}$ 的任意一个非空子集, 要证明 S 必含有一个最小数. 下面用归纳法证明一个更强的命题: 对任意自然数 n, 若 $n \in S$, 则 S 必含有一个最小数.

(1) 当 $n = 0$ 时, 若 $0 \in S$, 则 0 为 S 中的最小数.

(2) 假设当 $n = k$ 时结论成立, 即当 $k \in S$ 时 S 必含有一个最小数, 下面证明当 $n = k'$ 时结论也成立, 即当 $k' \in S$ 时 S 必含有一个最小数.

令 $S_1 = S \cup \{k\}$, 显然 $k \in S_1$, 故由归纳假设知, S_1 有最小数, 不妨设为 a.

若 $a \in S$, 则 a 也为 S 的最小数;

若 $a \notin S$, 则 $a = k$, 且对任意 $b \in S$, 有 $k < b$, 从而 $k' \leqslant b$, 故 k' 为 S 的最小数.

综上可知, 对任意自然数 n, 若 $n \in S$, 则 S 必含有一个最小数. #

以最小数原理为基础, 我们可以证明第二数学归纳法原理成立.

第二数学归纳法 设 $P(n)$ 是关于自然数 n 的某种性质, 如果我们能够证明:

(1) $P(0)$ 是真的;

(2) 若对于所有小于 n 的自然数 x, $P(x)$ 都是真的, 则 $P(n)$ 也是真的.

那么可以断言 $P(n)$ 对所有自然数都是真的.

证明 用反证法. 假设 $P(n)$ 不是对于所有自然数 n 都成立, 令 S 为使得 $P(n)$ 不成立的所有自然数 n 构成的集合, 即

$$S = \{n \in \mathbf{N} | P(n) \text{ 不成立}\},$$

则有 $S \neq \varnothing$, 于是由最小数原理, S 中有最小数 h.

又因为 h 是 S 中的最小数, 所以 $n < h$ 时 $P(n)$ 都成立, 于是由第二数学归纳法的条件知, $P(h)$ 也成立, 这与 $h \in S$ 矛盾. 故命题 $P(n)$ 对于所有自然数 n 都成立. #

以上是最常见的数学归纳法的形式, 数学归纳法还有多种复杂的变形, 我们可以在实际问题中逐步学习领会. 实际上, 最小数原理、第一数学归纳法和第二数学归纳法这三者是等价的, 读者可以自行证明.

在自然数加法和乘法的基础上, 我们可以定义减法和整除, 还可以定义整数, 以及整数上的加法、减法、乘法与整除. 本节的最后, 我们介绍如何利用等价关系将自然数集合扩充到整数集合和有理数集合.

作自然数集的笛卡儿积 $\mathbf{N} \times \mathbf{N} = \{(a, b) | a, b \in \mathbf{N}\}$, 其中 (a, b) 表示自然数 a, b 的差. 由于有不同的 (a, b) 表示同一个差, 我们可以在 $\mathbf{N} \times \mathbf{N}$ 中引入一个关系 $\sim$:

$$(a, b) \sim (c, d) \text{ 当且仅当 } a + d = b + c,$$

可以证明 $\sim$ 是 $\mathbf{N} \times \mathbf{N}$ 上的一个等价关系. 包含 (a, b) 的等价类记作 $\overline{(a, b)}$. 商集 $\mathbf{N} \times \mathbf{N}/\sim$ 记作 $\mathbf{Z}$, 这就是整数集合. 在 $\mathbf{Z}$ 中可以定义加法和乘法如下:

$$\overline{(a, b)} \oplus \overline{(c, d)} = \overline{(a + c, b + d)},$$

$$\overline{(a, b)} \odot \overline{(c, d)} = \overline{(ac + bd, ad + bc)}.$$

不难验证, 上述定义与代表元的选择无关. 由于自然数的加法和乘法运算满足交换律、结合律和分配律, 容易验证整数集 $\mathbf{Z}$ 中的运算也满足同样的运算律. 在这种定义下, 我们可以用 $\overline{(n, 0)}$ 表示自然数 n, 而用 $\overline{(0, n)}$ 表示负整数 $-n$. 进而, 若简记 $n = \overline{(n, 0)}$, $-n = \overline{(0, n)}$, 则 $\mathbf{Z}$ 就是我们常用的整数集合.

类似地, 作整数集的笛卡儿积 $\mathbf{Z}\times\mathbf{Z}=\{(a,b)|a,b\in\mathbf{Z}\}$, 其中 (a,b) 表示整数 a, b 的商. 由于有不同的 $(a,\ b)$ 表示同一个商, 我们可以在 $\mathbf{Z}\times\mathbf{Z}$ 中引入一个关系 $\sim$:

$$(a,\ b)\sim(c,d) \text{ 当且仅当 } ad=bc,$$

可以证明 $\sim$ 是 $\mathbf{Z}\times\mathbf{Z}$ 上的一个等价关系. 包含 $(a,\ b)$ 的等价类记作 $\overline{(a,b)}$. 商集 $\mathbf{Z}\times\mathbf{Z}/\sim$ 记作 $\mathbf{Q}$, 这就是有理数集合. 在 $\mathbf{Q}$ 中可以定义加法和乘法如下:

$$\overline{(a,b)}\oplus\overline{(c,d)}=\overline{(ad+bc,bd)},$$

$$\overline{(a,b)}\odot\overline{(c,d)}=\overline{(ac,bd)}.$$

不难验证, 上述定义与代表元的选择无关. $\mathbf{Q}$ 中的运算也满足相应的运算律.

在这种定义下, 我们可以用 $\overline{(n,1)}$ 表示整数 n, 而用 $\overline{(1,m)}$ 表示非零整数 m 的倒数. 若简记 $n/m=\overline{(n,m)}$, 则 $\mathbf{Q}$ 就是我们常用的有理数集合.

习　题　1.3

1. 证明自然数系中递归定义的加法具有结合律、交换律和消去律, 即对于任意 $m,\ n,\ k\in\mathbf{N}$, 有

(1) $(m+n)+k=m+(n+k)$;

(2) $m+n=n+m$;

(3) 若 $m+k=n+k$, 则 $m=n$.

2. 证明自然数系中递归定义的乘法具有结合律、交换律和乘法消去律, 并且乘法对加法具有分配律. 即对于任意 $m,\ n,\ k\in\mathbf{N}$, 有

(1) $k\ (m\ +n)=km+kn,\ (m\ +n)k=mk+nk$;

(2) $(mn)k=m(nk)$;

(3) $mn=nm$;

(4) 若 $mk=nk$ 且 $k\neq0$, 则 $m=n$.

3. 证明: 在自然数系 $\mathbf{N}$ 中, 如果 $a\geqslant b,\ c\geqslant d$, 则 $a+c\geqslant b+d$, 且 $ac\geqslant bd$.

4. 证明: 第 n 个素数 $p_n<2^{2^n}$.

1.4　偏序集合和佐恩引理

本节介绍偏序、偏序集及相关概念和性质.

定义 1.4.1　如果一个非空集合 X 的二元关系 R 满足下列条件:

(1) **反身性**　对任意 $a\in X$, 均有 aRa;

(2) **反对称性**　若 aRb, 且 bRa, 则 $a=b$;

(3) **传递性**　若 aRb 且 bRc, 则 aRc.

则称 R 是集合 X 的一个**偏序关系**.

通常用符号 $\leqslant$ 来表示偏序 R, 且把 $(x_1, x_2) \in R$ 记作 $x_1 \leqslant x_2$. 同样, 如果 $x_1 \leqslant x_2$ 且 $x_1 \neq x_2$, 则记为 $x_1 < x_2$. 一个具有偏序 $\leqslant$ 的集合 X 称为**偏序集**, 记 $(\boldsymbol{X}, \leqslant)$.

如果对 X 中的任意两个元素 x_1, x_2, 都有 $(x_1, x_2) \in R$ 或者 $(x_2, x_1) \in R$ (即有 $x_1 \leqslant x_2$ 或者 $x_2 \leqslant x_1$, 此时也称 x_1, x_2 是**可比较的**), 则偏序 R 叫**全序**或**线性序**. 若 $A \subseteq X$, 且 A 关于 X 上的一个偏序 R 是线性序集, 则 A 称为 X 上的**链**.

例 1.4.1 自然数集 $\mathbf{N}$ 按照数的小于等于关系成为一个线性序集.

例 1.4.2 自然数集 $\mathbf{N}$ 按照数的整除关系成为一个偏序集.

例 1.4.3 设 S 是一个非空集合, $P(S)$ 为其幂集, 则集合的包含关系 $\subseteq$ 是 $P(S)$ 上的一个偏序, 但不是线性序. $P(S)$ 为一个链当且仅当 S 为空集或者只含一个元素.

定义 1.4.2 设 X 是一个偏序集合, 如果对于元素 $a \in X$, 不存在 $x \in X$ 使得 $x < a$, 则 a 称为 X 的一个**极小元**. 如果对于元素 $a \in X$, 不存在 $x \in X$, 使 $a < x$, 则 a 称为 Y 的一个**极大元**.

例 1.4.4 令 $N_1 = \mathbf{N} - \{0, 1\}$, 集合 N_1 按数的整除关系构成偏序集, 每个素数都是 N_1 的极小元, N_1 无极大元.

定义 1.4.3 设 X 是一个偏序集合, Y 为 X 的非空子集. 对于元素 $a \in X$, 如果对所有 $y \in Y$, 都有 $a \leqslant y$, 则 a 称为 Y 的一个**下界**. 对于元素 $b \in X$, 如果对所有 $y \in Y$, 都有 $y \leqslant b$, 则 b 称为 Y 的一个**上界**.

进而, 若 $a \in Y$, 且 a 为 Y 的一个下界 (即对所有 $y \in Y$, 都有 $a \leqslant y$), 则 a 称为 Y 的一个**最小元**. 若 $b \in Y$, 且 b 为 Y 的一个上界 (即对所有 $y \in Y$, 都有 $y \leqslant b$), 则 b 称为 Y 的一个**最大元**.

偏序集 X 的子集 Y 的上界、下界、最大元、最小元不一定存在, 其上下界可以有无穷多个, 但最小 (大) 元至多只能有一个 (由偏序关系的反对称性知).

例 1.4.1 中, 令子集 $A = \{2k | k \in \mathbf{N}\}$, 按自然数的小于等于关系, A 没有上界但有下界 0, 且 $0 \in A$, 从而 0 是 A 的最小元, 但 A 没有最大元.

例 1.4.2 中, 按自然数的整除关系, 1 是 $\mathbf{N}$ 的最小元素, 0 是 $\mathbf{N}$ 的最大元. 再令子集 $B = \{2k+1 | k \in \mathbf{N}\}$, 则 B 有下界 1 和上界 0, 其中 $1 \in B$, 但 $0 \notin B$.

例 1.4.3 中, 按照集合的包含关系, 空集是 $P(X)$ 的最小元, X 是 $P(X)$ 的最大元.

偏序集 S 的每个非空集合都有最小元, 这个偏序称为**良序**, 具有良序的集合称为**良序集合**. 良序显然是全序.

由最小数原理知自然数集合按数的小于等于组成的偏序集合是良序集合, 而自然数上的数学归纳法可以推广到良序集合上 (与第二数学归纳法的证明类似).

超限归纳法原理 设 M 为一个良序集合, P 是一个性质. 如果下列命题成立: "如果 $x < a$ 时, x 具有性质 P, 则 a 也具有性质 P", 那么 M 中的所有元素都具有性质 P.

为了证明某些代数对象的存在性问题, 往往需要用到选择公理、良序定理或者佐恩 (Zorn) 引理. 选择公理由策梅洛 (Zermelo) 于 1904 年提出.

选择公理 设 $T = \{A_\alpha | \alpha \in I\}$ 为一簇非空集合 $A_\alpha(\alpha \in I, I$ 为指标集) 组成的非空集, 则存在一个 T 上的函数 f, 使得对于所有 $\alpha \in I$, 恒有 $f(A_\alpha) \in A_\alpha$.

f 称为 T 上的一个**选择函数**. 选择公理意味着存在某种规律使得可以从每个 $A_\alpha(\alpha \in I)$ 中同时挑出一个元素. 策梅洛利用选择公理证明了著名的良序定理.

良序定理 每个集合都存在一个良序.

良序定理说明了良序集合的存在性, 而上面介绍的超限归纳法原理表明自然数上的数学归纳法可以推广到良序集合上. 反之, 由良序定理容易推出选择公理.

与选择公理等价的还有一个非常重要的极大原理, 也就是佐恩引理. 它与良序定理比较, 应用起来方便得多, 因而得到广泛的应用. 限于篇幅, 这些定理的等价性从略.

佐恩引理 若一个偏序集 S 的每个链都有上界, 则 S 有一个极大元.

下面我们应用佐恩引理来证明数域上线性空间 V 的基的存在性. V 的一个非空向量组 S (包含向量的个数有限或者无限) 叫做**线性无关的**, 如果 S 的每个非空有限子集都是线性无关的.

证明 V 中一切线性无关的向量组作元素构成的集合 Ω 按照包含关系成一偏序集.

设 $\Sigma = \{S_\alpha | \alpha \in I\}$ 为 Ω 的一个链, 可以证明并集 $S = \bigcup\limits_{\alpha \in I} S_\alpha$ 也是一个线性无关的向量组, 从而 S 为链 Σ 的一个上界. 于是根据佐恩引理, Ω 有一个极大元 M. 再由 M 的极大性, 可证向量组 M 就是 V 的基.

下面先证明并集 $S = \bigcup\limits_{\alpha \in I} S_\alpha$ 是一个线性无关的向量组, 也是 Σ 的一个上界. 事实上, 设 $A = \{\gamma_1, \cdots, \gamma_n\}$ 是 S 的任意一个有限子集, 于是每个 γ_i 必包含在某一个 $S_{\alpha_i}(\alpha_i \in I)$ 内, 由于 Σ 是一个链, 故 $S_{\alpha_1}, \cdots, S_{\alpha_n}$ 又包含在某个共同的 $S_\beta(\beta \in I)$ 内, 于是有 $A \subseteq S_\beta$, 从而 A 也是一个线性无关的向量组. 因此 S 也是一个线性无关的向量组, 从而 $S \in \Omega$, 故 S 是 Σ 的一个上界.

再证明向量组 M 就是 V 的一组基. 由于 M 是 Ω 的极大元, 它为一组线性无关的向量组. 如果 M 不是 V 的一组基, 则存在 V 中向量 b, b 不能表成 M 中任何有限个向量的线性组合, 于是 $M \cup \{b\}$ 是 Ω 的更大的线性无关的向量组, 这与 M 的极大性矛盾, 故向量组 M 就是 V 的一组基. #

利用佐恩引理, 我们今后还将证明任意交换幺环必有极大理想.

习 题 1.4

1. 证明自然数集 $\mathbf{N}$ 按照自然数的整除关系成为一个偏序集.

2. 考虑自然数集 $\mathbf{N}$ 的一个子集 $A=\{2,3,4,5,6,7,8\}$, 按照自然数的整除关系给出 A 的极大元、极小元、上界和下界, 并分析 A 中是否有最大元和最小元.

3. 设 $(S,\leqslant)$ 是偏序集, 证明: S 的任一非空子集 M 均有极小元当且仅当 S 的任一元素递降序列 $a_1, a_2, \cdots, a_n, \cdots$ (其中 $a_{k+1}\leqslant a_k$) 必终止于有限项.

4. 利用良序集的性质证明超限数学归纳法成立.

1.5 代数运算和代数系统

本节介绍代数运算、代数系统和代数系统上的同态映射.

定义 1.5.1 设 S 是一个非空集合, 任意一个由 $S\times S$ 到 S 的映射称为 S 上的一个 (二元) **代数运算**, 记为 ω: $S\times S\to S$. 对任意 $x, y\in S$, 通常把 $\omega(x,y)$ 简记为 xy.

例如, 实数集 $\mathbf{R}$ 中两个实数的加法和乘法都是 $\mathbf{R}$ 上的代数运算. 再如, 整数模 n 的剩余类集合 $\mathbf{Z}_n=\{\overline{k}|0\leqslant k\leqslant n-1\}$, 考虑 $\mathbf{Z}_n$ 上剩余类之间的加法和乘法, $+:\overline{a}+\overline{b}\mapsto\overline{a+b}$, $\times:\overline{a}\times\overline{b}\mapsto\overline{ab}$, 它们也是 $\mathbf{Z}_n$ 上的代数运算.

定义 1.5.2 设 S 是一个非空集合, $\Omega=\{f_1, f_2, \cdots\}$ 是 S 上定义的一个或者若干个代数运算构成的集合, 则 S 关于这些代数运算构成一个**代数系统**, 记为 (S, Ω).

对于定义了运算的代数系统, 可以如下定义保持代数运算的映射, 即同态映射.

定义 1.5.3 设 $(S, *)$, $(T, \diamondsuit)$ 是分别定义了代数运算 $*$ 和 $\diamondsuit$ 的两个代数系统, σ 是 S 到 T 的映射. 如果 σ 保持运算, 即对于任意 $a, b\in S$, 有

$$\sigma(a*b)=\sigma(a)\diamondsuit\sigma(b),$$

则称 σ 为 S 到 T 的**同态映射**. 若映射 σ 为满 (单) 射, 则称 σ 为**满 (单) 同态**. 若 σ 为双射, 则称 σ 为**同构**.

下面考虑代数运算的性质.

以下设 “$*$” 是 S 上的一个代数运算, 并简记 $x*y$ 为 xy, 称为 x 与 y 的积.

定义 1.5.4 设 “$*$” 是非空集合 S 上的一个代数运算. 若对任意元素 a, b, $c\in S$, 有

$$(ab)c=a(bc),$$

则称 S 上的代数运算 “$*$” 满足**结合律**.

注 1.5.1 此时也称 S 关于代数运算 “$*$” 构成一个**半群**, 简记 $(S, *)$ 为半群.

例 1.5.1 $(\mathbf{Z}, +)$, $(\mathbf{Q}^+, \times)$ 是半群, 但 $(\mathbf{Z}, -)$, $(\mathbf{Q}^+, \div)$ 不是半群.

若半群 S 中的代数运算 “$*$” 满足结合律, 对任意三个元素 $a, b, c \in S$, 只要元素次序不变, 则只有两种计算方法:

$$(ab)c = a(bc),$$

因为 S 满足结合律, 所以这两种计算方法的计算结果是相同的.

一般地, 可以证明, 在半群 S 中任取 n 个元素 $a_1, a_2, \cdots, a_n$, 当元素次序不变时, 它们的积不论按照哪种计算方法其结果都是一样的. 这样在半群中, 符号 $a_1a_2\cdots a_n$ 就有意义了.

定理 1.5.1 在半群 S 中, 任取 $n\ (n \geqslant 3)$ 个元素 $a_1, a_2, \cdots, a_n$, 只要不改变元素的次序, 则 $a_1, a_2, \cdots, a_n$ 的积按任一种计算方法所得的结果均相同.

证明 由于 S 满足结合律, 所以当 $n = 3$ 时结论成立.

假设对于小于 n 的元素的积结论成立, 下面考虑 n 个元素的积.

n 个元素的积的任一计算方法最后一步都要归结为计算 uv, 其中

$$u = a_1a_2\cdots a_m, \quad v = a_{m+1}a_{m+2}\cdots a_n, \quad 1 \leqslant m < n.$$

假设按照一种计算方法所得的计算结果为

$$(a_1\cdots a_r)(a_{r+1}\cdots a_n),$$

而按照另一种计算方法所得的计算结果为

$$(a_1\cdots a_s)(a_{s+1}\cdots a_n),$$

并设 $r \leqslant s$. 由归纳假设, 每个括号内的元素个数都小于 n, 所以每个括号内的积是唯一确定的. 若 $r = s$, 则无需证明. 若 $r < s$, 则

$$\begin{aligned}(a_1\cdots a_s)(a_{s+1}\cdots a_n) &= \left((a_1\cdots a_r)\left(a_{r+1}\cdots a_s\right)\right)\left(a_{s+1}\cdots a_n\right)\\ &= \left(a_1\cdots a_r\right)\left(\left(a_{r+1}\cdots a_s\right)\left(a_{s+1}\cdots a_n\right)\right)\\ &= (a_1\cdots a_r)(a_{r+1}\cdots a_n).\end{aligned}$$

由归纳法, 命题得证. #

在半群 S 中, 符号 $a^n (n \in \mathbf{Z}^+)$ 表示 n 个 a 的**积**, 称为 a 的 n 次**幂**. 这样, 在半群中, **指数定律**成立, 即对于任意的 $m, n \in \mathbf{Z}^+$, $a \in S$, 有

$$(a^m)^n = a^{mn}, \quad a^m a^n = a^{m+n}.$$

定义 1.5.5 设集合 S 上有一个代数运算 $*$. 若对于 S 中的两个元素 a, b, 有 $ab=ba$, 则称 $\boldsymbol{a},\boldsymbol{b}$ (关于二元运算 $*$) 是**交换的**; 如果对于 S 中的任意两个元素 a, b 都有 $ab=ba$, 则称 $\boldsymbol{S}$ **上的二元运算** $*$ **是交换的**.

对交换半群, 下面的结论成立 (证明留作习题).

定理 1.5.2 在交换半群 S 中, 任意 n $(n\geqslant 2)$ 个元素 $a_1, a_2, \cdots, a_n$ 的积可以任意改变元素的次序, 所得结果均相同.

在交换半群 $(S,*)$ 中, 如果 $a,b\in S$, $m,n\in \mathbf{Z}^+$, 那么 $(ab)^n=a^nb^n$.

对于加法交换半群 $(S,*)$, 运算 $*$ 也常用 $+$ 表示. 称 $a*b=a+b$ 为 a 与 b 的和, na 表示 n 个 a 的和, 此时**指数定律**有如下形式:

$$ma+na=(m+n)a,$$

$$m(na)=mna,$$

$$n(a+b)=na+nb.$$

定义 1.5.6 设 $(S,\,\Omega)$ 是一个代数系统, $*, \Delta\in\Omega$, 对于任意的 a, b, $c\in S$, 如果

$$a*(b\Delta c)=(a*b)\Delta(a*c),$$

则称运算 $*$ 对于运算 Δ 是**左分配的**; 如果

$$(b\Delta c)*a=(b*a)\Delta(c*a),$$

则称运算 $*$ 对于运算 Δ 是**右分配的**. 如果运算 $*$ 对于运算 Δ 既是左分配的又是右分配的, 则称运算 $*$ 对于运算 Δ 是**分配**的, 或称运算 $*$ 对于运算 Δ 具有**分配律**.

例 1.5.2 整数集合 $\mathbf{Z}$ 中乘法运算对加法运算具有分配律, 集合的交对并 (或者集合的并对交) 运算相互具有分配律.

设非空集合 S 关于代数运算 $*$ 具有结合律 (即 $(S,\,*)$ 为半群), 在 S 上还可以定义单位元和逆元. 为叙述方便, 下面简记 $x*y$ 为 xy.

定义 1.5.7 设 S 是一个半群, 如果存在元素 e_L, 使得对于任意的 $a\in S$, $e_La=a$ 成立, 那么就称 e_L 是 S 的一个**左单位元**; 如果存在元素 e_R, 使得对于任意的 $a\in S$, $ae_R=a$ 成立, 那么就称 e_R 是 S 的一个**右单位元**. 如果 S 的一个元素既是左单位元又是右单位元, 那么这个元素称为 S 的**单位元**.

一个半群可以既没有左单位元也没有右单位元, 可以有左单位元而没有右单位元, 或者有右单位元而没有左单位元. 若左右单位元都存在, 则有

定理 1.5.3 如果一个半群 S 既有左单位元 e_L, 又有右单位元 e_R, 那么 $e_L=e_R$, 且 S 的单位元唯一.

例 1.5.3　设 A 是一个非空集合, 对于任意 $a, b \in A$, 定义运算 $a \circ b = b$, 那么 $(A, \circ)$ 有左单位元, 并且 A 中任意元素都是左单位元. 当 $|A| > 1$ 时, A 没有右单位元.

例 1.5.4　设集合 A 到 A 的所有映射组成的集合为 Ω_A, 用 $\circ$ 表示映射的合成, 则 $(\Omega_A, \circ)$ 有单位元 1_A.

定义 1.5.8　设 S 是一个含有单位元 e 的半群 (也称**幺半群**), $a \in S$. 若存在元素 $b \in S$, 使得 $ba = e$, 则称 b 为 a 的**左逆元**, 并称 a 是**左可逆的**; 若存在元素 $c \in S$, 使得 $ac = e$, 则称 c 为 a 的**右逆元**, 并称 a 是**右可逆的**; 如果元素 $d \in S$ 既是 a 的左逆元又是 a 的右逆元, 则称 d 为 a 的**逆元**, 并称 a 是 S 的**可逆元**.

注 1.5.2　若 S 只有左单位元或者右单位元, 也可以类似定义左逆元或者右逆元.

若一个含有单位元 e 的半群 S 中每个元素都是可逆元, 则半群 S 构成一个群.

定理 1.5.4　设 S 是一个含有单位元 e 的半群, $a, b \in S$.

(1) 若 a 既有左逆元 a' 又有右逆元 a'', 则 $a' = a''$;

(2) 若 a 有逆元, 则逆元是唯一的, 记为 a^{-1};

(3) 若 a 有逆元 a^{-1}, 则 $(a^{-1})^{-1} = a$;

(4) 若 a, b 均可逆, 则 ab 也可逆, 并且 $(ab)^{-1} = b^{-1}a^{-1}$.

证明　(1) 由定义可知, $a'a = e$, $aa'' = e$, 则

$$a' = a'e = a'(aa'') = (a'a)a'' = ea'' = a'',$$

命题得证.

(2) 假设 a 有两个逆元 b, c, 则 $b = be = b(ac) = (ba)c = ec = c$, 这就证明了唯一性.

(3) 由于 $aa^{-1} = a^{-1}a = e$, 对于元素 a^{-1}, 则 a 既是 a^{-1} 的左逆元又是它的右逆元, 由唯一性可知 $(a^{-1})^{-1} = a$.

(4) 由于

$$(b^{-1}a^{-1})(ab) = b^{-1}(a^{-1}a)b = b^{-1}eb = b^{-1}b = e,$$

$$(ab)(b^{-1}a^{-1}) = a(bb^{-1})a^{-1} = aea^{-1} = aa^{-1} = e,$$

故有 $(ab)^{-1} = b^{-1}a^{-1}$, 命题得证.　#

本节的最后, 给出两类重要的代数系统——群和环的概念.

定义 1.5.9　设 G 是一个非空集合, 如果在 G 上定义了一个代数运算, 称为**乘法**, 记作 ab (或称为**加法**, 记作 $a + b$), 而且它适合以下条件:

(1) 对于任意元素 $a, b, c \in G$, 有 $(ab)c = a\,(bc)$ (结合律);

(2) G 中存在元素 e, 使得对任意 $a \in G$, 都有 $ea = ae = a$ (单位元存在);

(3) 对任意元素 $a \in G$, 存在元素 $b \in G$, 使得 $ab = ba = e$ (逆元存在).

那么 G 对于这个代数运算组成一个**群**.

注 1.5.3 若仅条件 (1) 成立, 则称 G 为**半群**. 若条件 (1) 和 (2) 都成立, 则称 G 为**幺半群**. 如果群 G 上的代数运算还满足交换律, 则称 G 为**交换群**, 或**阿贝尔** (Abel) **群**.

定义 1.5.10 设 G, G' 是两个群, σ 是 G 到 G' 的映射. 如果σ 保持运算, 即对于任意 $a, b \in G$, 有

$$\sigma(ab) = \sigma(a)\sigma(b),$$

那么称 σ 为**群** G 到 G' 的**同态**. 若 σ 是双射, 则σ 称为**群同构**.

定义 1.5.11 设 R 是一个非空集合, 在 R 上定义了两个代数运算, 一个叫加法, 记为 $a + b$, 一个叫乘法, 记为 ab. 如果具有性质：

(1) R 对于加法成一个交换群;

(2) 乘法的结合律：对所有的 $a, b, c \in R$, 有 $(ab)c = a(bc)$;

(3) 乘法对加法的分配律：对所有的 $a, b, c \in R$, 有

$$a(b + c) = ab + ac, \quad (b + c)a = ba + ca;$$

那么 L 就称为一个**环**.

定义 1.5.12 设 σ 是环 R 到环 R' 的一个映射. 如果对于任意 $a, b \in R$, 都有

$$\sigma(a + b) = \sigma(a) + \sigma(b),$$

$$\sigma(ab) = \sigma(a)\sigma(b),$$

则称 σ 为**环** R 到 R' 的一个**同态**. 若σ 是双射, 则 σ 称为**环同构**.

习 题 1.5

1. 证明：在乘法半群 S 中, 指数定律成立, 即对于任意的 $m, n \in \mathbf{Z}^+$, $a \in S$, 有

$$(a^m)^n = a^{mn}, \quad a^m a^n = a^{m+n}.$$

2. 证明：在交换半群 S 中, 任意 n $(n \geqslant 2)$ 个元素 $a_1, a_2, \cdots, a_n$ 的积可以任意改变元素的次序, 所得结果均相同.

3. 如果一个半群 S 既有左单位元 e, 又有右单位元 u, 那么 $e = u$, 且 S 的单位元唯一.

4. 设半群 S 有单位元 e, 如果元素 $a \in S$ 的左逆元 b_l 和右逆元 b_r 同时存在, 则必有 $b_l = b_r$, 且它们是元素 a 的唯一的逆元.

5. 设 X 是一个非空集合, 问幂集 $P(X)$ 关于集合的交或者并是否构成群, 为什么?

6. 令 M 为数域 F 上全体 n 阶方阵组成的集合, 代数运算是方阵的普通乘法. 再令 $M' = F$, 代数运算是数的普通乘法运算, 则

$$\sigma : A \to |A|,$$

是 M 到 M' 的一个同态映射, 且是一个满同态.

第2章　群论基础

CHAPTER 2

第 1 章介绍过代数运算和代数系统的概念, 本章介绍一类重要的代数系统—群的基本概念和性质, 具体内容包括群、子群、陪集、指数、群元素的阶、循环群、置换群、群的同态和同构、正规子群、商群等.

2.1　群的定义及性质

本节介绍群的定义和简单性质, 群是只含有一种运算的代数系统, 其定义如下:

定义 2.1.1　设 G 是一个非空集合, 如果在 G 上定义了一个代数运算, 称为**乘法**, 记作 ab (或称为**加法**, 记作 $a+b$), 而且它适合以下条件:

(1) 对于任意元素 $a, b, c \in G$, 有 $(ab)c = a\,(bc)$ (结合律);

(2) G 中存在元素 e, 使得对于任意的 $a \in G$, 都有 $ea = ae = a$ (单位元存在);

(3) 对任意元素 $a \in G$, 存在元素 $b \in G$, 使得 $ab = ba = e$ (逆元存在).

那么 G 对于这个代数运算组成一个**群**.

注 2.1.1　若条件 (1) 成立, 称 G 为**半群**. 若条件 (1) 和 (2) 都成立, 称 G 为**幺半群**.

上述群的定义中, 我们没有要求代数运算还满足交换律. 如果群 G 上的代数运算还满足交换律, 则称 G 为**交换群**, 或**阿贝尔群**.

下面介绍群的一些例子.

例 2.1.1　(1) $\mathbf{Z}, \mathbf{Q}, \mathbf{R}, \mathbf{C}$ 关于通常的数的加法组成交换群.

(2) $\mathbf{Q}^*, \mathbf{R}^*, \mathbf{C}^*$ 关于通常的数的乘法组成交换群, 其中 $\mathbf{Q}^*, \mathbf{R}^*, \mathbf{C}^*$ 分别表示所有非零有理数、实数、复数组成的集合.

例 2.1.2　数域 F 上所有 n 维向量组成的集合

$$F^n = \{(a_1, a_2, \cdots, a_n) |\, a_i \in F, i = 1, 2, \cdots, n\}$$

关于向量的加法组成一个交换群.

例 2.1.3　数域 F 上所有 n 阶矩阵组成的集合

$$M_n(F) = \{(a_{ij})_{n\times n} |\, a_{ij} \in F, i, j = 1, 2, \cdots, n\}$$

关于矩阵的加法组成一个交换群.

例 2.1.4 数域 F 上所有 n 阶可逆矩阵组成的集合 $GL_n(F)$ 关于矩阵的乘法组成一个群. F 上所有行列式值为 1 的 n 阶矩阵组成的集合 $SL_n(F)$ 关于矩阵的乘法组成一个群. $GL_n(F)$ 和 $SL_n(F)$ 分别称为数域 F 上的 n 阶**一般线性群**和**特殊线性群**.

例 2.1.5 设 n 是一个正整数, $\mathbf{C}$ 中所有 n 次单位根关于复数的乘法构成交换群, 称为 n 次**单位根群**, 记为 $U_n = \{\alpha \in \mathbf{C} \mid \alpha^n = 1, n \text{ 为自然数 }\}$.

2.6 节中我们还将证明集合 X 到自身的双射变换的全体关于映射的合成构成一个群, 称为 X 的**变换群**, 记作 $S(X)$. 从这些例子可以看出, 群定义中的代数运算可以表示各种不同的运算. 在不致混淆的情况下, 我们通常称其为乘法, 简记为 ab.

关于群的定义, 将后两个条件减弱, 还有如下两种等价形式.

定理 2.1.1 设 G 是一个非空集合, 如果在 G 上定义了一个代数运算 ab, 而且它适合以下条件:

(1) 对于任意元素 $a, b, c \in G$, 有 $a(bc) = (ab)c$ (结合律);

(2) G 中存在元素 e, 使得对于任意的 $a \in G$, 都有 $ea = a$ (左单位元存在);

(3) 对任意元素 $a \in G$, 存在元素 $b \in G$, 使得 $ba = e$ (左逆元存在).

那么 G 对于这个代数运算组成一个群.

证明 我们先证明 G 的左单位元也是右单位元, G 中任一元素 a 的左逆元也是右逆元.

(i) 先证明：对于任意的 $a \in G$, 若存在元素 $b \in G$, 使得 $ba = e$, 则 $ab = e$.

由定理的条件 (2) 知, 对于元素 $b \in G$, 也存在 $c \in G$, 使得 $cb = e$. 于是有

$$a = ea = cba = c(ba) = ce,$$

两边右乘 b, 得到

$$ab = (ce)b = c(eb) = cb = e.$$

(ii) 再证明：对于任意的 $a \in G$, 都有 $ae = a$.

由定理的条件 (2) 知, 对于元素 $a \in G$, 存在 $b \in G$ 使得 $ba = e$. 再由 (1) 知, 此时也有 $ab = e$. 由于 e 为左单位元, 于是有

$$ae = a(ba) = (ab)a = ea = a.$$

由 (ii) 知, e 既是 G 的左单位元, 也是 G 的右单位元, 因而是 G 的唯一的单位元. 而由 (i) 知, 对于任意 $a \in G$, 若 b 是 a 的左逆元, 则 b 也是 a 的右逆元, 因而是 a 唯一的逆元. 故由群的定义知, G 是一个群. #

类似地, 也可以证明 (证明留作习题)

定理 2.1.2 设 G 是一个非空集合, 如果在 G 上定义了一个代数运算 ab, 而且它适合以下条件:

(1) 对于任意元素 $a, b, c \in G$, 有 $a(bc) = (ab)c$ (结合律);

(2) G 中存在元素 e, 使得对于任意的 $a \in G$, 都有 $ae = a$ (右单位元存在);

(3) 对任意元素 $a \in G$, 存在元素 $b \in G$, 使得 $ab = e$ (右逆元存在).

那么 G 对于这个代数运算组成一个群.

由于群中每个元素都有逆元, 容易看出群中消去律成立, 即对任意 $a, b, c \in G$, 有

$$\text{若 } ab = ac \text{ 或者 } ba = ca, \text{ 则 } b = c.$$

反之, 如果某非空集合 G 关于定义的代数运算 ab 满足结合律和消去律, 则 G 构成一个群.

下面分析群中的运算性质.

由于群 G 中的乘法运算满足结合律, 故群 G 中任意 n 个元素 $a_1, a_2, \cdots, a_n$ 的乘积与运算的顺序无关, 因而可以简单地写成 $a_1a_2\cdots a_n$. 由此可以定义群 G 中元素 a 的**方幂**. 对任意正整数 n, 定义

$$a^n = a \cdot a \cdots a \ (n \text{ 个}),$$

即 n 个 a 相乘. 我们再约定 $a^0 = e$, $a^{-n} = (a^{-1})^n$, 其中 n 是正整数. 不难证明, 对于任意整数 m, n, 有

$$a^m a^n = a^{m+m},$$

$$(a^m)^n = a^{mn}.$$

特别地, 当 G 是交换群时, 对于任意 $a, b \in G$, $n \in \mathbf{Z}$, 有 $(ab)^n = a^n b^n$.

对于加法群 G, 用 "+" 表示群中的运算. 对于任意 $a, b \in G$, $a + b$ 称为 a 与 b 的**和**, G 的单位元记为 0, 并称为 G 的**零元**, 元素 a 的逆元记为 $-a$, 并称为 a 的**负元**, $a - b$ 指的是 a 与 b 的负元之和.

若 G 是加法交换群, 则对于任意 $a, b \in G$, $r, s \in \mathbf{Z}$, 下列等式成立:

$$ra + sa = (r + s)a,$$

$$s(ra) = (sr)a,$$

$$r(a + b) = ra + rb.$$

特别地, $0a = 0, (-n)a = n(-a) = -na, -(a + b) = -a - b$.

定义 2.1.2 若群 G 的元素个数 $|G|$ 有限, 则称群 G 为**有限群**, 记作 $|G| < \infty$. 否则, 称 G 为**无限群**, 记作 $|G| = \infty$. $|G|$ 称为群 G 的**阶**.

设有限乘法群 $G = \{1 = a_1, a_2, \cdots, a_n\}$, $a_1 = 1$ 是其单位元, 则 G 的**运算表**为

$$\begin{array}{c|cccccc} & 1 & a_2 & \cdots & a_j & \cdots & a_n \\ \hline 1 & 1 & a_2 & \cdots & a_j & \cdots & a_n \\ a_2 & a_2 & & & & & \\ \vdots & \vdots & & & \vdots & & \\ a_i & a_i & \cdots & & a_ia_j & & \cdots \\ \vdots & \vdots & & & & & \\ a_n & a_n & & & \vdots & & \end{array}$$

上表中 G 中元素按照相同的次序排列在表的最上一行和最左一列, 表中 a_ia_j 则为 G 中元素 a_i 与 a_j 的乘积. 这种群的运算表也称为**群表**.

由于群中消去律成立, 上述群表中每一行和每一列的所有元素都不相同. 也就是说, 若 b 是 G 中任意一个给定的元素, $ba_1, ba_2, \cdots, ba_n$ 以及 $a_1b, a_2b, \cdots, a_nb$ 均为 $a_1, a_2, \cdots, a_n$ 的无重复排列. 此外, 容易看出, 群 G 是交换的当且仅当其群表关于主对角线是对称的.

习 题 2.1

1. 设 G 是一个非空集合, 其中定义了一个乘法运算 ab, 适合条件:

(1) 对于任意元素 $a, b, c \in G$, 有 $(ab)c = a(bc)$,

(2) G 中存在元素 e, 使得对于任意的 $a \in G$, 都有 $ae = a$,

(3) 对任意元素 $a \in G$, 存在元素 $b \in G$, 使得 $ab = e$,

那么 G 在这一乘法下成群.

2. 设 G 是一个非空的有限集合, 其中定义了一个乘法运算 ab, 适合条件:

(1) 对于任意元素 $a, b, c \in G$, 有 $(ab)c = a(bc)$,

(2) 若 $ab = ac$, 则 $b = c$,

(3) 若 $ac = bc$, 则 $a = b$,

那么 G 在这一乘法下成群.

3. 设 G 是一个非空集合, 其中定义了一个乘法运算 ab, 适合条件:

(1) 对于任意元素 $a, b, c \in G$, 有 $(ab)c = a(bc)$,

(2) 对于任意一对元素 $a, b \in G$, 方程 $ax = b$ 和 $ya = b$ 在 G 内恒有解,

那么 G 在这一乘法下成群.

4. 设 G 是乘法群, 则对于任意 $a \in G$, 对于任意 $r, s \in \mathbf{Z}$, 有

(1) $a^ra^s = a^{r+s}$;

(2) $(a^r)^s = a^{rs}$;

(3) 当 G 是交换群时, 对于任意 $a, b \in G$, $r \in \mathbf{Z}$, 有 $(ab)^r = a^r b^r$.

5. 设 G 是一个群, 则 G 是交换群当且仅当对任意 $a, b \in G$, 有 $(ab)^2 = a^2 b^2$.

6. 设 G 是一个群, 若对任意的 $a \in G$, 均有 $a^2 = e$ (单位元), 则 G 是交换群.

2.2 子群、子集生成的子群

本节介绍子群的定义和性质, 并介绍子集生成的子群的结构.

定义 2.2.1 设 H 为群 G 的一个非空子集, 若 H 关于 G 的运算也成一个群, 则称 H 为 G 的**子群**, 记为 $H \leqslant G$. 若 $H \leqslant G$ 且 $H \neq G$, 则称 H 为 G 的**真子群**. 记为 $H < G$.

任意群 G 都有子群 G 和 $\{e\}$, 这两个子群称为 G 的两个**平凡子群**, 其余的子群称为**非平凡的**.

例 2.2.1 作为加法群, $(\mathbf{Z}, +) \leqslant (\mathbf{Q}, +) \leqslant (\mathbf{R}, +) \leqslant (\mathbf{C}, +)$.

例 2.2.2 设 n 为一正整数, $(\mathbf{Z}, +)$ 中所有 n 的倍数对加法显然成一个群, 因而是 $\mathbf{Z}$ 的子群, 记为 $n\mathbf{Z}$.

例 2.2.3 特殊线性群 $SL_n(F)$ 是一般线性群 $GL_n(F)$ 的子群.

关于子群, 容易证明

性质 2.2.1 设 H 是群 G 的一个子群, 则

(1) H 的单位元 e' 就是 G 的单位元;

(2) 设 $a \in H$, a 在 G 中的逆元就是 a 在 H 中的逆元.

证明 (1) 设 e' 是 H 的单位元, e 是 G 的单位元, 则 $ee' = e' = e'e'$, 故由消去律可得 $e = e'$.

(2) 设 a 在 G 中的逆元为 a^{-1}, a 在 H 中的逆元为 a', 则有

$$aa^{-1} = e' = aa',$$

故由消去律得

$$a^{-1} = a'. \qquad \#$$

由性质 2.2.1 知, 若 H 是 G 的子群, 则对任意 $a, b \in H$, 有 $ab \in H$, $e \in H$, 且 $a^{-1} \in H$. 进而我们还可以证明

定理 2.2.1 设 H 是群 G 的一个非空子集, 则 H 是 G 的一个子群

当且仅当对任意 $a, b \in H$, 有 $ab \in H$, 且 $a^{-1} \in H$.

当且仅当对任意 $a, b \in H$, 有 $ab^{-1} \in H$.

证明 先证必要性. 若 H 是 G 的子群, 则对任意 $a, b \in H$, 有 $ab \in H$, $e \in H$, 且 $a^{-1} \in H$, 从而 $ab^{-1} \in H$, 于是必要性成立.

下面证明充分性. 因为 H 非空, 所以 H 至少含有一个元素 a, 于是 $aa^{-1} = e \in H$.

若 $a, b \in H$, 则 $b^{-1} = eb^{-1} \in H$, 且 $ab = a(b^{-1})^{-1} \in H$, 这就证明了 H 是一个子群. #

利用定理 2.2.1, 容易证明任意多个子群的交还是子群 (留作习题), 即有

定理 2.2.2 设 H_1, H_2 是 G 的两个子群, 令 $H = H_1 \cap H_2$, 则 H 是 G 的子群. 更一般地, 设 $\{H_i | i \in I\}$ 是 G 的子群的集合, 则 $\bigcap\limits_{i\in I} H_i$ 是 G 的一个子群.

反之, 群 G 的两个子群 H_1, H_2 之并不一定是 G 的子群, 参见下面的例子.

例 2.2.4 $H_1 = \{2k | k \in \mathbf{Z}\}$, $H_2 = \{3k | k \in \mathbf{Z}\}$ 是 $(\mathbf{Z}, +)$ 的两个子群, 但

$$2 + 3 \ = \ 5 \notin H_1 \cup H_2,$$

故 $H_1 \cup H_2$ 不构成 $(\mathbf{Z}, +)$ 的子群.

但是适合某种条件的子群的并可以是子群. 例如有

例 2.2.5 设 $H_i (i = 1, 2, \cdots)$ 是 G 的子群, 并且 $H_1 \leqslant H_2 \leqslant \cdots \leqslant H_n \leqslant \cdots$ (这时称 H_i $(i = 1, 2, \cdots)$ 为子群的一个**升链**), 则 $H = \bigcup\limits_{i=1}^{\infty} H_i$ 是 G 的一个子群. (自证)

定义 2.2.2 设 S 是群 G 的一个非空子集, 并设 $\{H_i | i \in I\}$ 是 G 的所有包含 S(即 $H_i \supseteq S$) 的子群组成的集合. $\bigcap\limits_{i\in I} H_i$ 称为 G 的**由 S 生成的子群**, 记为 $\langle S\rangle$. 容易看出, **$\langle S\rangle$ 是 G 的包含 S 的最小子群**. 集合 S 称为 $\langle S\rangle$ 的**生成元集**, S 的元素称为 $\langle S\rangle$ 的**生成元**. 如果 S 是有限集, 则 $\langle S\rangle$ 称为是**有限生成的**. 特别地, 若 $G = \langle S\rangle$, 则称群 G **由子集 S 生成**.

若 $S = A \cup B$, 则通常把 $\langle A \cup B\rangle$ 记为 $\langle A, B\rangle$.

若 $S = \{s_1, s_2, \cdots, s_r\}$, 则将 $\langle\{s_1, s_2, \cdots, s_r\}\rangle$ 简记为 $\langle s_1, s_2, \cdots, s_r\rangle$, 并称 $\langle s_1, s_2, \cdots, s_r\rangle$ 是由 $s_1, s_2, \cdots, s_r$ 生成的子群.

特别地, 由 G 的一个元素生成的子群 $\langle a\rangle$ 称为 G 的**循环子群**.

若 $\langle a\rangle = G$, 则称 G 是以 a 为生成元的**循环群**.

例 2.2.6 $(\mathbf{Z}, +)$ 是一个无限循环群, 1 为其生成元. $(\mathbf{Z}_n, +)$ 是一个 n 阶循环群, $\bar{1}$ 为其生成元.

若 H, K 均为 G 的子群, 则 $H \cap K$ 为 H, K 的子群, 而 H, K 又都是 $\langle H, K\rangle$ 的子群, 于是有下面子群间的关系图 (图 2-1).

下面分析子集 S 生成的子群 $\langle S\rangle$ 中的元素形式.

例 2.2.7 设 S 是群 G 的一个非空子集, 则有

$$\langle S\rangle = \{a_1^{k_1} a_2^{k_2} \cdots a_n^{k_n} | a_i \in S, k_i \in \{0, 1, -1\}, 1 \leqslant i \leqslant n, n \in \mathbf{Z}^+\}.$$

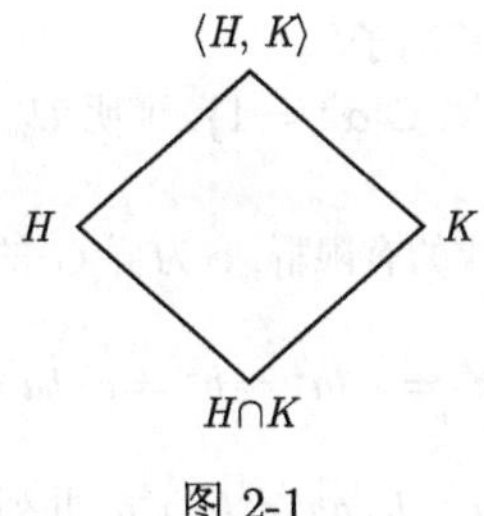

图 2-1

证明 记 $T=\{a_1^{k_1}a_2^{k_2}\cdots a_n^{k_n}|a_i\in S,k_i\in\{0,1,-1\},1\leqslant i\leqslant n,n\in\mathbf{Z}^+\}$.

因为 $a_i\in S$, 所以 $a_1^{k_1}a_2^{k_2}\cdots a_n^{k_n}\in\langle S\rangle$, 从而 $T\subseteq\langle S\rangle$. 下面再证明 $\langle S\rangle\subseteq T$.

由于 $S\neq\varnothing$, 所以 $T\neq\varnothing$. 任取 $x,y\in T$, 易验证 $xy\in T$, $x^{-1}\in T$, 从而 T 是 G 的一个子群. 于是 T 是 G 的包含 S 的一个子群, 又因为 $\langle S\rangle$ 是包含 S 的最小子群, 故有 $\langle S\rangle\subseteq T$.

综上可得 $\langle S\rangle=T=\{a_1^{k_1}a_2^{k_2}\cdots a_n^{k_n}|a_i\in S,k_i\in\{0,1,-1\},1\leqslant i\leqslant n,n\in\mathbf{Z}^+\}$. #

进而, 若 G 是交换群, S 是 G 的一个非空子集, 则有

$$\langle S\rangle=\left\{a_1^{k_1}a_2^{k_2}\cdots a_r^{k_r}|k_i\in\mathbf{Z},a_i\in S\ \text{且对任意}\ i\neq j,a_i\neq a_j,\ 1\leqslant i,j\leqslant r,\ r\in\mathbf{Z}^+\right\}.$$

特别地, G 中由单个元素 a 生成的子群为 $\langle a\rangle=\{a^k|k\in\mathbf{Z}\}$.

若存在整数 $i<j$, 使得 $a^i=a^j$, 则有 $a^{j-i}=e$. 不妨设 n 是使得 $a^n=e$ 成立的最小正整数 (这样的 n 称为元素 a 的**阶**, 参见 2.4 节), 则 $\langle a\rangle=\{e,a,a^2,\cdots,a^{n-1}\}$ 为**有限循环群**. 若对任意整数 $i\neq j$, 都有 $a^i\neq a^j$, 则 $\langle a\rangle=\{e,a,a^2,\cdots\}$ 为**无限循环群**.

习 题 2.2

1. 设 S 是群 G 的一个非空子集, 在 G 中定义一个关系: $a\sim b$ 当且仅当 $ab^{-1}\in S$. 证明这是一个等价关系当且仅当 S 是一子群.

2. 设 H 是群 G 的一个有限非空子集, 证明:

$$H\ \text{是}\ G\ \text{的子群当且仅当对于任意}\ a,b\in H,\ \text{有}\ ab\in H.$$

3. 证明: 任意多个子群的交还是子群.

4. 设 G_1, G_2 是群 G 的子群, 则 $H=G_1\cup G_2$ 是群 G 的子群当且仅当 $H=G_1$, 或 $H=G_2$. 特别地, 任何群不能是其两个真子群的并.

5. 设 $H_i(i=1,2,\cdots)$ 是 G 的子群, 并且 $H_1\subseteq H_2\subseteq\cdots\subseteq H_n\subseteq\cdots$, 则 $H=\bigcup\limits_{i=1}^{\infty}H_i$ 是 G 的一个子群.

6. 证明整数加法群 $(\mathbf{Z},+)$ 的子群必形如 $(n\mathbf{Z},+)$, 其中 n 为某个非负整数.

7. 求 $(\mathbf{Z}, +)$ 中子集 $\{6, 8\}$ 生成的子群.

8. 设 n 为正整数, 记 $U_n = \{\alpha \in \mathbf{C} | \alpha^n = 1\}$, 证明 U_n 是非零复数集 $\mathbf{C}^*$ 构成的乘法群的子群.

9. 设 G 是由 a, b 两个元素生成的有限群, e 为群 G 的单位元, G 中元素满足下列关系:

$$a^4 = b^4 = e,\ a^2 = b^2 \neq e,\ ba = a^3 b.$$

证明: G 共有 8 个元素: $e, a, a^2, a^3, b, ab, a^2b, a^3b$, 并列出 G 的乘法表.

2.3 陪集、指数、拉格朗日定理

本节介绍子群的陪集、指数的概念和性质, 给出著名的拉格朗日定理. 陪集是群论中的一个重要概念, 陪集的性质和等价类划分都需要重点掌握.

定义 2.3.1 设 A, B 是群 G 的两个非空子集, 定义 A 与 B 的**乘积**和 A 的**逆**为

$$AB = \{ab | a \in A, b \in B\},$$

$$A^{-1} = \{a^{-1} | a \in A\}.$$

可以验证, 群 G 的所有非空子集在上述乘法运算下作成一个**半群**. 设 n 是任一正整数, 定义 $A^{n+1} = A^n \cdot A$, $A^{-n} = (A^{-1})^n$, 并规定 $A^0 = \{e\}$. 另外显然有 $(A^{-1})^{-1} = A$.

在加法群中, 以 $A + B$ 来代替 AB, 以 mA 来代替 $A^m (m \in \mathbf{Z})$.

设 H, K 是群 G 的两个子群, 一般来说, HK 不一定是 G 的子群, 但可以证明

$$HK \text{ 是 } G \text{ 的子群 当且仅当 } HK = KH.$$

定义 2.3.2 设 H 是 G 的一个子群, 对任意 $g \in G$, 称 $gH = \{gh | h \in H\}$ 为 H 的一个**左陪集**, 称 $Hg = \{hg | h \in H\}$ 为 H 的一个**右陪集**, g 称为陪集 gH 或 Hg 的**代表元** $(g = ge = eg)$.

以下主要讨论左陪集的性质, 对于右陪集可以得到类似的结论.

定理 2.3.1 设 G 是一个群, H 是群 G 的一个子群, 对任意 $a, b \in G$, 定义一个关系

$$a \sim b \text{ 当且仅当 } a^{-1}b \in H,$$

则它是 G 上的一个等价关系, 并且 $G/\sim$ 中等价类 $\overline{a}$ 恰恰是左陪集 aH.

证明 按定义证明 $\sim$ 是 G 的一个等价关系.

(1) **反身性** 对任意 $a \in G$, 因为 $a^{-1}a = e \in H$, 故有 $a \sim a$;

(2) **对称性** 设 $a \sim b$, 即 $a^{-1}b \in H$, 则 $b^{-1}a = (a^{-1}b)^{-1} \in H$, 即有 $b \sim a$.

(3) **传递性** 设 $a \sim b, b \sim c$, 即 $a^{-1}b \in H$ 且 $b^{-1}c \in H$, 则 $a^{-1}c = a^{-1}b \cdot b^{-1}c \in H$, 即有 $a \sim c$.

综上知 $\sim$ 是 G 的一个等价关系.

另一方面, 对任意 $a \in G$, 有

$$\begin{aligned} b \in \overline{a}\ &\text{当且仅当}\ a^{-1}b \in H \\ &\text{当且仅当存在}\ h \in H, \text{使得}\ a^{-1}b = h,\ \text{即}\ b = ah, \\ &\text{当且仅当}\ b \in aH, \end{aligned}$$

故有 $\overline{a} = aH$. #

根据定理 2.3.1, 我们有

推论 2.3.1 设 G 是一个群, H 是群 G 的一个子群, 则有

(1) aH 中任何元素 b 都可以作为 aH 的代表元;

(2) 对任意 aH, bH, 要么 $aH \cap bH = \varnothing$, 要么 $aH = bH$;

(3) $aH = bH$ 当且仅当 $a^{-1}b \in H$;

(4) $aH = H$ 当且仅当 $a \in H$.

定义 2.3.3 设 G 是一个群, H 是 G 的一个子群, 则 H 在 G 中不同左陪集的全体记为 G/H, 称为 G 关于 H 的**左陪集空间** (**左商空间**). H 的不同左陪集的个数叫做 H 在 G 中的**指数**, 记为 $[G: H]$.

由定理 2.3.1 知, G 的所有不同陪集构成 G 的一个划分, 即

$$G = \bigcup_{g \in G} gH,$$

称为群 G 按子群 H 的**陪集分解**. 从每个不同的左陪集中选出一个元素, 所有这些元素做成的集合称 H 在 G 中的**左代表元集** (**左代表元系**).

关于有限群 G 的阶数与其子群 H 的阶数之间的关系, 下面的结论成立.

定理 2.3.2 (拉格朗日 (Lagrange) 定理) 设 G 是有限群, H 是 G 的子群, 则有

$$|G| = [G : H]|H|,$$

特别地, $|H|$ 是 $|G|$ 的因子.

证明 不妨设 $[G: H] = n$, $a_1H, \cdots, a_nH$ 恰为 H 的所有不同的左陪集, 其中对任意 $i \neq j$, 有 $a_iH \cap a_jH = \varnothing$, 于是 $G = \bigcup\limits_{i=1}^{n} a_iH$ 可以表示为两两不交的 n

个左陪集的并集, 从而有

$$|G|=\left|\bigcup_{i=1}^{n}a_iH\right|=\sum_{i=1}^{n}|a_iH|.$$

又因为 $|a_iH|=|H|$, 故有

$$|G|=n\,|H|=[G:H]\,|H|. \qquad \#$$

由定理 2.3.2 知, 有限群 G 的子群都是有限群.

特别地, 对于素数阶群, 可以证明素数阶群都是循环群 (留作习题).

另一方面, 可以证明子群 H 在群 G 中的指数 $[G:H]$ 具有传递性, 即有

定理 2.3.3 设 $K\leqslant H\leqslant G$, 若 T 是 H 在 G 中的左代表元集, S 是 K 在 H 中的左代表元集, 则 TS 是 K 在 G 中的左代表元集, 并且

$$[G:K]=[G:H][H:K].$$

证明 设 $G=\bigcup\limits_{t\in T}tH$, $H=\bigcup\limits_{s\in S}sK$, 则有

$$G=\bigcup_{t\in T}\bigcup_{s\in S}tsK=\bigcup_{t\in T,s\in S}tsK.$$

若 $tsK=t's'K$, 则 $t^{-1}t's'K=sK\subseteq H$, 于是有 $t^{-1}t'\in H$, 从而 $tH=t'H$. 又因为 T 是 H 在 G 中的左代表元集, 故 $t=t'$.

同理, 由于 S 是 K 在 H 中的左代表元集, 故由 $sK=s'K$ 知 $s=s'$. 这就证明了

$$[G:K]=|T|\cdot|S|=[G:H][H:K],$$

同时还证明了 $|TS|=|T|\cdot|S|$. #

定理 2.3.4 设 H,K 是群 G 的有限子群, 则

(1) $|HK|=\dfrac{|H|\cdot|K|}{|H\cap K|}$;

(2) $[H:H\cap K]=\dfrac{|HK|}{|K|}$;

(3) $[G:H\cap K]\leqslant[G:H][G:K]$, 并且, 若 $[G:H]$ 与 $[G:K]$ 互素, 则等号成立.

证明 (1) 记 $D=H\cap K$, 因为 D 是 H 的子群, 将 H 按子群 D 进行左陪集分解可以得到 $H=d_1D\cup d_2D\cup\cdots\cup d_rD$, 其中

$$r=[H:D]=\frac{|H|}{|D|},\quad d_iD\cap d_jD=\varnothing,\quad i\neq j,$$

于是 $HK = d_1DK \cup d_2DK \cup \cdots \cup d_rDK$.

又因为 D 也是 K 的子群, 故 $DK = K$, 从而 $HK = d_1K \cup d_2K \cup \cdots \cup d_rK$. 下面我们来证明对任意 $i \neq j$, 有 $d_iK \cap d_jK = \varnothing$.

(反证) 如果存在一对互不相同的 i, j, 使得 $d_iK \cap d_jK \neq \varnothing$, 不妨设 $x \in d_iK \cap d_jK$, 于是存在 $a_1, a_2 \in K$, 使得 $x = d_ia_1 = d_ja_2$, 从而有 $d_j^{-1}d_i = a_2a_1^{-1} \in K \cap H = D$. 故有

$$d_iD = d_jD, \quad i \neq j.$$

这与 $d_iD \cap d_jD = \varnothing$ 矛盾. 故当 $i \neq j$ 时, 有 $d_iK \cap d_jK = \varnothing$, 因此

$$|HK| = r\,|K| = \frac{|K| \cdot |H|}{|D|} = \frac{|K| \cdot |H|}{|H \cap K|}.$$

(2) 由 (1) 知, $[H : H \cap K] = \dfrac{|H|}{|H \cap K|} = \dfrac{|HK|}{|K|}$.

(3) 令

$$\varphi : G/H \cap K \to G/H \times G/K,$$
$$x(H \cap K) \to (xH, xK).$$

注意到 $(xH, xK) = (x'H, x'K)$ 当且仅当 $xH = x'H$ 且 $xK = x'K$

当且仅当 $x^{-1}x' \in H \cap K$, 即 $x(H \cap K) = x'(H \cap K)$,

故 φ 是单射, 从而 $[G : H \cap K] \leqslant [G : H][G : K]$.

因为 $H \cap K \leqslant H$, $K \leqslant G$, 故由定理 2.3.3 知,

$$[G : H] | [G : H \cap K] \text{ 且 } [G : K] | [G : H \cap K].$$

若 $[G : H]$ 与 $[G : K]$ 互素, 则有

$$[G : H][G : K] | [G : H \cap K]$$

从而 $[G : H][G : K] \leqslant [G : H \cap K]$. 综上可得

$$[G : H \cap K] = [G : H][G : K].$$ #

由定理 2.3.4 知下面的结论成立.

推论 2.3.2 (庞加莱 (Poincaré) 定理) 如果有限多个子群的指数都是有限数, 则它们的交的指数也是有限数.

此外, 任意真子群的指数恒为无限的群一定存在. 特别地, 有

例 2.3.1　有理数加群 $(\mathbf{Q}, +)$ 的任何真子群的指数恒为无限.

证明　设 H 是 $(\mathbf{Q}, +)$ 的任一真子群, 则存在一有理数 $a \notin H$, 我们分两种情况来讨论.

(1) 若对任意正整数 k, 均有 $ka \notin H$. 这时因为 $a+H, 2a+H, 3a+H, \cdots$ 为 H 的不同的陪集, 故当然有 $[\mathbf{Q}: H] = \infty$.

(2) 若存在一正整数λ, 使得 $\lambda a \in H$. 这时必有 $\lambda > 1$, 因为 $a+H, \dfrac{a}{\lambda}+H, \dfrac{a}{\lambda^2}+H, \cdots$ 为 H 的不同陪集, 故也有 $[\mathbf{Q}: H] = \infty$.　#

习　题　2.3

1. 证明：群 G 的所有非空子集在集合的乘法下作成一个半群.
2. 设 H 是群 G 的一个非空子集, 则

$$H \leqslant G \text{ 当且仅当 } HH^{-1} \subseteq H \text{ 当且仅当 } HH^{-1} = H \text{ 当且仅当 } H^2 = H.$$

3. 设 H, K 为群 G 的子群, 证明：HK 为 G 的子群 当且仅当 $HK = KH$.
4. 设 G 是有限群, A, B 是 G 的两个非空子集, 且 $|A| + |B| > |G|$, 则 $G = AB$.
5. 设 $|G\,| < \infty$, 并设 $H, K \leqslant G$ 且 $[G:H]$ 与 $[G:K]$ 互素, 则 $G = HK$.
6. 置换群 S_3 中, $H = \langle\sigma\rangle$ 是 S_3 中置换 $\sigma = \begin{pmatrix} 1 & 2 & 3 \\ 2 & 1 & 3 \end{pmatrix}$ 生成的子群. 取 $\tau = \begin{pmatrix} 1 & 2 & 3 \\ 2 & 3 & 1 \end{pmatrix}$, 计算左陪集 τH 和右陪集 $H\tau$.
7. 证明：$(\mathbf{R}, +)$, $(\mathbf{C}, +)$ 的每个真子群的指数都是无限的.
8. 试分析 4 阶群, 6 阶群的结构.

2.4　群元素的阶

本节介绍群中元素的阶的概念和相关性质, 这也是群论中又一个重要的概念.

设 G 是群, 对任意 $a \in G$, 由 a 生成的子群为 $\langle a\rangle = \{a^k | k \in \mathbf{Z}\}$. 不难看出, 元素 a 的这些方幂或者两两全不同, 或者存在 $i < j$, 使得 $a^i = a^j$, 于是 $a^{j-i} = e$.

在后一种情况, 必然存在最小的正整数 n, 使得 $a^n = e$, 于是

$$\langle a\rangle = \{a, a^2, \cdots, a^n = e\},$$

即 a 生成的子群 $\langle a\rangle$ 的阶为 n. 由此可以给出群中元素的阶的概念.

定义 2.4.1　设 G 是群, e 是 G 的单位元, $a \in G$, 使 $a^n = e$ 的最小正整数 n 叫做 a 的**阶** (或**周期**), 用符号 $o(a)$ 表示. 如果这样的 n 不存在, 则说 a 是**无限阶**的, 记为 $o(a) = \infty$.

显然, 若 $o(a) < \infty$, 则 $o(a) = |\langle a\rangle|$.

若 G 的每个元素都是有限阶的, 则 G 称为**周期群** (**或挠群**).

定理 2.4.1 设 G 是群, 则有

(1) 对任意 $a \in G$, 有 $o(a) = o(a^{-1})$.

(2) 对任意 $x \in G$, 有 $o(x^{-1}ax) = o(a)$. 特别地, $o(ab) = o(ba)$, $o(a^{-1}b) = o(ab^{-1})$.

(3) 若 $a \in G$ 且 $o(a) = n$, 则 $a^m = e$ 当且仅当 $n|m$.

(4) 设 $o(a) = n$, $o(a^r) = n/d$, 其中 $d = \gcd(n, r)$. 特别地, 若 $\gcd(n, r) = 1$, 则 $o(a^r) = n$.

证明 (1) 若 $o(a) = n$, 因为 $(a^{-1})^n = (a^n)^{-1} = e^{-1} = e$, 故 $o(a^{-1}) \leqslant n$. 不妨设 $o(a^{-1}) = m \leqslant n$, 则有 $(a^{-1})^m = e$, 于是有 $a^m = e$, 因此 $o(a) = n \leqslant m$, 于是有 $o(a^{-1}) = m = n = o(a)$.

同上面的分析, 如果 $o(a) = \infty$, 则必有 $o(a^{-1}) = \infty$. 否则, 若 $o(a^{-1}) = m < \infty$, 则 $a^m = e$, 与 $o(a) = \infty$ 矛盾, 故 $o(a^{-1}) = \infty$.

(2) 记 $b = x^{-1}ax$, 由归纳法可证得：对任意 $k \in \mathbf{N}$, 有 $b^k = x^{-1}a^kx$, $a^k = xb^kx^{-1}$.

当 $o(a) = \infty$ 时, 显然有 $o(b) = \infty$. 不妨设 $o(a) = n$, $o(b) = m$, 则有

$$b^n = x^{-1}a^nx = x^{-1}ex = e,$$

于是有 $o(b) = m \leqslant n$.

另一方面, 由 $a^m = xb^mx^{-1} = x^{-1}ex = e$ 知, $o(a) = n \leqslant m$. 故有 $n = m$.

特别地, 因为 $ab = a(ba)a^{-1}$, 故有 $o(ab) = o(ba)$.

又 $(a^{-1}b)^{-1} = b^{-1}a$, 故 $o(a^{-1}b) = o(b^{-1}a) = o(ab^{-1})$.

(3) 设 $a^m = e$, 令 $m = nq + r$, $0 \leqslant r < n$, 则

$$e = a^m = a^{nq+r} = a^r.$$

因为 $o(a) = n$, 且 $r < n$, 故只有 $r = 0$, 从而 $n|m$.

反之, 若 $n|m$, 则有 $m = nq$, 故 $a^m = a^{nq} = (a^n)^q = e$.

(4) 因 $o(a) = n$, $d = \gcd(n, r)$, 故 $(a^r)^{n/d} = a^{nr/d} = (a^n)^{r/d} = e$, 故 $o(a^r) \leqslant \dfrac{n}{d}$.

不妨设 $o(a^r) = m$, 则有 $a^{rm} = e$, 故由 (3) 知, $n|\ rm$, 从而 $\dfrac{n}{d} \,\Big|\, \dfrac{r}{d} \cdot m$. 又因为 $\gcd\left(\dfrac{n}{d}, \dfrac{r}{d}\right) = 1$, 故有 $\dfrac{n}{d} \,\Big|\, m$, 因此 $o(a^r) = m \geqslant \dfrac{n}{d}$. 综上知, $o(a^r) = \dfrac{n}{d}$. #

定理 2.4.2 设 G 是群, 则有

(1) 对任意 $a, b \in G$, 若 $o(a) = n$, $o(b) = m$, $\gcd(m, n) = 1$, 且 $ab = ba$, 则 $o(ab) = mn$.

(2) 对任意 $g \in G$, 若 $o(g) = mn$ 且 $\gcd(m, n) = 1$, 那么存在 $a, b \in G$, 使得 $g = ab = ba$, 其中 $o(a) = n$, $o(b) = m$, 并且 g 的这种表示是唯一的.

证明　(1) 设 $o(ab) = r$, 因为 $ab = ba$, 故有 $(ab)^{mn} = a^{mn}b^{mn} = e$, 从而

$$r|mn.$$

另一方面, 由 $e = (ab)^{mr} = a^{mr}b^{mr} = a^{mr}$ 知, $n|mr$. 又因为 $\gcd(m, n) = 1$, 故有 $n|r$.

同理可证 $m|r$, 故有 $mn|r$. 于是 $o(ab) = r = mn$.

(2) 若 $\gcd(m, n) = 1$, 则存在整数 M, N, 使得 $Mm + Nn = 1$, 于是有

$$g = g^{Mm+Nn} = g^{Mm}g^{Nn}$$

令 $a = g^{Mm}$, $b = g^{Nn}$, 则 $g = ab = ba$.

又因为 $o(g) = mn$, $\gcd(m, n) = \gcd(M, n) = 1$, 故由 (4) 知, $o(g^m) = n$, $o(a) = o(g^{Mm}) = n$. 同理可证 $o(b) = o(g^{Nn}) = m$.

下面证明唯一性. 若还存在 $a_1, b_1 \in G$, 使 $g = a_1b_1 = b_1a_1$, 其中 $o(a_1) = n$, $o(b_1) = m$, 则有

$$(a_1b_1)^{Mm} = (ab)^{Mm}, \text{ 即 } a_1^{Mm}b_1^{Mm} = a^{Mm}b^{Mm}.$$

因为 $o(b_1) = o(b) = m$, 于是有 $a_1^{Mm} = a^{Mm}$. 又因为 $Mm + Nn = 1, o(a_1) = o(a) = n$, 故有

$$a_1^{1-Nn} = a^{1-Nn}, \text{ 即 } a_1 = a.$$

从而由 $g = a_1b_1 = ab$ 知, $b_1 = b$.　#

注 2.4.1　定理 2.4.2 中的结论可以推广到有限的情况. 若定理 2.4.2 的条件不满足, 元素 a, b 乘积的阶 $o(ab)$ 可能会取各种不同的值.

由元素阶的性质和拉格朗日定理容易证明有限群 G 中每个元素的阶都是 $|G|$ 的因子, 从而有限群 G 中每个元素都是有限阶的. 反之, 由有限阶元素构成的群不一定是有限群. 例如集合

$$H = \{x \in \mathbf{C}^* | \text{ 存在某个正整数 } n \text{ 使得 } x^n = 1\},$$

关于复数的乘法构成群, 但 H 是无限群.

利用子群和元素阶的性质可以分析低阶群的结构, 比如可以证明 6 阶群中必有 3 阶元, 进而还可以证明 6 阶群恰有一个 3 阶子群 (留作习题).

例 2.4.1　证明 6 阶群中必有 3 阶元.

证明　设 G 为 6 阶群, $a \in G$, 则 $o(a)|6$, 从而 $o(a) = 1, 2, 3$ 或者 6. 注意到当 $o(a) = 6$ 时, $o(a^2) = 3$, 故当 G 含有 3 阶元或者 6 阶元时, G 中都有 3 阶元.

下面假定 G 中除单位元外只含有 2 阶元. 不妨设 b, c 是 G 中两个不同的 2 阶元, 并记 $H=\langle b\rangle, K=\langle c\rangle$, 则 $H\cap K=\{e\}$, 于是有 $|HK|=\dfrac{|H|\cdot|K|}{|H\cap K|}=\dfrac{2\cdot 2}{1}=4$.

另一方面, 由于 G 中除单位元外只含有 2 阶元, 故由 2.1 节习题 6 的结论知, G 为交换群. 再由 2.3 节习题 3 的结论知, 此时 $HK=KH$, 从而 HK 为 G 的子群. 于是由拉格朗日定理知, $|HK|\,||G|$, 故有 $4|6$, 矛盾. 因此 G 中除单位元外不能只含有 2 阶元.

综上知, 群 G 中必含有 3 阶元. #

习 题 2.4

1. 设 G 是一群, $a,b\in G$, 如果 $a^{-1}ba=b^r$, 其中 r 为一正整数, 证明 $a^{-i}ba^i=b^{r^i}$.

2. 若群 G 只有唯一的一个 r 阶元 a, 则对任意 $x\in G$, 均有 $ax=xa$.

3. 设 a, b 是群 G 的两个元素, m, n 是两个正整数, 且 $ba=a^mb^n$, 则 a^mb^{n-2}, $a^{m-2}b^n$, ab^{-1} 这三个元素有相同的阶.

4. 在群 $SL_2(\mathbf{Q})$ 中, 证明元素 $a=\begin{pmatrix}0&-1\\1&0\end{pmatrix}$ 的阶为 4, 元素 $b=\begin{pmatrix}0&1\\-1&-1\end{pmatrix}$ 的阶为 3, 而 ab 为无限阶元素.

5. 设 G 是 6 阶群, 则 G 有且仅有一个 3 阶子群.

6. 如果 G 为交换群, 证明 G 中全体有限阶元素组成一个子群.

7. 证明：(1) 在一个有限群里, 阶大于 2 的元的个数一定为偶数;

(2) 在一个偶阶群里, 阶等于 2 的元的个数一定为奇数. 因此, 偶阶群必含有 2 阶元.

8. 如果群 G 中元素 a 的阶与正整数 k 互素, 则方程 $x^k=a$ 在 $\langle a\rangle$ 内恰有一个解.

9. 设 G 是一个有限生成的交换群. 如果 G 的每个生成元是有限阶元素, 则 G 是有限群.

10. 如果群 G 只有有限多个子群, 证明 G 为有限群.

2.5 循环群的性质

循环群是群论中最基本最重要的一类群, 它是由单个元素生成的群. 本节继续研究循环群的代数结构、生成元及循环群子群的性质.

显然, 每一个循环群都是交换的, 且循环群的阶与其生成元的阶相同. 可以证明：素数阶的群都是循环群 (留作习题), 且同构意义下只有如下两类.

定理 2.5.1 在同构意义下, 无限循环群只有唯一一个, n 阶循环群也只有唯一一个. 具体而言, 任意无限循环群都与 $(\mathbf{Z},+)$ 同构, 任意 n 阶有限循环群都与 $(\mathbf{Z}_n,+)$ 同构.

证明 (1) 设 $G=\langle a\rangle$ 是任一无限循环群. 构造

$$f:\mathbf{Z}\to G,$$
$$k\to a^k,$$

则 f 显然是满射. 另一方面, 若 $a^{k_1}=a^{k_2}$, 则有 $k_1=k_2$, 故 f 是双射.

又因为 $f(k_1+k_2)=a^{k_1+k_2}=a^{k_1}a^{k_2}=f(k_1)f(k_2)$, 故 f 是 $\mathbf{Z}$ 到 G 的同构.

(2) 设 $G=\langle a\rangle$ 是任一 n 阶循环群. 令

$$\begin{aligned} g:\mathbf{Z}_n&\to G,\\ \overline{k}&\to a^k. \end{aligned}$$

注意到

$$\begin{aligned} \overline{k_1}=\overline{k_2} \text{ 当且仅当 } & \overline{k_1-k_2}=\overline{0},\\ \text{当且仅当 } & \text{存在正整数 } q \text{ 使得 } k_1-k_2=nq,\\ \text{当且仅当 } & a^{k_1-k_2}=1, \text{ 即 } a^{k_1}=a^{k_2}, \end{aligned}$$

故 g 是映射且是单射. 显然 g 是满射, 故 g 是双射. 又因为

$$g(\overline{k_1}+\overline{k_2})=g(\overline{k_1+k_2})=a^{k_1+k_2}=a^{k_1}a^{k_2}=g(\overline{k_1})g(\overline{k_2}),$$

故 g 是 $\mathbf{Z}_n$ 到 G 的同构. #

关于循环群的生成元, 下面的结论成立.

定理 2.5.2 (1) 无限循环群 $G=\langle a\rangle$ 的生成元有且只有两个 $a,\ a^{-1}$,

(2) n 阶循环群 $G=\langle a\rangle$ 的生成元有$\varphi(n)$ 个, 均形如 a^r, 其中 r 与 n 互素, 这里 $\varphi(n)$ 是欧拉函数.

证明 注意到

$$\begin{aligned} a^r \text{ 为 } G=\langle a\rangle \text{ 的生成元 当且仅当 } & a\in\langle a^r\rangle\\ \text{当且仅当 } & \text{存在 } k\in\mathbf{Z}, \text{ 使得 } a=(a^r)^k=a^{rk}. \end{aligned}$$

若 $G=\langle a\rangle$ 为无限的, 则 $a=a^{rk}$ 当且仅当 $rk=1$, 于是 $r=\pm1$. 另一方面, $a,\ a^{-1}$ 又确为 G 的生成元. 这说明, a^r 为 G 的生成元当且仅当 $r=\pm1$.

若 $G=\langle a\rangle$ 是 n 阶循环群, 则

$$a=a^{rk} \text{ 当且仅当 } n|\ (rk-1) \text{ 当且仅当 } rk\equiv 1 \pmod{n}.$$

而 $rk\equiv 1 \pmod{n}$ 有解当且仅当 $\gcd(r,\ n)=1$, 这就证明了本定理的第二个结论. #

下面分析在同构意义下循环群及其生成元之间的对应关系.

在同构映射下, 同构的循环群的生成元必映射为生成元. 事实上, 设 f 是循环群 $\langle a\rangle$ 到 $\langle b\rangle$ 的同构, 并设 $f(a)=b^s$, 则对任意 $k\in\mathbf{Z}$, 有

$$f(a^k)=f(a)^k=b^{sk}.$$

因为 f 为满射, 故 $\langle b\rangle = f(\langle a\rangle) = \langle b^s\rangle$, 从而 b^s 也为 $\langle b\rangle$ 的生成元.

结合定理 2.5.1 可知, 两个无限循环群在它们的元素间只能有两种方法使之对应成同构映射, 而两个 n 阶循环群在它们的元素间有 $\varphi(n)$ 种方法使之对应成同构映射.

关于循环群的子群, 可以证明下面的结论成立.

定理 2.5.3 循环群的子群仍然是循环群.

证明 设 $G=\langle a\rangle$ 为循环群, H 是 G 的子群. 若 $H=\{e\}$, 显然 $H=\{e\}=\langle e\rangle$ 为循环群. 下面假设 $H\neq\{e\}$, 并设 m 是使得 $a^m\in H$ 成立的最小正整数, 可以断言 $H=\langle a^m\rangle$.

事实上, 若存在 $k\in\mathbf{Z}$, 使得 $a^k\in H$, 不妨设 $k=mq+r$, $0\leqslant r<m$, 则由 a^m, $a^k\in H$ 知, $a^r=(a^{mq})^{-1}a^k\in H$, 于是有 $r=0$, 从而 $a^k=(a^m)^q$, 故有 $H=\langle a^m\rangle$.

因此循环群 $G=\langle a\rangle$ 的子群都是循环群. #

定理 2.5.4 设 G 是无限循环群, H 是 G 的子群, 则要么 $H=\{e\}$, 要么 $H=\langle a^m\rangle$, 其中 m 为正整数, 并且在后一种情况下 H 也是无限阶的, 且 G 关于 H 的指数 $[G:H]=m<\infty$.

证明 设 $H\neq\{e\}$ 是无限循环群 $G=\langle a\rangle$ 的子群, 则由定理 2.5.3 的证明知, 存在正整数 m, 使得 $H=\langle a^m\rangle$. 因为 $o(a)=\infty$, 故 $o(a^m)=\infty$, 从而 H 为循环群. 下面证 G 关于 H 的指数 $[G:H]=m$.

由于 $G=\langle a\rangle$ 为循环群, 且 $a^m\in H$, 故 G 中元素必然属于 H 的某个陪集 a^iH, 其中 $0\leqslant i\leqslant m-1$, 即有 $G=\bigcup\limits_{i=0}^{m-1}a^iH$. 另一方面, 由于 m 是使得 $a^m\in H$ 成立的最小正整数, 故陪集 $H, aH, \cdots, a^{m-1}H$ 两两不同, 从而有 $[G:H]=m<\infty$. #

从上面的定理可以看出, 无限循环群有无限个非平凡的子群.

特别地, 无限循环群 $(\mathbf{Z}, +)$ 的所有子群形如 $k\mathbf{Z}=\{kn|n\in\mathbf{Z}\}$, 其中 k 为非负整数. 并且当 k, l 为正整数时有: $k\mathbf{Z}\subseteq l\mathbf{Z}$ 当且仅当 $l|k$.

下面分析有限循环群的子群的性质, 并给出有限群为循环群的充要条件.

定理 2.5.5 设有限群 G 的阶为 n, 则有

(1) 若 H 是 G 的子群, 则 H 的阶必为 n 的因子;

(2) 进而, 若 $G=\langle a\rangle$ 为循环群, 则对于 n 的每一个正因子 d, G 有且仅有一个 d 阶子群, 形如 $\langle a^{n/d}\rangle$.

(3) 有限群 G 为循环群当且仅当对每个 $d||G|$, G 至多有一个 d 阶子群.

证明 (1) 因为 $|G|=n$, H 是 G 的子群, 故由拉格朗日定理即得 $|H||n$.

(2) 对任意正整数 d, 若 $d|n$, 则 $o(a^{n/d})=\dfrac{n}{\gcd(n,\ n/d)}=d$, 故 $\langle a^{n/d}\rangle$ 是 G

的 d 阶子群.

反之, 若 $\langle a^k\rangle$ 也是 G 的 d 阶子群, 则由 $a^{kd}=1$ 知, $n|kd$, 从而 $(n/d)|k$, 故

$$\langle a^k\rangle \subseteq \langle a^{n/d}\rangle.$$

又因为这两个子群都是 d 阶的, 故有 $\langle a^k\rangle=\langle a^{n/d}\rangle$, 即这样的 d 阶子群是唯一的.

(3) 必要性由 (2) 可得, 下面我们来证充分性.

设 $|G\,|=n$, 并假设对每一个 $d|\,n$, G 至多有一个 d 阶子群. 今将 G 中具有相同阶的元素归并为一类, 并设 G 中 n 个元素分成了 t 个类, 每类中元素的阶分别为 $d_1, d_2, \cdots, d_t$. 当然有 $d_i|n$, $i=1,2,\cdots,n$.

在元素之阶为 d_1 的这类中先任取一元素 a, 再任取一元素 x, 因 $\langle x\rangle$ 与 $\langle a\rangle$ 都是 G 中 d_1 阶子群, 故由题设有 $\langle x\rangle=\langle a\rangle$. 不妨设 $x=a^\lambda$, $\lambda>0$, 则由

$$d_1=o(x)=o(a^\lambda)=d_1/(\lambda,d_1)$$

知, $(\lambda, d_1)=1$. 反之, 若 $(\lambda, d_1)=1$, 则 a^λ 为 d_1 阶元. 故 G 中 d_1 阶元恰好形如 a^λ, 其中 $(\lambda, d_1)=1$, 这样的 d_1 阶元恰好有 $\varphi(d_1)$ 个.

同理可证, G 中阶为 $d_2, \cdots, d_t$ 的元素的个数分别为$\varphi(d_2), \varphi(d_3), \cdots, \varphi(d_t)$, 因而有

$$\sum_{i=1}^{t}\varphi(d_i)=n.$$

另一方面, 由数论知识知 $\sum\limits_{d|n}\varphi(d)=n$, 故我们有 $\sum\limits_{i=1}^{t}\varphi(d_i)=\sum\limits_{d|n}\varphi(d)$.

又由于 $d_i|n$, $\varphi(d)\geqslant 1$ 且 $\varphi(d)\geqslant 1$, 故 d_1, d_2, $\cdots$, d_t 恰为 n 的所有正因数, 从而必然存在 i, 使得 $d_i=n$, 即 G 中 $n=|G|$ 阶元必存在, 因此 G 为循环群. #

由定理 2.5.5 的结论 (2) 知, n 阶循环群 $(\mathbf{Z}_n, +)$ 的所有子群形如 $\langle\overline{d}\rangle$, 其中 $d>0$, $d|n$. 例如, 循环群 $(\mathbf{Z}_{12}, +)$ 有下列 6 个子群:

$\langle\overline{1}\rangle=\langle\overline{5}\rangle=\langle\overline{7}\rangle=\langle\overline{11}\rangle=(\mathbf{Z}_{12},+)$ 为 12 阶子群,

$\langle\overline{2}\rangle=\langle\overline{10}\rangle$ 为 6 阶子群,

$\langle\overline{3}\rangle=\langle\overline{9}\rangle$ 为 4 阶子群,

$\langle\overline{4}\rangle=\langle\overline{8}\rangle$ 为 3 阶子群,

$\langle\overline{6}\rangle$ 为 2 阶子群,

$\langle\overline{0}\rangle$ 为 1 阶子群.

习 题 2.5

1. 证明：任意素数阶的群都是循环群.

2. 设 k, l 为任意正整数, 证明：

(1) $k\mathbf{Z} \subseteq l\mathbf{Z}$ 当且仅当 $l|k$;

(2) $k\mathbf{Z} \cap l\mathbf{Z} = [k, l]\mathbf{Z}$;

(3) $k\mathbf{Z} + l\mathbf{Z} = (k, l)\mathbf{Z}$.

3. $(\mathbf{Q}, +)$ 的任意有限生成的子群都是循环群.

4. 求循环群 $(\mathbf{Z}_{20}, +)$ 的所有子群.

5. 设 G, G' 分别是阶为 m, n 的循环群, 证明：存在 G 到 G' 的满同态当且仅当 $n|m$.

6. 群 $G \neq \{e\}$ 除单位元群 $\{e\}$ 外无其他真子群当且仅当 G 为素数阶循环群.

7. 设交换群 G 有阶为 m, n 的元. 证明：G 必有阶为 $[m, n]$ 的元.

8. 设 G 为一有限交换群, 则 G 中存在一个元素, 它的阶是 G 中所有元素阶的倍数.

9. 设 G 为一有限交换群, 则 G 为循环群当且仅当对每个正整数 $d\,||G|$, G 中适合 $x^d = e$ 的元素至多有 d 个.

2.6 变换群和置换群

变换群和置换群是除循环群外另一类重要的群, 群论的早期研究也源于变换群和置换群. 本节简要介绍变换群和置换群的基本概念和性质.

设 X 是一个非空集合, 集合 X 到自身的映射称为 X 的**变换**. X 到自身的可逆变换 (双射变换) 的全体关于变换的合成构成群, 称为集合 X 的**全变换群** (也称**对称群**), 记为 $S(X)$. $S(X)$ 的子群称为**变换群**.

当 X 为有限集时, X 到自身的可逆变换又称为 X 上的**置换**. 容易看出, X 上的置换与 X 中元素所表示的具体内容无关. 不妨设 $|X| = n$, 将 X 中的元素用 $1, 2, \cdots, n$ 编号, 则 X 上的置换 f: $X \to X$ 可以表示为

$$f(1) = a_1, \quad f(2) = a_2, \quad \cdots, \quad f(n) = a_n,$$

其中 $a_1, a_2, \cdots, a_n$ 是 $1, 2, \cdots, n$ 的一个无重复排列.

习惯上, 我们用记号 $\begin{pmatrix} 1 & 2 & 3 & \cdots & n \\ a_1 & a_2 & a_3 & \cdots & a_n \end{pmatrix}$ 来表示 f. 显然, 按照这种写法, 第一行元素的次序怎么设置是没有关系的. 比如上面的 f 也可用

$$\begin{pmatrix} 2 & 3 & 1 & 4 & 5 & \cdots & n \\ a_2 & a_3 & a_1 & a_4 & a_5 & \cdots & a_n \end{pmatrix}$$

来表示, 有时我们干脆把 f 简记为 $\begin{pmatrix} i \\ a_i \end{pmatrix} = \begin{pmatrix} i \\ f(i) \end{pmatrix}$, 显然, $f^{-1} = \begin{pmatrix} f(i) \\ i \end{pmatrix}$.

当 $|X| = n$ 时, $S(X)$ 简记为 S_n, 称为 n **元对称群**. S_n 中的元素称为 n **元置换**, S_n 的子群称为 n **元置换群**, 简称**置换群**. 不难看出, S_n 的阶为 $n!$, 即 $|S_n| = n!$. 设 $r < n$, 则 S_r 可以看成是 S_n 的一个子群.

置换群是群论中很重要的一类群, 群论最早就是从置换群开始的, 利用这种群, 伽罗瓦 (Galois) 成功地解决了代数方程是否可用根式求解的问题. 置换群是一类重要的非交换群, 下面简要介绍置换群的基本性质.

1. 置换的轮换表示

由前面的说明, S_n 中任一置换 f: $X \to X$ 都可以表示为 $\begin{pmatrix} 1 & 2 & 3 & \cdots & n \\ a_1 & a_2 & a_3 & \cdots & a_n \end{pmatrix}$, 下面给出置换 f 更简单的表示方法. 先介绍置换的**轮换表示**.

在 X 中任取一个元素 x. 因为 S_n 是有限群, 必存在正整数 k 使得 $f^k = 1$. 设 r 是使得 $f^r(x) = x$ 的最小正整数. 我们断言, x, $f(x)$, $f^2(x)$, $\cdots$, $f^{r-1}(x)$ 这 r 个元素两两不同. 否则, 不妨设 $f^i(x) = f^j(x), 0 \leqslant i < j < r$. 因为 f 是双射, 故有 $f^{j-i}(x) = x$, 但 $0 < j - i < r$, 这与 r 的选择矛盾.

数组 $(x \quad f(x) \quad \cdots \quad f^{r-1}(x))$ 称为置换 f 的一个 r-**轮换**, r 称为这个**轮换的长度**. 长度为 2 的轮换也称为**对换**. 两个轮换说是**相同的**, 如果一个可以由另一个进行循环移位而得到, 例如, (1 2 3 4 5) 与 (3 4 5 1 2) 是两个相同的轮换. 称两个轮换$\alpha = (a_1 \quad a_2 \quad \cdots \quad a_r)$, $\beta = (b_1 \quad b_2 \quad \cdots \quad b_s)$ 是**不相交的**, 如果α, β 不含有相同的元素, 即对任意 i, j $(1 \leqslant i \leqslant r, 1 \leqslant j \leqslant s)$, 都有 $a_i \neq b_j$.

可以证明, 任意两个不相交的轮换的积满足交换律 (留作习题), 且有

定理 2.6.1 对任意置换 $f \in S_n$, 除轮换出现的顺序外, f 可以唯一分解成两两不相交的轮换的积. 这种分解称为置换 f 的**轮换分解**.

证明 在 $X = \{1, 2, \cdots, n\}$ 中任取定一个元素 x, 可以得到 f 的一个 r-轮换

$$(x \quad f(x) \quad \cdots \quad f^{r-1}(x)).$$

如果 X 中还有元素不在这 r 个元素中, 那么在集合 $X - \{x \quad f(x) \quad \cdots \quad f^{r-1}(x)\}$ 中再任意取定一个元素 y, 这样又可以得到 f 的一个轮换. 因为 X 为有限集合, 这样一直做下去, 就可以得到 f 的全部轮换.

因为 f 是双射, 所以按照上述方法所得到的 f 的任意两个轮换要么所含的元素完全相同, 要么不含相同的元素. 因此, f 可以分解成两两不相交的轮换的积.

由于任意两个不相交的轮换的积满足交换律, 故这样的分解是唯一的. #

例 2.6.1 设 $X = \{1, 2, \cdots, 8\}$, 则

$$\begin{pmatrix} 1 & 2 & 3 & 4 & 5 & 6 & 7 & 8 \\ 2 & 3 & 1 & 5 & 4 & 6 & 8 & 7 \end{pmatrix} = (1\ 2\ 3)\,(4\ 5)\,(7\ 8) \quad (\text{先取 } a = 1)$$

$$= (4\ 5)(1\ 2\ 3)(7\ 8) \quad (先取\ a=4)$$
$$= (2\ 3\ 1)(7\ 8)(5\ 4) \quad (先取\ a=2)$$

其中 1-轮换 (6) 省掉了.

从例 2.6.1 可以看出, 置换的轮换表示与各子轮换的顺序无关.

设置换 f 的轮换分解为 (要求 X 中的元素在 f 的轮换分解中出现且只出现一次, 保留各个 1-轮换):

$$f = \underbrace{(*)\cdots(*)}_{\lambda_1\ 个长度为\ 1\ 的轮换}\ \underbrace{(*\,*)\cdots(*\,*)}_{\lambda_2\ 个长度为\ 2\ 的轮换}\cdots\cdots\underbrace{(*\ *\ \cdots\ *)}_{\lambda_n\ 个长度为\ n\ 的轮换},\ 1\lambda_1+2\lambda_2+\cdots+n\lambda_n =n,\quad \lambda_i \geqslant 0.$$

这时我们称 f 具有**轮换结构** $[1^{\lambda_1}, 2^{\lambda_2}, \cdots, n^{\lambda_n}]$. 具有相同的轮换结构的置换称为**同型的**.

S_n 中恒等置换简记为 (1) 或者 1. 设 $\sigma = (a_1\ a_2\ \cdots\ a_r)$ 为某个 r-轮换 $(r>1)$, 容易证明

$$(a_1\ a_2\ \cdots\ a_r) = (a_2\ \cdots\ a_r\ a_1) = \cdots = (a_r\ a_1\ a_2\ \cdots\ a_{r-1}),$$
$$(a_1\ a_2\ \cdots\ a_r)^{-1} = (a_r\ a_{r-1}\ \cdots\ a_2\ a_1),$$
$$\sigma^r = (1),$$

且对任意 $0<k<r$, 有 $\sigma^k \neq (1)$, 即 **r-轮换 $\sigma=(a_1\ a_2\ \cdots\ a_r)$ 的阶为 r.**

进而, 如果 $f=(a_{11}\ \cdots\ a_{1r_1})(a_{21}\ \cdots\ a_{2r_2})\cdots(a_{k1}\ \cdots\ a_{kr_k})$ 是两两不相交的轮换的积, 还可以证明 f 的阶为 $\mathrm{lcm}(r_1, r_2, \cdots, r_k)$.

2. 置换的对换表示

容易看出, 任意 r-轮换都可以如下表示为一些对换的乘积:

$$(a_1\ a_2\ \cdots\ a_r) = (a_1\ a_r)(a_1\ a_{r-1})\cdots(a_1\ a_3)(a_1\ a_2),$$

因此, 如果 $f=(a_{11}\ \cdots\ a_{1r_1})(a_{21}\ \cdots\ a_{2r_2})\cdots(a_{k1}\ \cdots\ a_{kr_k})$ 是两两不相交的轮换的积, 则 f 可以分解成 $\sum\limits_{i=1}^{k}(r_i-1)$ 个对换的积, 以后我们用 $N(f)$ 来记 $\sum\limits_{i=1}^{k}(r_i-1)$. 显然, $N(f)$ 是由 f 所唯一决定的, 且 $N(1)=0$. $N(f)$ 称为 **Cauchy 指数**.

任一置换都可写成对换的积, 然而一个置换分解成对换的乘积不是唯一的. 例如

$$(1\ 2\ 3) = (1\ 3)(1\ 2) = (1\ 2)(2\ 3) = (2\ 3)(1\ 3) = (1\ 2)(1\ 3)(1\ 2)(1\ 3),$$

但我们有

定理 2.6.2 在一个置换的对换分解式中, 出现对换个数的奇偶性不变.

证明 同前记 $X=\{1,2,\cdots,n\}$, 则对于任意 $h+k+2$ 个两两不同的元素 a, b, c_1, $\cdots$, c_h, d_1, $\cdots$, $d_k \in X$ (这里 h, k 可以取 0), 可以证明下式成立:

$$(a\ b)(a\ c_1\ \cdots\ c_h\ b\ d_1\ \cdots\ d_k)=(b\ d_1\ \cdots\ d_k)(a\ c_1\ \cdots\ c_h), \tag{2.6.1}$$

即 $(a\ b)(b\ d_1\ \cdots\ d_k)(a\ c_1\ \cdots\ c_h)=(a\ c_1\ \cdots\ c_h\ b\ d_1\ \cdots\ d_k)$. 由 $N(f)$ 的定义, 我们有

$$\begin{aligned}&N((a\ c_1\ \cdots\ c_h\ b\ d_1\ \cdots\ d_k))=h+k+1,\\&N((b\ d_1\ \cdots\ d_k)(a\ c_1\ \cdots\ c_h))=h+k.\end{aligned}$$

令 $\alpha\in S_n$, 我们来计算 $N((a\ b)\alpha)$. 分两种情形.

(1) 若 a, b 出现在 α 的轮换分解式的同一个轮换中, 不妨设

$$\alpha=(a_{11}\ \cdots\ a_{1r_1})\cdots(a_{i1}\ \cdots\ a_{ir_i})\cdots(a_{s1}\ \cdots\ a_{sr_s}),$$

其中 a, b 均出现在 $(a_{i1}\ \cdots\ a_{ir_i})$ 中. 因为

$$\begin{aligned}(a\ b)\alpha=&(a\ b)(a_{i1}\ \cdots\ a_{ir_i})(a_{11}\ \cdots\ a_{1r_1})\cdots(a_{i-1,1}\ \cdots\ a_{i-1,r_{i-1}})\\&\cdot(a_{i+1,1}\ \cdots\ a_{i+1,r_{i+1}})\cdots(a_{s1}\ \cdots\ a_{sr_s}),\end{aligned}$$

所以

$$\begin{aligned}N((a\ b)\alpha)=&N((a\ b)(a_{i1}\ \cdots\ a_{ir_i}))+(r_1-1)+\cdots+(r_{i-1}-1)\\&+(r_{i+1}-1)+\cdots+(r_s-1),\end{aligned}$$

而 $N((a\ b)(a_{i1}\ \cdots\ a_{ir_i}))=r_i-2$ (由 (2.6.1) 式), 故 $N((a\ b)\alpha)=N(\alpha)-1$.

(2) 若 a, b 出现在 α 的不同的轮换中, 不妨设 a, b 分别出现在轮换 $(a\ c_1\ \cdots\ c_h)$ 和 $(b\ d_1\ \cdots\ d_k)$ 中, 则

$$(a\ b)(b\ d_1\ \cdots\ d_k)(a\ c_1\ \cdots\ c_h)=(a\ c_1\ \cdots\ c_h\ b\ d_1\ \cdots\ d_k),$$

从而

$$\begin{aligned}N((a\ b)(a\ c_1\ \cdots\ c_h)(b\ d_1\ \cdots\ d_k))&=h+k+1\\&=N((a\ c_1\ \cdots\ c_h)(b\ d_1\ \cdots\ d_k))+1,\end{aligned}$$

故有

$$N((a\ b)\alpha) = N(\alpha) + 1.$$

由此可见, 无论哪一种情形, 用一个对换乘 α 均改变 $N(\alpha)$ 的奇偶性, 即有

$$N((ab)\alpha) \equiv N(\alpha) + 1 (\mathrm{mod}\, 2). \tag{2.6.2}$$

现设 $\alpha = (\ )_1(\ )_2 \cdots (\ )_m$ 是任一对换分解 (对换个数为 m), 则由 $(\ )_m \cdots (\ )_2(\ )_1\alpha = (1)$, 知

$$N((\ )_m \cdots (\ )_2(\ )_1\alpha) = N(1) = 0.$$

另一方面, 由 (2.6.2) 式知, $N((\ )_m\ \cdots\ (\ )_2\ (\ )_1\alpha) \equiv N(\alpha) + m (\mathrm{mod}\, 2)$, 故 $m \equiv N(\alpha) (\mathrm{mod}\, 2)$, 即 $N(\alpha)$ 与 m 有相同的奇偶性. #

设置换 $\alpha \in S_n$, 如果 α 可以表示为偶数个对换的乘积, 则称 α 为**偶置换**. 如果 α 可以表示为奇数个对换的乘积, 则称 α 为**奇置换**. 令 A_n 表示所有偶置换构成的集合, 它关于置换的乘法也构成群, 称为 n **元交错群**, A_n 是 S_n 的子群.

容易看出, S_n 中奇置换和偶置换各占一半, 故有 $|A_n| = n!/2$.

下面简单介绍轮换和对换的性质, 并给出 S_n 和 A_n 的生成元组.

定理 2.6.3 设 i, j, k, l 是不超过 n 的四个不同的正整数, 则有

(1) $(i\ j) = (k\ i)\ (k\ j)\ (k\ i)$;

(2) $(i\ j)\ (i\ k) = (i\ k\ j)$;

(3) $(i\ j)\ (k\ l) = (j\ k\ i)\ (k\ l\ j)$.

证明 直接验证知结论 (1) 和 (2) 成立, 结论 (3) 由 $(i\ j)\ (k\ l) = (i\ j)\ (j\ k)\ (j\ k)\ (k\ l) = (j\ k\ i)\ (k\ l\ j)$ 可得. #

下面分析 n 元对称群 S_n 和 n 元交错群 A_n 的生成元组.

因为任一置换都可写成对换的积, 而当 i, j 都不为 1 时, $(i\ j) = (1\ i)(1\ j)(1\ i)$, 故有

$$S_n = \langle (1\ 2), (1\ 3), \cdots, (1\ n) \rangle.$$

一般的, 若 $i_1, i_2, i_3, \cdots, i_n$ 是 $1, 2, \cdots, n$ 的一个无重复排列, 则有

$$S_n = \langle (i_1\ i_2), (i_1\ i_3), \cdots, (i_1\ i_n) \rangle.$$

此外, 还可以证明

$$S_n = \langle (1\ 2), (2\ 3), \cdots, (n-1 n) \rangle.$$

由于 $S_n = \langle (1\ 2), (1\ 3), \cdots, (1\ n) \rangle$, 故对任意 $\alpha \in A_n$, α 恒可以从 $(1\ 2)$, $(1\ 3)$, $\cdots$, $(1\ n)$ 中选取适当的偶数个相乘而得. 因为当 $i \neq j$ 时, $(1\ j)\ (1\ i) = (1\ i\ j)$, 并且当 i, j 都不为 2 时, 又有

$$(1\ i\ j) = (1\ 2\ j)^2 (1\ 2\ i)(1\ 2\ j).$$

而 $(1\ i\ 2) = (1\ 2\ i)^2$, 故有

$$A_n = \langle (1\ 2\ 3), (1\ 2\ 4), \cdots, (1\ 2\ n) \rangle.$$

一般的, 若 $i_1, i_2, i_3, \cdots, i_n$ 是 $1, 2, \cdots, n$ 的一个无重复排列, 则有

$$A_n = \langle (i_1\ i_2\ i_3), (i_1\ i_2\ i_4), \cdots, (i_1\ i_2\ i_n) \rangle.$$

3. 共轭置换的性质

称置换群 S_n 中两个置换 α 和 β **共轭**当且仅当存在 $\tau \in S_n$ 使 $\beta = \tau\alpha\tau^{-1}$. 关于共轭置换, 可以证明:

定理 2.6.4 (1) 对任意 $\tau \in S_n$, 有 $\tau(i_1\, i_2\ \cdots\ i_r)\tau^{-1} = (\tau(i_1)\, \tau(i_2)\ \cdots\ \tau(i_r))$.

(2) 进而, 若 $\sigma = (i_1\ \cdots\ i_r)(j_1\ j_2\ \cdots\ j_s)\cdots(l_1\ l_2\ \cdots\ l_t)$ 是两两不相交的轮换的积, 则

$$\tau\sigma\tau^{-1} = (\tau(i_1)\ \tau(i_2)\ \cdots\ \tau(i_r))(\tau(j_1)\ \tau(j_2)\ \cdots\ \tau(j_s))\cdots(\tau(l_1)\ \tau(l_2)\ \cdots\ \tau(l_t)).$$

证明 (1) 不妨设 $\tau(i_k) = j_k$, $1 \leqslant k \leqslant r$, 直接验证知

$$\tau(i_1\ i_2\ \cdots\ i_r)\tau^{-1}(j_k) = j_{k+1}, \quad 1 \leqslant k \leqslant r-1,$$

$$\tau(i_1\ i_2\ \cdots\ i_r)\tau^{-1}(j_r) = j_1,$$

而 $\tau(i_1\ i_2\ \cdots\ i_r)\tau^{-1}$ 保持其余的数不动, 即有

$$\tau(i_1\ i_2\ \cdots\ i_r)\tau^{-1} = (j_1\ j_2\ \cdots\ j_r) = (\tau(i_1)\ \tau(i_2)\ \cdots\ \tau(i_r)).$$

(2) 不妨设 $\sigma = \sigma_1\ \cdots\ \sigma_u = (i_1\ \cdots\ i_r)(j_1\ j_2\ \cdots\ j_s)\cdots(l_1\ l_2\ \cdots\ l_t)$ 是两两不相交的轮换的积, 由于

$$\tau\sigma\tau^{-1} = (\tau\sigma_1\tau^{-1})(\tau\sigma_2\tau^{-1})\cdots(\tau\sigma_u\tau^{-1}),$$

故由结论 (1) 知

$$\tau\sigma\tau^{-1} = (\tau(i_1)\ \tau(i_2)\ \cdots\ \tau(i_r))(\tau(j_1)\ \tau(j_2)\ \cdots\ \tau(j_s))\cdots(\tau(l_1)\tau(l_2)\ \cdots\ \tau(l_t)).$$

#

由定理 2.6.4 容易给出 S_n 中任意置换的共轭置换, 进而还可以证明以下推论.

推论 2.6.1 S_n 中两个置换 α 和 β 共轭当且仅当 α, β 具有相同的轮换结构.

证明 先证必要性. 设 α 的轮换分解为

$$\alpha = (i_1\ \cdots\ i_r)(j_1\ \cdots\ j_s)\cdots(l_1\ \cdots\ l_u)$$

若 α 与 β 共轭, 则存在 $\tau \in S_n$ 使 $\beta = \tau\alpha\tau^{-1}$, 即

$$\beta = (\tau(i_1)\ \cdots\ \tau(i_r))(\tau(j_1)\ \cdots\ \tau(j_s))\cdots(\tau(l_1)\ \cdots\ \tau(l_u))$$

故α 与 β 具有相同的轮换结构.

再证充分性. 设α 和 β 具有相同的轮换结构, 不妨设

$$\alpha=(i_1\ \cdots\ i_r)(j_1\ \cdots\ j_s)\cdots(l_1\ \cdots\ l_u),$$
$$\beta=(a_1\ \cdots\ a_r)(b_1\ \cdots\ b_s)\cdots(d_1\ \cdots\ d_u),$$

令 $\tau = \begin{pmatrix} \cdots & i_1 & \cdots & i_r & j_1 & \cdots & j_s & \cdots & l_1 & \cdots & l_u & \cdots \\ \cdots & a_1 & \cdots & a_r & b_1 & \cdots & b_s & \cdots & d_1 & \cdots & d_u & \cdots \end{pmatrix} \in S_n$, 则

$$\beta = \tau\alpha\tau^{-1}. \qquad \#$$

容易验证 S_n 中的置换间的共轭关系是一个等价关系, 每个等价类称为共轭类. 假定置换 α 的轮换分解式中 $r \geqslant s \geqslant \cdots \geqslant u$, 称序列 $(r, s, \cdots, u)$ 为正整数 n 的一个**分拆** (注意 $r+s+\cdots+u=n$). 由推论 2.6.1 知, 在 S_n 的所有共轭类组成的集合与 n 的所有不同的分拆组成的集合之间存在一一对应. 记 $p(n)$ 为 n 的所有不同的分拆的个数, 则 S_n 共有 $p(n)$ 个共轭类. 正整数函数 $p(n)$ 是一个有趣的计数函数, 它的前面几个值为

$$p(2) = 2, \quad p(3) = 3, \quad p(4) = 5, \quad p(5) = 7, \quad p(6) = 11.$$

与此对应地, 3 元置换有 3 类: 1^3, $1^1 2^1$, 3^1, 而 4 元置换有 5 类: 1^4, $1^2 2^1$, $1^1 3^1$, 2^2, 4^1. 利用共轭置换的性质可以研究一些置换群的正规子群, 参见 2.9 节.

4. 图形的对称群、二面体群 D_n

设 F 是平面上的一个图形. 令 G_F 为全体保持 F 不变的平面正交变换所成的集合. 显然, 恒等变换总在 G_F 中, 因而 G_F 是非空的. G_F 中任意两个变换的乘积仍在 G_F 中, 因而变换的乘法可以认为是在 G_F 上定义的一个运算. G_F 中任意变换的逆也在 G_F 中. 这就是说, G_F 在变换的乘法下成一个群, 称为图形 F 的**对称群**.

例如, 当 F 为平面上的**正 n 边形**时, 那么 F 的**对称群** G_F 由 $2n$ 个元素组成. 令 T 为绕中心旋转 $2\pi/n$ 的变换, S 为对于某一对称轴的镜面反射, 于是有

$$G_F = \{I, T, T^2, \cdots, T^{n-1}, S, ST, \cdots, ST^{n-1}\},$$

其中 $T^n = I$, $S^2 = I$, $ST = T^{-1}S$. 这些群通常称为**二面体群**, 记为 D_n.

若把正 n 边形的各顶点用 1, 2, $\cdots$, n 编号, 则旋转变换 T 和镜面反射 S 可以表示为

$$T = \begin{pmatrix} 1 & 2 & \cdots & n-1 & n \\ 2 & 3 & \cdots & n & 1 \end{pmatrix}, \quad S = \begin{pmatrix} 1 & 2 & \cdots & n-1 & n \\ 1 & n & \cdots & 3 & 2 \end{pmatrix},$$

因此, 二面体群 D_n 可以自然视为 S_n 的子群, 且是由 S, T 生成的子群.

习 题 2.6

1. 证明：任意两个不相交的轮换的积满足交换律.

2. 把 (4 5 6) (5 6 7) (6 7 1) (1 2 3) (2 3 4) (3 4 5) 表成两两不相交的轮换的积.

3. 在 S_3 中找到两个元素 x, y, 适合 $(xy)^2 \neq x^2y^2$ (找非交换的两个元素 x, y).

4. S_n 中有且只有 $\dfrac{n!}{1^{\lambda_1}\lambda_1!2^{\lambda_2}\lambda_2!\cdots n^{\lambda_n}\lambda_n!}$ 个元素, 具有轮换结构 $[1^{\lambda_1}, 2^{\lambda_2}, \cdots, n^{\lambda_n}]$.

5. 设 $\sigma \in S_n$, 并设 $\sigma = (a_1, \cdots, a_{r_1})(b_1, \cdots, b_{r_2})\cdots(c_1, \cdots, c_{r_k})$ 是两两不相交的轮换的积, 则

$$o(\sigma) = [r_1, r_2, \cdots, r_k].$$

6. 确定置换 $\begin{pmatrix} 1 & 2 & \cdots & n-1 & n \\ n & n-1 & \cdots & 2 & 1 \end{pmatrix}$ 的符号.

7. 证明：$S_n = \langle (1\ 2), (2\ 3), \cdots, (n-1 n) \rangle = \langle (1\ 2), (1\ 2\ 3\ \cdots\ n) \rangle$.

8. 证明：(1) $A_n = \langle (n\ n-1\ 1), (n\ n-1\ 2), \cdots, (n\ n-1\ n-2) \rangle$.

(2) 当 n 为奇数时,

$$A_n = \langle (1\ 2\ 3), (1\ 2\ 3\ \cdots\ n) \rangle;$$

当 n 为偶数时,

$$A_n = \langle (1\ 2\ 3), (2\ 3\ \cdots\ n) \rangle.$$

9. 对于 $n > 2$, 作一阶为 $2n$ 的非交换群.

10. 设 p 为素数. 证明 S_p 含有 $(p-1)!$ 个 p 阶置换和 $(p-2)!$ 个 p 阶子群.

11. 设 G 是 S_n 的子群, 则 G 的元素要么全为偶置换, 要么偶置换和奇置换的个数相等.

2.7 群的同态和同构

保持运算的同态映射是代数系统的重要研究对象之一, 本节主要介绍群同态和群同构的基本概念和性质.

定义 2.7.1 设 G, G' 是两个群, σ 是 G 到 G' 的映射. 如果σ 保持运算, 即对于任意 $a, b \in G$, 有

$$\sigma(ab) = \sigma(a)\sigma(b),$$

那么称 σ 为 G 到 G' 的**同态**, 记为 $G \overset{\sigma}{\sim} G'$. 若同态 σ 是满 (单) 射, 则 σ 称为**满 (单) 同态**. 若同态 σ 是双射, 则 σ 称为**同构**, 记为 $G \overset{\sigma}{\cong} G'$, 或简记为 $G \cong G'$.

G 到自身的同态称为**自同态**, G 到自身的同构称为**自同构**.

任何两个群之间都存在同态, 比如对于任意 $a \in G$, 令 σ: $a \to e'$, 则 σ 是 G 到 $G\prime$ 的同态, 这个同态称为**零同态**.

命题 2.7.1 设 σ 是 G 到 G' 的群同态, 并记 e 和 e' 分别是 G 和 G' 的单位元, 则有

(1) $\sigma(e) = e'$;

(2) 对任意 $a \in G$, 有 $\sigma(a^{-1}) = \sigma(a)^{-1}$.

下面举一些群同态的例子.

例 2.7.1 设 H 是群 G 的子群, 定义映射

$$\sigma : H \to G,$$
$$x \to x,$$

则 σ 是单同态, 称之为**嵌入同态或包含同态**. 特别, 当 $H = G$ 时, G 到 G 的嵌入同态称为**单位同态**.

例 2.7.2 设 P 为任一数域, 对于任意 $A \in GL_n(P)$, 定义

$$\sigma(A) = |A|,$$

则 σ 为 $GL_n(P)$ 到 P^* 的一个同态, 其中 P^* 为数域 P 中非零元素组成的集合, 它关于数域 P 中的乘法构成群.

例 2.7.3 对数映射 σ: $x \to \ln(x)$ 是全体正实数构成的乘法群 $(\mathbf{R}^+, \cdot)$ 到全体实数构成的加法群 $(\mathbf{R}, +)$ 的同构映射.

例 2.7.4 设 G 为群, 对任意 $a \in G$, 映射$\sigma_a : x \to axa^{-1}$ 是群 G 到自身的同构.

又如, 2.5 节证明了任意无限循环群都与整数加法群 $(\mathbf{Z}, +)$ 同构, 任意 n 阶循环群都与 $(\mathbf{Z}_n, +)$ 同构.

利用同态映射还可以研究两个代数结构之间的关系. 例如有

定理 2.7.1 设 σ: $G \to G'$ 是群同态, 则

(1) 若 H 是 G 的一个子群, 则 $\sigma(H) = \{\sigma(a) | a \in H\}$ 是 G' 的子群;

(2) 若 H' 是 G' 的一个子群, 则 $\sigma^{-1}(H') = \{a \in G | \sigma(a) \in H'\}$ 是 G 的子群;

(3) 若 σ 为满同态, 则 $\sigma(\sigma^{-1}(H')) = H'$;

(4) 若 σ 为单同态, 则 $\sigma^{-1}(\sigma(H)) = H$.

证明 (1) 设 e, e' 分别是 G, G' 的单位元. 任取 a', $b' \in \sigma(H)$, 则存在 $a, b \in H$, 使得

$$a' = \sigma(a), \quad a' = \sigma(b).$$

因为

$$\sigma(a)\sigma(b)^{-1} = \sigma(a)\sigma(b^{-1}) = \sigma(ab^{-1}) \in \sigma(H),$$

所以 $\sigma(H)$ 是 G' 的子群.

(2) 任取 $a, b \in \sigma^{-1}(H')$, 则有 $\sigma(a)$, $\sigma(b) \in H'$, 于是

$$\sigma(ab^{-1}) = \sigma(a)\sigma(b^{-1}) = \sigma(a)\sigma(b)^{-1} \in H',$$

即 $ab^{-1} \in \sigma^{-1}(H')$, 因此 $\sigma^{-1}(H')$ 是 G 的子群.

(3) 对于任意 $a' \in \sigma(\sigma^{-1}(H'))$, 存在 $a \in \sigma^{-1}(H')$, 使得 $a' = \sigma(a)$.

又由于 $a \in \sigma^{-1}(H')$, 故 $\sigma(a) \in H'$, 即 $a' = \sigma(a) \in H'$, 因此 $\sigma(\sigma^{-1}(H')) \subseteq H'$.

另一方面, 对于任意 $a' \in H'$, 因为 σ 为满射, 故存在 $a \in G$, 使得 $a' = \sigma(a)$, 从而

$$a \in \sigma^{-1}(H'), \quad a' \in \sigma(\sigma^{-1}(H')),$$

于是 $H' \subseteq \sigma(\sigma^{-1}(H'))$, 因此当 σ 为满同态时有 $\sigma(\sigma^{-1}(H')) = H'$.

(4) 显然 $H \subseteq \sigma^{-1}(\sigma(H))$. 另一方面, 对于任意 $a \in \sigma^{-1}(\sigma(H))$, 有 $\sigma(a) \in \sigma(H)$, 故存在 $h \in H$, 使得 $\sigma(a) = \sigma(h)$. 又因为 σ 为单射, 故 $a = h \in H$, 于是 $\sigma^{-1}(\sigma(H)) \subseteq H$, 因此当 σ 为单同态时有 $\sigma^{-1}(\sigma(H)) = H$. #

定义 2.7.2 设 $\sigma : G \to G'$ 是群同态, 则 $\mathrm{Ker}(\sigma) = \{x \in G | \sigma(x) = e'\}$ 称为 σ 的**同态核**, $\mathrm{Im}(\sigma) = \sigma(G) = \{\sigma(x) | x \in G\}$ 称为 σ 的**同态象**, 其中 e' 为 G' 的单位元.

定理 2.7.2 设 $\sigma : G \to G'$ 是群同态, 则

(1) $\mathrm{Ker}(\sigma) \leqslant G$;

(2) $\mathrm{Im}(\sigma) \leqslant G'$;

(3) σ 是单同态当且仅当 $\mathrm{Ker}(\sigma) = \{e\}$;

(4) σ 是满同态当且仅当 $\mathrm{Im}(\sigma) = G'$;

(5) σ 是同构当且仅当 $\mathrm{Ker}(\sigma) = \{e\}$ 且 $\mathrm{Im}(\sigma) = G'$.

证明 由定理 2.7.1 知, 结论 (1) 和 (2) 显然成立.

(3) *必要性*. 对于任意 $x \in \mathrm{Ker}(\sigma)$, 有 $\sigma(x) = e'$, 因为 $\sigma(e) = e'$ 且σ 是单射, 所以 $x = e$, 从而 $\mathrm{Ker}(\sigma) = \{e\}$;

充分性. 设 $\sigma(a) = \sigma(b)$, 则 $\sigma(ab^{-1}) = \sigma(a)\sigma(b)^{-1} = e'$, 即 $ab^{-1} \in \mathrm{Ker}(\sigma) = \{e\}$, 从而 $ab^{-1} = e$, 即 $a = b$, 因此 σ 为单射.

(4) 和 (5) 显然. #

本节的最后, 介绍群同构的一个应用, 证明群论历史上重要的凯莱定理. 从历史上看, 群论是最早研究变换群的, 而凯莱定理说明抽象群和特定的变换群是同构的.

定理 2.7.3 (凯莱 (Cayley) 定理) 任意一个群都同构于某一集合上的变换群.

证明 设 G 是一个群. 对于任意 $a \in G$, 定义 G 上的变换 σ_a 如下:

$$\sigma_a(x) = ax, \quad x \in G.$$

先证明 σ_a 为可逆变换. 事实上, 我们有

$$\sigma_{a^{-1}}\sigma_a(x) = \sigma_{a^{-1}}(ax) = a^{-1}ax = x,$$

$$\sigma_a\sigma_{a^{-1}}(x) = \sigma_a(a^{-1}x) = aa^{-1}x = x,$$

因此 $\sigma_{a^{-1}}\sigma_a$ 和 $\sigma_a\sigma_{a^{-1}}$ 都是单位变换, 从而 $\sigma_a^{-1} = \sigma_{a^{-1}}$, 即 σ_a 是可逆变换.

记 $G_l = \{\sigma_a | a \in G\}$, 则对任意 σ_a , $\sigma_b \in G_l$, 有

$$\sigma_a\sigma_b^{-1}(x) = \sigma_a(b^{-1}x) = ab^{-1}x = \sigma_{ab^{-1}}(x),$$

即 $\sigma_a\sigma_b^{-1} = \sigma_{ab^{-1}} \in G_l$, 因此 G_l 关于变换的乘法构成群.

又因为 $\sigma_a(e) = a$, 故对任意 $a, b \in G$, 有 $\sigma_a = \sigma_b$ 当且仅当 $a = b$, 因此映射

$$\psi : a \to \sigma_a$$

是 G 到 G_l 的一个单射. 显然 ψ 还是满射, 故 ψ 为双射.

再由 $\sigma_a\sigma_b = \sigma_{ab}$ 知, 上面的映射 ψ 是群同态, 故 ψ 是群 G 到 G_l 的一个同构映射. #

变换 σ_a 称为由元素 a 在 G 上引起的**左平移**, 而变换群 G_l 称为群的**左正则表示**.

类似可以定义**右平移**

$$\tau_a(x) = xa^{-1}, \quad x \in G,$$

则 $G_r = \{\tau_a | a \in G\}$ 也是集合 G 的一个变换群, 也同构于 G.

当 G 为有限群, $|G| = n$ 时, G_l 和 G_r 都是 S_n 的子群, 故有以下结论.

推论 2.7.1 任意 n 阶有限群都同构于 n 元对称群 S_n 的子群.

变换群, 特别是 n 元对称群是一种相对具体的群. 凯莱定理及其推论表明, 任何一个抽象群都可以找到一个具体的群与它同构.

习 题 2.7

1. 证明：群 G 为一交换群当且仅当映射 $x \to x^{-1}$ 是一同构映射.

2. 设 G 为群, 则对任意 $a \in G$, 映射 $\sigma_a : x \to axa^{-1}$ 是群 G 的自同构.

3. 设 f,g 是群 G 到 G' 的两个同态, S 是 G 的生成元集. 如果对 S 中任意元素 s, 都有 $f(s) = g(s)$, 则 $f = g$.

4. 证明：在 S_4 中, 子集合 $K = \{(1), (1\ 2)(3\ 4), (1\ 3)(2\ 4), (1\ 4)(2\ 3)\}$ 是一子群. 证明群 K 与 U_4 不同构.

5. 设 σ 是群 G 到 G' 的同构, 对任意 $a \in G$, 证明：$o(a) = o(\sigma(a))$.

2.8 正规子群和商群

正规子群是群论中最重要的概念之一, 本节主要介绍正规子群、商群的基本概念和性质, 并介绍与正规子群密切相关的哈密顿群和单群.

一般来说, 对于群 G 的一个子群 H, 对任意 $a \in G$, 左陪集 aH 未必一定等于右陪集 Ha. 然而, 对于 G 的某些特殊子群, 有可能其左陪集都等于其右陪集, 这样的子群在群论中占有重要的地位. 为此, 我们给出以下定义.

定义 2.8.1　设 H 是 G 的一个子群. 如果对任意 $a \in G$, 均有 $aH = Ha$, 则 H 称为 G 的一个**正规子群**, 记为 $H \lhd G$ (或 $G \rhd H$).

若 H 不是 G 的正规子群, 则记为 $H \ntriangleleft G$.

对于正规子群 H 的陪集, 我们不必区分左右, 把它们简称为 H 的陪集.

若 G 是交换群, 则 G 的任一子群均是正规子群. 因此, 正规子群这一概念主要对非交换群才具有真正意义.

群 G 的平凡子群 $\{e\}$ 和 G 都是 G 的正规子群, 称其为群 G 的**平凡正规子群**. 群的其他正规子群 (如果存在的话) 称为群 G 的**非平凡正规子群**.

下面的定理给出了判断正规子群的几个充要条件.

定理 2.8.1　设 H 是 G 的子群, 则下面的四个条件是等价的.

(1) $H \lhd G$.

(2) 对任意 $a \in G$, $aHa^{-1} = H$.

(3) 对任意 $a \in G$, $aHa^{-1} \subseteq H$.

(4) 对任意 $a \in G$, $h \in H$, $aha^{-1} \in H$.

证明　(1) $\Rightarrow$ (2) 因为 $H \lhd G$, 故对任意 $a \in G$, 有 $aH = Ha$. 于是

$$aHa^{-1} = (Ha)a^{-1} = H.$$

(2) $\Rightarrow$ (3) 显然.

(3) $\Rightarrow$ (4) 显然.

(4) $\Rightarrow$ (1) 对任意 $a \in G$, $h \in H$, 因为 $aha^{-1} \in H$, 故 $ah \in Ha$, 即 $aH \subseteq Ha$.
反之, 由 $a^{-1}ha = a^{-1}h(a^{-1})^{-1} \in H$ 知, $ha \in aH$, 故有 $Ha \subseteq aH$.
综上可得, 对任意 $a \in G$, 有 $aH = Ha$, 即 $H \lhd G$.　#

下面给出一些正规子群和非正规子群的例子.

例 2.8.1　设 $\sigma : G \to G'$ 是群同态, 并令 $K = \mathrm{Ker}(\sigma)$, 则对任意 $g \in G$, 有

$$gK = Kg,$$

即群同态的核都是正规子群.

证明　对任意 $g \in G$, $x \in K$, 因为

$$\sigma(gxg^{-1}) = \sigma(g)\sigma(x)\sigma(g^{-1}) = \sigma(g)e'\sigma(g^{-1}) = e',$$

故 $gxg^{-1} \in K$, 从而 $gx \in Kg$, 于是有 $gK \subseteq Kg$.

同理有 $\sigma(g^{-1}xg)=e'$, 于是有 $g^{-1}xg\in K$, 即 $xg\in gK$, 也即 $Kg\subseteq gK$.

综上可得, 对任意 $g\in G$, 有 $gK=Kg$. 故 $K=\mathrm{Ker}(\sigma)$ 是 G 的正规子群. #

例 2.8.2 设 $H=\{(1),(12)\}$ 是置换群 S_3 的一个子群. 因为

$$(1\ 3)H=\{(1\ 3),(1\ 2\ 3)\},\quad H(1\ 3)=\{(1\ 3),(1\ 3\ 2)\},$$

所以 $(1\ 3)H\neq H(1\ 3)$, 故 H 不是 S_3 的正规子群.

若 $N\lhd G$, 并且 $N\leqslant H\leqslant G$, 则显然有 $N\lhd H$. 但正规子群的正规子群不一定是原群的正规子群, 也即正规子群不具有传递性. 例如, 可以证明 $H=\{(1),(1\ 2)(3\ 4)\}$ 是 $K=\{(1),(1\ 2)(3\ 4),(1\ 3)(2\ 4),(1\ 4)(2\ 3)\}$ 的正规子群, K 是 S_4 的正规子群, 但 H 不是 S_4 的正规子群.

利用定理 2.8.1 容易证明下面的结论成立.

推论 2.8.1 群 G 的任意个正规子群的**交**还是 G 的正规子群.

证明 设 $H_i(i=1,2,\cdots)$ 是 G 的正规子群, 显然 $\bigcap\limits_{i=1}^{\infty}H_i$ 是 G 的子群, 再由定理 2.8.1 的结论 (4) 容易证明, $\bigcap\limits_{i=1}^{\infty}H_i$ 还是 G 的正规子群. #

推论 2.8.2 群 G 的任意有限个正规子群的**积**还是 G 的正规子群.

证明 我们先证明任意两个正规子群的积还是正规子群, 一般情况可以归纳证明.

设 H,K 是 G 的任意两个正规子群, 容易证明 $HK=KH$, 从而 HK 是 G 的子群.

对任意 $a\in G$, 对任意 $x=hk\in HK$ (其中 $h\in H$, $k\in K$), 有

$$axa^{-1}=a(hk)a^{-1}=(aha^{-1})(aka^{-1})\in HK,$$

故由定理 2.8.1 的条件 (4) 知, HK 是 G 的正规子群. #

如果 H 是群 G 的任意一个子群, 那么两个左陪集 aH, bH 的积 $(aH)\cdot(bH)$ 不一定还是左陪集. 但是对于正规子群, 我们有如下的重要事实.

定理 2.8.2 设 H 是群 G 的一个子群, 则 H 是群 G 的正规子群当且仅当任意两个左 (右) 陪集之积还是左 (右) 陪集.

证明 先证必要性. 设 H 是一个正规子群, aH, bH 是两个左陪集, 于是

$$(aH)(bH)=a(Hb)H=a(bH)H=(ab)H.$$

再证充分性. 设 aH, bH 是任意两个左陪集, 由条件知, 存在 $c\in G$, 使得 $(aH)(bH)=cH$.

显然, $ab \in (aH)(bH) = cH$, 故由陪集的性质知, $abH = cH$, 从而

$$(aH)(bH) = abH.$$

两边左乘 a^{-1}, 得到 $HbH = bH$. 又因为 $e \in H$, 故 $Hb \subseteq bH$, 即 $b^{-1}Hb \subseteq H$.

由 b 的任意性, 把 b 换成 b^{-1}, 就有 $bHb^{-1} \subseteq H$, 即 $H \subseteq b^{-1}Hb$, 因此

$$H = b^{-1}Hb, \quad \text{即 } bH = Hb.$$

从而对任意 $b \in G$, 有 $bH = Hb$, 这就证明了 H 是 G 的正规子群. #

设 G 是群, H 是 G 的正规子群, 记 $G/H = \{aH|a \in G\}$ 为 H 在 G 中所有左陪集构成的集合. 可以定义 G/H 中左陪集间的乘法

$$(aH) \cdot (bH) = (ab)H, \quad \text{对任意 } aH, bH \in G/H,$$

并且可以证明 G/H 按照上述定义的陪集间的乘法构成一个群.

先证明上面的定义与陪集代表元的选择无关.

不妨设 $aH = a'H$, $bH = b'H$, 则存在 $h, k \in H$, 使得 $a^{-1}a' = h$, $b^{-1}b' = k$, 即有 $a' = ah$, $b' = bk$, 于是

$$(ab)^{-1}(a'b') = b^{-1}a^{-1}(ah)(bk) = b^{-1}(hb)k.$$

又因为 $H \lhd G$, 所以 $Hb = bH$, 于是存在 $h' \in H$, 使得 $hb = bh'$, 从而有

$$(ab)^{-1}(a'b') = b^{-1}a^{-1}(ah)(bk) = b^{-1}(hb)k = b^{-1}(bh')k = h'k \in H,$$

因此 $(ab)H = (a'b')H$, 即上面陪集乘法的定义与代表元的选择无关.

再证明 G/H 按照上述定义的陪集间的乘法构成一个群. 事实上, 由于群中子集的乘法满足结合律, 故陪集的乘法也满足结合律. 由 $H^2 = H$ 可知, H 是 G/H 关于陪集乘法的单位元. 又因为对任意 $a \in G$, 有

$$(a^{-1}H)(aH) = (a^{-1}a)H = H,$$

故 $a^{-1}H$ 是 aH 的逆元, 即 $(aH)^{-1} = a^{-1}H$. 因此 G/H 对于陪集的乘法组成一个群.

由定理 2.8.2 和上面的分析可以得到

定理 2.8.3 $G/H = \{aH|a \in G\}$ 按照陪集间的乘法构成群当且仅当 H 是 G 的正规子群.

定义 2.8.2 如果 H 是 G 的一个正规子群, 则 $G/H = \{aH|a \in G\}$ 关于陪集的乘法构成群, 这个群称为 G 关于 H 的**商群**.

设 H 是群 G 的任一正规子群, 我们可以定义群 G 到商群 G/H 的映射

$$\varphi(a) = aH,$$

显然,

$$\varphi(ab) = abH = aH \cdot bH = \varphi(a)\varphi(b),$$

故 φ 是群 G 到 G/H 的同态映射, 且是满同态.

这个同态称为群 G 到它的商群的**自然同态**. 自然同态的核就是正规子群 H. 这就说明, 不但同态的核是正规子群, 而且每个正规子群也都是某个同态的核.

关于正规子群, 我们还可以证明下面的结论.

命题 2.8.1 设 H 是 G 的子群. 如果 $[G:H]=2$, 则 $H \lhd G$.

证明 对任意 $a \in G$, 若 $a \in H$, 则 $aH = H = Ha$.

若 $a \notin H$, 则 aH, H 是两个不同的左陪集. 但由题设知 $[G:H]=2$, 故 $G = H \cup aH$. 同理可得 $G = H \cup Ha$. 即 $H \cup aH = H \cup Ha$.

又因为 $H \cap aH = \varnothing = H \cap Ha$, 故 $aH = G - H = Ha$.

综上可得 $H \lhd G$. #

特别地, 对于 n 元对称群 S_n 和 n 元交错群 A_n, 因为 $[S_n : A_n] = 2$, 故 A_n 是 S_n 的正规子群.

事实上, 命题 2.8.1 还可以进一步推广为

命题 2.8.2 如果有限群 G 的子群 H 在 G 中的指数 $[G:H]$ 等于 $|G|$ 的**最小素因子**, 则

$$H \lhd G.$$

证明 若存在 $x \in G$, 使得 $xHx^{-1} \not\subseteq H$, 则存在 $a = xhx^{-1} \notin H$, 其中 $h \in H$.

设 r 是使得 $a^r \in H$ 的最小正整数, 显然 $1 < r \leqslant o(a)$. 我们断言 $H, aH, \cdots, a^{r-1}H$ 两两不同, 从而 $[G:H] \geqslant r$. 否则, 若存在 $i, j, 0 \leqslant i < j$, 使得 $a^iH = a^jH$, 则 $a^{j-i} \in H$, 但 $0 < j - i < r$, 这与 r 的取法矛盾.

另一方面, 设 $o(a) = rq + s, 0 \leqslant s < r$, 则 $a^s = a^{o(a)-rq} = (a^{-r})^q \in H$. 由 r 的取法即知 $s = 0$, 故 $r|o(a)$, 从而 $r \mid |G|$. 又因为 $[G:H]$ 是 $|G|$ 的最小素因子且 $r > 1$, 故 $[G:H] \leqslant r$.

综上可得 $[G:H] = r$, 且 $G = H \cup aH \cup \cdots \cup a^{r-1}H$.

又因为 $a^i = xh^ix^{-1} \in xHx^{-1}$, 故由 $G = H \cup aH \cup \cdots \cup a^{r-1}H$ 知, $G = xHx^{-1} \cdot H$. 于是存在 $h_1, h_2 \in H$, 使得 $x = xh_1x^{-1}h_2$, 故有 $x = h_2h_1 \in H$, 从而 $xHx^{-1} = H$, 这与 $xHx^{-1} \neq H$ 的假设矛盾. 故对任意 $x \in G$, 均有 $xHx^{-1} = H$. 即 $H \lhd G$. #

本节的最后再介绍单群的概念.

定义 2.8.3 如果群 G 没有非平凡的正规子群, 则群 G 称为**单群**.

关于交换单群, 下面的结论成立.

定理 2.8.4 设 $G \neq \{e\}$ 为交换群, 则 G 为单群当且仅当 G 为素数阶的循环群.

证明 充分性显然, 下面证明必要性.

若 G 为交换单群, 由于交换群中所有的子群都正规, 故群 G 没有非平凡的子群. 在 G 中任取一个非单位元的元素 g, 既然群 G 没有非平凡的子群, 故有 $G = \langle g \rangle$, 即 G 为循环群.

另一方面, 由循环群的性质知, 没有非平凡子群的循环群只能是素数阶循环群, 结论得证. #

非交换的单群要复杂得多. 从某种意义上说, 单群是构成各种群的基础. 根据群扩张理论, 群 G 的结构可由正规子群 N 和商群 G/N 作原则的刻画. 因此, 在相当长的时期内, 决定有限单群的结构一直是有限群研究中一个重要的课题. 经过世界上众多数学家的不懈努力, 关于有限单群的完全分类 (同构类), 终于在 1981 年得到解决. 这是 20 世纪世界数学史上一个非凡的成就.

对于特殊单群, 法国数学家伽罗瓦 (Galois) 证明了当 $n \geqslant 5$ 时, 交错群 A_n 是单群 (参见 2.9 节), 根据伽罗瓦理论, 由这个结果可以推出五次以上一般代数方程不可能有根式解的重要结论.

习 题 2.8

1. 设 G 为群, 若 $H \lhd G$, $K \leqslant G$, 证明:

(1) HK 是 G 的子群, 且 $HK = KH = \langle K, H \rangle$,

(2) H 是 HK 的正规子群, $H \cap K$ 是 K 的正规子群.

2. 设 G 为群, 若 H, K 都是 G 的正规子群, 则 HK 是 G 的正规子群.

3. 如果群 G 有且只有一个 d 阶子群, 那么这个子群是正规的.

4. 设 P 为数域, 对任意 $A \in GL_n(P)$, 定义 $\sigma(A) = |A|$, 则有:

(1) σ 是 $GL_n(P)$ 到 P^* 的一个同态, 并且同态核 $\mathrm{Ker}(\sigma) = SL_n(P)$,

(2) $SL_n(P)$ 为 $GL_n(P)$ 的正规子群.

5. 设 $\sigma: G \to G'$ 是群同态, 若 G 是单群, 则 σ 要么是单同态要么是零同态.

6. 设 G 为有限群, N 是 G 的正规子群, $|N|$ 与 $|G/N|$ 互素, 如果群 G 中元素 a 的阶整除 $|N|$, 则 $a \in N$.

7. 设 $H \lhd K \leqslant G$, $N \lhd G$, 证明: $HN \lhd KN$.

8. 设 G 为 $2k$ (k 为奇数) 阶群, 证明: G 含有指数为 2 的子群, 从而 G 不是单群.

9. 设 $|G| = mn$, $|H| = n$. 证明: 若 n 的每个素因子都大于等于 m, 则 H 是 G 的正规子群.

10. 设 $H \lhd G$, $|H| = mn$, $(m, n) = 1$, 并设 $K \lhd H$, $|K| = n$, 则 $K \lhd G$.

11. 设 $N \lhd G$, $[G:N]=m$, $|N|=n$, $(m,n)=1$. 证明：
(1) 若 $H \leqslant G$ 且 $|H| \mid n$, 则 $H \leqslant N$;
(2) N 是 G 的唯一的一个阶数为 n 的子群.
12. 证明：p^m (p 是素数) 阶群必含有阶为 p 的子群 (柯西定理).

2.9 置换群的性质

本节将分析对称群 S_n 和交错群 A_n 的子群和正规子群. 当 n 较小时, 通过分析我们将直接给出 S_n 和 A_n 的所有子群和正规子群. 当 $n \geqslant 5$ 时, 我们将给出 A_n 是单群的证明. 利用该结论, 伽罗瓦证明了 5 次以上一般方程没有根式解.

例 2.9.1 试求 S_n 和 A_n, 其中 $n=1,2,3,4$.

解 $S_1=\{(1)\}, A_1=\{(1)\}$;

$S_2=\{(1),(1\ 2)\}, A_2=\{(1)\}$;

$S_3=\{(1),(1\ 2),(1\ 3),(2\ 3),(1\ 2\ 3),(1\ 3\ 2)\}, \quad A_3=\{(1),(1\ 2\ 3),(1\ 3\ 2)\}$;

$$\begin{aligned}S_4=\{&(1),(1\ 2),(1\ 3),(1\ 4),(2\ 3),(2\ 4),(3\ 4),(1\ 2)(3\ 4),(1\ 3)(2\ 4),(1\ 4)(2\ 3),\\&(1\ 2\ 3),(1\ 3\ 2),(1\ 2\ 4),(1\ 4\ 2),(1\ 3\ 4),(1\ 4\ 3),(2\ 3\ 4),(2\ 4\ 3),\\&(1\ 2\ 3\ 4),(1\ 2\ 4\ 3),(1\ 3\ 2\ 4),(1\ 3\ 4\ 2),(1\ 4\ 2\ 3),(1\ 4\ 3\ 2)\},\end{aligned}$$

$$\begin{aligned}A_4=\{&(1),(1\ 2)(3\ 4),(1\ 3)(2\ 4),(1\ 4)(2\ 3),\\&(1\ 2\ 3),(1\ 3\ 2),(1\ 2\ 4),(1\ 4\ 2),(1\ 3\ 4),(1\ 4\ 3),(2\ 3\ 4),(2\ 4\ 3)\}.\end{aligned}$$

定义 2.9.1 交换群 $K=\{(1),(1\ 2)(3\ 4),(1\ 3)(2\ 4),(1\ 4)(2\ 3)\}$ 称为**克莱因 (Klein) 四元群**.

例 2.9.2 试求 S_3 的全部子群.

解 因为 $|S_3|=6=2\times 3$, 故由拉格朗日定理知, S_3 的子群的阶只可能是 1, 2, 3, 6. S_3 的全部子群为

$$\{(1)\},\quad H_1=\langle(1\ 2)\rangle,\quad H_2=\langle(1\ 3)\rangle,\quad H_3=\langle(2\ 3)\rangle,$$

$$A_3=\langle(1\ 2\ 3)\rangle=\langle(1\ 3\ 2)\rangle,\quad S_3.$$

例 2.9.3 试求 S_4 的全部子群.

解 因为 $|S_4|=24$, 故由拉格朗日定理知, S_4 的子群的阶只可能是 1, 2, 3, 4, 6, 8, 12, 24. 除两个平凡子群外, A_4 是 S_4 的 12 阶子群. 由于 S_4 中有 9 个 2 阶元, 8 个 3 阶元, 6 个 4 阶元, 相应地可以得到 9 个 2 阶子群, 4 个 3 阶子群和 3 个 4 阶子群. 此外, S_4 还有如下 4 个 4 阶子群:

$$H_{4,1}=\{(1),(1\ 2),(3\ 4),(1\ 2)(3\ 4)\},$$

$$H_{4,2} = \{(1), (1\ 3), (2\ 4), (1\ 3)(2\ 4)\},$$
$$H_{4,3} = \{(1), (1\ 4), (2\ 3), (1\ 4)(2\ 3)\},$$
$$H_{4,4} = \{(1), (1\ 2)(3\ 4), (1\ 3)(2\ 4), (1\ 4)(2\ 3)\}$$

S_4 的 6 阶子群有 4 个, 分别为

$$H_{6,1} = S_3 = \{(1), (1\ 2), (1\ 3), (2\ 3), (1\ 2\ 3), (1\ 3\ 2)\},$$
$$H_{6,2} = \{(1), (1\ 2), (1\ 4), (2\ 3\ 4), (1\ 2\ 4), (1\ 4\ 2)\},$$
$$H_{6,3} = \{(1), (1\ 3), (1\ 4), (3\ 4), (1\ 3\ 4), (1\ 4\ 3)\},$$
$$H_{6,4} = \{(1), (2\ 3), (2\ 4), (3\ 4), (2\ 3\ 4), (2\ 4\ 3)\}$$

它们都与 S_3 同构. 而 S_4 的 8 阶子群有 3 个, 分别为

$$H_{8,1} = \{(1), (1\ 2), (3\ 4), (1\ 2)(3\ 4), (1\ 3)(2\ 4), (1\ 4)(2\ 3), (1\ 3\ 2\ 4), (1\ 4\ 2\ 3)\},$$
$$H_{8,2} = \{(1), (1\ 3), (2\ 4), (1\ 2)(3\ 4), (1\ 3)(2\ 4), (1\ 4)(2\ 3), (1\ 2\ 3\ 4), (1\ 4\ 3\ 2)\},$$
$$H_{8,3} = \{(1), (1\ 4), (2\ 3), (1\ 2)(3\ 4), (1\ 3)(2\ 4), (1\ 4)(2\ 3), (1\ 2\ 4\ 3), (1\ 3\ 4\ 2)\}.$$

例 2.9.4 证明 A_4 没有 6 阶子群.

证明 假设 H 是 A_4 的一个 6 阶子群. 由于群中阶大于 2 的元成对出现, 并且 A_4 中除单位元外, 还含有 3 个 2 阶元和 8 个 3 阶元, 故 6 阶子群 H 只可能为以下两种情形:

(1) H 含有 3 个 2 阶元和 2 个 3 阶元;

(2) H 含有 1 个 2 阶元和 4 个 3 阶元.

情形 (1) 显然不成立. 因为若出现这种情形, 则克莱因四元群是 H 的子群, 那么就有 $4|6$, 这是不可能的.

现在我们来看情形 (2). 设 $\alpha, \beta \in H$, $o(\alpha) = 2$, $o(\beta) = 3$. 若 $\alpha\beta = \beta\alpha$, 则 $o(\alpha\beta) = 6$. 但 A_4 中无 6 阶元, 故 $\alpha\beta \neq \beta\alpha$, 即 $\alpha \neq \beta^{-1}\alpha\beta$. 又由于 $o(\alpha) = 2$, 故 $o(\beta^{-1}\alpha\beta) = 2$, 这与 H 只有一个 2 阶元矛盾. #

从上例可以看出: 设 G 是一个有限群, 对于 $|G|$ 的任一正因子 a (这里 $a > 1$), 不一定存在 G 的子群 H 使 $|H| = a$, 即拉格朗日定理的逆命题不成立.

在 2.6 节中我们定义了 S_n 中置换的共轭, 并研究了共轭置换的性质, 特别地, 对任意 $\tau \in S_n$, 有 $\tau(i_1 i_2 \cdots i_r)\tau^{-1} = (\tau(i_1)\tau(i_2)\cdots\tau(i_r))$. S_n 中置换间的共轭关系是一个等价关系, 每个等价类称为共轭类. 由于正规子群考虑的恰是共轭元的封闭性, 利用共轭置换的性质可以如下分析 S_n 的正规子群.

例 2.9.5 求 S_4 的所有正规子群.

解 设 H 是 S_4 的正规子群, 则对任意 $\sigma \in H$, $\tau \in S_n$, 有 $\tau\sigma\tau^{-1} \in H$. 因此, H 中如果含有某个置换 σ, 则它必然含有 σ 的所有共轭置换. 我们可以先给出 S_4 中各元素的共轭类, 由于 H 是 S_4 的正规子群, H 要么含有 S_4 的某个共轭类的所有元素, 要么不含该共轭类的任何元素.

由于共轭类与置换类型一一对应, 由共轭置换的性质容易验证 S_4 有如下 5 个共轭类:

$$\begin{aligned}
&\overline{(1)} = \{(1)\},\\
&\overline{(1\ 2)} = \{(1\ 2), (1\ 3), (1\ 4), (2\ 3), (2\ 4), (3\ 4)\},\\
&\overline{(1\ 2)(3\ 4)} = \{(1\ 2)(3\ 4), (1\ 3)(2\ 4), (1\ 4)(2\ 3)\},\\
&\overline{(1\ 2\ 3)} = \{(1\ 2\ 3), (1\ 3\ 2), (1\ 2\ 4), (1\ 4\ 2), (1\ 3\ 4), (1\ 4\ 3), (2\ 3\ 4), (2\ 4\ 3)\},\\
&\overline{(1\ 2\ 3\ 4)} = \{(1\ 2\ 3\ 4), (1\ 2\ 4\ 3), (1\ 3\ 2\ 4), (1\ 3\ 4\ 2), (1\ 4\ 2\ 3), (1\ 4\ 3\ 2)\}.
\end{aligned}$$

上述各共轭类所含元素的个数分别为 1, 6, 3, 8, 6. 由于正规子群 H 中必然含有单位元 (1), 这 5 个数中有数 1 参加的任意不同的 m $(\leqslant 5)$ 个数的和是 $|S_4| = 24$ 的因子的只有 4 种情形: $1, 1+3, 1+3+8, 1+3+8+6+6$. 故只有 $\{(1)\}$, 克莱因四元群 K, A_4, S_4 才可能为 S_4 的正规子群.

另一方面, 由正规子群的性质和判别条件, 容易验证这 4 个子群确实都是 S_4 的正规子群. 因此, S_4 的正规子群恰有 4 个: $\{(1)\}$, K, A_4, S_4.

下面研究交错群 A_n 的正规子群及其性质.

引理 2.9.1 设 $n \geqslant 4$, H 是 A_n 的正规子群, 若 H 含有 3-轮换, 则 $H = A_n$.

证明 先证 H 中若含有一个 3-轮换, 则必含有所有的 3-轮换. 事实上, 若 $\sigma = (i_1\ i_2\ i_3) \in H$, 则可以证明: 对任意 $\tau = (j_1\ j_2\ j_3) \in A_n$, 必然存在 A_n 中偶置换 θ, 使得 $\tau = \theta\sigma\theta^{-1}$, 或者 $\tau = \theta\sigma^2\theta^{-1}$. 由于 H 是 A_n 的正规子群, 两种情况下都有 $\tau \in H$, 故 H 含有所有的 3-轮换. 又因为 A_n 中元素都可以表示成一些 3-轮换的乘积, 故 $H = A_n$.

下面证明若 $\sigma = (i_1\ i_2\ i_3) \in H$, 则对任意 $\tau = (j_1\ j_2\ j_3) \in A_n$, 必然存在 A_n 中偶置换 θ, 使得

$$\tau = \theta\sigma\theta^{-1}, \quad \text{或者 } \tau = \theta\sigma^2\theta^{-1}.$$

(1) 当 $n \geqslant 5$ 时, 可以验证总存在偶置换 $\theta = \begin{pmatrix} \cdots & i_1 & i_2 & i_3 & \cdots \\ \cdots & j_1 & j_2 & j_3 & \cdots \end{pmatrix}$, 其中 $\theta(i_1) = j_1$, $\theta(i_2) = j_2$, $\theta(i_3) = j_3$, 其他位置的对应关系恰当选取, 使得

$$\theta\sigma\theta^{-1} = (\theta(i_1)\ \theta(i_2)\ \theta(i_3)) = (j_1\ j_2\ j_3) = \tau.$$

(2) 当 $n=4$ 时, 对于 3-轮换 $\sigma=(i_1\ i_2\ i_3)$ 和 $\tau=(j_1\ j_2\ j_3)$, 若存在偶置换 $\theta\in A_n$, 使得 $\tau=\theta\sigma\theta^{-1}$, 则结论成立. 否则, 若对于 3-轮换 $\sigma=(i_1\ i_2\ i_3)$ 和 $\tau=(j_1\ j_2\ j_3)$, 找不到这样的偶置换 $\theta\in A_n$, 使得 $\tau=\theta\sigma\theta^{-1}$, 则可以考虑 σ^2. 比如对于 $\sigma=(1\ 2\ 3)$, $\tau=(1\ 2\ 4)$, 找不到偶置换 $\theta=\begin{pmatrix}1&2&3&\cdots\\1&2&4&\cdots\end{pmatrix}$, 使得 $\tau=\theta\sigma\theta^{-1}$, 然而对于 $\sigma^2=(1\ 3\ 2)$, 可以找到偶置换 $\theta=\begin{pmatrix}1&3&2&4\\1&2&4&3\end{pmatrix}$, 使得 $\tau=\theta\sigma^2\theta^{-1}$, 在此情况下结论也成立. #

推论 2.9.1 克莱因四元群 K 是 A_4 唯一的非平凡正规子群.

证明 例 2.9.5 中已经证明了 K 是 A_4 的正规子群, 下面证明唯一性.

设 H 是 A_4 的非平凡正规子群, 并设 $\sigma\in H$ 且 $\sigma\neq e$. 由 A_4 各元素的轮换表示知, σ 不是一个 3-轮换, 就是两个 2-轮换之积.

若 σ 是 3-轮换, 则由引理 2.9.1 的结论知, $H=A_4$.

若 $\sigma=(i_1\ i_2)(i_3\ i_4)$, 则 $\sigma\in K$. 令 $\theta_1=(i_1\ i_2\ i_3)$, $\theta_2=(i_1\ i_2\ i_4)$, 则

$$\theta_1\sigma\theta_1^{-1}=(\theta_1(i_1)\ \theta_1(i_2))(\theta_1(i_3)\ \theta_1(i_4))=(i_2\ i_3)(i_1\ i_4)\in H,$$

$$\theta_2\sigma\theta_2^{-1}=(\theta_2(i_1)\ \theta_2(i_2))(\theta_2(i_3)\ \theta_2(i_4))=(i_2\ i_4)(i_3\ i_1)\in H.$$

由此可见, $H=K$. 综上知 K 是 A_4 唯一的非平凡正规子群. #

注 2.9.1 由推论 2.9.1 知, 子群的正规子群关系没有 “传递性”. 例如

$$G=\{(1),(1\ 2)(3\ 4)\}\lhd K,\quad K\lhd A_4,$$

但 G 不是 A_4 的正规子群.

下面分析 A_n 的单性. 由例 2.9.1 知, 当 $n=1,2$ 时, $A_n=\{(1)\}$, 这时 A_n 的正规子群有且只有自身, 而 $A_3=\{(1),\ (1\ 2\ 3),\ (1\ 3\ 2)\}$ 为 3 阶循环群, 其正规子群只有 $\{(1)\}$ 和 A_3. 再由推论 2.9.1 知, A_4 的正规子群有 $\{(1)\}$, K 和 A_4. 因此, A_1, A_2, A_3 是单群, 而 A_4 不是单群. 而当 $n\geqslant 5$ 时, 可以证明 A_n 是单群.

对任意 $\sigma\in S_n$, 若存在整数 i 使得 $\sigma(i)=i$, 则称 i 为 σ 的一个**不动点**. 下面证明:

定理 2.9.1 交错群 $A_n(n\geqslant 5)$ 是单群.

证明 设 $H\neq\{(1)\}$ 是 A_n 的任一正规子群, 并设 $\sigma\neq(1)$ 是 H 中除单位元 (1) 外不动点个数最多的一个置换. 我们来证明 σ 是一个 3-轮换. 因为 σ 是偶置换且 $\sigma\neq(1)$, 所以 σ 至多有 $n-3$ 个不动点.

假设 σ 的不动点数小于 $n-3$, 那么在 σ 不相交的轮换分解中至少出现 4 个数码. 按照是否包含长度 $\geqslant 3$ 的轮换, 有以下两种可能:

(i) σ 包含一个长度不小于 3 的轮换: $\sigma = (i_1\ i_2\ i_3\ \cdots)\cdots$;

(ii) σ 是一些不相交的对换的乘积: $\sigma = (i_1\ i_2)(i_3\ i_4)\cdots$.

对于情形 (i), 由于 $\sigma = (i_1\ i_2\ i_3\ k)$ 是奇置换, 故 σ 至少还要变动其他两个数码, 不妨设这两个数码为 i_4, i_5.

无论是情形 (i) 还是情形 (ii), 令 $\tau = (i_3\ i_4\ i_5)$, 并令 $\sigma' = \tau\sigma\tau^{-1}$, 则有

$$\sigma' = \tau\sigma\tau^{-1} = (i_1\ i_2\ i_4\ \cdots)\cdots \text{ 或者 } (i_1\ i_2)(i_4\ i_5)\cdots.$$

对情形 (i), $\sigma'(i_2) = i_4$, 而 $\sigma(i_2) = i_3$, 故 $\sigma' \neq \sigma$; 对情形 (ii), $\sigma'(i_4) = i_5$, 而 $\sigma(i_4) = i_3$, 故也有 $\sigma' \neq \sigma$. 令 $\sigma_1 = \sigma^{-1}\sigma'$, 则 $(1) \neq \sigma_1 \in H$.

对任意 $k \in \{1, 2, \cdots, n\}\backslash\{i_1, i_2, i_3, i_4, i_5\}$ (若这样的 k 存在的话), 可以证明: 若 $\sigma(k) = k$, 则 $\sigma_1(k) = \sigma^{-1}\tau\sigma\tau^{-1}(k) = k$ (因为此时 $\tau(k) = k$). 即除 i_1, i_2, i_3, i_4, i_5 外, σ 的不动点还是 σ_1 的不动点.

对于情形 (i), i_1, i_2, i_3, i_4, i_5 不是 σ 的不动点, 而 $\sigma_1(i_1) = i_1$, 结合上面的分析知, σ_1 的不动点数至少比 σ 的不动点数多 1, 这与 σ 的选择矛盾.

对于情形 (ii), i_1, i_2, i_3, i_4 不是 σ 的不动点, i_5 可能是 σ 的不动点也可能不是 σ 的不动点, 而 $\sigma_1(i_1) = i_1$, $\sigma_1(i_2) = i_2$, 此时仍然可以得到 σ_1 的不动点数至少比 σ 的不动点数多 1, 这也与 σ 的选择矛盾.

这就证明了, σ 恰好含有 $n-3$ 个不动点, 即 σ 是一个 3-轮换. 故由引理 2.9.1 知, $H = A_n$, 因此 A_n 是单群. #

下面介绍几类特殊的置换群.

例 2.9.6 (二面体群) 利用置换的性质, 可以证明 2.6 节介绍的二面体群 D_n 可由如下两个元素 σ, τ 生成, 其中

$$\sigma = \begin{pmatrix} 1 & 2 & 3 & \cdots & n-1 & n \\ 2 & 3 & 4 & \cdots & n & 1 \end{pmatrix}, \quad \tau = \begin{pmatrix} 1 & 2 & 3 & \cdots & n-1 & n \\ 1 & n & n-1 & \cdots & 3 & 2 \end{pmatrix},$$

即有 $D_n = \langle \sigma, \tau \rangle$, 其中 D_n 可以看成 S_n 的一个 $2n$ 阶子群 $(n \geqslant 3)$.

证明 由题设知, $\sigma = (1\ 2\ 3\ \cdots\ n)$, 且当 $n = 2k$ 为偶数时,

$$\tau = (2\ n)(3\ n-1)\cdots(k\ k+2);$$

当 $n = 2k-1$ 为奇数时,

$$\tau = (2\ n)(3\ n-1)\cdots(k\ k+1).$$

由此可见 $o(\sigma) = n$, $o(\tau) = 2$, 并且 $\tau\sigma = \sigma^{-1}\tau$.

因为 $D_n = \langle \sigma, \tau \rangle$, 而 $\tau\sigma^i = \sigma^{-i}\tau$, $o(\sigma) = n$, $o(\tau) = 2$, 所以 D_n 中的每一个元素都可以表成 σ^i 或 $\sigma^i\tau$ 的形式, 这里 $i = 0, 1, \cdots, n-1$, 故 $|D_n| \leqslant 2n$.

可以验证这 $2n$ 个元素两两不同, 故有 $|D_n|=2n$. #

例 2.9.7 (哈密顿 (Hamilton) 四元数群) 设 $Q=\langle a,\ b\rangle$ 是由 a, b 两个元素生成的有限群, e 为群 Q 的单位元, Q 中元素满足下列关系:

$$a^4=b^4=e,\quad a^2=b^2\neq e,\quad ba=a^3b.$$

可以证明 $Q=\{e,a,a^2,a^3,b,ab,a^2b,a^3b\}$ 恰好包含 8 个元素, 这个群称为**哈密顿四元数群**.

利用凯莱定理, 容易证明上述群与下面的置换群 $Q'=\langle\sigma,\ \tau\rangle$ 同构, 其中

$$\sigma=(1\ 2\ 3\ 4)(5\ 6\ 7\ 8),\quad \tau=(1\ 5\ 3\ 7)(2\ 8\ 4\ 6),$$

σ, τ 满足: $\sigma^4=\tau^4=(1), \sigma^2=\tau^2\neq(1), \tau\sigma=\sigma^3\tau$.

四元数群 Q 是一个非交换群, 但可以证明 Q 的所有子群都是正规的. 注意到四元数群 Q 的子群的阶只能是 $1,2,4$ 或 8, 而 4 阶子群在 Q 中的指数为 2, 故是正规的. 下面只要说明其 2 阶子群也是正规的. 事实上, 我们可以证明 a^2 是 Q 唯一的 2 阶元, 从而 $\langle a^2\rangle$ 是 Q 唯一的 2 阶子群, 故也是正规的.

注意到 $o(a)=o(a^3)=4$, 由 $ba=a^3b$ 及 $a^4=1$ 可以得到 $b^{-1}ab=a^{-1}$, 于是对任意 $0\leqslant i\leqslant 3$, 有

$$(a^ib)^2=a^iba^ib=b(b^{-1}a^ib)a^ib=ba^{-i}a^ib=b^2\neq e,$$

故 $o(a^ib)=4$. 因此 a^2 是 Q 唯一的 2 阶元.

每个子群都是正规子群的非交换群称为**哈密顿群**. 由哈密顿 (Hamilton) 首先研究这种群而得名. 1, 2, 3, 5, 7 阶群是循环群, 都不是哈密顿群. 而 4 阶群和 6 阶群也都不是哈密顿群, 故四元数群是阶数最小的哈密顿群. 关于哈密顿群, 还有很多更深入的结果.

克莱因四元群, 四元数群, S_3, D_n 是四个具体的极为重要的群. 群中许多正、反例都可以由它们举出.

习 题 2.9

1. 证明 S_4 共有四个正规子群: $\{(1)\}$, 克莱因四元群 K, A_4 和 S_4.
2. 当 $n\geqslant 5$ 时, S_n 共有三个正规子群: $\{(1)\}$, A_n, S_n.
3. S_6 至少有 20 个子群与 S_3 同构.
4. 证明: 当 $n\geqslant 3$ 时, S_n 没有 2 阶正规子群, 并且不存在 S_n 到 A_n 的满同态.
5. 写出 D_4 的全部元素.
6. 写出群 D_4 的全部正规子群.
7. 如果有限群 G 的同态象是二面体群 D_4, 则 G 必不是单群.

第 3 章　群作用及其应用

CHAPTER 3

本章介绍群的同构定理、群的自同构群、群中的共轭关系、群方程、p 群的性质、群作用、西罗定理、群的直和、分析有限群的结构, 介绍伯恩赛德引理及其在计数问题中的应用.

3.1　群的同构定理

在正规子群、商群以及同态和同构映射之间, 存在着一些极为重要的内在联系. 通过这些联系, 我们将看到正规子群和商群在群研究中的重要作用.

由上节知, 同态的核是正规子群, 而且每个正规子群也都是某个同态的核. 特别地, 设 H 是群 G 的任一正规子群, 则存在群 G 到其商群 G/H 的自然同态

$$\varphi(a) = aH,$$

使得 $\mathrm{Ker}(\varphi) = H$.

下面的定理进一步给出了同态和正规子群的关系.

定理 3.1.1 (同态基本定理, 第一同构定理)　设 $\sigma : G \to G'$ 是群的满同态, 令 $N = \mathrm{Ker}(\sigma)$, 则 G/N 与 G' 同构. 更一般地, 设 $\sigma : G \to G'$ 是群同态, 则 G/N 与 $\sigma(G)$ 同构.

证明　设 $\varphi : G \to G/N$ 是自然同态. 我们有图 3-1 的两个满同态 σ 和 φ;

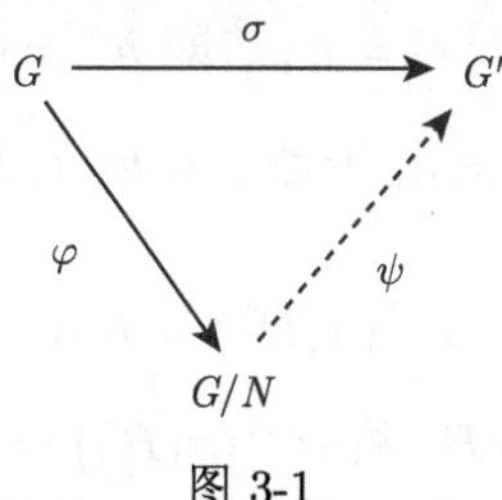

图 3-1

图中虚线表示我们要找的一个同构. 定义 $\psi(xN) = \sigma(x)$.

注意到

$$\begin{aligned} xN = yN \quad & \text{当且仅当 } x^{-1}y \in N \\ & \text{当且仅当 } \sigma(x^{-1}y) = 1 \\ & \text{当且仅当 } \sigma(x) = \sigma(y), \end{aligned}$$

故 ψ 是单射. 显然, ψ 还是满射, 故 ψ 是双射.

又因为

$$\psi(xN \cdot yN) = \psi(xyN) = \sigma(xy) = \sigma(x)\sigma(y) = \psi(xN) \cdot \psi(yN),$$

故 ψ 是为群 G/N 到 G' 的同构, 且有 $\psi\varphi(x) = \psi(xN) = \sigma(x)$, 即 $\psi\varphi = \sigma$.

更一般地, 若 $\sigma : G \to G'$ 是群同态, 则在 σ 的作用下, $\sigma : G \to \sigma(G)$ 是群的满同态, 同态核仍然是 N, 故 G/N 与 $\sigma(G)$ 同构. #

定理 3.1.1 说明, 群同态的同态象都与某个商群同构. 因为在同构作用下群的代数性质完全一样, 所以研究一般群同态前后群的性质, 就转化为研究自然同态前后群的性质, 即转化为研究群和它的商群之间的性质. 下面给出在群同态作用下子群、正规子群和商群间的对应关系.

设 $\sigma : G \to G'$ 是群同态, 由 2.7 节的定理 2.7.1 知, 若 H 是 G 的子群, 则 $\sigma^{-1}(H) = \{\sigma(a)|a \in H\}$ 是 G' 的子群. 反之, 若 H' 是 G' 的子群, 则 $\sigma^{-1}(H') = \{a \in G|\sigma(a) \in H'\}$ 是 G 的子群. 进而, 若 σ 为满同态, 还有 $\sigma(\sigma^{-1}(H')) = H'$. 此外, 还可以证明

引理 3.1.1 设 $\sigma : G \to G'$ 是群同态且 $\mathrm{Ker}(\sigma) = N$. 如果 H 是 G 的子群, 则

$$\sigma^{-1}(\sigma(H)) = HN.$$

特别地, 若 H 是包含 N 的子群, 则有 $\sigma^{-1}(\sigma(H)) = H$.

证明 对任意 $hn \in HN$, 有 $\sigma(hn) = \sigma(h) \in \sigma(H)$, 故 $\sigma(HN) \subseteq \sigma(H)$, 从而 $HN \subseteq \sigma^{-1}(\sigma(H))$.

反之, 对任意 $x \in \sigma^{-1}(\sigma(H))$, 有 $\sigma(x) \in \sigma(H)$, 于是存在 $h \in H$, 使得 $\sigma(x) = \sigma(h)$, 故有

$$\sigma(h^{-1}x) = e', \quad \text{即 } h^{-1}x \in K.$$

因此, 存在 $n \in N$, 使得 $h^{-1}x = n$, 于是 $x = hn \in HN$, 故 $\sigma^{-1}(\sigma(H)) \subseteq HN$. 综上可得

$$\sigma^{-1}(\sigma(H)) = HN.$$

特别地, 若 $H \supseteq N$, 则 $HN = H$, 故 $\sigma^{-1}(\sigma(H)) = H$. #

定理 3.1.2 (子群定理) 设 $\sigma : G \to G'$ 是群的满同态, 并设 $N = \mathrm{Ker}(\sigma)$. 则 σ 诱导出了 G 的一切包含 N 的子群集合到 G' 的一切子群集合的一个一一对应

$$\eta : \Sigma = \{H|H \text{ 是 } G \text{ 的包含 } N \text{ 的子群}\} \to \Lambda = \{H'|H' \text{ 是 } G' \text{ 的子群}\},$$

$$H \to \sigma(H)$$

而且在这个对应下, 正规子群和正规子群一一对应.

证明 考虑 Σ 到 Λ 的对应关系 $\eta: H \to \sigma(H)$, 显然 η 是映射.

对任意 $H' \in \Lambda$, 由于 σ 为满同态, 故由 2.7 节的定理 2.7.1 知,

$$\sigma^{-1}(H') \in \Sigma \text{ 且 } \sigma(\sigma^{-1}(H')) = H',$$

因此 η 是满射.

另一方面, 对任意 $H_1, H_2 \in \Sigma$, 若 $\sigma(H_1) = \sigma(H_2)$, 则由引理 3.1.1 知,

$$\sigma^{-1}(\sigma(H_i)) = H_iN = H_i,$$

故有 $H_1 = H_2$, 因此 η 是单射. 综上知 η 是双射.

进而, 若 H 是 G 的正规子群, 可以证明 $\sigma(H)$ 是 G' 的正规子群. 反之, 若 H' 是 G' 的正规子群, 也可以证明 $\sigma^{-1}(H')$ 是 G 的包含 N 的正规子群. 故结论成立. #

因为自然同态 $\varphi: G \to G/N$ 是满同态, 且 $\mathrm{Ker}(\varphi) = N$, 故由定理 3.1.2 可以得到

推论 3.1.1 设 $N \lhd G$, 并设 $S(G/N)$ 是 (G/N) 的所有子群组成的集合, 则

(1) $S(G/N) = \{H/N | N \leqslant H \leqslant G\}$;

(2) $H/G \lhd G/N$ 当且仅当 $H \lhd G$.

定理 3.1.3 (第二同构定理) 设 $\sigma: G \to G'$ 是群的满同态, 并设 $N = \mathrm{Ker}(\sigma)$. 若 H 是 G 的包含 N 的正规子群, 记 $H' = \sigma(H)$, 则有

$$G/H \cong G'/H'.$$

特别地, 设 $N \lhd G$, H 是 G 的包含 N 的正规子群, 考虑自然同态 φ: $G \to G/N$, 则有

$$(G/N)/(H/N) \cong G/H.$$

证明 构造 $\psi: G \to G'/H'$, 其中 $\psi(g) = \sigma(g)H'$, 则 ψ 是群的满同态, 并且

$$\mathrm{Ker}(\psi) = \{g \in G | \sigma(g)H' = H'\} = \sigma^{-1}(H') = \sigma^{-1}(\sigma(H)) = H.$$

故由同态基本定理知,

$$G/H \cong G'/H'.$$

特别地, 对自然同态 $\varphi: G \to G/N$, 可以得到

$$(G/N)/(H/N) \cong G/H.$$ #

定理 3.1.4 (第三同构定理) 设 $H \leqslant G$, $N \lhd G$, 则 $H \cap N \lhd H$, 并且

$$H/H \cap N \cong HN/N.$$

证明 容易证明 $H \cap N \lhd H$, 且 $N \lhd HN$. 构造 $\eta : H \to HN/N$, 其中 $\eta(h) = hN$, 容易证明 η 为满同态且

$$\mathrm{Ker}(\eta) = \{h \in H | hN = N\} = N \cap H.$$

故由同态基本定理知,

$$H/H \cap N \cong HN/N. \qquad \#$$

习 题 3.1

1. 设 σ 是群 G 到 G' 的满同态, 证明:

(1) 若 H 是 G 的正规子群, 则 $\sigma(H)$ 是 G' 的正规子群;

(2) 若 H' 是 G' 的正规子群, 则 $\sigma^{-1}(H')$ 是 G 的正规子群.

2. 证明任意一个 2 阶群都与乘法群 $\{1, -1\}$ 同构.

3. 设 p 为一素数, 证明任意两个 p 阶群必同构.

4. 证明: 4 阶群 G 若不是循环群, 则必与克莱因四元群同构.

5. 证明: 6 阶群 G 若不是循环群, 则必与 S_3 同构.

6. 试给出所有互不同构的 4 阶群.

7. 设 G 是一个群, H 是 G 的正规子群, 并且 G/H 是交换群. 如果 G 的子群 K 包含 H, 则 K 是 G 的正规子群, 并且 G/K 是交换群.

8. 设 $K = \{(1), (1\ 2)(3\ 4), (1\ 3)(2\ 4), (1\ 4)(2\ 3)\}$ 是克莱因四元群, 证明:

(1) K 是 S_4 的正规子群;

(2) $S_4 = S_3 \cdot K$ 且 $S_4/K \cong S_3$.

3.2 群的自同构群

本节介绍群的自同构群、内自同构群以及群的中心等概念和性质.

一个群到它自身的同构映射称为**自同构映射**, 或简称**自同构**. 由同构关系的反身性、对称性和传递性容易看出, 一个群的全部自同构在变换的乘法下成一个群, 称为**自同构群**. 群 G 的自同构群记为 $\mathrm{Aut}\ (G)$.

作为例子, 我们先看看循环群的自同构群.

设 $G = \langle a \rangle$ 为循环群, σ 为 G 的自同构. 显然, σ 完全由 a 的象 $\sigma(a)$ 所决定. 又因 σ 为满射, 故有 $G = \sigma(G) = \langle \sigma(a) \rangle$, 即 $\sigma(a)$ 还是 G 的生成元. 可以证明

定理 3.2.1 设 $G = \langle a \rangle$ 是循环群, 对任意整数 k, 记 $\sigma_k(a) = a^k$, 它是 G 上的自同态.

(1) 若 G 为无限循环群, 则 Aut $(G)=\{\sigma_1=1_G,\sigma_{-1}\}$, 它是一个 2 阶循环群.

(2) 若 G 为 n 阶循环群, 则 Aut $(G)=\{\sigma_k|(k,n)=1,1\leqslant k\leqslant n\}$, 它同构于乘法群 $(\mathbf{Z}/(n))^*=\{\bar{k}|(k,n)=1,1\leqslant k\leqslant n\}$.

证明 (1) 若 G 为无限循环群, 容易验证 $\sigma_1:a^i\to a^i$ 和 $\sigma_{-1}:a^i\to a^{-i}$ 都是群 G 的自同构, 其中 $\sigma_1(a)=a$, $\sigma_{-1}(a)=a^{-1}$. 另一方面, 由上面的分析, 循环群的自同构把生成元变为生成元, 而无限循环群 $G=\langle a\rangle$ 恰有两个生成元 a, a^{-1}, 故 G 只有上面两种自同构, 从而

$$\mathrm{Aut}(G)=\{\sigma_1=1_G,\sigma_{-1}\},$$

它是一个 2 阶循环群.

(2) 若 G 为 n 阶循环群, 容易验证对任意正整数 k, $(k,n)=1,1\leqslant k\leqslant n$, $\sigma_k:a^i\to a^{ik}$ 都是群 G 的自同构. 另一方面, 由上面的分析, 循环群的自同构把生成元变为生成元, 而 n 阶循环群 $G=\langle a\rangle$ 恰有 $\varphi(n)$ 个生成元 a^k, 这里 $(k,n)=1,1\leqslant k\leqslant n$, 故 G 只有上面 $\varphi(n)$ 种自同构, 从而

$$\mathrm{Aut}(G)=\{\sigma_k|(k,n)=1,1\leqslant k\leqslant n\}.$$

$(\mathbf{Z}/(n))^*$ 关于模 n 的同余类的乘法构成群, 令 ψ: $(\mathbf{Z}/(n))^*\to$ Aut (G) 为 $\bar{k}\to\sigma_k$, 容易验证 ψ 给出了乘法群 $(\mathbf{Z}/(n))^*$ 到 Aut (G) 的同构. #

下面分析一般群的自同构. 为此, 先给出群的中心的概念.

定义 3.2.1 群 G 的**中心** $C(G)$ 定义为

$$C(G)=\{x\in G|\ \text{对任意}\ g\in G,xg=gx\},$$

显然 $e\in C(G)$. 若 $C(G)=\{e\}$, 则称 G 为**无中心群**. 否则, 称 G 有**非平凡的中心**.

关于群的中心, 容易证明 $C(G)\lhd G$, 并且 G 是交换群当且仅当 $C(G)=G$.

设 G 为一个群, 对任意 $a\in G$, 映射 $\sigma_a:x\to axa^{-1}$ 给出了群 G 的一个自同构. 称 σ_a 为 G 的 (由 a 诱导的) **内自同构**. 可以证明, 群 G 的内自同构全体构成一个群, 且有

定理 3.2.2 设 $\mathrm{Inn}(G)$ 是 G 的全体内自同构组成的集合, 则

(1) $\mathrm{Inn}(G)\lhd$ Aut (G).

(2) $\mathrm{Inn}(G)\cong G/C(G)$. 特别, 当 $C(G)=\{e\}$ 时, 有 $\mathrm{Inn}(G)\cong G$.

证明 (1) 先证 $\mathrm{Inn}(G)$ 是 $\mathrm{Aut}(G)$ 的子群. 事实上, 对任意 $\sigma_a,\sigma_b\in\mathrm{Inn}(G)$, 有

$$\sigma_a\sigma_b(x)=\sigma_a(\sigma_b(x))=\sigma_a(bxb^{-1})=a(bxb^{-1})a^{-1}=(ab)x(ab)^{-1}=\sigma_{ab}(x),$$

$$\sigma_a\sigma_a^{-1}(x) = \sigma_a(a^{-1}xa) = a(a^{-1}xa)a^{-1} = x,$$

故 $\sigma_a\sigma_b \in \mathrm{Inn}(G)$, 且 $(\sigma_a)^{-1} = \sigma_a^{-1} \in \mathrm{Inn}G$, 因此 $\mathrm{Inn}(G) \leqslant \mathrm{Aut}(G)$.

再证正规性. 对任意 $\tau \in \mathrm{Aut}(G)$, $\sigma_a \in \mathrm{Inn}(G)$, 有

$$\begin{aligned}\tau\sigma_a\tau^{-1}(x) &= \tau\sigma_a(\tau^{-1}(x)) = \tau(a(\tau^{-1}(x))a^{-1}) = \tau(a)x\tau(a^{-1})\\ &= (\tau(a))x(\tau(a))^{-1} = \sigma_{\tau(a)}(x),\end{aligned}$$

故 $\tau\sigma_a\tau^{-1} = \sigma_{\tau(a)} \in \mathrm{Inn}(G)$, 因此 $\mathrm{Inn}(G) \lhd \mathrm{Aut}\ (G)$.

(2) 令

$$\psi : G \to \mathrm{Inn}(G), a \to \sigma_a.$$

显然 ψ 为满射. 又因为 $\psi(ab) = \sigma_{ab} = \sigma_a\sigma_b = \psi(a)\psi(b)$, 故 ψ 为满同态.

另一方面, 我们有

$$\mathrm{Ker}(\psi) = \{a \in G | \psi(a) = \sigma_a = e\} = \{a \in G | \text{对任意 } x \in G, \text{有 } axa^{-1} = x\} = C(G),$$

故由同态基本定理知, $\mathrm{Inn}(G) \cong G/C(G)$. 特别, 当 $C(G) = \{e\}$ 时, 有 $\mathrm{Inn}(G) \cong G$. #

群 G 的自同构群对于内自同构群的商群

$$\mathrm{Aut}(G)/\mathrm{Inn}(G)$$

称为群 G 的**外自同构群**, 记为 $\mathrm{Out}(G)$.

由定理 3.2.2 的结论知, 当 $C(G) = \{e\}$ 时, 有 $G \cong \mathrm{Inn}(G) \leqslant \mathrm{Aut}(G)$, 此时可以认为 G 是其自同构群 $\mathrm{Aut}\ (G)$ 的子群. 可以证明:

定理 3.2.3 若群 G 的中心只含有单位元, 则其自同构群 $\mathrm{Aut}\ (G)$ 的中心也只含有单位元素. 即若 $C(G) = \{e\}$, 则 $C(\mathrm{Aut}(G)) = \{1_G\}$.

证明 若 $C(G) = \{e\}$, 先证明与全体内自同构交换的自同构一定是单位自同构.

任取 $a \in G$, $\tau \in \mathrm{Aut}\ (G)$, 设与 a 对应的内自同构为 $\sigma_a \in \mathrm{Inn}(G)$, 由定理 3.2.2 的证明知,

$$\tau\sigma_a\tau^{-1} = \sigma_{\tau(a)}.$$

若 $\tau\sigma_a = \sigma_a\tau$, 那么 $\sigma_a = \sigma_{\tau(a)}$, 即 $\tau(a)a^{-1} \in C(G) = \{e\}$. 又因为 $C(G) = \{e\}$, 故对任意 $a \in G$, 有 $\tau(a) = a$. 这就是说, τ 是单位自同构, 因而 $C(\mathrm{Aut}(G)) = \{1_G\}$. #

这个结果说明, 从一个中心是单位的群 G 出发, 作自同构群可以得到

$$G \leqslant \mathrm{Aut}(G) \leqslant \mathrm{Aut}(\mathrm{Aut}(G)) \leqslant \cdots.$$

维兰特 (Wielandt) 在 1951 年证明了上述群的升链在有限步后一定终止. 即有限步后我们一定得到一个群, 它的自同构都是内自同构.

若 $C(G)=\{e\}$ 并且 Aut $(G)=\mathrm{Inn}(G)$, 则 G 称为**完全群**. 例如, 可以证明 S_3 是完全群, 因为 $C(S_3)=\{(1)\}$ 且 Aut $(S_3)\cong S_3$.

需要说明的是, 群 G 的很多性质对自同构群 Aut (G) 可能是不成立的.

例 3.2.1 不同构的群的自同构群有可能同构.

比如, 无限循环群与 3 阶循环群的自同构群都是 2 阶群.

例 3.2.2 交换群的自同构群可能为非交换群.

比如, 克莱因四元群 K 的自同构群 $\mathrm{Aut}(K)\cong S_3$.

例 3.2.3 无限群的自同构群可为有限群.

比如, 无限循环群的自同构群的阶等于 2.

对于一般群 G, 求其自同构群 Aut (G) 通常是困难的, 然而对有限群 G 的自同构群 Aut (G) 的阶的上界及下界, 数学工作者们做了许多有意义的探索工作.

习 题 3.2

1. 设 G 为群, $a\in G$, 证明映射 $\sigma_a: x\to axa^{-1}$ 是 G 的自同构.
2. 给出对称群 S_3 和克莱因四元群 K 的自同构群, 并证明: Aut $(S_3)\cong S_3$, Aut $(K)\cong S_3$.
3. 证明: S_3 是完全群.
4. 证明: 当 $n\geqslant 3$ 时, $C(S_n)=\{(1)\}$, 即 $S_n(n\geqslant 3)$ 是无中心群.
5. 证明: n 阶群 G 的自同构群 Aut (G) 的阶必为 $(n-1)!$ 的因子.
6. 证明: (1) 设 N 是 G 的正规子群, 若 $N\leqslant C(G)$, 且 G/N 是循环群, 则 G 必为交换群.
(2) 非交换群的自同构群不是循环群.
7. 给出有理数加法群的所有自同构.
8. 设 G 是复数域中全部单位根组成的乘法群, 请具体写出 G 的一个自同态, 它是满的但不是单的.

3.3 共轭关系、群方程

本节将介绍群 G 中元素和子群的共轭关系, 并分析其性质. 为此, 先给出群的中心化子和正规化子的概念.

定义 3.3.1 设 H 是群 G 的一个子群, 集合

$$C_G(H)=\{x\in G|\ 对任意\ h\in H, xh=hx\}$$

称为 H 在 G 中的**中心化子**. 在不引起混淆的情况下, 常把 $C_G(H)$ 简记为 $C(H)$.

关于中心化子, 可以证明: $C(H)\leqslant G$, 且对任意 $g\in G$, 有

$$C(gHg^{-1})=gC_G(H)g^{-1}.$$

特别地, 也可以如下定义一个元素的中心化子, 即有

定义 3.3.2　设 G 是一个群, $a \in G$, 集合

$$C_G(a) = \{x \in G | xa = ax\}$$

称为 a 在 G 中的**中心化子**. 在不引起混淆的情况下, 常把 $C_G(a)$ 简记为 $C(a)$.

可以证明：$C_G(a) \leqslant G$, 并且 $C_G(a) = G$ 当且仅当 $a \in C(G)$.

下面介绍子群的正规化子.

定义 3.3.3　设 H 是群 G 的一个子群, 集合

$$N_G(H) = \{x \in G | xH = Hx\}$$

称为 H 在 G 中的**正规化子**. 在不引起混淆的情况下, 常把 $N_G(H)$ 简记为 $N(H)$.

关于正规化子, 可以证明：$N(H) \leqslant G$, $H \lhd N(H)$, 并且

$$N(H) = G \text{ 当且仅当 } H \text{ 是 } G \text{ 的正规子群.}$$

容易看出 $C(H)$ 是 $N(H)$ 的子集, 进而还可以证明 $C(H) \lhd N(H)$.

定义 3.3.4　设 G 是一个群, a, b 是 G 中的两个元素. 如果存在 $g \in G$ 使 $b = gag^{-1}$, 则称 a 和 b 是**共轭的**.

易知, G 的元素之间的共轭关系是一个等价关系.

既然共轭关系是一个等价关系, 那么 G 的全部元素就按此关系分成若干个等价类, 每个等价类叫做一个**共轭元素类**. 同一个共轭元素类中的元素具有相同的阶. a 所在的共轭元素类通常记为 $\overline{a}$, 其中 $\overline{a} = \{gag^{-1} | g \in G\}$.

例如, 对称群 S_3 中含有如下 3 个共轭元素类：

$$\overline{(1)} = \{(1)\}, \quad \overline{(1\ 2)} = \{(1\ 2), (1\ 3), (2\ 3)\}, \quad \overline{(1\ 2\ 3)} = \{(1\ 2\ 3), (1\ 3\ 2)\}.$$

对称群 S_4 中含有如下 5 个共轭元素类：

$$\begin{aligned}
&\overline{(1)} = \{(1)\}, \\
&\overline{(1\ 2)} = \{(12), (1\ 3), (1\ 4), (2\ 3), (2\ 4), (3\ 4)\}, \\
&\overline{(1\ 2)(3\ 4)} = \{(1\ 2)(3\ 4), (1\ 3)(2\ 4), (1\ 4)(2\ 3)\}, \\
&\overline{(1\ 2\ 3)} = \{(1\ 2\ 3), (1\ 3\ 2), (1\ 2\ 4), (1\ 4\ 2), (1\ 3\ 4), (1\ 4\ 3), (2\ 3\ 4), (2\ 4\ 3)\}, \\
&\overline{(1\ 2\ 3\ 4)} = \{(1\ 2\ 3\ 4), (1\ 2\ 4\ 3), (1\ 3\ 2\ 4), (1\ 3\ 4\ 2), (1\ 4\ 2\ 3), (1\ 4\ 3\ 2)\}.
\end{aligned}$$

从上面的例子可以看出, 一般来说, 各个共轭元素类所含元素的个数可能不同. 下面具体分析群的各个共轭元素类中所含元素的个数.

任何群分成共轭元素类时, 其单位元 e 自己组成一个共轭元素类 $\{e\}$. 除单位元外, 可能还有群 G 的其他元素 a 能够自己组成一个共轭元素类, 即有

$$\bar{a} = \{gag^{-1} | g \in G\} = \{a\},$$

这样的元素称为群 G 的**自共轭元素**. 容易看出, a 为自共轭元素当且仅当 $a \in C(G)$. 于是, G 的全部自共轭元素恰好组成 G 的**中心**.

除了这些只含一个元素的共轭元素类外, 其他共轭元素类就不会只含一个元素, 这些共轭元素类所含元素的个数满足下面的规律.

定理 3.3.1 群 G 中与 a 共轭的元素恰和 a 的中心化子 $C(a)$ 的左陪集一一对应, 即有双射

$$\psi : gag^{-1} \to gC(a),$$

从而 a 的共轭元素类中的元素个数恰好等于 $C(a)$ 在 G 中的指数, 即 $|\overline{a}| = [G : C(a)]$.

证明 只要证 ψ 为双射. 事实上, 我们有

$$\begin{aligned} gag^{-1} = hah^{-1} \quad & \text{当且仅当 } h^{-1}ga = ah^{-1}g \\ & \text{当且仅当 } h^{-1}g \in C(a), \text{即} gC(a) = hC(a), \end{aligned}$$

故 ψ 为单射. 又显然 ψ 为满射, 故有 ψ 为双射. 因此有 $|\overline{a}| = [G : C(a)]$. #

由定理 3.3.1 知, 当 G 为有限群时, 对任意 $a \in G$, 有 $|\overline{a}| \mid |G|$.

按照群中元素间的共轭关系, 群中元素可以分成不交的共轭元素类的并, 即有

$$G = \bigcup_{a \in G} \bar{a},$$

其中 a 取遍不同共轭元素类的代表元. 进而, 考虑等式两边集合中元素的个数, 可以得到

$$|G| = \sum_{a \in G} |\bar{a}|.$$

由前面的分析和定理 3.3.1 的结论, 上述共轭元素类中, 中心 $C(G)$ 中的元素各自单独构成一个共轭元素类, 中心以外的元素 a 所在共轭元素类的元素个数为 $[G : C(a)]$, 于是有

$$|G| = |C(G)| + \sum_{a \in G, a \notin C(G)} [G : C(a)], \tag{3.3.1}$$

这个方程称为**群方程** (或**类方程**).

特别地, 若 G 是 n 阶有限群, G 的中心 $C(G)$ 的阶为 c, 设 $G_1, \cdots, G_c, G_{c+1}, \cdots, G_{c+t}$ 是 G 的所有不同的共轭元素类, 其中前 c 个为中心 $C(G)$ 中元素所在的等价类, $|G_i| = 1, 1 \leqslant i \leqslant c$. 不妨设后 t 个共轭元素类的元素个数分别为 n_j, 其中 $c+1 \leqslant j \leqslant c+t$, 则有

$$n = c + \sum_{j=c+1}^{c+t} n_j, \quad \text{其中 } c = |C(G)|, n_j > 1, \text{且 } n_j | n, \tag{3.3.2}$$

这是群方程的具体形式.

任意有限群 G, 只要 G 的阶为 p^n(p 是素数, $n \geqslant 1$), 就叫做一个 p **群**.

关于 p 群, 可以证明:

例 3.3.1　p 群的中心仍为 p 群, 即p 群有非平凡的中心.

证明　设 G 是 p 群, $|G| = p^n(n \geqslant 1)$.

(1) 若 $C(G) = G$, 则结论已经成立.

(2) 若 $C(G) \neq G$, 则 G 中存在至少含有两个元素的共轭元素类, 设 $C_1, \cdots, C_t$ 恰为所有至少含有两个元素的不同的共轭元素类, 其元素个数分别为 $n_1, \cdots, n_t$, 则由群方程可得

$$p^n = |C(G)| + n_1 + n_2 + \cdots + n_t, \quad \text{其中 } n_i | p^n, n_i > 1, i = 1, 2, \cdots, t.$$

因为每个 n_i 都是 p 的某个方幂, 故 $p | n_i$, 从而有 $p \big| |C(G)|$. 又因为 $|C(G)| \big| |G| = p^n$, 于是存在 $m \geqslant 1$, 使得 $|C(G)| = p^m$, 即 $C(G)$ 仍为 p 群.　#

定义 3.3.5　设 H, K 是群 G 的两个子群. 如果存在 $g \in G$ 使 $K = gHg^{-1}$, 则称 H 与 K 是**共轭的**. 显然共轭子群有相同的阶.

易知, G 的子群之间的共轭关系是 G 的所有子群组成的集合的一个等价关系. 因此, G 的子群就可按此关系分成若干个等价类, 每个等价类叫做一个**共轭子群类**. 子群 H 所在的共轭子群类记为 $\overline{H}$, 其中 $\overline{H} = \{gHg^{-1} | g \in G\}$.

例 3.3.2　A_4 的子群分成五个共轭子群类:

{{(1)}}, {{(1), (1 2) (3 4)}, {(1), (1 3) (2 4)}, {(1), (1 4) (2 3)}},

{{(1), (1 2 3) (1 3 2)}, {(1), (1 2 4) (1 4 2)}, {(1), (1 3 4) (1 4 3)}, {{1}, (2 3 4) (2 4 3)}},

{{(1), (1 2) (3 4), (1 3) (2 4), (1 4) (2 3)}} 和 {A_4}.

若 H 为 G 的正规子群, 则对任意 $g \in G$, 都有 $gHg^{-1} = H$, 此时 H 的共轭子群还是 H. 只能与自己共轭的子群叫做 G 的**自共轭子群**. 显然 G 的自共轭子群与 G 的正规子群完全是一回事.

当子群 H 与 K 共轭时, $K = gHg^{-1}$. 如果我们定义 H 到 K 上的一个映射为

$$\sigma : h \to ghg^{-1}$$

则 σ 显然是 H 到 K 上的一个同构映射, 即互相共轭的子群恒同构.

定理 3.3.2 群 G 中与子群 H 共轭的子群恰和 H 在 G 中的正规化子 $N(H)$ 的左陪集一一对应, 即有双射

$$\psi : gHg^{-1} \to gN(H),$$

从而 H 在 G 中的共轭子群的个数等于 $N(H)$ 在 G 中的指数 $[G:N(H)]$.

证明 因为

$$\begin{aligned} gHg^{-1} = fHf^{-1} \quad & \text{当且仅当 } f^{-1}gH = Hf^{-1}g \\ & \text{当且仅当 } f^{-1}g \in N(H) \\ & \text{当且仅当 } gN(H) = hN(H), \end{aligned}$$

故 ψ 为单射. 又显然 ψ 为满射, 故 ψ 为双射.

因此, H 在 G 中的共轭子群的个数等于 $N(H)$ 在 G 中的指数 $[G:N(H)]$.#

由定理 3.3.2 可以得到

推论 3.3.1 当 G 是有限群时, 共轭子群类中的子群的个数是 G 的阶 $|G|$ 的因子; 共轭子群的正规化子具有相同的指数, 因而有相同的阶, 即：若 H 与 K 共轭, 则有

$$[G:N(H)] = [G:N(K)], |N(H)| = |N(K)|.$$

定理 3.3.2 的证明还告诉我们：子群 H 的全部共轭子群可以由 $N(H)$ 在 G 中的陪集代表元给出. 利用定理 3.3.2 还可以证明下面的结论.

例 3.3.3 令 H 是有限群 G 的一个真子群, 则 $G \neq \bigcup\limits_{g\in G} gHg^{-1}$.

证明 由定理 3.3.2 知, H 的不同共轭子群的个数为 $[G:N(H)]$.

若 $H \lhd G$, 则对任意 $g \in G$, $gHg^{-1} = H$, 从而 $\bigcup\limits_{g\in G} gHg^{-1} = H \neq G$.

若 $H \ntriangleleft G$, 则 $[G:N(H)] > 1$, 不妨设 $[G:N(H)] = d$, 并设 $H_1 = H$, $H_2, \cdots, H_d$ 是 H 的所有共轭子群, 则有

$$\left|\bigcup_{g\in G} gHg^{-1}\right| = \left|\bigcup_{i=1}^{d} H_i\right| < d|H| = [G:N(H)]\cdot|H| \leqslant [G:H]\cdot|H| = |G|. \quad \#$$

习　题　3.3

1. 设 G 是群, S 是 G 的非空子集, 令

$$C(S) = \{x \in G | xa = ax, \text{对一切 } a \in S\},$$

$$N(S) = \{x \in G | xS = Sx\},$$

证明：(1) $C(S)$, $N(S)$ 都是 G 的子群; (2) $C(S)$ 是 $N(S)$ 的正规子群.

2. 设 H 是 G 的子群, 证明：对任意 $g \in G$, 有 $CG(gHg^{-1}) = gC_G(H)g^{-1}$.

3. 设 $\sigma = (1\ 2\ \cdots\ n)$, 求 σ 在 S_n 中的中心化子, 并求 σ 在 S_n 中的共轭类的元素与个数.

4. 设 G 是群, 若 $H \lhd G$, 则 $C_G(H) \lhd G$, 即正规子群的中心化子也为正规子群.

5. 设 G 是群, 则 $H \leqslant C_G(N_G(H))$ 当且仅当 $N_G(H) = C_G(H)$.

6. 设 H 是群 G 的子群, 则 $C_G(C_G(C_G(H))) = C_G(H)$.

7. 证明：若 $G/C(G)$ 是循环群, 则 G 必为交换群.

8. 证明：非交换 p 群的中心的指数必为 p^2 的倍数, 从而 p^2 阶群均为交换群.

9. 设 $|G| = p^3$, G 非交换, 证明：$|C(G)| = p$, 并且 $G/C(G)$ 为交换群.

10. H 是群 G 的子群, 则 $N(H)/C(H)$ 同构于 Aut (H) 的一个子群.

11. 设 G 是一个 p 群, H 是 G 的子群, 若 H 是 G 的真子群, 则 H 也是 $N(H)$ 的真子群.

3.4　群在集合上的作用

3.3 节介绍了群中元素、群的子群间的共轭关系, 并分析了共轭类的性质. 本节介绍更一般的群在集合上的作用的概念, 并介绍轨道、轨道公式及其他性质.

定义 3.4.1　设 G 是一个群, X 是一非空集合. 若 $f: G \times X \to X$ 是映射且满足：对任意 $g_1, g_2 \in G, x \in X$, 有

(1) $f(e, x) = x$;

(2) $f(g_1g_2, x) = f(g_1, f(g_2, x))$.

则 f 称为**群 G 在集合 X 上的一个作用,** 也称**群 G 作用在集合 X 上**.

上述群作用的定义中, 对应关系 $f(g, x)$ 可以简记为 $g(x)$, 按这个写法, 定义中的条件就可以写成：

(1) $e(x) = x$;

(2) $g_1g_2(x) = g_1(g_2(x))$.

下面看几个例子.

例 3.4.1　设 G 是一个群, 取 $X = G$, 定义

$$g(x) = gx, \text{对任意 } g, x \in G,$$

这就给出了一个群在集合 G 上的作用. 这就是我们以前所谓的**左平移变换**.

例 3.4.2 设 G 是一个群, 取 $X=G$, 定义

$$g(x)=gxg^{-1}, \text{对任意 } g,x\in G,$$

这就是群上所谓的**共轭变换**.

例 3.4.3 设 G 是一个群, H 是 G 的子群, 取 $X=G/H=\{xH|x\in G\}$ 为 G 关于 H 的所有左陪集构成的集合, 定义

$$g(xH)=gxH, \text{对任意 } g,x\in G,$$

这就决定了群 G 在集合 X 上的作用. 由左陪集构成的集合通常称为群 G 的一个**齐性空间**.

著名的凯莱定理说明, 任意一个群 G 都同 G 上的一个双射变换群同构, 即存在 G 到对称群 $S(G)$ 的同态映射. 下面的定理说明一般的群作用也可以诱导出群 G 到对称群 $S(X)$ 的同态映射.

定理 3.4.1 设 G 是一个群, X 是一非空集合, 则存在群 G 对集合 X 的作用当且仅当存在群 G 到 $S(X)$ 的同态.

证明 根据群作用的定义, 如果群 G 作用在集合 X 上, 那么群的每个元素 g 都对应集合 X 到自身的一个映射:

$$\sigma_g: x\to g(x).$$

由定义中的条件, 我们有

$$g^{-1}(g(x))=g^{-1}g(x)=1_G(x)=x, \quad g(g^{-1}(x))=1_G(x)=x,$$

故 σ_g 为可逆映射, 从而 $\sigma_g\in S(X)$, 且 $\sigma_g^{-1}=\sigma_{g^{-1}}$.

又因为 $\sigma_{gh}=\sigma_g\sigma_h$, 故 $\psi: g\to\sigma_g$ 是群 G 到 $S(X)$ 的一个同态映射.

反之, 若存在同态映射 $\psi: G\to S(X)$, 定义

$$g(x)=\psi(g)(x), \text{对任意 } g\in G, x\in X,$$

则它决定了群 G 在集合 X 上的作用.

从上面的分析知, 存在群 G 对集合 X 的作用当且仅当存在群 G 到 $S(X)$ 的同态. #

定义 3.4.2 设 G 是群, X 是一非空集合, 则 G 到 $S(X)$ 的同态 ψ 称为 G 在 X 上的**置换表示**. 若 $\mathrm{Ker}(\psi)=\{e\}$, 则 ψ 称为**如实的** (**忠实的**).

对于例 3.4.1 中的群作用, 容易验证同态核 $\mathrm{Ker}(\psi)=\{g\in G|$ 对任意 $x\in G$, 有 $gx=x\}=\{e\}$, 这个群作用是如实的. 对于例 3.4.2 和例 3.4.3 中的群作用, 容

易验证其同态核分别为

$$\mathrm{Ker}(\psi) = \{g \in G | \text{ 对任意 } x \in G, \text{有 } gxg^{-1} = x\} = C(G),$$

$$\mathrm{Ker}(\psi) = \{g \in G | \text{ 对任意 } x \in G, \text{有 } gxH = xH\} = \bigcap_{x \in G} xHx^{-1},$$

因此例 3.4.2 和例 3.4.3 中的群作用一般不是如实的.

定义 3.4.3 设群 G 作用在集合 X 上, 对任意 $x, y \in X$, 定义

$$x \sim y \text{ 当且仅当存在 } g \in G, \text{使 } y = g(x)$$

可以证明 $\sim$ 是 X 上的一个等价关系. 元素 x 所在的等价类 $\overline{x}$ 称为 x 的 G-**轨道**, 记为 x^G, 或者 O_x. 显然有

$$x^G = \{g(x) | g \in G\}.$$

在这个等价关系下, 集合 X 中的元素可以分解成不同的轨道的并, 即有

$$X = \bigcup_{x \in X} x^G, \text{其中 } x \text{ 取遍不同轨道的代表元}.$$

若 X 只含有一个轨道, 即存在 $x \in X$, 使得 $X = x^G$, 则称 G 对 X 的作用是**可迁的** (**或传递的**), 简称 G **是可迁的**. 不难证明, 例 3.4.1 和例 3.4.3 的群作用是可迁的 (留作习题).

另一方面, 对任意 $x \in X$, 显然 $x \in x^G$. 若 $x^G = \{x\}$, 则称 x 为 G 的一个**不动点** (也称 x 为 X 的一个不动点). 更一般地, 若存在 $g \in G$, 使得 $g(x) = x$, 也称 x 为 g **的一个不动点**. 可以证明: G 中以 x 为不动点的所有元素的集合也构成 G 的一个子群, 这就是下面要介绍的稳定子群.

定义 3.4.4 设群 G 作用在集合 X 上, 对任意 $x \in X$, 记

$$G_x = \{g \in G | g(x) = x\},$$

则 G_x 是 G 的一个子群, 称为元素 x 在 G 中的**稳定子群**.

若对任意 $x \in X$, 均有 $G_x = \{e\}$, 则 G 称为**半正则的**. 若 G 既是可迁的又是半正则的, 则 G 称为**正则的**.

考虑对称群 S_n 或其子群对集合 $X = \{1, 2, \cdots, n\}$ 的置换作用, 则有下面的例子.

例 3.4.4 克莱因四元群 $\{f_1 = (1), f_2 = (1\ 2)\ (3\ 4), f_3 = (1\ 3)\ (2\ 4), f_4 = (1\ 4)\ (2\ 3)\}$ 对集合 X =\{1, 2, 3, 4\} 的置换作用是可迁的, 其中

$$1 \xrightarrow{(1)} 1, \quad 1 \xrightarrow{(12)(34)} 2, \quad 1 \xrightarrow{(13)(24)} 3, \quad 1 \xrightarrow{(14)(23)} 4,$$

X 中每个元素的稳定子群都是单位元群, 故克莱因四元群是正则的. 容易验证其子群 $\{(1), (1\ 2)(3\ 4)\}$ 不是可迁的但是半正则的, 而群 $\{(1), (1\ 2)\}$ 既非可迁的又非半正则的.

类似于 4.3 节的讨论, 可以证明轨道 x^G 中的元素与 G_x/G 中的元素存在一一对应, 即有

定理 3.4.2 设群 G 作用在集合 X 上, 则对任意 $x \in X$, 有

$$|x^G| = [G : G_x],$$

即 $|G| = |G_x| \cdot |x^G|$. 这就是所谓的**轨道公式**.

证明 构造轨道 x^G 中的元素与 G_x/G 中的元素间的对应关系:

$$\psi : g(x) \to gG_x$$

可以证明 ψ 是一个双射. 事实上, 我们有

$$\begin{aligned} g(x) = h(x) \quad & \text{当且仅当 } h^{-1}g(x) = x \\ & \text{当且仅当 } h^{-1}g \in G_x, \text{即 } gG_x = hG_x, \end{aligned}$$

故 ψ 为映射并且是单射. 又显然 ψ 为满射, 故有 ψ 为双射. 因此, $|x^G| = [G : G_x]$.

再由拉格朗日定理知, $|G| = |G_x| \cdot [G : G_x]$, 故有 $|G| = |G_x| \cdot |x^G|$. #

推论 3.4.1 设 G 是有限群, G 作用在集合 X 上, 则任意一个轨道 x^G 均包含有限多个元素, 且包含元素的个数是群 G 的阶的因子.

证明 由 $|x^G| = [G : G_x] \big| |G|$ 可得. #

推论 3.4.2 设 G 是 p 群, G 作用在有限集合 X 上, $|X| = n$, $(n, p) = 1$, 则 X 中有不动点.

证明 设 $x_1^G, \cdots, x_m^G$ 是集合 X 的全部轨道, 则有

$$n = |X| = \sum_{i=1}^{m} |x_i^G|.$$

若 X 没有不动点, 则 $|x_i^G| > 1$, 且 $|x_i^G| \big| |G|$. 由于 G 是 p 群, 故有 $p \big| |x_i^G|$, 于是 $p|n$, 这与 $(n, p) = 1$ 矛盾, 故 X 必有不动点. #

进一步, 有

推论 3.4.3 设 G 是 p 群, G 作用在有限集合 X 上, $|X| = n$, 记 t 为 X 中不动点的个数, 则

$$t \equiv n \pmod p.$$

定理 3.4.2 及其三个推论刻画了群作用下每个轨道的元素个数、不动点数与群及集合的元素个数之间的关系.

此外, 还可以证明同一轨道中的元素的稳定子群是相互共轭的, 即有

命题 3.4.1　设群 G 作用在集合 X 上, 若 $x \in X$, $g \in G$, 则 $Gg(x) = gG_xg^{-1}$.

证明　注意到

$$\begin{aligned} h \in G_{g(x)} \text{ 当且仅当 } & h(g(x)) = g(x) \\ \text{当且仅当 } & g^{-1}hg(x) = x \\ \text{当且仅当 } & g^{-1}hg \in G_x, \text{ 即 } h \in gG_xg^{-1}, \end{aligned}$$

故有 $G_{g(x)} = gG_xg^{-1}$.　#

本节的最后介绍群作用间的等价.

定义 3.4.5　设 G 是一个群, X, X' 是两个非空集合, G 作用在 X 上, 同时 G 也作用在 X' 上. 如果存在一一对应 $\varphi: X \to X'$, 使得

$$\varphi(g(x)) = g(\varphi(x)),$$

则称这两个作用是**等价的**.

群 G 上的左平移和右平移作用是等价的. 此外还可以证明下面的结论成立.

命题 3.4.2　设群 G 作用在集合 X 上, $x \in X$, x^G 是 x 所在的轨道, G_x 是 x 的稳定子群, 则群 G 在 x^G 上的作用与群 G 在齐性空间上 G/G_x 的作用等价.

证明　由轨道的定义, 对任意 $y \in x^G$ 和任意 $g \in G$, 显然有 $g(x) \in x^G$, 故考虑 G 在 x^G 上的作用是有意义的.

对任意 $g_1, g_2 \in G$, 注意到 $g_1(x) = g_2(x)$ 当且仅当 $g_2^{-1}g_1 \in G_x$ 当且仅当 $g_1G_x = g_2G_x$, 故可以构造映射 $\psi: G/G_x \to x^G$, 使得 $\psi(gG_x) = g(x)$. 容易验证 φ 为一一对应, 且

$$\psi(g(aG_x)) = \psi(gaG_x) = ga(x) = g(\psi(aG_x)),$$

故 G 在 x^G 上的作用与群 G 在齐性空间上 G/G_x 的作用等价.　#

由命题 3.4.2 知, 群 G 上可迁的群作用都与 G 在齐性空间上 G/G_x 的作用等价, 其中 $x \in X$, G_x 是 x 的稳定子群.

习　题　3.4

1. 设 G 是一个群, 取 $X = G$, 对任意 $g, x \in G$, 定义 $g(x) = gx$, 证明这是一个可迁的群作用.

2. 设群 G 作用在集合 X 上, 对任意 $x \in X$, 记 $G_x = \{g \in G | g(x) = x\}$, 则 G_x 是 G 的一个子群.

3. 设 H 是群 G 的子群, 记 $S_l = \{xH|x \in G\}$ 是 H 的所有左陪集构成的集合 (**齐性空间**), 对任意 $g, x \in G$, 定义 $g(xH) = gxH$, 则它给出了群 G 对集合 S_l 的可迁的作用, 且存在群同态

$$\rho: G \to S(S_l),$$

$$g \to \sigma_g,$$

其中 $\sigma_g(xH) = g(xH) = gxH$, 同态核 $\mathrm{Ker}(\rho) = \bigcap\limits_{x \in G} xHx^{-1}$.

4. 设群 G 作用在集合 X 上, 如果 $|G| = 35, |X| = 13$, 则 X 中有不动点.

5. 设 G 为一有限群, $H \leqslant G$, 且 $[G:H] = n > 1$. 证明 G 必含有一指数整除 $n!$ 的非平凡正规子群, 或者 G 同构于 S_n 的一个子群.

6. 如果有限群 G 具有指数为 n 的子群 H, 则 H 包含 G 的一个正规子群其指数是 $n!$ 的因子.

7. 设 p 是有限群 G 的阶的最小素因子, 则 G 的指数为 p 的子群 H (若存在) 必正规.

8. 设 p, q 是不同的素数, $|G| = pq$, 则 G 的 $\max(p, q)$ 阶子群正规.

3.5 伯恩赛德引理及其应用*

本节进一步讨论有限群对有限集合作用的轨道数计数, 并给出它在一些与对称性有关的计数问题中的应用.

一般群作用下的轨道个数可以按照如下的伯恩赛德 (Burnside) 引理计算.

伯恩赛德引理　设有限群 G 作用在有限集 X 上, 则 X 在 G 作用下的轨道数为

$$N = \frac{1}{|G|}\sum_{g \in G} \chi(g),$$

其中 $\chi(g) = |\{x \in X | g(x) = x\}|$ 为 g 在 X 上的不动点数, 和式是对每一个群元素求和.

证明　设 $X = \{x_1, x_2, \cdots, x_n\}, G = \{g_1, g_2, \cdots, g_m\}$, 将 G 作用于 X 上的不动点情况用表 3-1 表示出来, 表的行序号为 X 的元素: $x_1 \cdots x_j \cdots x_n$, 表的列序号为 G 的元素: $g_1 \cdots g_i \cdots g_m$, 表中第 i 行第 j 列的元素记为 E_{ij}, 并令

$$E_{ij} = \begin{cases} 1, & \text{当 } g_i(x_j) = x_j, \\ 0, & \text{否则,} \end{cases}$$

其中 $i = 1, 2, \cdots, m$, $j = 1, 2, \cdots, n$.

把表 3-1 的每一行上的元素加起来, 其和正好是 g_i 的不动点数目 $\chi(g_i)$, 把每一列的元素加起来, 其和正好是 $|G_{x_j}|$. 于是得到 $\sum\limits_{x \in X} |G_x| = \sum\limits_{g \in G} \chi(g)$.

表 3-1　群作用下的关系图

g_i	x_j	
	$x_1 \cdots x_j \cdots x_n$	$\sum$
g_1 $\vdots$ g_i $\vdots$ g_m	$E_{ij}=\begin{cases}1, & 当\ g_i(x_j)=x_j\\ 0, & 否则\end{cases}$	$\chi(g_1)$ $\vdots$ $\chi(g_i)$ $\vdots$ $\chi(g_m)$
$\sum$	$\lvert G_{x_1}\rvert \cdots \lvert G_{x_j}\rvert \cdots \lvert G_{x_n}\rvert$	$\sum\limits_{x\in X}\lvert G_x\rvert=\sum\limits_{g\in G}\chi(g)$

由于 X 是有限集, 在 G 的作用下形成的轨道数是有限的, 故可设 X 在 G 作用下的轨道为 $\Omega_1, \Omega_2, \cdots, \Omega_N$. 可把卡式左边的和式先对同一轨道上的元素 x 对应的 $|G_x|$ 相加, 然后再对不同的轨道相加, 即 $\sum\limits_{x\in X}|G_x|=\sum\limits_{k=1}^{N}\sum\limits_{x\in\Omega_k}|G_x|$.

由于 $G_{g(x)}=gG_xg^{-1}$, $\left|G_{g(x)}\right|=|G_x|$, 即同一轨道上的稳定子群的阶数相同, 故 $\sum\limits_{x\in\Omega_k}|G_x|=|\Omega_k|\,|G_x|=|G|$, 所以

$$\sum_{x\in X}|G_x|=\sum_{k=1}^{N}|G|=N\,|G|=\sum_{g\in G}\chi(g). \qquad \#$$

例 3.5.1　设集合 $X=\{1,2,3,4,5\}$, 群 $G=\{(1),(1\ 2),(3\ 4\ 5),(3\ 5\ 4),(1\ 2)(3\ 4\ 5),(1\ 2)(3\ 5\ 4)\}$, 则 X 在 G 作用下的所有轨道和稳定子群为

$$1^G=\{1,2\}, G_1=G_2=\{(1),(3\ 4\ 5),(3\ 5\ 4)\},$$

$$3^G=\{3,4,5\}, G_3=G_4=G_5=\{(1),(1\ 2)\},$$

由此可见, X 恰有两个轨道.

另一方面, 利用伯恩赛德引理, 我们可以分别计算 G 的每一个元素在 X 上的不动点数如下:

$$\chi((1))=5,\quad \chi((1\ 2))=3,\quad \chi((3\ 4\ 5))=\chi((3\ 5\ 4))=2,$$

$$\chi((1\ 2)(3\ 4\ 5))=\chi((1\ 2)(3\ 4\ 5))=0.$$

故轨道数 $N=\dfrac{1}{6}(5+3+2+2)=2$, 这与直接计算的结果一致.

利用伯恩赛德引理, 可以解决与对称性相关的一些计算问题.

下面考虑如下的项链计数问题: 设有 n 种颜色的珠子, 要做成 m 颗珠子的项链, 问可做成多少种不同种类的项链? 这里所说的不同种类的项链, 指两个项链无论怎样旋转与翻转都不能重合. 在数学上可以描述如下:

设 $X=\{1,2,\cdots,m\}$ 代表 m 颗珠子的集合, 它们顺序排列组成一个项链, 由于每颗珠子标有号码, 我们称这样的项链为**有标号的项链**. $A=\{a_1, a_2, \cdots,$

$a_n\}$ 为 n 种颜色的集合. 则每一个映射 $f: X \to A$ 代表一个有标号的项链. 令 $\Omega = \{f|f: X \to A\}$ 它是全部有标号项链的集合, 显然有 $|\Omega| = |A|^{|X|} = n^m$ 是全部有标号项链的数目.

现在考虑二面体群 D_m 对集合 Ω 的作用. 设

$$g = \begin{pmatrix} 1 & 2 & \cdots & k & \cdots & m \\ i_1 & i_2 & \cdots & i_k & \cdots & i_m \end{pmatrix} \in D_m,$$

$$f = \begin{pmatrix} 1 & 2 & \cdots & k & \cdots & m \\ c_1 & c_2 & \cdots & c_k & \cdots & c_m \end{pmatrix} \in \Omega, \quad \text{其中 } c_k \in A,$$

定义 g 对 f 的作用为

$$g[f] = \begin{pmatrix} g(1) & g(2) & \cdots & g(k) & \cdots & g(m) \\ c_1 & c_2 & \cdots & c_k & \cdots & c_m \end{pmatrix} = \begin{pmatrix} i_1 & i_2 & \cdots & m \\ c_1 & c_2 & \cdots & c_m \end{pmatrix} = fg^{-1},$$

则 $e(f) = f$, $g_1g_2(f) = f(g_1g_2)^{-1} = fg_2^{-1}g_1^{-1}$, $g_1(g_2(f)) = g_1(fg_2^{-1}) = fg_2^{-1}g_1^{-1}$, 所以 $g_1g_2(f) = g_1(g_2(f))$, 满足群作用的定义.

直观来看, D_m 种元素 g 对 f 的作用就是对项链的点号作一个旋转变换或翻转变换, 因而 f_1 与 f_2 是同一类型的当且仅当存在 $g \in D_m$ 使得 $g(f_1) = f_2$ 当且仅当 f_1 与 f_2 属于同一个轨道.

因此, 每一类型的项链对应一个轨道, 不同类型项链的个数就是 Ω 在 D_m 作用下的轨道个数, 可用伯恩赛德引理求解.

下一个需要解决的关键问题是：对任意 $g \in D_m$ 如何求 g 在 Ω 上的不动点数 $\chi(g)$, 这与 g 的置换类型有关. 设 g 是一个 $1^{\lambda_1}2^{\lambda_2}\cdots m^{\lambda_m}$ 型置换, g 的轮换分解式可表示为

$$g = \underbrace{(*)\cdots(*)}_{\lambda_1\text{个}}\underbrace{(*\,*)\cdots(*\,*)}_{\lambda_2\text{个}}\cdots, \tag{3.5.1}$$

可以证明 $g(f) = f$ 当且仅当对应式 (3.5.1) 中同一轮换中的珠子有相同的颜色.

下面举例说明上述论断的正确性. 例如, 设

$$g = (1\quad 2)(3\quad 6)(4\quad 5) \in D_6,$$

$$f_1 = \begin{pmatrix} 1 & 2 & 3 & 4 & 5 & 6 \\ a_1 & a_1 & a_2 & a_3 & a_3 & a_2 \end{pmatrix},$$

则

$$g(f_1) = \begin{pmatrix} g(1) & g(2) & g(3) & g(4) & g(5) & g(6) \\ a_1 & a_1 & a_2 & a_3 & a_3 & a_2 \end{pmatrix}$$

$$= \begin{pmatrix} 2 & 1 & 6 & 5 & 4 & 3 \\ a_1 & a_1 & a_2 & a_3 & a_3 & a_2 \end{pmatrix} = f_1,$$

故 f_1 是 g 的一个不动点. 反之, 若对应 g 的轮换分解式中某个轮换中号码的珠子有不同的颜色, 例如：$f_2 = \begin{pmatrix} 1 & 2 & 3 & 4 & 5 & 6 \\ a_1 & a_2 & a_2 & a_3 & a_3 & a_2 \end{pmatrix}$, 则

$$g(f_2) = \begin{pmatrix} g(1) & g(2) & g(3) & g(4) & g(5) & g(6) \\ a_1 & a_2 & a_2 & a_3 & a_3 & a_2 \end{pmatrix}$$
$$= \begin{pmatrix} 2 & 1 & 6 & 5 & 4 & 3 \\ a_1 & a_2 & a_2 & a_3 & a_3 & a_2 \end{pmatrix} \neq f_2,$$

所以 f_2 不是 g 的不动点.

下面我们来进一步计算 $\chi(g)$.

$$\chi(g) = |\{f|f \in \Omega, g(f) = f\}|,$$

而满足 $g(f) = f$ 的 f, 对应于 g 的同一轮换中的珠子的颜色必须相同, 因而每一个轮换中的珠子颜色共有 n 种选择. 而 g 所含的轮换个数为 $\lambda_1+\lambda_2+\cdots+\lambda_m$, 所以满足条件 $g(f) = f$ 的项链颜色有 $n^{\lambda_1+\lambda_2+\cdots+\lambda_m}$ 种选择, 故 $\chi(g) = n^{\lambda_1+\lambda_2+\cdots+\lambda_m}$. 将它代入伯恩赛德公式, 就得到项链的种类数为

$$N = \frac{1}{|D_m|} \sum_{g\in D_m} n^{\lambda_1+\lambda_2+\cdots+\lambda_m}, g \text{ 为 } 1^{\lambda_1}2^{\lambda_2}\cdots m^{\lambda_m} \text{ 型},$$

其中和式是对 D_m 中每一个置换求和. 上式可进一步表示为

$$N = \frac{1}{|D_m|} \sum_{[1^{\lambda_1}2^{\lambda_2}\cdots m^{\lambda_m}]} c(\lambda_1, \lambda_2, \cdots, \lambda_m) n^{\lambda_1+\lambda_2+\cdots+\lambda_m},$$

其中 $c(\lambda_1, \lambda_2, \cdots, \lambda_m)$ 为同一类型的群元素个数, 和式是对所有可能的不同置换类型求和.

例 3.5.2　用 3 种颜色做成有 6 颗珠子的项链, 问可做成多少种不同种类的项链?

解　此时 $n = 3, m = 6$, 考虑二面体群 $D_6 = \{(1), (1\ 2\ 3\ 4\ 5\ 6), (1\ 3\ 5)\ (2\ 4\ 6), (1\ 4)\ (2\ 5)\ (3\ 6), (1\ 5\ 3)\ (2\ 6\ 4), (1\ 6\ 5\ 4\ 3\ 2), (2\ 6)\ (3\ 5), (1\ 3)\ (4\ 6), (1\ 5)\ (2\ 4), (1\ 6)\ (2\ 5)\ (3\ 4), (1\ 2)\ (3\ 6)\ (4\ 5), (1\ 4)\ (2\ 3)\ (5\ 6)\}$, $|\Omega| = 3^6$. 由上面的分析, 只需按类型计算 D_6 中每一个群元素的不动点数.

1^6 型置换有 1 个, 每一个元素的不动点数为 $\chi(g) = 3^6$;

$1^2 2^2$ 型置换有 3 个, 每一个元素的不动点数为 $\chi(g)=3^4$;

2^3 型置换有 4 个, 每一个元素的不动点数为 $\chi(g)=3^3$;

3^2 型置换有 2 个, 每一个元素的不动点数为 $\chi(g)=3^2$;

6^1 型置换有 2 个, 每一个元素的不动点数为 $\chi(g)=3$.

所以 $N=\dfrac{1}{12}(3^6+3\times 3^4+4\times 3^3+2\times 3^2+2\times 3)=92$.

例 3.5.3 用 3 颗红珠和 6 颗白珠做成一个项链, 问可以做成多少种不同的项链?

解 这个问题与项链问题的一般提法稍有不同, 但可用同样的方法来分析.

设 Y 是所有带标号的由 3 颗红珠和 6 颗白珠做成的项链的集合, 不难计算出 $|Y|=\mathbf{C}_9^3=84$. 群 D_9 作用于集合 Y 上, 不同的轨道数目就是所要求的项链的种类数. 注意到

$$D_9=\{(1),T,T^2,T^3,T^4,T^5,T^6,T^7,T^8,S,ST,ST^2,\cdots,ST^8\},$$

其中 $T=(1\ 2\ 3\ 4\ 5\ 6\ 7\ 8\ 9)$, $T^2=(1\ 3\ 5\ 7\ 9\ 2\ 4\ 6\ 8)$, $T^3=(1\ 4\ 7)\ (2\ 5\ 8)\ (3\ 6\ 9)$, $S=(2\ 9)\ (3\ 8)\ (4\ 7)\ (5\ 6)$, 为计算 D_9 中每一个元素在集合 Y 中的不动点数, 可列表 3-2.

表 3-2 D_9 对集合的作用

群元素类型	同一类元素个数	$\chi(g)$	$\Sigma\chi(g)$
1^9 型	1	84	84
$1^1 2^4$ 型	9	4	36
3^3 型	2	3	6
9^1 型	6	0	0
Σ	18		126

所以 $N=\dfrac{126}{18}=7$. 这 7 种不同的项链如图 3-2 所示.

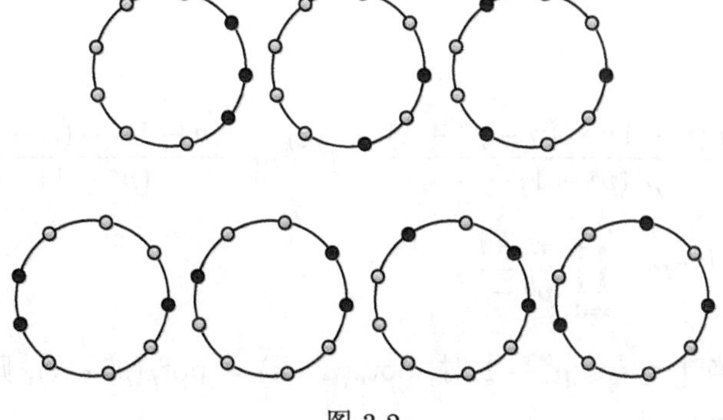

图 3-2

在上面的计算过程中, 关键是计算每一个群元素的不动点数, 例如对于 3^3 型元素, 它有如下 3 个不动点 (图 3-3).

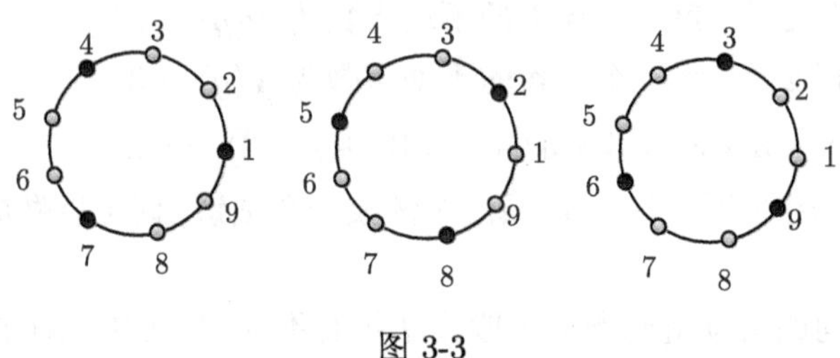

图 3-3

利用伯恩赛德引理和二面体群上的群作用还可以解决化合物分子结构的计数问题, 利用正多面体的旋转群上的群作用可以解决正多面体的着色问题.

习 题 3.5

1. 用 2 种颜色做成有 5 颗珠子的项链, 问可做成多少种不同种类的项链?
2. 用 4 颗红珠和 6 颗白珠做成一个项链, 问可以做成多少种不同的项链?

3.6 西 罗 定 理

设 G 为阶为 n 的有限群, 根据拉格朗日定理, G 的子群的阶是 n 的一个因子. 然而对 n 的任意因子 d, 不一定存在 G 的 d 阶子群, 例如 12 阶交错群 A_4 就没有 6 阶子群. 但是下面的西罗 (Sylow) 定理却指出: 对于任意素数方幂型因子 p^k, 群 G 一定有 p^k 阶子群.

在叙述和证明西罗定理之前, 我们先来证明一个引理.

引理 3.6.1 设 $n=p^lm$, 其中 p 是素数, $(p,m)=1, l\geqslant 1$. 对任意正整数 $k\leqslant l$, 组合数 $C_n^{p^k}$ 满足: $p^{l-k}\|C_n^{p^k}$, 即 $p^{l-k}|C_n^{p^k}$, 但 $p^{l-k+1}\nmid C_n^{p^k}$.

证明 为叙述方便, 记 $\operatorname{pot}_p(u)$ 为正整数 u 中 p 因子的个数. 要证 $\operatorname{pot}_p(C_n^{p^k})=l-k$.

注意到

$$C_n^{p^k}=\frac{n(n-1)\cdots(n-p^k+1)}{p^k(p^k-1)\cdots 1}=p^{l-k}m\cdot\frac{(n-1)\cdots(n-p^k+1)}{(p^k-1)\cdots 1}$$
$$=p^{l-k}m\cdot\prod_{i=1}^{p^k-1}\frac{n-i}{p^k-i}, \tag{3.6.1}$$

如果可以证明当 $1\leqslant i\leqslant p^k-1$ 时, $\operatorname{pot}_p(n-i)=\operatorname{pot}_p(p^k-i)$, 则由 $(p,m)=1$ 知, $\operatorname{pot}_p(C_n^{p^k})=l-k$.

不妨设 $i=p^t\cdot i_1$, 其中 $(p,i_1)=1, 0\leqslant t<k$, 则有

$$n-i=p^lm-p^t\cdot i_1=p^t(p^{l-t}m-i_1),$$

$$p^k-i=p^k-p^t\cdot i_1=p^t(p^{k-t}-i_1).$$

由于 $(p,i_1)=1$, 故有 $(p,p^{l-t}m-i_1)=1$, $(p,p^{k-t}-i_1)=1$, 于是 $\mathrm{pot}_p(n-i)=t=\mathrm{pot}_p(p^k-i)$.

由于 $(p,m)=1$, 结合 (3.6.1) 式知, $\mathrm{pot}_p(\mathrm{C}_n^{p^k})=l-k$, 即 $p^{l-k}\|\mathrm{C}_n^{p^k}$. #

以下设 G 是有限群, $|G|=p^lm$, 其中 p 是素数, $(p,m)=1, l\geqslant 1$.

利用引理 3.6.1 我们可以证明

定理 3.6.1 (存在定理) 设 G 是有限群, $|G|=p^lm$, 其中 p 是素数, $(p,m)=1$, $l\geqslant 1$, 则 G 有 $p^k(k\leqslant l)$ 阶子群. 特别地, G 有 p^l 阶子群, 这样的子群称为 G 的 **西罗 p-子群**.

证明 令 X 是 G 中全部含有 $p^k(k\leqslant l)$ 个元素的子集合构成的集合, 即有

$$X=\{A\subseteq G||A|=p^k\}.$$

显然, $|X|=\mathrm{C}_n^{p^k}$. 对任意 $A\in X$, 定义

$$g(A)=gA,\quad g\in G,$$

这就给出了群 G 在集合 X 上的作用. 集合 X 可以分解成全部按轨道的并, 即有

$$|X|=\Sigma_A|A^G|.$$

因为 $p^{l-k+1}\nmid|X|$, 所以至少有一个轨道, 比如说 A^G, 使得 $p^{l-k+1}\nmid|A^G|$. 令 G_A 是 A 的稳定子群, 由轨道公式 $p^lm=|G|=|A^G|\cdot|G_A|$ 知

$$p^k\mid|G_A|, \text{即 } |G_A|\geqslant p^k.$$

另一方面, 取 $a\in A$, 因为 G_A 是 A 的稳定子群, 故对任意 $g\in G_A$, 有 $g(A)=gA=A$, 于是 $ga\in A$, 从而有

$$G_Aa\subseteq A,$$

因此

$$|G_A|=|G_Aa|\leqslant|A|=p^k.$$

综上知, $|G_A|=p^k$, 即 G_A 是 G 的阶为 p^k 的子群. #

对上面的有限群 G, 容易看出, 若 P 是 G 的一个西罗 p-子群, 则 $[G:P]=|G|/|P|=m$. 进而, 设 P 是 G 的一个子群, 则 P 是 G 的西罗 p-子群当且仅当

$$P \text{ 是一个 } p \text{ 群, 且 } ([G:P],p)=1.$$

定理 3.6.2 (包含定理)　设 G 是有限群, P 是 G 的一个西罗 p-子群, 则 G 的任一 $p^k(k\leqslant l)$ 阶子群 H 必包含在一个与 P 共轭的西罗 p-子群中.

证明　令 X 是 P 的左陪集所组成的集合, 定义 H 在 X 上的作用为

$$h(gP)=hgP,$$

其中 $h\in H, g\in G$. 因为 $|X|=m$, $|H|=p^k$, $(m,p)=1$, 故由推论 3.4.2 知, X 有不动点, 即存在左陪集 gP, 使得对任意 $h\in H$, 有 $h(gP)=hgP=gP$, 即

$$g^{-1}hg\in P,\quad \text{也即 } h\in gPg^{-1},$$

于是有 $H\subseteq gPg^{-1}$, 故结论成立.　#

利用定理 3.6.2 还可以证明下面的结论成立.

定理 3.6.3 (共轭定理)　有限群的任意两个西罗 p-子群都互相共轭.

证明　设 G 为有限群, P,Q 是 G 的任意两个西罗 p-子群, 则由定理 3.6.2 知,

$$\text{存在 } g\in G \text{ 使 } Q\subseteq gPg^{-1}.$$

又因为 $|gPg^{-1}|=|P|=|Q|=p^k$, 故有 $Q=gPg^{-1}$, 因此结论成立.　#

注 3.6.1　设 G 为有限群, 记 X 是 G 的全部西罗 p-子群所成的集合, 定义 G 在 X 上的作用为

$$g(Q)=gQg^{-1},$$

其中 $g\in G$, $Q\in X$. 由定理 3.6.3 知, G 的所有西罗 p-子群都是共轭的, 故 G 在 X 上的作用是可迁的.

由定理 3.6.3 容易得到

推论 3.6.1　设 G 为有限群, P 是 G 的一个西罗 p-子群, 则

$$P \text{ 是 } G \text{ 的唯一的一个西罗 } p\text{-子群当且仅当 } P \text{ 是 } G \text{ 的正规子群.}$$

推论 3.6.2　设 G 为有限群, P 是 G 的一个西罗 p-子群, 则

(1) P 是 $N(P)$ 的唯一一个西罗 p-子群,

(2) $N(N(P))=N(P)$.

证明 (1) 因为 P 是 G 的一个西罗 p-子群, 故 $([G:P],p)=1$. 又因为 P 是 $N(P)$ 的子群, $N(P)$ 是 G 的子群, 故

$$[N(P):P]\,|\,[G:P]\text{ ,从而 }([N(P):P],p)=1.$$

因此 P 也是 $N(P)$ 的西罗 p-子群. 另一方面, 由于 P 是 $N(P)$ 的正规子群, 故由推论 3.6.1 知, P 是 $N(P)$ 的唯一的西罗 p-子群.

(2) 显然 $N(P)\subseteq N(N(P))$, 只要证明 $N(N(P))\subseteq N(P)$. 对任意 $g\in N(N(P))$, 有

$$gN(P)=N(P)g,\text{即 }gN(P)g^{-1}=N(P),$$

于是

$$gPg^{-1}\subseteq gN(P)g^{-1}=N(P).$$

因为 $|gPg^{-1}|=|P|$, 故 gPg^{-1} 也是 $N(P)$ 的西罗 p-子群. 再由结论 (1) 知, P 是 $N(P)$ 的唯一一个西罗 p-子群, 故 $gPg^{-1}=P$, 即 $g\in N(P)$, 从而 $N(N(P))\subseteq N(P)$, 因此有

$$N(N(P))=N(P).$$ #

下面再考虑西罗 p-子群的计数问题.

同前设 G 是有限群, $|G|=p^lm$, 其中 p 是素数, $(p,m)=1,l\geqslant 1$. 并记 n_p 是 G 的西罗 p-子群的个数, 则有

引理 3.6.2 设 G 是有限群, 记 n_p 是 G 的西罗 p-子群的个数, 则 $n_p\big|\,|G|$.

证明 设 X 是 G 的全部西罗 p-子群所成的集合, 定义 G 在 X 上的作用为

$$g(Q)=gQg^{-1},\text{其中 }g\in G,Q\in X.$$

由定理 3.6.3 知, G 的所有西罗 p-子群都是共轭的, 故 G 在 X 上的作用是可迁的, 因此存在 X 中某个西罗 p-子群 P, 使得 $n_p=|X|=|P^G|$.

另一方面, 容易证明 $|P^G|=[G:N(P)]$, 而 $[G:N(P)]\big|\,|G|$, 故有 $n_p\big|\,|G|$. #

定理 3.6.4 (计数定理) 设 G 是有限群, $|G|=p^lm$, 其中 p 是素数, $(p,m)=1,l\geqslant 1$. 记 n_p 是 G 的西罗 p-子群的个数, 则

$$n_p\equiv 1\ (\mathrm{mod}\,p)\text{ 并且 }n_p|m.$$

证明 令 X 为 G 的全部西罗 p-子群所成的集合, 则 $n_p=|X|$. 设 P 为 G 的任一西罗 p-子群, 定义 P 在 X 上的作用为

$$g(Q)=gQg^{-1},\text{其中 }g\in P,Q\in X.$$

由于 P 为 p 群, $n_p = |X|$, 设 t 为 X 中不动点的个数, 则由推论 3.4.3 知,

$$n_p \equiv t(\mathrm{mod}\, p).$$

对任意 $g \in P$, 有 $gPg^{-1} = P$, 故 P 是 X 的一个不动点. 下面证明 P 是 X 中唯一的不动点.

若 Q 是 X 的一个不动点, 则对任意 $g \in P$, 有 $gQg^{-1} = Q$, 于是 $g \in N_P(Q)$, 从而

$$P \subseteq N_P(Q) \subseteq P, \text{故 } P = N_P(Q) \subseteq N_G(Q).$$

又因为 Q 是 $N_G(Q)$ 的唯一一个西罗 p-子群, 故 $Q = P$.

因此 P 是 X 中唯一的不动点. 于是有 $n_p \equiv 1 \ (\mathrm{mod}\ p)$, 从而 n_p 与 p 互素. 又由引理 3.6.2 知, $n_p \mid |G| = p^l m$, 故 $n_p \equiv 1 \ (\mathrm{mod}\ p)$ 并且 $n_p|m$. #

综上, 我们证明了

定理 (西罗/Sylow 定理)　设 G 是有限群, $|G| = p^l m$, 其中 p 是素数, $(p, m) = 1, l \geqslant 1$, 则

(1) **存在定理**　G 有 $p^k (k \leqslant l)$ 阶子群. 特别地, G 有 p^l 阶子群, 这样的子群称为 G 的**西罗 p-子群**.

(2) **包含定理**　G 的每个 p 子群必包含在一个西罗 p-子群中.

(3) **共轭定理**　G 的所有西罗 p-子群都是共轭的, 即 G 的所有西罗 p-子群组成 G 的一个共轭子群类.

(4) **计数定理**　设 n_p 是 G 的西罗 p-子群的个数, 则 $n_p \equiv 1 \ (\mathrm{mod}\ p)$ 并且 $n_p|m$.

由西罗定理可以证明下面的结论成立:

推论 3.6.3 (柯西 (Cauchy) 定理)　若素数 p 能整除有限群 G 的阶, 则 G 必有 p 阶元.

例 3.6.1　30 阶群不是单群.

证明　设 G 是一个 30 阶群, 记 n_p 是其西罗 p-子群的个数, 则由西罗定理知

$$n_p \equiv 1 \ (\mathrm{mod}\ p) \text{ 并且 } n_p|m,$$

因为 30=2·3·5, 故有

$$n_3 \equiv 1 \ (\mathrm{mod}\ 3) \text{ 并且 } n_3|\ 10, \quad n_5 \equiv 1 \ (\mathrm{mod}\ 5) \text{ 并且 } n_5|\ 6,$$

故 $n_3 = 1$ 或 10, $n_5 = 1$ 或 6.

若 $n_3 = 10$ 且 $n_5 = 6$, 则 G 有 20 个 3 阶元, 24 个 5 阶元, 从而 G 至少有 20 + 24 + 1=45 个元素, 这与 $|G| = 30$ 矛盾. 这说明 n_3 与 n_5 至少有一个为 1, 故 G 不是单群. #

例 3.6.2 56 阶群不是单群.

证明 设 G 是一个 56 阶群, 记 n_p 是其西罗 p-子群的个数. 因为 $56=2^3\cdot 7$, 则有

$$n_7 \equiv 1 \pmod 7) \text{ 并且 } n_7 | 8,$$

故 n_7=1 或 8.

若 $n_7 = 1$, 则 G 有唯一一个西罗 7-子群, 它是正规子群, 故 G 不是单群.

若 $n_7 = 8$, 则 G 有 8 个不同的西罗 7-子群, 设为 $P_1, P_2, \cdots, P_8$. 由于它们为 7 阶循环群, $P_i \cap P_j = \{e\}$, 故 $\bigcup\limits_{i=1}^{4} P_i$ 恰好含有 49 个元素, 剩余 7 个元素和单位元一起最多可以构成一个 8 阶子群, 而由西罗定理, 这样的 8 阶子群 (西罗 2-子群) 一定存在, 故它是 G 的唯一的一个西罗 2-子群, 从而为正规子群, 故 G 不是单群.

综上 56 阶群不是单群. #

例 3.6.3 72 阶群不是单群.

证明 设 G 是一个 72 阶群, 记 n_p 是其西罗 p-子群的个数, 因为 $72=2^3\cdot 3^2$, 则有

$$n_3 \equiv 1 \pmod 3) \text{ 并且 } n_3 | 8,$$

故 n_3=1 或 4.

(1) 若 $n_3 = 1$, 则 G 有唯一一个西罗 3-子群, 它是正规子群, 故 G 不是单群.

(2) 若 $n_3 = 4$, 则 G 有 4 个西罗 3-子群, 设为 P_1, P_2, P_3, P_4. 记 $X = \{P_1, P_2, P_3, P_4\}$, 定义群 G 对 X 的作用:

$$g(P_i) = gP_ig^{-1}, \quad \text{其中 } g \in G,\ P_i \in X,\ i = 1,2,3,4.$$

由群作用的性质 (参见 3.4 节的定理 3.4.1), 存在 G 到 $S(X) \cong S_4$ 的群同态

$$\psi : G \to S(X),$$

$$g \to \sigma_g,$$

其中 $\sigma_g(P_i) = g(P_i) = gP_ig^{-1}$. 于是有

$$G/\text{Ker}(\psi) \cong \psi(G) \leqslant S(X) \cong S_4,$$

即 $G/\mathrm{Ker}(\psi)$ 在同构意义下为 S_4 的子群.

因为 $|G|=72>|S_4|=24$, 故 $|\mathrm{Ker}(\psi)|>1$, 从而 $\mathrm{Ker}(\psi)\neq\{e\}$. 另一方面, 可以证明

$$\mathrm{Ker}(\psi)=\{g\in G|\sigma_g(P_i)=gP_ig^{-1}=P_i, \text{对任意 } i=1,2,3,4\}=\bigcap_{i=1}^{4}N(P_i),$$

由于 G 有 4 个西罗 3-子群：P_1,P_2,P_3,P_4, 它们都不是 G 的正规子群, 故 $N(P_i)$ 为 G 的真子群, 从而 $\mathrm{Ker}(\psi)\neq G$. 故 $\mathrm{Ker}(\psi)$ 是 G 的非平凡正规子群, 从而 G 不是单群. #

例 3.6.4 15 阶群为循环群.

证明 设 G 是一个 $15=3\cdot 5$ 阶群, 记 n_p 是其西罗 p-子群的个数, 则有

$$n_3\equiv 1(\mathrm{mod}\ 3) \text{ 并且 } n_3|5,$$

$$n_5\equiv 1(\mathrm{mod}\ 5) \text{ 并且 } n_5|3,$$

综上可以得到 $n_3=1$, $n_5=1$. 故 G 有唯一一个西罗 3-子群 P 和唯一一个西罗 5-子群 Q, 它们都是素数阶循环群, 且都是正规子群.

不妨设 $P=\langle a\rangle$, $Q=\langle b\rangle$, 其中 a 为 3 阶元, b 为 5 阶元. 显然 $P\cap Q=\{e\}$, 由于 P,Q 是正规子群, 可以证明 $ab=ba$, 于是 ab 为 15 阶元, $G=\langle ab\rangle$ 为循环群. #

习 题 3.6

1. 证明：231 阶群必有 7 阶和 11 阶正规子群.
2. 证明：300 阶群不是单群.
3. 证明：96 阶群不是单群.
4. 求出 S_4 和 A_4 的所有西罗 p-子群.
5. 设 p, q 为不同的素数, 证明 pq 和 p^2q 阶群必包含一个正规的西罗子群.
6. 设 p, q, r 为不同的素数, 证明 pqr 阶群不是单群.
7. 设 p, q 为不同的素数, 若 $p\nmid(q-1)$, 且 $q\nmid(p-1)$, 则 pq 阶群是循环群.
8. 证明：一个群 G 恰有三个子群当且仅当 G 恰为 p^2 阶循环群 (p 是某个素数).
9. 设 G 是一个有限群, P 是 G 的一个西罗 p-子群, 若 $N\lhd G$, 则 $P\cap N$ 是 N 的西罗 p-子群, PN/N 是 G/N 的西罗 p-子群.
10. 设 G 是一个有限群, H 是 G 的子群, P 是 G 的一个西罗 p-子群, 证明：存在 $a\in G$, 使得 $aPa^{-1}\cap H$ 是 H 的一个西罗 p-子群.
11. 设P 是群 G 的一个西罗 p-子群, H 是 G 的一个 p 子群, 则 $H\leqslant P$ 当且仅当 $H\leqslant N(P)$.
12. 设 G 是一个有限群, H 是 G 的子群, P 是 G 的一个西罗 p-子群, 若 $N(P)$ 也是 H 的子群, 证明：$H=N(H)$.

13. 设 G 是一个有限群, N 是 G 的正规子群, P 是 N 的一个西罗 p-子群, T 为 P 在 G 中的正规化子, 证明: $G = NT$.

3.7 群的直和

在群论研究中, 直和占有重要地位, 它使我们可能从已给的群构造出新的群来, 而且使我们可能把研究较复杂的群转化为研究较简单的群.

定义 3.7.1 设 $G_1, G_2, \cdots, G_r$ 是 r 个群, 考虑集合

$$G = G_1 \times G_2 \times \cdot s \times G_r = \{(x_1, x_2, \cdots, x_r) | x_i \in G_i\},$$

则 G 关于运算

$$(x_1, x_2, \cdots, x_r)(y_1, y_2, \cdots, y_r) = (x_1y_1, x_2y_2, \cdots, x_ry_r)$$

组成一个群, 其单位元为 $(e_1, e_2, \cdots, e_r)$, 其中 e_i 是 G_i 的单位元, $i = 1, \cdots, r$, 元素 $(x_1, x_2, \cdots, x_r)$ 的逆元为 $(x_1, x_2, \cdots, x_r)^{-1} = (x_1^{-1}, x_2^{-1}, \cdots, x_r^{-1})$. 称 G 为 $G_1, G_2, \cdots, G_r$ 的 (外) **直和**.

外直和 $G_1 \times G_2 \times \cdots \times G_r$ 的结构完全被群 $G_1, G_2, \cdots, G_r$ 的结构所决定.

若 $G_1, G_2, \cdots, G_r$ 都是交换群, 则外直和 $G_1 \times G_2 \times \cdots \times G_r$ 也是交换群.

若 $G_1, G_2, \cdots, G_r$ 都是有限群, $|G_i| = n_i$, 则外直和 $G_1 \times G_2 \times \cdots \times G_r$ 也是有限群, 且 $|G_1 \times G_2 \times \cdots \times G_r| = n_1 n_2 \cdots n_r$.

在外直和 $G_1 \times G_2 \times \cdots \times G_r$ 中, 令

$$\overline{G}_i = \{(e_1, \cdots, e_{i-1}, x_i, e_{i+1}, \cdots, e_r) | x_i \in G_i\},$$

容易验证下面的结论成立.

定理 3.7.1 在 $G = G_1 \times G_2 \times \cdots \times G_r$ 中存在 r 个子群 $\overline{G_1}, \cdots, \overline{G_r}$, 使得

(1) $\overline{G_1}, \cdots, \overline{G_r}$ 都是 G 的正规子群, 且 $\overline{G_i} \cong G_i$;

(2) $G = \overline{G_1} \cdots \overline{G_r}$;

(3) $\overline{G_i} \cap (\overline{G}_1 \cdots \overline{G}_{i-1} \overline{G}_{i+1} \cdots \overline{G}_r) = \{e\}$, 对任意 $i = 1, 2, \cdots, r$.

定义 3.7.2 设 G 是一个群, $N_1, \cdots, N_r$ 是 G 的子群. 如果 $N_1, \cdots, N_r$ 满足

(1) $N_1, \cdots, N_r$ 都是 G 的正规子群;

(2) $G = N_1 \cdots N_r$;

(3) $N_i \cap (N_1 \cdots N_{i-1} N_{i+1} \cdots N_r) = \{e\}$, 对任意 $i = 1, 2, \cdots, r$.

则 G 称为子群 $N_1, \cdots, N_r$ 的 (内) **直和**. 记为 $G = N_1 \oplus N_2 \oplus \cdots \oplus N_r$, 并称 $N_1, \cdots, N_r$ 为 G 的**直和项** (**直和因子**).

如果群 G 可以分解成一些正规子群 $N_1, \cdots, N_r$ 的直和, 那么群 G 的研究也就可以归结为正规子群 $N_1, \cdots, N_r$ 的研究. 如果一个群不能分解成两个平凡的正规子群的直和, 那么这个群就称为**不可分解的**. 显然, 任意一个有限群总可以分解为一些不可分解的群的直和. 群的直和分解也是群论研究中的一个重要的问题.

定理 3.7.2 设 $N_1, \cdots, N_r$ 是群 G 的 r 个子群, 则 $G = N_1 \oplus N_2 \oplus \cdots \oplus N_r$ 为内直和当且仅当

(1) $G = N_1 \cdots N_r$;

(2) G 的每个元素 $x = x_1 x_2 \cdots x_r (x_i \in N_i)$ 的表法是唯一的;

(3) 对任意 $1 \leqslant i \neq j \leqslant r$, N_i 的元素与 N_j 的元素可交换.

证明 先证必要性. 若 G 为 $N_1, N_2, \cdots, N_r$ 的内直和, 则结论 (1) 显然成立, 下面只需证明结论 (2) 和 (3) 成立.

先证结论 (3) 成立. 事实上, 由于 N_i, N_j 是 G 的正规子群, 故对任意 $x_i \in N_i$, $x_j \in N_j$, 有

$$x_i x_j x_i^{-1} x_j^{-1} \in N_i \cap N_j = \{e\},$$

于是有 $x_i x_j = x_j x_i$, 即 N_i 的元素与 N_j 的元素可交换.

再证结论 (2) 成立. 对任意 $x \in G$, 若存在 $x_i, y_i \in N_i$, 使得 $x = x_1 x_2 \cdots x_r = y_1 y_2 \cdots y_r$, 那么

$$y_1^{-1} x_1 = y_2 \cdots y_r (x_2 \cdots x_r)^{-1} \in N_1 \cap (N_2 \cdots N_r) = \{e\},$$

于是 $y_1^{-1} x_1 = e = y_2 \cdots y_r (x_2 \cdots x_r)^{-1}$, 即有

$$x_1 = y_1, \text{且 } x_2 \cdots x_r = y_2 \cdots y_r.$$

同上可以逐步证明 $x_2 = y_2, \cdots, x_r = y_r$.

再证充分性. 要证明 G 为 $N_1, N_2, \cdots, N_r$ 的内直和, 只需要证明 $N_1, \cdots, N_r$ 都是 G 的正规子群, 并且对任意 $i = 1, 2, \cdots, r$, 有

$$N_i \cap (N_1 \cdots N_{i-1} N_{i+1} \cdots N_r) = \{e\}.$$

先证明 $N_1, \cdots, N_r$ 都是 G 的正规子群. 对任意 $x \in G$, 存在 $x_i \in N_i$, 使得 $x = x_1 x_2 \cdots x_r$, 对任意 $n_i \in N_i$, 有

$$x n_i x^{-1} = (x_1 \cdots x_r) n_i (x_1 \cdots x_r)^{-1},$$

由于对任意 $1 \leqslant i, j \leqslant r, i \neq j$, N_i 的元素与 N_j 的元素可交换, 故上式可以写成

$$x n_i x^{-1} = (x_1 x_1^{-1}) \cdots (x_i n_i x_i)^{-1} \cdots (x_r x_r^{-1}) = x_i n_i x_i^{-1} \in N_i,$$

因此 N_i 是 G 的正规子群.

再证明对任意 $i=1,2,\cdots,r$, 有 $N_i\cap(N_1\cdots N_{i-1}N_{i+1}\cdots N_r)=\{e\}$.

若存在 $e\neq x\in N_i\cap(N_1\cdots N_{i-1}N_{i+1}\cdots N_r)$, 则存在 $x_j\in N_j$, 使得 $x=x_1x_2\cdots x_r(x_i=x)$, 于是

$$x=e\cdots ex_ie\cdots e=x_1\cdots x_{i-1}ex_{i+1}\cdots x_r,$$

从而 x 有两种表示, 这与条件 (2) 矛盾, 因此 $N_i\cap(N_1\cdots N_{i-1}N_{i+1}\cdots N_r)=\{e\}$.

综上可知, G 为 $N_1,N_2,\cdots,N_r$ 的内直和. #

定理 3.7.3 若 $G=N_1\oplus N_2\oplus\cdots\oplus N_r$, 则 $G\cong N_1\times N_2\times\cdots\times N_r$.

证明 令 $\varphi:N_1\times N_2\times\cdots\times N_r\to G$,

$$(x_1,x_2,\cdots,x_r)\to x_1x_2\cdots x_r.$$

由定理 3.7.2, 可以证明 φ 是同构. #

定理 3.7.3 说明, 若群 G 可以分解成子群 $N_1,N_2,\cdots,N_r$ 的内直和, 那么它们的内直和外直和在同构意义上是一致的, 二者可以不加区分. 关于内直和, 还可以证明下面的性质.

定理 3.7.4 设 $G=N_1\oplus N_2\oplus\cdots\oplus N_r$, 则

$$G/N_i\cong N_1\cdots N_{i-1}N_{i+1}\cdots N_r,\quad G/N_1\cdots N_{i-1}N_{i+1}\cdots N_r\cong N_i$$

证明 由内直和的性质知

$$G=N_i\cdot(N_1\cdots N_{i-1}N_{i+1}\cdots N_r),\text{且 }N_i\cap(N_1\cdots N_{i-1}N_{i+1}\cdots N_r)=\{e\},$$

再由群的第二同构定理知

$$\begin{aligned}G/N_i=&N_i\cdot(N_1\cdots N_{i-1}N_{i+1}\cdots N_r)/N_i\\ \cong&(N_1\cdots N_{i-1}N_{i+1}\cdots N_r)/(N_i\cap(N_1\cdots N_{i-1}N_{i+1}\cdots N_r))\\ \cong&N_1\cdots N_{i-1}N_{i+1}\cdots N_r,\end{aligned}$$

$$\begin{aligned}&G/(N_1\cdots N_{i-1}N_{i+1}\cdots N_r)\\ =&N_i\cdot(N_1\cdots N_{i-1}N_{i+1}\cdots N_r)/(N_1\cdots N_{i-1}N_{i+1}\cdots N_r)\\ \cong&N_i/(N_i\cap(N_1\cdots N_{i-1}N_{i+1}\cdots N_r))\cong N_i.\end{aligned}$$ #

例 3.7.1 设 $K=\{(1),\ (1\ 2)\ (3\ 4),\ (1\ 3)\ (2\ 4),\ (1\ 4)\ (2\ 3)\}$, 令

$$N_1=\{(1),\ (1\ 2)\ (3\ 4)\},\quad N_2=\{(1),\ (1\ 3)\ (2\ 4)\},$$

则 $K = N_1 \oplus N_2$.

例 3.7.2　$(\mathbf{R}^*, \cdot) = \mathbf{R}^+ \oplus \{1, -1\}$.

例 3.7.3　在同构意义下, 15 阶群只有一个, 即 15 阶循环群.

证明　设 $|G| = 15 = 3 \cdot 5$, 则由西罗定理有

$$n_3 \equiv 1 (\mathrm{mod}\ 3) \text{ 且 } n_5 | 5, \quad n_5 \equiv 1 (\mathrm{mod}\ 5) \text{ 且 } n_5 | 3,$$

故 $n_3 = 1, n_5 = 1$, 从而 G 有唯一一个西罗 3-子群和西罗 5-子群, 不妨分别记为 C_3, C_5. 则有 $C_3, \lhd G, C_5 \lhd G$. 但 $C_3 \cap C_5 = \{e\}$ 且 $C_3 C_5 \leqslant G$, 故 C_3, C_5 可以构成内直和 $C_3 \oplus C_5$.

设 $C_3 = \langle a \rangle$, $C_5 = \langle b \rangle$. 因为 C_3, C_5 中元素可以交换, 故 $ab = ba$. 因为 $o(a) = 3$, $o(b) = 5$, 且 $\gcd(3, 5) = 1$, 故 $o(ab) = 15$, 从而 $G = \langle ab \rangle = C_3 \oplus C_5$ 是一个循环群. #

下面利用西罗定理, 分析有限交换群的结构.

设 G 是一个有限交换群, $|G| = n$, n 的标准分解式为 $n = p_1^{r_1} \cdots p_s^{r_s}$, 其中 $p_1, \cdots, p_s$ 为不同的素数, $r_i \geqslant 1, i = 1, 2, \cdots, s$. 再设 G_i 是 G 的西罗 p_i-子群. 由于 G 是交换群, G_i 也是 G 的唯一的西罗 p_i-子群. 不难看出, G_i 恰由 G 中全部阶为 p_i 的方幂的元素所组成.

令 $H = G_1 \cdots G_s$, 因为 G_i 中的元素的阶为 p_i 的方幂, 而子群

$$G_1 \cdots G_{i-1} G_{i+1} \cdots G_s$$

中元素的阶为 $p_1^{r_1} \cdots p_{i-1}^{r_{i-1}} p_{i+1}^{r_{i+1}} \cdots p_s^{r_s}$ 的因子, 故对任意 $i = 1, 2, \cdots, s$, 有

$$G_i \cap (G_1 \cdots G_{i-1} G_{i+1} \cdots G_s) = \{e\},$$

从而

$$H = G_1 \oplus \cdots \oplus G_s.$$

另一方面, 由于对任意 $i = 1, 2, \cdots, s$, 有

$$G_i \cap (G_1 \cdots G_{i-1} G_{i+1} \cdots G_s) = \{e\},$$

可以证明

$$|H| = |G_1 \cdots G_s| = |G_1| \cdots |G_s| = p_1^{r_1} \cdots p_s^{r_s} = |G|,$$

于是有

$$H = G \text{ 且 } G \cong G_1 \oplus \cdots \oplus G_s.$$

这就证明了任意有限交换群都可以分解成一些交换 p 群的直和. 以后我们还将证明, 交换 p 群还可以进一步分解为一些循环 p 群的直和.

习 题 3.7

1. 设 N_1, N_2 是群 G 的两个子群, 证明: $G = N_1 \oplus N_2$ (内直和) 当且仅当

(1) $G = N_1N_2$;

(2) G 的每个元素 $x = x_1x_2(x_i \in N_i)$ 的表法是唯一的;

(3) N_1 的元素与 N_2 的元素可交换.

2. 设 $N_1, N_2, \cdots, N_r$ 是群 G 的 r 个正规子群, 且 $G = N_1 \oplus N_2 \oplus \cdots \oplus N_r$ (内直和), 证明: $N_1 \cdots N_{i-1} \cap N_i = \{e\}$ 对任意 $i = 1, 2, \cdots, r$ 成立当且仅当 G 的每个元素的表法是唯一的.

3. 设 p 为一素数, $e \geqslant 1$, 作为加法群, 证明 $\mathbf{Z}/(p^e)$ 不能进行直和分解.

4. 证明置换群 A_4 不能进行直和分解.

5. 设 σ 是 G 到 G' 的满同态, N 是 G 的正规子群, 并且 $N \overset{\sigma|N}{\cong} G'$, 则 $G = \mathrm{Ker}(\sigma) \oplus N$.

6. 若 $G = A \oplus B$, 且 $H \lhd A$, 则 $H \lhd G$.

7. 设 $\mathbf{R}^*$ 是所有非零实数组成的乘法群, $\mathbf{R}^+$ 是所有正实数组成的乘法群, 则

$$\mathbf{R}^*/\{-1, 1\} \cong \mathbf{R}^+.$$

8. 设 G 是 pq 阶群, 其中 p, q 是素数, $p \leqslant q$ 且 $q \not\equiv 1 \pmod p$.

(1) 若 $p < q$, 则 G 是循环群.

(2) 若 $p = q$, 则要么 G 是循环群要么 G 是两个 p 阶循环子群的直和.

3.8 换位子群与可解群*

设 G 是一个群, $a, b \in G$. 为了了解 a 与 b 是否可交换, 只需作乘积 $ab(ba)^{-1} = aba^{-1}b^{-1}$. 若它等于单位元素, 则 a 与 b 是可交换的; 若它不等于单位元素, 则 a 与 b 就不可交换. 即

$$ab = ba \text{ 当且仅当 } aba^{-1}b^{-1} = e.$$

称 $aba^{-1}b^{-1}$ 为元素 a 与 b 的**换位子**, 有时也将其记为 $[a, b]$.

由 G 中所有的换位子生成的子群称为 G 的**换位子群**, 记作 $G^{(1)}$. 即

$$G^{(1)} = \langle\{x = aba^{-1}b^{-1} | a, b \in G\}\rangle.$$

由于 $(aba^{-1}b^{-1})^{-1} = bab^{-1}a^{-1}$, 即换位子的逆仍是换位子, 所以

$$G^{(1)} = \{q_1q_2\cdots q_r | q_i \text{ 是 } G \text{ 中某两个元素的换位子}, 1 \leqslant i \leqslant r, r \in \mathbf{N}\}.$$

即：$G^{(1)}$ 恰由 G 中所有有限个换位子的积组成. 显然, G 是交换群当且仅当 $G^{(1)} = \{e\}$.

关于换位子群, 下面的结论成立.

定理 3.8.1　设 G 是一个群, 则

(1) $G^{(1)} \lhd G$;

(2) $G/G^{(1)}$ 是交换群;

(3) 若 $\sigma : G \to G'$ 是同态, 并且 G' 是交换群, 则 $G^{(1)} \leqslant \mathrm{Ker}(\sigma)$;

(4) 若 $K \lhd G$ 且 G/K 是交换群, 则 $G^{(1)} \leqslant K$. 这就是说, $G^{(1)}$ 是 G 的能使商群为交换群的最小的正规子群.

证明　(1) 对任意 $g \in G$, $\prod\limits_{t=1}^{n} a_t b_t a_t^{-1} b_t^{-1} \in G^{(1)}$, 我们有

$$g\left(\prod_{t=1}^{n} a_t b_t a_t^{-1} b_t^{-1}\right) g^{-1} = \prod_{t=1}^{n}((g a_t g^{-1})(g b_t g^{-1})(g a_t g^{-1})^{-1}(g b_t g^{-1})^{-1}) \in G^{(1)},$$

故 $G^{(1)} \lhd G$.

(2) 对任意 $a, b \in G$, 因为 $ab(ba)^{-1} = aba^{-1}b^{-1} \in G^{(1)}$, 故 $abG^{(1)} = baG^{(1)}$, 且由 $G^{(1)} \lhd G$ 知

$$aG^{(1)}bG^{(1)} = abG^{(1)} = baG^{(1)} = bG^{(1)}aG^{(1)},$$

故 $G/G^{(1)}$ 是交换群.

(3) 因为 G' 是交换的, 故有

$$\sigma(a)\sigma(b)\sigma(a^{-1})\sigma(b^{-1}) = \sigma(a)\sigma(a^{-1})\sigma(b)\sigma(b^{-1}) = \sigma(aa^{-1}bb^{-1}) = \sigma(e) = e',$$

故对任意 $\prod\limits_{t=1}^{n} a_t b_t a_t^{-1} b_t^{-1} \in G^{(1)}$, 我们有

$$\sigma\left(\prod_{t=1}^{n} a_t b_t a_t^{-1} b_t^{-1}\right) = e',$$

即 $\prod\limits_{t=1}^{n} a_t b_t a_t^{-1} b_t^{-1} \in \mathrm{Ker}(\sigma)$, 因此 $G^{(1)} \leqslant \mathrm{Ker}(\sigma)$.

(4) 设 $\varphi : G \to G/K$ 是自然同态. 因为 G/K 交换且 $\mathrm{Ker}(\varphi) = K$, 故由 (3) 知, $G^{(1)} \leqslant K$.　　#

例 3.8.1　包含换位子群的子群是正规子群.

证明　设 $G^{(1)}$ 是群 G 的换位子群, H 是 G 的包含 $G^{(1)}$ 的任一子群, 要证 $H \lhd G$.

由定理 3.8.1 知, $G^{(1)} \lhd G$, 而 $G^{(1)} \subseteq H$, 故 $G^{(1)} \lhd H$.

又 $G/G^{(1)}$ 交换群, 故 $H/G^{(1)} \lhd G/G^{(1)}$, 从而有 $H \lhd G$. #

例 3.8.2 设 $N \lhd G$, 则 $N^{(1)} \lhd G$.

证明 对任意 $g \in G$, $\prod\limits_{i=1}^{s} a_i b_i a_i^{-1} b_i^1 \in N^{(1)}$, 其中 $a_i, b_i \in N$, $i = 1, 2, \cdots, s$.

因为 $N \lhd G$, 故 $ga_ig^{-1}, gb_ig^{-1} \in N$, 从而

$$g\left(\prod_{i=1}^{s} a_i b_i a_i^{-1} b_i^{-1}\right) g^{-1} = \prod_{i=1}^{s}((ga_ig^{-1})(gb_ig^{-1})(ga_ig^{-1})^{-1}(gb_ig^{-1})^{-1}) \in N^{(1)},$$

故 $N^{(1)} \lhd G$. #

下面介绍可解群的概念和性质.

由定理 3.8.1 知, $G^{(1)} \lhd G$. 若 G 为单群, 则有 $G^{(1)} = \{1\}$, 或者 $G^{(1)} = G$. 而 $G^{(1)} = \{e\}$ 当且仅当 G 是交换群, 故对于非交换的单群 G 必有 $G^{(1)} = G$.

一般地, 对于任意一个群 G, 它的换位子群 $G^{(1)}$ 是 G 的一个非平凡的正规子群, 即有

$$G^{(1)} \lhd G,$$

再作换位子群 $G^{(1)}$ 的换位子群 $(G^{(1)})^{(1)}$, 记为 $G^{(2)}$. 这样继续下去, 令

$$G^{(k)} = (G^{(k-1)})^{(1)}.$$

我们得到一个递降的群列

$$G \rhd G^{(1)} \rhd G^{(2)} \rhd \cdots \rhd G^{(k-1)} \rhd G^{(k)} \rhd \cdots,$$

其中每一项 $G^{(k)}$ 都是前一项 $G^{(k-1)}$ 的换位子群, 因而是正规子群. 如果 G 是有限群, 那么这样的群列只有两种可能：要么从某个正整数 k 开始有

$$G^{(k)} = G^{(k+1)} = \cdots \neq \{e\},$$

要么存在正整数 k 使 $G^{(k)} = \{1\}$.

定义 3.8.1 设 G 是一个群. 如果存在正整数 k 使 $G^{(k)} = \{e\}$, 那么 G 称为**可解群**.

由于交换群 G 的换位子群 $G^{(1)} = \{e\}$, 显然, 交换群都是可解群.

下面简要分析 S_n 的可解性.

S_2 是交换群, 因而是可解群. 若 $G = S_3$, 不难验证

$$G^{(1)} = \{(1),\ (1\ 2\ 3), (1\ 3\ 2)\} = A_3, \quad G^{(2)} = A_3^{(1)} = \{(1)\},$$

因而 S_3 是可解群.

若 $G = S_4$, 不难验证

$$G^{(1)} = A_4, \quad G^{(2)} = A_4^{(1)} = K, \quad G^{(3)} = \{(1)\},$$

因而 S_4 是可解群.

当 $n > 4$ 时, 在 S_n 中的任意一个换位子 $\sigma\tau\sigma^{-1}\tau^{-1}$ 一定是偶置换, 故有 $S_n^{(1)} \leqslant A_n$. 又因为 $S_n^{(1)}$ 是 S_n 的正规子群, 当然也是 A_n 的正规子群. 由于 A_n 为单群, 且 $S_n^{(1)} \neq \{(1)\}$, 故有

$$S_n^{(1)} = A_n \text{ 且 } S_n^{(2)} = A_n^{(1)} = A_n.$$

这就说明, 当 $n > 4$ 时, S_n 不是可解群.

设 G 是可解群, 由定义知, 存在正整数 k 使得 $G^{(k)} = \{e\}$, 或者说, 存在递降的子群列

$$G = G^{(0)} \geqslant G^{(1)} \geqslant \cdots \geqslant G^{(k)} = \{e\},$$

其中每一个 $G^{(i)}$ 都是前一个 $G^{(i-1)}$ 的正规子群, 而且对应的商群 $G^{(i-1)}/G^{(i)}$ 都是交换群. 可以证明, 满足上述性质的群是可解群, 即有

定理 3.8.2 群 G 是可解的当且仅当存在一个递降的子群列

$$G = G_0 \geqslant G_1 \geqslant \cdots \geqslant G_s = \{e\},$$

其中每一个 G_i 都是前一个 G_{i-1} 的正规子群, 且商群 G_{i-1}/G_i 交换, $i=1,2,\cdots,s$.

对于有限群, 进一步有

定理 3.8.3 有限群 G 是可解的当且仅当存在一个递降的正规子群列

$$G = H_0 \geqslant H_1 \geqslant \cdots \geqslant H_t = \{e\},$$

其中商群 H_{i-1}/H_i, $i = 1,2,\cdots,t$, 都是素数阶的循环群.

需要说明的是, 对于可解群 G, 定理 3.8.3 中的子群列 $H_1,\cdots,H_t$ 并不是唯一的. 然而, 若令 $|H_{i-1}/H_i| = p_i$, $i = 1,2,\cdots,t$, 则 $|G| = p_1\cdots p_t$, 因此子群列的个数 t 就等于 $|G|$ 的素因子个数 (重复的重复计算) 是唯一确定的, 同时素数组 $p_1,\cdots,p_t$ 也是唯一确定的.

由于当 $n > 4$ 时, S_n 不可解. 由此伽罗瓦证明了 5 次以上一般方程没有根式解.

习 题 3.8

1. 证明：可解群的子群、商群都是可解群.
2. 证明阶为 p^2q 的群必为可解群, 其中 p,q 为不同的素数.
3. 证明 p 群一定是可解群.

第 4 章 环论基础

CHAPTER 4

本章介绍环论的一些基本概念和性质, 具体内容包括：环、子环、环同态、环的特征、各种特殊类型的环、理想与商环、环的同构定理、素理想、极大理想和环的直和等.

4.1 环、子环、环同态

前面介绍的群中只包含一种代数运算, 可以是加法, 也可以是乘法. 此外, 我们还经常用到同时含有加法和乘法两种运算的代数结构, 这就是下面将要介绍的环.

定义 4.1.1 设 R 是一个非空集合, 在 R 上定义了两个代数运算, 一个叫加法, 记为 $a+b$, 一个叫乘法, 记为 ab. 如果 R 关于这两种运算还满足下列性质：

(1) R 对于加法成一个交换群;

(2) 乘法有结合律 对任意的 $a, b, c\in R$, 有 $(ab)c=a(bc)$;

(3) 乘法对加法有分配律 对任意的 $a, b, c\in R$, 有

$$a(b+c)=ab+ac, \quad (b+c)a=ba+ca.$$

那么 R 就称为一个**环**.

以下是常见的环的一些例子.

例 4.1.1 全体整数对通常的加法与乘法构成一个环, 称为**整数环**, 记为 $\mathbf{Z}$.

全体偶数对通常的加法与乘法构成环, $n\mathbf{Z}(n>1)$ 对通常的加法与乘法也构成环.

例 4.1.2 所有的数域都是环.

例 4.1.3 设 P 为一数域, 系数在 P 中的全体 n 阶矩阵对矩阵的加法和乘法构成环, 记为 $M_n(P)$, 称为数域 P 上的 n 阶**全矩阵环**.

全体整系数的 n 阶矩阵也成一环 $M_n(\mathbf{Z})$. 一般地, 系数取自环 R 的全体 n 阶矩阵对矩阵的加法和乘法也构成一个环, 记为 $M_n(R)$.

例 4.1.4 设 P 为一数域, $P[x]=\{f(x)=\sum a_ix^i|a_i\in P\}$ 关于多项式的加法和乘法构成环, 称为数域 P 上的**多项式环**.

设 R 为环, 其加法群的单位元也称为环 R 的**零元**, 简记为 0.

利用环的定义容易得到下面的基本性质.

性质 4.1.1　设 R 是一个环, 0 是 R 的零元, 则对于任意 $a, b, c \in R$, 有

(1) $a0 = 0a = 0$;

(2) $a(-b) = (-a)b = -ab$;

(3) $(-a)(-b) = ab$;

(4) $a(b-c) = ab - ac$;

(5) $(b-c)a = ba - ca$.

证明　(1) 任取 $b \in R$, 则

$$ab + a0 = a(b+0) = ab,$$

从而得到 $a0 = 0$, 同理可证 $0a = 0$.

(2) 由于 $ab + a(-b) = a(b + (-b)) = a0 = 0$, 所以 $a(-b) = -ab$, 同理可证 $(-a)b = -ab$.

(3) 由 (2) 知, $(-a)(-b) = -a(-b) = ab$.

(4) $a(b-c) = ab + a(-c) = ab + (-ac) = ab - ac$.

(5) $(b-c)a = ba + (-c)a = ba + (-(ca)) = ba - ca$.　#

类似乘法群中元素方幂的定义, 因为 R 对加法成一交换群, 故对任意正整数 n, 可以定义环 R 中元素 a 的**倍数**

$$na = \underbrace{a + a + \cdots + a}_{(n\text{ 个})}.$$

再约定 $0a = 0$, $(-n)a = n(-a)$, 其中 n 是正整数.

于是对于任意整数 m, n, 对任意 $a, b \in R$, 有

$$ma + na = (m+n)a,$$

$$m(na) = (mn)a,$$

$$m(a+b) = ma + mb.$$

此外还有

$$(na)b = (na)b = a(nb), \quad (na)(mb) = (mn)(ab).$$

同样, 对正整数 n, 对任意 $a \in R$, 可以定义

$$a^n = \underbrace{a \cdots a}_{(n\text{ 个})},$$

即 n 个 a 相乘. 对于任意正整数 $m, n \in \mathbf{Z}$, 有

$$a^m a^n = a^{m+n},$$

$$(a^m)^n = a^{mn}.$$

在环 R 中如果存在元素 e, 使得对任意 $a \in R$, 都有 $ea = ae = a$, 这样的元素 e 称为环 R 的**单位元**, 通常也简记为 1. 含有单位元的环简称**幺环.**

在幺环 R 中, 如果对于某个元素 a, 存在元素 b, 使得 $ba = ab = 1$, 则称 b 为 a 的**逆元**, 此时称 a, b 为**可逆元** (也称为**单位**). 幺环 R 的全部可逆元组成的集合对乘法构成一个群, 称为 R 的**单位群**, 记为 $U(R)$. 对于幺环中的可逆元 a, 可以定义 $a^0 = 1$, $a^{-n} = (a^{-1})^n$.

下面介绍子环的定义和性质.

定义 4.1.2 设 S 为环 R 的一个非空子集, 若 S 关于环 R 的运算也成一个环, 则称 S 是 R 的一个**子环**.

任意环 R 都有子环 R 和 $\{0\}$, 它们称为 R 的**平凡子环**, 其余的子环称为**非平凡的**.

容易看出, 子集合 S 是 R 的子环当且仅当 S 关于加法运算是一子群, 并且关于乘法运算是封闭的, 即有

定理 4.1.1 设 S 是环 R 的一个非空子集, 则

S 是 R 的子环当且仅当对于任意 $a, b \in S$, 有 $a - b \in S$ 且 $ab \in S$.

利用定理 4.1.1 容易证明, 任意多个子环的交还是子环.

显然, 整数环 $\mathbf{Z}$ 是有理数域 $\mathbf{Q}$ 的子环, $n\mathbf{Z}(n > 1)$ 是 $\mathbf{Z}$ 的子环. 此外还有

例 4.1.5 设 P 为一数域, 在 $M_n(P)$ 中全体对角矩阵组成一子环; 全体数量矩阵组成一子环; 全体上 (下) 三角矩阵组成一子环.

需要说明的是, 若环 R 及其子环 S 都有单位元, 但 R 和 S 的单位元可能不一致.

例如, $S = \left\{ \left(\begin{array}{cc} a & a \\ 0 & 0 \end{array} \right) \middle| \ a \in \mathbf{Z} \right\}$ 是 $M_2(\mathbf{Z})$ 的子环, S 的单位元为 $\left(\begin{array}{cc} 1 & 1 \\ 0 & 0 \end{array} \right)$, 而 $M_2(\mathbf{Z})$ 的单位元为 $\left(\begin{array}{cc} 1 & 0 \\ 0 & 1 \end{array} \right)$.

例 4.1.6 设 $\mathbf{R}$ 为实数域, 令 N 为 $M_2(\mathbf{R})$ 中全体形如

$$\left(\begin{array}{cc} a & b \\ -b & a \end{array} \right), \quad a, b \in \mathbf{R}$$

的矩阵组成的集合. 这种形式的矩阵对加法成一子群是明显的. 由计算知

$$\left(\begin{array}{cc} a & b \\ -b & a \end{array} \right) \left(\begin{array}{cc} c & d \\ -d & c \end{array} \right) = \left(\begin{array}{cc} ac - bd & ad + bc \\ -(ad + bc) & ac - bd \end{array} \right),$$

可见 N 对乘法封闭. 因此, N 是 $M_2(\mathbf{R})$ 的一个子环.

下面介绍子集生成的子环的概念, 并分析生成的子环中元素的形式.

定义 4.1.3 设 S 是环 R 的一个非空子集, $\{J_i|i\in I\}$ 是 R 的所有包含 S 的子环组成的集合. 于是, $\bigcap\limits_{i\in I} J_i$ 是 R 的含有 S 的最小子环, 它称为 R 的**由 S 生成的子环**, 记为 $[S]$.

下面分析 $[S]$ 由 R 的哪些元素组成.

令

$$M=\left\{\sum_{k=1}^{n} c_k a_1^{(k)} a_2^{(k)}\cdots a_{r_k}^{(k)}\middle| a_i^{(k)}\in S,\ 1\leqslant i\leqslant r_k,\ \ c_k=\pm 1, n, r_k\in \mathbf{Z}^+\right\},$$

可以验证 M 是 R 的一个子环, 又因为 $S\subseteq M$, 故 $[S]\subseteq M$. 而由定义 4.1.3 知 $M\subseteq [S]$, 故有

$$[S]=M=\left\{\sum_{k=1}^{n} c_k a_1^{(k)} a_2^{(k)}\cdots a_{r_k}^{(k)}\middle| a_i^{(k)}\in S,\ 1\leqslant i\leqslant r_k,\ \ c_k=\pm 1, n, r_k\in \mathbf{Z}^+\right\}.$$

特别地, 取 $L=\{a\}$, 则

$$[a]=\left\{\sum_{i=1}^{m} n_i a^i\middle| n_i\in \mathbf{Z}, m\geqslant 1\right\}.$$

类似于群的情形, 可以如下定义两个环之间的同态.

定义 4.1.4 设 σ 是环 R 到环 R' 的一个映射. 如果对于任意 a, $b\in R$, 都有

$$\sigma(a+b)=\sigma(a)+\sigma(b),$$

$$\sigma(ab)=\sigma(a)\ \sigma(b),$$

则称 σ 为环 R 到 R' 的一个**同态**.

称 $\mathrm{Ker}(\sigma)=\{x\in R|\sigma(x)=0'\}$ 为环同态 σ 的**同态核**, $\mathrm{Im}(\sigma)=\sigma(R)$ 为 σ 的**同态象**, 其中 $0'$ 为 R' 的零元. 容易验证 $\mathrm{Ker}(\sigma)$ 为 R 的子环, $\sigma(R)$ 为 R' 的子环.

例 4.1.7 设 $\sigma: a\to \bar{a}$ 为环 $\mathbf{Z}$ 到 $\mathbf{Z}_n$ 的映射, 则 σ 是一个满同态, 且同态核为 $n\mathbf{Z}$.

作为环和环同态的应用, 下面介绍加法交换群的自同态环.

设 M 是一个加法交换群, M 的全部自同构按照映射的乘法构成一个乘法群, 记为 $\mathrm{Aut}(M)$. 再记 $\mathrm{End}(M)$ 为群 M 的全部自同态构成的集合. 对任意 $\eta,\xi\in \mathrm{End}(M)$, 如下定义同态的加法和乘法:

$$(\eta+\xi)(x)=\eta(x)+\xi(x),\quad x\in M,$$

$$(\eta\xi)(x)=\eta(\xi(x)),\quad x\in M,$$

容易验证 $\eta+\xi$ 和 $\eta\xi$ 还是加法群 M 的自同态, 进而可以证明 End(M) 关于上述定义的同态的加法和乘法构成一个有单位元的环 (恒等自同态为单位元), 称 End(M) 为交换群 M 的**自同态环**.

下面简要分析加法循环群的自同态环的结构. 设 $M=\langle a\rangle$ 为加法循环群, 对任意整数 z, 记$\eta_z(na)=zna$, $n\in\mathbf{Z}$, 可以验证 η_z 是 M 的自同态, 并且下面的结论成立.

例 4.1.8 设 $M=\langle a\rangle$ 为一个无限循环群, 则 $\mathrm{End}(M)=\{\eta_z|z\in\mathbf{Z}\}$, 且有环同构

$$\mathrm{End}(M)\cong\mathbf{Z}.$$

证明 容易验证 η_z 都是 M 的自同态. 反之, 对任意 $\eta\in\mathrm{End}(M)$, 由于 $M=\langle a\rangle$ 为循环群, 故存在整数 z 使得 $\eta(a)=za$, 而 η 由 a 的象唯一决定, 从而 η 可记作 η_z, 故有

$$\mathrm{End}(M)=\{\eta_z|z\in\mathbf{Z}\},$$

并且由 a 为无限阶元素知, $\eta_{z_1}=\eta_{z_2}$ 当且仅当 $z_1a=z_2a$ 当且仅当 $z_1=z_2$.

再证明存在环同构 $\mathrm{End}(M)\cong\mathbf{Z}$. 构造 $\mathbf{Z}$ 到 End(M) 的映射 $\psi: z\mapsto\eta_z$, 其中 $z\in\mathbf{Z}$. 显然 ψ 为满射. 由于 $\eta_{z_1}=\eta_{z_2}$ 当且仅当 $z_1=z_2$, 故 ψ 为单射. 下面证明 ψ 为环同态. 事实上, 对任意 $a\in M$, 有

$$\begin{aligned}(\eta_{z_1}+\eta_{z_2})(a)&=\eta_{z_1}(a)+\eta_{z_2}(a)=z_1a+z_2a\\&=(z_1+z_2)a=\eta_{z_1+z_2}(a),\end{aligned}$$

并且

$$(\eta_{z_1}\cdot\eta_{z_2})(a)=\eta_{z_1}(\eta_{z_2}(a))=z_1z_2a=\eta_{z_1z_2}(a).$$

即有 $\eta_{z_1+z_2}=\eta_{z_1}+\eta_{z_2}$, $\eta_{z_1z_2}=\eta_{z_1}\eta_{z_2}$, 故 $\psi: z\mapsto\eta_z$ 是 $\mathbf{Z}$ 到 End(M) 的一个环同态. 综上可得 $\psi: z\mapsto\eta_z$ 是 $\mathbf{Z}$ 到 End(M) 的一个环同构. #

例 4.1.9 设 $M=\langle a\rangle$ 为一个 n 阶循环群, 则 $\mathrm{End}(M)=\{\eta_z|0\leqslant z\leqslant n-1\}$, 且有环同构

$$\mathrm{End}(M)\cong\mathbf{Z}/(n)=\mathbf{Z}_n.$$

证明 同例 4.1.8, 容易验证 $\mathrm{End}(M)=\{\eta_z|z\in\mathbf{Z}\}$. 由于 a 为 n 阶元, 故

$$\eta_{z_1}=\eta_{z_2}\text{当且仅当 } z_1a=z_2a \text{ 当且仅当 } n|(z_1-z_2).$$

于是有

$$\mathrm{End}(M) = \{\eta_z | 0 \leqslant z \leqslant n-1\}.$$

构造 $\mathbf{Z}_n$ 到 $\mathrm{End}(M)$ 的对应关系 $\overline{\psi} : \overline{z} \mapsto \eta_z$, 可以证明 $\overline{\psi}$ 是环同构, 即有 $\mathrm{End}(M) \cong \mathbf{Z}_n$.

或者仍然构造 $\mathbf{Z}$ 到 $\mathrm{End}(M)$ 的映射 $\psi: z \mapsto \eta_z$, 可以证明 ψ 为满同态. 注意到同态核 $\mathrm{Ker}(\psi) = \{z \in \mathbf{Z} \,|\eta_z = 0\} = (n)$, 由同态基本定理也可以得到

$$\mathrm{End}(M) \cong \mathbf{Z}_n. \qquad \#$$

习　题　4.1

1. 设 R 是一个有单位元的交换环, 则对任意 $a, b \in R$, $n \in \mathbf{N}$, 有

$$(a+b)^n = a^n + \begin{pmatrix} n \\ 1 \end{pmatrix} a^{n-1}b + \cdots + \begin{pmatrix} n \\ n-1 \end{pmatrix} ab^{n-1} + b^n.$$

2. 在一个具有单位元素的环中, 如果对元素 a, 存在元素 b 使得 $ab = 1$, 但 $ba \neq 1$(即 b 是 a 的右逆但不是 a 的左逆), 则有无穷多个元素 x, 适合 $ax = 1$.

3. 环中元素 x 称为一幂零元素, 如果有一正整数 n 使 $x^n = 0$. 设 a 为具有单位元素的环中一幂零元素, 证明 $1 - a$ 可逆.

4. 设 n 为正整数, 证明: $n\mathbf{Z}$ 为整数环 $\mathbf{Z}$ 的一个子环.

5. 设 n 为正整数, 证明: 整数模 n 的剩余类 $\mathbf{Z}_n = \{\overline{0}, \overline{1}, \overline{2}, \cdots, \overline{n-1}\}$ 构成一个环.

6. 给出环 R 与它的一个子环 S 的例子, 它们分别具有下列性质:

(1) R 具有单位元素, 但 S 无单位元素;

(2) R 没有单位元素, 但 S 有单位元素;

(3) R, S 都有单位元素, 但不相同;

(4) R 不交换, 但 S 交换.

7. 设 R 是一个环. 如果对任意 $a \in R$, 均有 $a^2 = a$, 则 R 称为**布尔环**. 证明:

(1) 若 R 是布尔环, 则对任意 $a \in R$, 均有 $2a = 0$, 即 $a = -a$;

(2) 布尔环是交换环, 即对任意 $a, b \in R$, 有 $ab = ba$.

8. 证明: $\sigma : a \to \overline{a}$ 为环 $\mathbf{Z}$ 到 $\mathbf{Z}_n$ 的满同态, 同态核为 $n\mathbf{Z}$.

9. 设 M 为加法交换群, 记 $\mathrm{End}(M)$ 为 M 的全部自同态组成的集合. 对任意 $\eta, \xi \in \mathrm{End}(M)$, 定义同态的加法和乘法如下:

$$(\eta + \xi)(x) = \eta(x) + \xi(x), \quad x \in M,$$

$$(\eta\xi)(x) = \eta(\xi(x)), \quad x \in M,$$

则 $\eta + \xi$ 和 $\eta\xi$ 还是群 M 的自同态, 并且 $\mathrm{End}(M)$ 关于上述定义的同态的加法和乘法构成一个环.

10. 设 M 为一个 n 阶加法循环群, $\mathrm{End}(M)$ 是群 M 的自同态环. 证明: $\mathrm{End}(M) \cong \mathbf{Z}_n$.

4.2 各种特殊类型的环

由环的定义知道, 环 R 中元素关于加法构成交换群, 关于乘法只构成半群, 适当加强其乘法性质, 可以得到各种特殊类型的环. 比如, 如果环 R 的乘法满足交换律, 那么 R 称为**交换环**. 如果环 R 的乘法含有单位元, 那么 R 称为**幺环**. 交换的幺环称为**交换幺环**.

为给出其他特殊的环, 再介绍环中零因子的概念.

定义 4.2.1 设 R 是一个环, 任取 $a, b \in R$, 其中 $a \neq 0$, $b \neq 0$, 若 $ab = 0$, 则称 $a(b)$ 为 R 的一个**左 (右) 零因子**. R 的左零因子、右零因子统称为 R 的**零因子**.

例如, 矩阵环 $M_2(\mathbf{Z})$ 中, 非零元 $\begin{pmatrix} a & 0 \\ b & 0 \end{pmatrix}$, $\begin{pmatrix} 0 & 0 \\ c & d \end{pmatrix}$ 都是零因子.

如果环 R 没有零因子, 那么在环 R 中**消去律**成立, 即由 $ab = ac$, $a \neq 0$ 可以推出 $b = c$. 事实上, 由 $ab = ac$ 得

$$ab - ac = 0,$$

即 $a(b - c) = 0$, 因为 $a \neq 0$, 且 R 没有零因子, 所以

$$b - c = 0,$$

即 $b = c$.

定义 4.2.2 如果环 R 是交换幺环, R 中至少含有两个元素 $(1 \neq 0)$, 且 R 没有零因子, 那么环 R 称为**整环**.

定义 4.2.3 如果环 R 是交换幺环, R 中至少含有两个元素, 且 R 中全体非零元素 $R^* = R - \{0\}$ 对乘法成一群, 那么环 R 称为**域**. 在域的定义中去掉乘法交换的条件, 就得到**体** (或**除环**).

显然, 域一定是整环.

反之, 可以证明

定理 4.2.1 有限整环一定是域.

证明 设 R 是一个含有 n 个元素的整环, 并记 $R = \{a_1, a_2, \cdots, a_n\}$, 其中 $a_1 = 1$.

在 R 中任取一个非零元素 c, 作 $cR = \{ca_1, ca_2, \cdots, ca_n\}$. 由消去律知道, 这 n 个元素必两两不同, 它们就是 R 的全部元素, 即 $cR = R$. 因此必然存在元素 a_k, 使得

$$ca_k = 1.$$

这就证明了, R 中每个非零元素 c 都有逆元素, 因而 R 是域. #

下面举一些特殊类型的环的例子.

例 4.2.1 (1) 整数集合 $\mathbf{Z}$ 关于通常的加法和乘法构成一个整环.

(2) $\mathbf{Z}[\mathrm{i}] = \{a + b\mathrm{i}\ |a, b \in \mathbf{Z}, \mathrm{i} = \sqrt{-1}\}$ 关于复数的加法和乘法组成一个整环, 通常称之为**高斯整环**.

(3) $\mathbf{Q}, \mathbf{R}, \mathbf{C}$ 关于通常的数的加法和乘法构成域.

(4) 数域 P 上的一元多项式环 $P[x]$ 是一整环.

例 4.2.2 设 n 是一给定的正整数, 对任意 $a, b \in \mathbf{Z}$, 定义 $a \sim b$ 当且仅当 $n|(a-b)$, 则 $\sim$ 为 $\mathbf{Z}$ 上的一个等价关系, 商集 $\mathbf{Z}/\sim = \{\bar{0}, \bar{1}, \bar{2}, \cdots, \overline{n-1}\}$. 将 $\mathbf{Z}/\sim$ 简记为 $\mathbf{Z}_n$ 或 $\mathbf{Z}/(n)$, $\mathbf{Z}_n$ 中的元素称为模 n 的**同余类**. 在 $\mathbf{Z}_n$ 中定义同余类的加法 “+” 和乘法 “·” 如下:

$$\overline{a} + \overline{b} = \overline{a+b}, \quad \overline{a} \cdot \overline{b} = \overline{ab}, \quad \text{对于任意 } \overline{a}, \overline{b} \in \mathbf{Z}_n,$$

可以证明 $(\mathbf{Z}_n, +, \cdot)$ 构成环, 称为**模 n 的剩余类环**.

若令 $\mathbf{Z}_n^* = \{\overline{a} \in \mathbf{Z}_n | (a, n) = 1\}$, 则 $\mathbf{Z}_n^*$ 关于同余类的乘法组成一个交换群, $|\mathbf{Z}_n^*| = \varphi(n)$, 其中 φ 是欧拉函数. 特别地, 当 n 是素数 p 时, $\mathbf{Z}_p$ 关于同余类加法和乘法组成一个域, 并且 $|\mathbf{Z}_p^*| = p-1$; 当 n 是合数时, $\mathbf{Z}_n$ 关于同余类加法和乘法组成一个有单位元且有零因子的交换环. 比如, 剩余类环 $\mathbf{Z}_6$ 中 $\bar{1}$ 是单位元, $\bar{2}, \bar{3}, \bar{4}$ 都是零因子.

下面再举一个哈密顿四元数体的例子.

例 4.2.3 设 $\mathbf{C}$ 为复数域, 考虑矩阵环 $M_2(\mathbf{C})$ 的子集

$$H = \left\{ \left(\begin{array}{cc} \alpha & \beta \\ -\bar{\beta} & \bar{\alpha} \end{array} \right) \middle|\ \alpha, \beta \in \mathbf{C} \right\},$$

容易验证这种形式的矩阵对加法成一子群. 由计算知

$$\left(\begin{array}{cc} \alpha & \beta \\ -\bar{\beta} & \bar{\alpha} \end{array} \right) \left(\begin{array}{cc} \gamma & \delta \\ -\bar{\delta} & \bar{\gamma} \end{array} \right) = \left(\begin{array}{cc} \alpha\gamma - \beta\bar{\delta} & \alpha\delta + \beta\bar{\gamma} \\ \overline{-(\alpha\delta + \beta\bar{\gamma})} & \overline{\alpha\gamma - \beta\bar{\delta}} \end{array} \right),$$

可见 H 对乘法封闭. 因此, H 是 $M_2(\mathbf{C})$ 的一个子环. 进而还可以证明 H 是一个除环.

显然单位矩阵是 H 的单位元. 另一方面, 由于

$$\left| \begin{array}{cc} \alpha & \beta \\ -\bar{\beta} & \bar{\alpha} \end{array} \right| = \alpha\bar{\alpha} + \beta\bar{\beta} = |\alpha|^2 + |\beta|^2,$$

故只要 α, β 不全为 0, 则矩阵 $X = \left(\begin{array}{cc} \alpha & \beta \\ -\bar{\beta} & \bar{\alpha} \end{array} \right) \neq 0$ 均可逆, 并且可以验证其逆

矩阵

$$X^{-1}=\begin{pmatrix}\alpha & \beta\\ -\bar{\beta} & \bar{\alpha}\end{pmatrix}^{-1}=\frac{1}{|\alpha|^2+|\beta|^2}\begin{pmatrix}\bar{\alpha} & -\beta\\ \bar{\beta} & \alpha\end{pmatrix}$$

仍然属于 H. 因此, H 中全体非零元素对矩阵的乘法构成一个群, 于是 H 构成一个除环.

令 $\alpha=a+b\mathrm{i}, \beta=c+d\mathrm{i}$, 于是 H 中元素为

$$\begin{aligned}\begin{pmatrix}\alpha & \beta\\ -\bar{\beta} & \bar{\alpha}\end{pmatrix}&=\begin{pmatrix}a+b\mathrm{i} & c+d\mathrm{i}\\ -c+d\mathrm{i} & a-b\mathrm{i}\end{pmatrix}\\ &=a\begin{pmatrix}1 & 0\\ 0 & 1\end{pmatrix}+b\begin{pmatrix}\mathrm{i} & 0\\ 0 & -\mathrm{i}\end{pmatrix}+c\begin{pmatrix}0 & 1\\ -1 & 0\end{pmatrix}+d\begin{pmatrix}0 & \mathrm{i}\\ \mathrm{i} & 0\end{pmatrix},\end{aligned}$$

用 I, J, K 分别表示矩阵

$$\begin{pmatrix}\mathrm{i} & 0\\ 0 & -\mathrm{i}\end{pmatrix},\quad \begin{pmatrix}0 & 1\\ -1 & 0\end{pmatrix},\quad \begin{pmatrix}0 & \mathrm{i}\\ \mathrm{i} & 0\end{pmatrix},$$

单位矩阵记为 1, 则 H 中元素就可以表示为

$$a+bI+cJ+dK,$$

其中 a, b, c, d 为实数. 直接计算即得

$$I^2=J^2=K^2=-1,$$

$$IJ=K=-JI,\quad JK=I=-KJ,\quad KI=J=-IK,$$

根据上面的分析, H 中非零元均可逆, 但 H 不满足乘法交换律, 故 H 构成体, 通常称为哈密顿四元数体.

H 的子集合 $\{\pm1, \pm I, \pm J, \pm K\}$ 关于矩阵的乘法构成一个群, 称为哈密顿四元数群. 这是一类重要的八元非交换群, 它是子群都是正规子群的最小的非交换群.

本节的最后介绍环的特征的概念.

对于幺环 R 中的单位元 e, 考虑其中的加法群, 也可能存在正整数 m, 使得 $me=0$. 比如, 环 $\mathbf{Z}_n$ 中 $n\cdot\bar{1}=\bar{0}$. 使得 $me=0$ 的最小正整数就是下面将要介绍的环的特征.

定义 4.2.4 设 R 是一个有单位元 e 的环. 若 n 是使得 $ne=0$ 的最小正整数, 则称 n 为环 R 的**特征**, 记为 $\mathrm{char}(R)=n$, 若 R 是域, 则称 n 是域 R 的特征; 若不存在这样的 n, 则称 R 的特征为 0, 记为 $\mathrm{char}(R)=0$.

例如, 环 $\mathbf{Z}_n$ 的特征为 n, 环 $\mathbf{Z}$ 的特征为 0.

定理 4.2.2 若 $\mathrm{char}(R)=n$, 且 $ke=0$, 则 $n|k$.

证明 注意到环 R 的特征就是单位元 e 的阶, 由元素阶的性质, 结论显然成立. #

定理 4.2.3 若 $\mathrm{char}(R)=n$, 则对任意 $x\in R$, 有 $nx=0$.

证明 由于环 R 有单位元 e, 故对任意 $x\in R$, 有 $nx=(ne)x=0x=0$. #

定理 4.2.4 设 R 是一个有单位元 e 且无零因子的环, 则 $\mathrm{char}(R)=0$ 或者某个素数.

证明 (反证) 假设 $\mathrm{char}(R)=n$ 为合数, 不妨设 $n=st$, 其中 $s,t>1$, 于是有

$$(se)(te)=(st)e=ne=0.$$

由于 R 无零因子, 故有 $se=0$, 或者 $te=0$. 这与 n 的最小性矛盾. #

由定理 4.2.4 知, 任何域的特征不是 0 就是某个素数. 特别地, 数域的特征为 0, 有限域的特征为素数.

习 题 4.2

1. 设 R 不是整环, a 是 R 的左 (右) 零因子, 则 a 要么没有右 (左) 逆元, 要么至少有两个右 (左) 逆元.

2. 设在环 R 内元素 u 有右逆, 证明下列三条等价：

(1) u 有多于一个的右逆;

(2) u 是一个左零因子;

(3) u 不是单位.

3. 设 F 是域, 证明：$M_n(F)$ 中的一个元素 A 是零因子当且仅当 A 不是可逆矩阵.

4. 设 R 是一个具有单位元的有限环, 证明由 $xy=1$ 可得 $yx=1$.

5. 证明：在一个有单位元的环 R 中, 如果 $1-ab$ 可逆, 则 $1-ba$ 也可逆.

6. 设 $\eta: R\to R'$ 是一个满的环同态且将 R 的单位元素 1 映到单位元素 $1'$, 指出下列命题的正确与错误. 正确的给以证明, 错误的请举例说明.

(1) 若 $a\in R$ 是幂零 (幂等) 元, 则 $\eta(a)$ 也是 R' 的幂零 (幂等) 元; (如果环的元素 b 满足 $b^2=b$, 则 b 叫做幂等元)

(2) 若 a 为 R 的零因子, 则 $\eta(a)$ 也是 R' 的零因子;

(3) 若 R 为整环, 则 $\eta(R)=R'$ 也为整环;

(4) 若 $\eta(R)=R'$ 为整环, 则 R 也为整环;

(5) 若 u 为 R 的可逆元, 则 $\eta(u)$ 也是 R' 的可逆元;

(6) 若 $\eta(u)$ 是 R' 的可逆元, 则 u 也是 R 的可逆元.

7. 求 $\mathbf{Z}[\mathrm{i}]/(1+\mathrm{i})$ 的特征.

8. 令 $F=\mathbf{Z}_p$ 为 p 个元素的域, 求

(1) 环 $M_n(F)$ 的元素的个数;

(2) 群 $GL_n(F)$ 的元素的个数.

4.3 理想与商环

设 J 是环 R 的一个子环, 考虑加法群, J 是 $(R,+)$ 的正规子群, 所以商集 R/J 关于陪集的加法 $(a+J)+(b+J)=(a+b)+J$ 构成商群. 进而, 若将子环的条件加强 (子环改为理想), 则还可以定义陪集间的乘法, 并且商集 R/J 关于上述陪集的加法和乘法构成环, 这个环称为商环.

定义 4.3.1 设 R 是一个环, J 是 R 的一个子环. 如果对任意 $r\in R$, $a\in J$, 都有 ra, $ar\in J$, 则称 J 为 R 的一个**理想** (或**双边理想**). 若对任意 $r\in R$, $a\in J$, 只满足 $ra\in J$(或者 $ar\in J$), 则称 J 为 R 的一个**左** (**右**) **理想**.

显然, $\{0\}$ 和 R 都是 R 的理想, 它们是环 R 的平凡的理想. 如果环 R 只有平凡的理想, 则 R 称为**单环**.

定理 4.3.1 设 R 是一个环, J 是 R 的一个非空子集合, 则 J 是 R 的一个理想当且仅当

$$\text{对任意 } a,b\in J \text{ 和 } r\in R, \text{ 都有 } a-b\in J,\ ra\in J,\ ar\in J.$$

可以证明, 环同态的核是理想 (自证). 关于子环和理想, 还有下面的例子.

例 4.3.1 设 $n>1$, 则 $n\mathbf{Z}$ 是 $\mathbf{Z}$ 的子环也是理想.

例 4.3.2 $\mathbf{Z}$ 是 $\mathbf{Q}$ 的子环但不是理想.

例 4.3.3 设 R 是一个交换环, $a\in R$, 令 $J=\{ra\mid r\in R\}$, 则 J 是 R 的一个理想.

设 H,N 是 R 的子环, 如群论一样, 可以定义子环 H,N 的**和**为

$$H+N=\{x+y\mid x\in H,\ y\in N\}.$$

一般来说, 子环的和 $H+N$ 不一定是子环, 例如

例 4.3.4 设 R 是一个数域 F 上的 2 阶全矩阵环. 令

$$H=\left\{\left(\begin{array}{cc}0&0\\a&0\end{array}\right)\middle|\ a\in F\right\},\quad N=\left\{\left(\begin{array}{cc}0&b\\0&0\end{array}\right)\middle|\ b\in F\right\},$$

则 H,N 都是 R 的子环, 但 $H+N$ 不是 R 的子环.

特别地, 可以证明子环和理想的和还是子环, 而理想和理想的和还是理想, 即有

命题 4.3.1 设 H 是 R 的子环, N 是 R 的理想, 则 $H+N=\{x+y\mid x\in H,\ y\in N\}$ 是 R 的子环.

命题 4.3.2　设 H, N 是环 R 的一个理想, 则 $H\cap N$, $H+N$ 都是 R 的理想.

更一般地, 环 R 的任意有限个理想的交与和仍然是 R 的理想.

此外, 还可以如下定义环 R 的两个理想 H 和 N 的积, 记作 $H\cdot N$, 其中

$$H\cdot N=\left\{\sum_{i=1}^{m}h_in_i\ \middle|\ h_i\in H,n_i\in N,m\geqslant 1\right\},$$

可以证明, $H\cdot N$ 还是一个理想, 并且理想的乘法对加法满足分配律, 即有

$$H\cdot (N+K)=H\cdot N+H\cdot K,$$

$$(N+K)\cdot H=N\cdot H+K\cdot H,$$

其中 H, N, K 为环 R 的理想.

设 J 是环 R 的一个理想, 因为 J 是 $(R,+)$ 的正规子群, 所以可考虑商群 R/J. 在 R/J 中定义加法和乘法为

$$(a+J)+(b+J)=(a+b)+J,\quad (\text{商群 } R/J \text{ 中的运算})$$
$$(a+J)(b+J)=ab+J,\quad (\text{验证乘法定义与代表元的选择无关})$$

则 R/J 组成一个环, 称之为 R 关于理想 J 的**商环** (或模 J 的**同余类环**), R/J 的元素称为**同余类**, $\bar{a}=a+J$ 称为 a **所在的同余类**.

例如, 整数模 n 的剩余类环 $\mathbf{Z}_n=\left\{\bar{0},\bar{1},\bar{2},\cdots,\overline{n-1}\right\}$ 关于同余类之间的加法和乘法

$$\bar{a}+\bar{b}=\overline{a+b},\quad \bar{a}\cdot\bar{b}=\overline{ab},\quad \text{对于任意 } \bar{a},\bar{b}\in\mathbf{Z}_n$$

构成环, 该环也是整数环 $\mathbf{Z}$ 关于其理想 (n) 的商环 $\mathbf{Z}/(n)$, 其中 $\bar{k}=\{k+nt|t\in\mathbf{Z}\}$ 为元素 k 所在的剩余类 (同余类).

整数环上的同余概念也可以推广到任意环上.

定义 4.3.2　设 R 是一个环, J 为 R 的一个理想. 对于任意元素 $a, b\in J$, 若 $a-b\in J$, 则称 a, b **模理想** J **同余**, 记作

$$a\equiv b\ (\mathrm{mod}\ J).$$

否则, 称 a, b **模理想** J **不同余**, 记作 $a\not\equiv b$ (mod N).

在此意义下, 商环 R/J 的每个陪集 $a+J$ 也称为模 J 的一个同余类, 简记为 $\bar{a}=a+J$. 商环 R/J 也称为模 J 的**同余类环**.

关于模理想的同余, 下面的结论成立.

(1) $a\equiv b(\mathrm{mod}\ J)$ 当且仅当 $a-b\in J$.

(2) 若 $a_1\equiv b_1(\mathrm{mod}\ J)$, $a_2\equiv b_2$ (mod J), 则

$$a_1 + a_2 \equiv b_1 + b_2 (\mathrm{mod}\ J),$$

$$a_1 - a_2 \equiv b_1 - b_2 (\mathrm{mod}\ J),$$

$$a_1 a_2 \equiv b_1 b_2 (\mathrm{mod}\ J).$$

(3) 特别, 若 $a \equiv b(\mathrm{mod}\ J)$, 则对任意 $r \in R$, $n \in \mathbf{Z}$, 有

$$ra \equiv rb\ (\mathrm{mod}\ J),\ ar \equiv br\ (\mathrm{mod}\ J),$$

$$na \equiv nb\ (\mathrm{mod}\ J).$$

在模理想同余的意义下, 整数环 $\mathbf{Z}$ 上的中国剩余定理可以推广到一般幺环上, 参见 4.6 节的定理 4.6.3.

设 J 是环 R 的任一理想, 则存在环 R 到商环 R/J 的自然映射

$$\varphi: R \to R/J,$$
$$a \to \bar{a} = a + J.$$

容易验证, φ 是环 R 到其商环 R/J 的同态映射, 且是满同态, 同态核

$$\mathrm{Ker}(\varphi) = J.$$

利用此同态关系, 可以由环 R 的性质研究商环 R/J 的性质, 反之也成立.

利用商环, 我们还可以由已知环构造新的环.

下面分析子集 S 生成的理想.

设 S 是环 R 的一个子集, R 的包含 S 的所有理想的交称为**由 S 生成的理想**, 记为 (S). 不难看出,

$$(S) = \{\text{形如 } na,\ xa,\ ay,\ xay \text{ 的一切元素的有限和 } | n \in \mathbf{N},\ x,\ y \in R,\ a \in S\}.$$

若 S 是有限集, 则称 (S) 是**有限生成的**. 若 $S = \{a_1, \cdots, a_n\}$, 则把 (S) 简记为 $(a_1, \cdots, a_n)$, 并称 (S) 由 $a_1, \cdots, a_n$ 生成.

定义 4.3.3 由单个元素 $a \in R$ 生成的理想 (a) 称为**主理想**. 若环 R 的每个理想都是主理想, 则 R 称为**主理想环**. 若 R 是整环且 R 是主理想环, 则 R 称为**主理想整环**.

例如, 整数环 $\mathbf{Z}$ 是一个主理想整环.

关于主理想 (a), 可以证明下面的结论成立:

性质 4.3.1 设 R 为环, $a \in R$, 则

(1) $(a) = \left\{ \left(\sum\limits_{i=1}^{n} x_i a y_i \right) + xa + ay + ma \middle| x_i, y_i, x, y \in R, n \in \mathbf{N}, m \in \mathbf{Z} \right\}$;

(2) 如果 R 是幺环, 则 $(a)=\left\{\sum\limits_{i=1}^{n} x_i a y_i \middle| x_i, y_i, x, y \in R, n \in \mathbf{N}\right\}$;

(3) 如果 R 是交换环, 则 $(a)=\{xa+ma\,|x\in R, m\in \mathbf{Z}\}$;

(4) 如果 R 是交换幺环, 则 $(a)=Ra=\{\,ra\,|r\in R\}$.

性质 4.3.2 若 a 是 R 的一个可逆元, 则 $(a)=R$.

性质 4.3.3 设 R 是交换幺环, 则 R 是域当且仅当 R 是单环. (留作习题)

本节的最后, 介绍一下理想升链条件和诺特环.

定义 4.3.4 设 $\{A_i|i=1,2,\cdots\}$ 是环 R 的理想组成的集合, 如果

$$A_1\subseteq A_2\subseteq A_3\subseteq\cdots,$$

则称其为 R 的一个**理想升链**. 如果 R 的每个理想升链

$$A_1\subseteq A_2\subseteq A_3\subseteq\cdots$$

都只包含有限个不同的理想, 即存在正整数 n, 使得对一切 $i\geqslant n$, 有 $A_i=A_n$, 则称环 R **满足理想升链条件**.

类似地, 我们可以给出环 R 满足**理想降链条件**的定义.

定理 4.3.2 环 R 满足理想升链条件当且仅当 R 的每个理想都是有限生成的.

证明 *必要性.* 设 A 是 R 的一个理想, 并设 A 不是有限生成的. 取 $a_1\in A$, 则 $(a_1)\neq A$. 又取 $a_2\in A-(a_1)$, 因为 $(a_1, a_2)\neq A$, 所以可取 $a_3\in A-(a_1, a_2)$. 按此方法继续下去, 我们得到一个包含无限个不同理想的升链

$$(a_1)\subseteq(a_1, a_2)\subseteq(a_1, a_2, a_3)\subseteq\cdots,$$

这与 R 满足理想升链条件矛盾. 故 R 的每个理想都是有限生成的.

充分性. 设 $A_1\subseteq A_2\subseteq A_3\subseteq\cdots$ 是 R 的任意一个理想升链, 令 $A=\bigcup\limits_{i=1}^{\infty}A_i$, 易知 A 是 R 的一个理想 (自证). 因为 R 的每个理想都是有限生成的, 故可设 $A=(a_1, \cdots, a_n)$.

设 $a_i\in A_{k_i}, i=1,\cdots,n$, 并设 $k=\max\limits_{1\leqslant i\leqslant n}\{k_i\}$. 因为对每个 i, $A_{k_i}\subseteq A_k$, 所以 $A\subseteq\bigcup\limits_{i=1}^{n}A_{k_i}\subseteq A_k$, 于是我们有 $A=A_k=A_{k+1}=\cdots$. 这说明, 升链 $A_1\subseteq A_2\subseteq A_3\subseteq\cdots$ 中只有有限个不同的理想, 故 R 满足理想升链条件. #

满足理想升链条件的交换幺环称为**诺特 (Noether) 环**.

习 题 4.3

1. 设 S 是环 R 的子环, J 是 R 的理想, 则 $S+J=\{x+y|x\in S, y\in J\}$ 是 R 的子环.
2. 设 H, N 是环 R 的一个理想, 则 $H\cap N, H+N$ 都是 R 的理想.

3. 设 $A_1 \subseteq A_2 \subseteq A_3 \subseteq \cdots$ 是 R 的一个理想升链, 令 $A = \bigcup\limits_{i=1}^{\infty} A_i$, 证明: A 是 R 的一个理想.

4. 设 H 和 N 是环 R 的理想. 证明: 理想 H 和 N 的积 $H \cdot N$ 还是 R 的一个理想, 其中

$$H \cdot N = \left\{ \sum_{i=1}^{m} h_i n_i \,\middle|\, h_i \in H, n_i \in N, m \geqslant 1 \right\}.$$

5. 设 I, H, N 为环 R 的理想, 证明

$$(H+N) \cdot I = H \cdot I + N \cdot I,$$
$$I \cdot (H+N) = I \cdot H + I \cdot N.$$

6. 环中元素 x 称为一**幂零元素**, 如果有一正整数 n 使 $x^n = 0$. 证明: 在交换环中, 全体幂零元素的集合是一理想.

7. 设 I 是交换环 R 的一个理想, 令 $\mathrm{rad}(I) = \{r \in R | r^n \in I$ 对某一正整数 $n\}$, 证明 $\mathrm{rad}(I)$ 也是环 R 的一个理想. $\mathrm{rad}(I)$ 叫做理想 I 的**根**.

8. 设 R 是交换幺环, 证明: R 是一个域当且仅当 R 无非平凡的双边理想.

9. 设 R 为含有单位元的环, $M_n(R)$ 为环 R 上的 n 阶全矩阵环, 又设 I 为 R 的一个理想, 求证 I 上的 n 阶全矩阵环 $M_n(I)$ 是 $M_n(R)$ 的理想. 进一步证明, $M_n(R)$ 除这类理想外再无其他理想.

4.4 环的同构定理

前面介绍过环同态的概念. 设 σ 是环 R 到 R' 的一个映射, 如果对于任意 a, $b \in R$, 都有

$$\sigma(a+b) = \sigma(a) + \sigma(b),$$
$$\sigma(ab) = \sigma(a)\,\sigma(b),$$

则 σ 是环 R 到 R' 的一个同态. 本节继续介绍环同态的性质, 并给出环的同构定理.

类似于群同态的性质, 容易证明

引理 4.4.1 设 σ: $R \to R'$ 是环同态, 则有

(1) 同态核 $\mathrm{Ker}(\sigma) = \{a \in R | \sigma(a) = 0'\}$ 是环 R 的理想;

(2) 同态象 $\mathrm{Im}(\sigma) = \sigma(R) = \{\sigma(a) | a \in R\}$ 是 R' 的子环;

(3) σ 为单同态当且仅当 $\mathrm{Ker}(\sigma) = \{0\}$;

(4) σ 为满同态当且仅当 $\sigma(R) = R'$.

进而, 还可以证明下面的结论成立:

引理 4.4.2 设 $\sigma: R \to R'$ 是环的满同态, 记 $N = \mathrm{Ker}(\sigma)$, 则

(1) 若 S 为 R 的子环, 则$\sigma(S)$ 为 R' 的子环;

(2) 若 S' 为 R' 的子环, 则 $\sigma^{-1}(S')$ 为 R 的子环;

(3) 若 S' 为 R' 的子环, 则 $\sigma(\sigma^{-1}(S')) = S'$;

(4) 若 S 为 R 的子环, 则 $\sigma^{-1}(\sigma(S)) = S+N$. 特别地, 若 $N \subseteq S$, 则 $\sigma^{-1}(\sigma(S)) = S$.

证明　当 σ 是 R 到 R' 的环同态时, 按照同样的映射, σ 也是其加法群上的同态.

由群同态的性质知, (3) 和 (4) 自然成立, 而对于 (1) 和 (2), $\sigma(S)$ 是 R' 的加法子群, $\sigma^{-1}(S')$ 是 R 的加法子群. 下面只需验证 $\sigma(S)$, $\sigma^{-1}(S')$ 关于乘法封闭.

任取 s_1', $s_2' \in \sigma(S)$, 则存在 s_1, $s_2 \in S$, 使得 $s_1' = \sigma(s_1)$, $s_2' = \sigma(s_2)$. 由于 $s_1 s_2 \in S$, 所以

$$\sigma(s_1)\sigma(s_2) = \sigma(s_1 s_2) \in \sigma(S).$$

另一方面, 对于任意 s_1, $s_2 \in \sigma^{-1}(S')$, 有 $\sigma(s_1) \in S'$, $\sigma(s_2) \in S'$, 所以

$$\sigma(s_1 s_2) = \sigma(s_1)\sigma(s_2) \in S',$$

从而 $s_1 s_2 \in \sigma^{-1}(S')$.

这说明 $\sigma(S)$ 是 R' 的子环, 并且$\sigma^{-1}(S')$ 是 R 的子环.　#

关于环同态, 也有如下类似的同构定理.

定理 4.4.1 (同态基本定理, 第一同构定理)　设 σ: $R \to R'$ 是环的满同态, 则

$$R/\ \mathrm{Ker}(\sigma) \cong R'.$$

证明　类似于群同态基本定理的证明, 记 $N = \mathrm{Ker}(\sigma)$, 考虑商环 R/N 到 R' 的对应关系:

$$\psi(x+N) = \sigma(x),$$

可以证明 ψ 是 R/N 到 R' 的双射, 且是环同态, 故有 $R/N \cong R'$.　#

注 4.4.1　一般地, 设 $\sigma : R \to R'$ 是环同态, 则有 $R/\mathrm{Ker}(\sigma) \cong \sigma(R)$.

定理 4.4.2 (第二同构定理)　设 $\sigma : R \to R'$ 是环的满同态, 令 $N = \mathrm{Ker}(\sigma)$, 则 σ 诱导出了 R 的所有包含 N 的子环到 R' 的所有子环间的一个一一对应

$$\Sigma = \{S|S \text{ 是 } R \text{ 的子环且 } N \subseteq S\} \to \Lambda = \{S'|S' \text{ 是 } R' \text{ 的子环}\},$$

$$S \to \sigma(S),$$

而且在这个对应下, 理想和理想相对应.

进而, 若 J 是 R 的包含 N 的理想, $J' = \sigma(J)$, 则

$$R/J \cong R'/J'.$$

证明 (1) 由引理 4.4.2 知, 若 S 为 R 的子环, 则 $S' = \sigma(S)$ 为 R' 的子环, 反之, 若 S' 为 R' 的子环, 则 $\sigma^{-1}(S')$ 为 R 的子环, 且当 $N \subseteq S$ 时有 $\sigma^{-1}(\sigma(S)) = S$, 故 σ 诱导出了 R 中所有包含 N 的子环到 R' 中所有子环间的一个一一对应. 进而可以验证, 若 S 是 R 的理想, 则 $\sigma(S)$ 是 R' 的理想; 反之, 若 S' 是 R' 的理想, 则 $\sigma^{-1}(S')$ 是 R' 的理想.

(2) 若 J 是 R 的包含 N 的理想, 则 $J' = \sigma(J)$ 是 R' 的理想, 构造

$$\psi : R \to R'/J',$$

其中

$$\psi(a) = \sigma(a) + J', \quad a \in R,$$

则ψ 是环的满同态, 并且同态核

$$\mathrm{Ker}(\psi) = \{a \in R | \sigma(a) \in J'\} = \sigma^{-1}(J') = \sigma^{-1}(\sigma(J)) = J.$$

故由同态基本定理, 有

$$R/J \cong R'/J'. \qquad \#$$

因为自然同态 $\varphi : R \to R/J$ 是满同态, 且 $\mathrm{Ker}(\varphi) = J$, 故由定理 4.4.2 可以得到

推论 4.4.1 设 J 是环 R 的理想, 并设 $S(R/J)$ 是环 R/J 的所有子环组成的集合, 则

(1) $S(R/J) = \{H/J | H$ 是 R 的包含 J 的子环$\}$;

(2) H/J 是 R/J 的理想当且仅当 H 是 R 的包含 J 的理想, 且当 H 是 R 的包含 J 的理想时, 有

$$R/H \cong (R/J)/(H/J).$$

定理 4.4.3 (第三同构定理) 设 S 是环 R 的子环, J 是 R 的理想, 则 $S \cap J$ 是 S 的理想, 并且

$$S/S \cap J \cong (S + J)/J.$$

证明 令 $\sigma : x \mapsto x + J$ 是 S 到 $(S + J)/J$ 的映射, 由群的第三同构定理的证明知, σ 是群 $(S, +)$ 到 $((S + J)/J, +)$ 的满同态, 并且其同态核为 $S \cap J$. 又因为

$$\sigma(xy) = xy + J = (x + J)(y + J) = \sigma(x)\sigma(y),$$

所以 σ 也是环 $(S, +)$ 到 $((S + J)/J, +)$ 的满同态, 并且其核为 $S \cap J$, 于是由同态基本定理知

$$S/(S \cap J) \cong (S + J)/J. \qquad \#$$

习 题 4.4

1. 设 $\sigma: R \to R'$ 是环同态, 证明:

(1) 同态核 $\mathrm{Ker}(\sigma) = \{a \in R | \sigma(a) = 0'\}$ 是环 R 的理想;

(2) 同态象 $\mathrm{Im}(\sigma) = \sigma(R) = \{\sigma(a) | a \in R\}$ 是 R' 的子环;

(3) σ 为单同态当且仅当 $\mathrm{Ker}(\sigma) = \{0\}$;

(4) σ 为满同态当且仅当 $\sigma(R) = R'$.

2. 设 σ: $R \to R'$ 是环的满同态, 证明:

(1) 若 S 是 R 的理想, 则 $\sigma(S)$ 是 R' 的理想;

(2) 若 S' 是 R' 的理想, 则 $\sigma^{-1}(S')$ 是 R' 的理想.

3. 给出环 $\mathbf{Z}_{20}$ 的所有理想. 对一般正整数 n, 分析 $\mathbf{Z}_n$ 的理想的形式.

4. 找出环 $\mathbf{Z}_{12}$ 到 $\mathbf{Z}_6$ 的所有同态.

5. 确定整数环 $\mathbf{Z}$ 的所有自同态和自同构.

6. 确定剩余类环 $\mathbf{Z}_n$ 的所有自同态.

4.5 素理想和极大理想

本节介绍两种重要的理想——素理想和极大理想. 素理想的提出源自代数整数环中元素的分解问题, 尽管代数整数环中并非所有元素都能进行唯一分解, 但戴德金 (Dedekind) 证明了代数整数环中每个元素生成的理想都可以唯一分解成一些素理想的乘积 (参见 5.3 节).

以下假定讨论的环都是交换幺环. 我们先介绍素理想和极大理想的定义, 给出其判别条件, 并讨论交换幺环上极大理想和素理想的存在性.

定义 4.5.1 设 R 是一个交换幺环, P 是 R 的一个理想, 且 $P \neq R$. 如果对任意 $a, b \in R$, 由 $ab \in P$ 总可以得到 $a \in P$ 或 $b \in P$(或者当 $a \notin P$ 且 $b \notin P$ 时总有 $ab \notin P$), 则称 P 为 R 的一个**素理想**.

例如, 整数环 $\mathbf{Z}$ 中 (6) 不是素理想, 但 (2) 是素理想, 并且还可以证明:

(n) 为 $\mathbf{Z}$ 中的素理想当且仅当 n 为素数.

关于素理想, 下面的结论成立.

定理 4.5.1 设 R 是一个交换幺环, $P \neq R$ 为 R 的一个理想, 则

P 是素理想当且仅当 R/P 是整环.

证明 (1) 先证必要性. 设 P 是 R 的一个素理想, $r+P, s+P \in R/P$, 若 $(r+P)(s+P) = P$, 要证 $r+P = P$ 或 $s+P = P$. 事实上, 由 $(r+P)(s+P) = P$ 可以得到 $rs \in P$. 因为 P 是 R 的一个素理想, 故有 $r \in P$ 或 $s \in P$, 于是 $r+P = P$ 或 $s+P = P$, 这说明 R/P 没有零因子, 故 R/P 是整环.

(2) 再证充分性. 设 R/P 是整环, 对任意 $a,b\in R$, 若 $ab\in P$, 要证 $a\in P$ 或者 $b\in P$. 事实上, 当 $ab\in P$ 时, $(a+P)(b+P)=ab+P=P$, 由于 R/P 为整环, 故有 $a+P=P$ 或者 $b+P=P$, 即 $a\in P$ 或者 $b\in P$, 故 P 是素理想. #

注 4.5.1 对于整环 R 中的元素 a, 还可以证明 (a) 是素理想当且仅当 a 为 R 的素元 (参见 5.2 节 的定理 5.2.1).

下面介绍极大理想的定义和性质.

定义 4.5.2 设 $M\neq R$ 为环 R 的理想, 如果不存在 R 的理想 C 使得 $M\subset C\subset R$, 则称 M 为环 R 的**极大理想**.

例如, 整数环 $\mathbf{Z}$ 中 (2) 既是素理想也是极大理想, 又如, Z_{12} 中 $(\bar{4})$ 既不是素理想也不是极大理想, 但 $(\bar{2})$ 既是素理想也是极大理想.

定理 4.5.2 设 R 是一个交换幺环, $M\neq R$ 为 R 的一个理想, 则

$$M \text{ 为极大理想当且仅当 } R/M \text{ 是域}.$$

证明 (1) 先证必要性. 若 M 为极大理想, 要证 R/M 中非零元均可逆. 设 $x\in R\backslash M$, 由于 M 为极大理想, 故 x 和 M 生成的理想为 R, 即有

$$(x)+M=R,$$

于是存在元素 $u\in R$ 和 $y\in M$, 使得 $ux+y=1$, 即有 $ux\in 1+M$, 从而

$$(u+M)(x+M)=ux+M=1+M,$$

因此非零元 $x+M$ 在 R/M 中有逆元 $u+M$, 故 R/M 是域.

(2) 再证充分性. 由环的同构定理, 设 S 为 R 的真包含 M 的任一理想, 则 S/M 为 R/M 的非零理想. 由于 R/M 为域, 它只有平凡的理想, 故 $S/M=R/M$, 从而 $S=R$. 因此, M 为极大理想. #

关于素理想和极大理想, 还可以证明下面的结论 (留作习题).

推论 4.5.1 交换幺环的极大理想必是素理想.

推论 4.5.2 设 R 和 R' 是一个交换幺环, $\sigma: R\to R'$ 是环的满同态, $N=\mathrm{Ker}(\sigma)$, 则 σ 诱导出 R 的包含 N 的素理想 (极大理想) 和 R' 的素理想 (极大理想) 一一对应.

下面证明交换幺环中极大理想的存在性.

定理 4.5.3 交换幺环中一定存在极大理想.

证明 记 $S=\{J|J \text{ 为 } R \text{ 的理想, 且 } J\neq R\}$. 因为 $(0)\in S$, 故 S 非空. S 按照集合的包含关系构成一个偏序集, 其中定义

$$J_1\leqslant J_2 \text{ 当且仅当 } J_1\subseteq J_2,$$

可以断言 S 中存在极大元. 设 M 为 S 的极大元, 则 M 就是 R 的一个极大理想.

事实上, 对于 S 中任一链 $\{A_\alpha|\alpha\in I\}$, 令 $A=\bigcup\limits_{\alpha\in I}A_\alpha$, 则 A 也是 R 的一个理想. 这是因为, 对于任意 $b,c\in A$, 存在使得 A_β , A_γ, $\beta,\gamma\in I$ 使得 $b\in A_\beta, c\in A_\gamma$. 由于 $\{A_\alpha|\alpha\in I\}$ 是一个链, A_β, A_γ 有包含关系, 不妨设 $A_\beta\subseteq A_\gamma$, 则 $b-c\in A_\gamma$, 且对任意 $x\in R$ 有 $x\cdot b\in A_\beta$, 于是有 $b-c\in A$, $x\cdot b\in A$, 所以 A 是 R 的一个理想. 又因为 $1\notin A_\alpha$, 故 $1\notin A$, $A\neq R$, $A\in S$, 从而 A 为链 $\{A_\alpha|\alpha\in I\}$ 的上界. 故由佐恩引理知, S 有极大元, 命题得证. #

类似于定理 4.5.3, 利用佐恩引理可以证明下面的引理也成立.

引理 4.5.1　设 R 为一个交换幺环, a 是 R 的一个非幂零元, 则 R 至少有一个素理想不含 a 的任何方幂 $a^m(m\geqslant 0)$.

推论 4.5.3　设 R 为一个交换幺环, 则 R 的全部素理想的交 (记作 $r(R)$, 称为 R 的**诣零根**) 恰好由 R 的全部幂零元组成.

证明　设 a 为 R 的任一个幂零元, 于是存在某个正整数 m 使得 $a^m=0$. 对 R 的每个素理想 P, 都有 $a^m=0\in P$. 设 r 是使得 $a^r\in P$ 的最小正整数. 若 $r>1$, 则从 $a^r=a\cdot a^{r-1}\in P$ 得 $a\in P$ 或 $a^{r-1}\in P$, 都与 r 的取法矛盾. 所以 $r=1$, 即 $a\in P$. 因此 R 的每个幂零元属于 $r(R)$.

反之, 设 a 为 R 的任一个非幂零元, 根据引理 4.5.1, 存在 R 的一个素理想 P 使得 $a\notin P$, 因而 $a\notin r(R)$.

综上知, $r(R)$ 恰好由 R 的全部幂零元组成. #

习　题　4.5

1. 设 $\sigma: R\to R'$ 是环的满同态, $I=\mathrm{Ker}(\sigma)$, N 是包含 I 的一个理想, 证明:

(1) N 为 R 的素理想当且仅当 $\sigma(N)$ 为 R' 的素理想;

(2) N 为 R 的极大理想当且仅当 $\sigma(N)$ 为 R' 的极大理想.

2. 设 n 为正整数, 证明: (n) 为 $\mathbf{Z}$ 中的素理想当且仅当 n 为素数.

3. 证明: $\mathbf{Z}[\mathrm{i}]=\{a+b\mathrm{i}\ |a,b\in\mathbf{Z}\}$ 为整环, 并且 $(1+\mathrm{i})$ 是 $\mathbf{Z}[\mathrm{i}]$ 的极大理想.

4. 证明: (x), $(2,x)$ 都是 $\mathbf{Z}[x]$ 的素理想.

5. 问: 在 $\mathbf{Q}[x]$ 中, (x) 是否极大理想?

6. 求 $\mathbf{Z}/(24)$ 的所有理想、素理想和极大理想, 并说明理由.

7. 记 $\mathbf{Z}[\sqrt{-5}]=\{a+b\sqrt{-5}|a,b\in\mathbf{Z}\}$, 它关于实数的加法和乘法构成环. 证明

$$P_1=(2,1+\sqrt{-5}),\quad P_2=(3,1+\sqrt{-5}),$$

都是 $\mathbf{Z}[\sqrt{-5}]$ 的极大理想.

8. 设 R 为一交换环, 证明: 若 R 有限, 则 R 的素理想都是极大理想.

9. 设 R 是交换幺环, a 是 R 的不可逆元, 证明 R 有一个包含 a 的极大理想.

10. 设 R 为一个交换幺环, a 是 R 的一个非幂零元, 证明 R 有一个素理想不含 a 的任何方幂 $a^m(m\geqslant 0)$.

11. 设 R 为交换环, $r(R)$ 为它的诣零根. 证明下列条件等价:

(1) R 恰有一个素理想;

(2) R 的元素不是单位便是幂零元;

(3) 商环 $R/r(R)$ 是一个域.

12. 设 p 为一素数, n 为大于 1 的整数, $R = \mathbf{Z}/(p^n)$, 证明

(1) R 的元素不是单位便是幂零元;

(2) R 恰有一个素理想, 记为 P;

(3) 商环 R/P 是一个域.

13. 设 R 为一交换环, $J(R)$ 表示 R 的极大理想的交. $J(R)$ 叫做环 R 的雅各布森 (Jacobson) 根. 证明: $J(R)$ 的每个元素 a 有如下性质: 对所有 $x \in R$, $1 - ax$ 都是可逆元.

14. 设 R 为一交换环, 如果元素 $a \in R$ 具有性质 "对所有 $x \in R, 1 - ax$ 都是可逆元", 则 a 叫做一个强拟正则元. 证明: R 的强拟正则元都属于 $J(R)$.

4.6 环的直和

本节研究的环均为幺环. 类似于群的直和, 可以给出环的外直和及内直和的概念.

定义 4.6.1 设 $R_1, \cdots, R_r$ 为 r 个环, 首先作加法群 $R_1, \cdots, R_r$ 的外直和 $R = R_1 \times \cdots \times R_r$, 然后在 R 中定义乘法如下:

$$(a_1, \cdots, a_r)(b_1, \cdots, b_r) = (a_1b_1, \cdots, a_rb_r),$$

可以验证, R 构成一个环, 称为环 $R_1, \cdots, R_r$ 的**外直和**, 仍然记为

$$R = R_1 \times \cdots \times R_r.$$

R 的零元素是 $(0_1, \cdots, 0_r)$. 若 R_i 有单位元 1_i, $i = 1, \cdots, r$, 则 R 有单位元 $(1_1, \cdots, 1_r)$.

如果 $R_1, \cdots, R_r$ 都是交换环, 则 R 也是交换环.

外直和 $R = R_1 \times \cdots \times R_r$ 有 r 个子环

$$R_i' = \{(0, \cdots, 0, a_i, 0, \cdots, 0) | a_i \in R_i\}, \quad i = 1, \cdots, r,$$

可以验证它们具有如下性质:

(1) 每个 R_i' 都是 R 的理想, 并且 $R_i' \cong R_i$;

(2) $R = R_1' + \cdots + R_r'$;

(3) $R_i' \cap (R_1' + \cdots + R_{i-1}' + R_{i+1}' + \cdots + R_r') = (0)$, $i = 1, \cdots, r$, 其中 (0) 表示零理想;

(4) R 的元素可以表成 $R_1', \cdots, R_r'$ 的元素的和, 并且表法是唯一的;

(5) 当 $i \neq j$ 时, R_i' 的元素与 R_j' 的元素的乘积恒为 0.

性质 (1)—(4) 都是显然的, 下面验证性质 (5) 成立. 设 $a \in R_i'$, $b \in R_j'$, 由于 R_i' 是 R 的理想, 故有 $ab \in R_i'$ 且 $ab \in R_j'$, 因而 $ab \in R_i' \cap R_j'$. 再由 (3) 可得 $ab = 0$.

类似于群的直和, 还可以如下定义环的内直和.

定义 4.6.2　设环 R 的子环 $R_1, \cdots, R_r$ 适合

(1) 每个 R_i 为 R 的理想;

(2) $R = R_1 + \cdots + R_r$;

(3) $R_i \cap (R_1 + \cdots + R_{i-1} + R_{i+1} + \cdots + R_r) = (0)$, 对任意 $i = 1, \cdots, r$.

则 R 称为环 $R_1, \cdots, R_r$ 的**内直和**, 记为 $R = R_1 \oplus \cdots \oplus R_r$, R_i 称为 R 的**直和因子 (或直和项)**.

关于内直和, 容易证明下面的结论.

定理 4.6.1　设 $R_1, \cdots, R_r$ 是环 R 的 r 个子环, 则 $R = R_1 \oplus R_2 \oplus \cdots \oplus R_r$ 构成内直和当且仅当

(1) $R = R_1 + \cdots + R_r$;

(2) R 的每个元素 x 都可以表示为 R_i 中元素的和, 并且表法唯一, 即对任意 $x \in R$, 存在唯一的 $x_i \in R_i$, 使得 $x = x_1 + \cdots + x_r$;

(3) 对任意 $1 \leqslant i \neq j \leqslant r$, R_i 的元素与 R_j 的元素的乘积恒为 0.

证明　先证必要性. 若 R 为 $R_1, \cdots, R_r$ 的内直和, 则结论 (1) 显然成立, 下面只需证明结论 (2) 和 (3) 成立.

先证结论 (3) 成立, 即对任意 $1 \leqslant i, j \leqslant r$, $i \neq j$, R_i 的元素与 R_j 的元素的乘积恒为 0. 事实上, 由于 R_i, R_j 是 R 的理想, 故对任意 $x_i \in R_i$, $x_j \in R_j$, 有

$$x_i x_j \in R_i \cap R_j \subseteq R_i \cap (R_1 + \cdots + R_{i-1} + R_{i+1} + \cdots + R_r) = \{0\},$$

从而 $x_i x_j = 0$, 即 R_i 的元素与 R_j 的元素的乘积恒为 0.

再证结论 (2) 成立. 对任意 $x \in R$, 若存在 $x_i, y_i \in R_i$, 使得 $x = x_1 + \cdots + x_r = y_1 + \cdots + y_r$, 则

$$x_1 - y_1 = (y_2 + \cdots + y_r) - (x_2 + \cdots + x_r) \in R_1 \cap (R_2 + \cdots + R_r) = \{0\},$$

于是有

$$x_1 = y_1, \text{ 且 } x_2 + \cdots + x_r = y_2 + \cdots + y_r.$$

同上可以逐步证明 $x_2 = y_2, \cdots, x_r = y_r$, 从而和式的表法唯一.

再证充分性. 要证明 R 为 $R_1, \cdots, R_r$ 的内直和, 只需要证明 $R_1, \cdots, R_r$ 都是 R 的理想, 并且对任意 $i = 1, 2, \cdots, r$, 有

$$R_i \cap (R_1 + \cdots + R_{i-1} + R_{i+1} + \cdots + R_r) = (0).$$

先证 $R_1, \cdots, R_r$ 都是 R 的理想. 由条件 (2) 知, 对任意 $x \in R$, 存在 $x_i \in R_i$, 使得

$$x = x_1 + \cdots + x_r,$$

于是对任意 $n_i \in R_i$, 由条件 (3) 知

$$xn_i = (x_1 + \cdots + x_r)n_i = x_i n_i \in R_i,$$

$$n_i x = n_i(x_1 + \cdots + x_r) = n_i x_i \in R_i,$$

故 R_i 是 R 的理想.

再证对任意 $i = 1, 2, \cdots, r$, 有

$$R_i \cap (R_1 + \cdots + R_{i-1} + R_{i+1} + \cdots + R_r) = (0).$$

若存在 $0 \neq x \in R_i \cap (R_1 + \cdots + R_{i-1} + R_{i+1} + \cdots + R_r)$, 则存在 $x_j \in N_j$, $x_i = x \neq 0$, 使得

$$x = x_1 + \cdots + x_{i-1} + 0 + x_{i+1} + \cdots + x_r = 0 + \cdots + 0 + x_i + 0 + \cdots + 0,$$

从而 x 有两种不同的和式表示, 这与条件 (2) 矛盾, 因此

$$R_i \cap (R_1 + \cdots + R_{i-1} + R_{i+1} + \cdots + R_r) = (0).$$

综上可知, R 为 $R_1, \cdots, R_r$ 的内直和. #

利用环同构定理和内直和的性质可以证明对任意 $i = 1, \cdots, r$, 有

$$R/R_i \cong R_1 + \cdots + R_{i-1} + R_{i+1} + \cdots + R_r,$$

$$R/(R_1 + \cdots + R_{i-1} + R_{i+1} + \cdots + R_r) \cong R_i.$$

利用定理 4.6.1 可以证明下面的结论成立.

定理 4.6.2 设环 R 是其子环 $R_1, \cdots, R_r$ 的内直和, 即 $R = R_1 \oplus \cdots \oplus R_r$, 则

$$R \cong R_1 \times \cdots \times R_r \quad (\text{外直和}).$$

证明 构造 $\psi : R_1 \times \cdots \times R_r \to R$,

$$(x_1, \cdots, x_r) \to x_1 + \cdots + x_r.$$

利用定理 4.6.1 给出的内直和的性质可以证明 ψ 是环同构. #

定理 4.6.2 说明在同构意义下环的内直和与外直和可以不加区分. 在不引起混淆的情况下, 以下将 $R_1, \cdots, R_r$ 的内直和与外直和都统一记为 $R_1 \oplus \cdots \oplus R_r$.

当模数互素时, 孙子定理给出了一元同余式组的解法. 当理想互素时, 对于模理想的同余式组 (参见 4.3 节) 也有类似的结论, 即有

定理 4.6.3 (环上的中国剩余定理) 设幺环 R 的理想 $N_1, \cdots, N_r$ 两两互素, 则对任意给定的 r 个元素 $b_1, \cdots, b_r$, 同余方程组

$$\begin{cases} x \equiv b_1(\mathrm{mod} N_1), \\ x \equiv b_2(\mathrm{mod} N_2), \\ \quad \cdots\cdots \\ x \equiv b_r(\mathrm{mod} N_r) \end{cases}$$

在 R 内恒有解, 而且它的解模 $N_1 \cap \cdots \cap N_r$ 是唯一的, 即任意两组解模 $N_1 \cap \cdots \cap N_r$ 同余.

在证明定理 4.6.3 前, 我们先介绍理想互素的概念, 并给出相关的一些性质.

定义 4.6.3 如果幺环 R 的理想 H, N 满足 $H + N = R$, 则称**理想** H, N **互素**.

性质 4.6.1 幺环 R 的理想 H, N 互素当且仅当存在元素 $a \in H, b \in N$, 使得 $a + b = 1$.

证明 只需证明充分性. 事实上, 若存在元素 $a \in H, b \in N$, 使得 $a + b = 1$, 则对任意 $x \in R$, $x = x \cdot 1 = xa + xb \in H + N$, 故 $R \subseteq H + N$. 从而 $H + N = R$, 即 H, N 互素. #

引理 4.6.1 设 H, N, K 为幺环 R 的理想, 则有

(1) 若 R 为交换环, 则从 H, N 互素可推出等式 $H \cdot N = H \cap N$;

(2) 若 H 和 K 都与 N 互素, 则 $H \cdot K$ 也与 N 互素.

证明 (1) 显然有 $H \cdot N \subseteq H \cap N$. 只要证明反包含关系也成立.

设 $c \in H \cap N$, 由 H, N 互素知, $H + N = R$, 于是存在元素 $a \in H, b \in N$, 使得 $a + b = 1$. 用 c 右乘等式两端得 $c = ac + bc$. 显然 $ac \in H \cdot N$, 又 R 为交换环, $bc = cb \in H \cdot N$, 故 $c \in H \cdot N$, 从而 $H \cap N \subseteq H \cdot N$. 综上可得 $H \cdot N = H \cap N$.

(2) 因为 H 和 K 都与 N 互素, 故存在元素 $a \in H, b \in K, c, d \in N$ 使得

$$a + c = 1, \quad b + d = 1.$$

等式两边分别相乘得

$$1 = (a + c)(b + d) = ab + (ad + cb + cd).$$

等式右端 ad, cb, cd 都属于 N, 而 $ab\in H\cdot K$, 因而 1 属于 $H\cdot K+N$. 由于 $H\cdot K+N$ 是 R 的理想, 对任意 $x\in R$, $x=x\cdot 1\in H\cdot K+N$. 所以

$$R\subseteq H\cdot K+N.$$

反之, 显然 $H\cdot K+N\subseteq R$, 故有 $H\cdot K+N=R$. 因此 $H\cdot K$ 与 R 互素. #

利用引理 4.6.1 我们可以证明下面的结论成立.

定理 4.6.4 设幺环 R 的理想 $N_1,\cdots,N_r$ 两两互素, 则

$$R/(N_1\cap\cdots\cap N_r)\cong R/N_1\oplus\cdots\oplus R/N_r \quad (\text{外直和}).$$

而且令 σ_i 表示自然同态 $R\to R/N_i$, $i=1,\cdots,r$, 则映射

$$\begin{aligned}\sigma: R&\to R/N_1\oplus\cdots\oplus R/N_r,\\ x&\mapsto\sigma(x)=(\sigma_1(x),\cdots,\sigma_r(x))\end{aligned}$$

是一个满同态而且核 $\mathrm{Ker}(\sigma)=N_1\cap\cdots\cap N_r$.

证明 令 $M_i=N_1\cdots N_{i-1}N_{i+1}\cdots N_r$, $i=1,\cdots,r$. 于是

$$M_1+M_2=(N_2+N_1)N_3\cdots N_r=N_3\cdots N_r,$$

$$M_1+M_2+M_3=(N_3+N_1N_2)N_4\cdots N_r,$$

根据引理 4.6.1 的结论 (2), N_3 与 N_1N_2 互素, 有 $(N_3+N_1N_2)=R$, 从而得

$$M_1+M_2+M_3=N_4\cdots N_r.$$

以此类推得

$$M_1+M_2+M_3+M_4=N_5\cdots N_r,$$

$$\cdots\cdots$$

$$M_1+M_2+\cdots+M_{r-1}=N_r,$$

$$M_1+M_2+\cdots+M_r=N_r+N_1\cdots N_{r-1}=R.$$

因而存在元素 $e_i\in M_i$, $i=1,\cdots,r$, 使得 $e_1+e_2+\cdots+e_r=1$. 对于任意 i, $j=1,\cdots,r$, $i\neq j$, 由于 $M_j\subseteq N_i$, 故有

$$\sigma_i(e_j)=0,\quad i\neq j,$$

$$\sigma_i(e_i)=\sigma_i(1)=1+N_i.$$

下面先证明 σ 是满的. 任给 R 的 r 个元素 $x_1, x_2, \cdots, x_r$, 作 $x = e_1x_1 + e_2x_2 + \cdots + e_rx_r$, 则

$$\sigma_i(x) = \sigma_i(e_1)\sigma_i(x_1) + \cdots + \sigma_i(e_r)\sigma_i(x_r) = \sigma_i(e_i)\sigma_i(x_i) = \sigma_i(x_i),$$

$$\sigma(x) = (\sigma_1(x), \cdots, \sigma_r(x)) = (\sigma_1(x_1), \cdots, \sigma_r(x_r)),$$

因而 σ 是满的.

其次证明 $\mathrm{Ker}(\sigma) = N_1 \cap \cdots \cap N_r$. 显然 $N_1 \cap \cdots \cap N_r \subseteq \mathrm{Ker}(\sigma)$.

反之, 设 $\sigma(x) = 0$, 于是对所有 i 都有 $\sigma_i(x) = 0$, 即 $x \in N_i$, 从而 $x \in N_1 \cap \cdots \cap N_r$, 故有

$$\mathrm{Ker}(\sigma) \subseteq N_1 \cap \cdots \cap N_r.$$

因此, $\mathrm{Ker}(\sigma) = N_1 \cap \cdots \cap N_r$. 这就完全证明了定理. #

定理 4.6.3 的证明 当幺环 R 的理想 $N_1, \cdots, N_r$ 两两互素时, 由定理 4.6.4 的同构关系知, 对于 R/N_i 中任意一组等价类 $b_i + N_i$, $i = 1, 2, \cdots, r$, 存在 $R/(N_1 \cap \cdots \cap N_r)$ 中唯一的等价类 $b + (N_1 \cap \cdots \cap N_r)$ 与之对应, 故定理 4.6.3 的结论也成立.

例 4.6.1 整数环 $\mathbf{Z}$ 的任意理想 N, 若 $N \neq (0), N \neq \mathbf{Z}$, 则 $N = (n)$, $n > 1$. 将 n 分解成素因子方幂的积 $n = p_1^{e_1} \cdots p_r^{e_r}$, $e_i \geqslant 1$. 于是 $(n) = (p_1^{e_1}) \cdots (p_r^{e_r})$. 根据引理 4.6.1 的结论 (1) 知

$$(n) = (p_1^{e_1}) \cap \cdots \cap (p_r^{e_r}).$$

显然理想 $(p_1^{e_1}), \cdots, (p_r^{e_r})$ 两两互素. 根据定理 4.6.4, 得

$$\mathbf{Z}/(n) \cong \mathbf{Z}/(p_1^{e_1}) \oplus \cdots \oplus \mathbf{Z}/(p_r^{e_r}) \quad (\text{外直和}).$$

习 题 4.6

1. 证明环 $\mathbf{Z}/(p^e)$ 不能进行直和分解.
2. 设 n 为合数, 试给出环 $\mathbf{Z}/(n)$ 的直和分解.
3. 设 $R = R_1 \oplus R_2 \oplus \cdots \oplus R_r$ 是环 R 的一个内直和, N 为 R 的一个理想. 证明:

$$N = (N \cap R_1) \oplus (N \cap R_2) \oplus \cdots \oplus (N \cap R_r),$$

其中 $N \cap R_i$ 有可能等于 (0).

第 5 章　多项式环及整环的性质

CHAPTER 5

本章先介绍交换幺环上的多项式环及其性质, 再介绍整环上的整除性理论, 给出整除、相伴、不可约元、素元、唯一分解整环、主理想整环、欧几里得整环等概念并讨论相关性质, 最后简单介绍环论知识在编码和密码中的几个应用.

5.1　交换幺环上的多项式环

高等代数课程中学习过数域上的多项式, 本节将介绍交换幺环上多项式的概念并着重研究整环上多项式的性质.

设 R 为交换幺环, x 为环 R 上的未定元, 则形如

$$f(x) = a_n x^n + \cdots + a_1 x + a_0 \quad (a_i \in R)$$

的表达式称为环 R 上关于未定元 x 的**多项式**. 若 $a_n \neq 0$, 称 n 为 $f(x)$ 的**次数**, 记作 $n = \deg f(x)$. 规定 0 的次数为 $-\infty$, 非零常数 $a = ax^0$ 的次数为 0. 称最高次项 $a_n x^n$ 的系数 a_n 为**首项系数**. 称两个多项式 $f(x) = a_n x^n + \cdots + a_1 x + a_0$ 和 $g(x) = b_m x^m + \cdots + b_1 x + b_0$ 相等当且仅当对任意 i =1, 2, $\cdots$, 都有 $a_i = b_i$.

记 $R[x] = \{a_n x^n + \cdots + a_1 x + a_0 | a_i \in R, n \geqslant 0\}$ 为环 R 上关于未定元 x 的所有多项式的全体, 任取 $f(x) = \sum\limits_{i=0}^{m} a_i x^i$, $g(x) = \sum\limits_{j=0}^{n} b_j x^j \in R[x]$, 定义多项式 $f(x)$ 和 $g(x)$ 的加法和乘法如下：

$$f(x) + g(x) = \sum_{i=0}^{m} a_i x^i + \sum_{j=0}^{n} b_j x^j = \sum_{k=0}^{\max(m,n)} (a_k + b_k) x^k,$$

$$f(x)g(x) = \sum_{i=0}^{m} \sum_{j=0}^{n} a_i b_j x^{i+j} = \sum_{l=0}^{m+n} c_l x^l,$$

其中 $c_l = \sum\limits_{i+j=l} a_i b_j$, l= 0, 1, $\cdots$, $m+n$, 并且当 $k > m$ 时规定 $a_k = 0$, 当 $k > n$ 时规定 $b_k = 0$. 按照上面的定义, $R[x]$ 构成一个环, 称为**环 R 上的一元多项式环**.

$R[x]$ 中各项系数全部为 0 的多项式称为零多项式, 它是环 $R[x]$ 的零元. 环 R 的单位元 1 也是多项式环 $R[x]$ 的单位元. 规定 $x^0 = 1$, 环 R 中的每个元素 a 可以看成 $R[x]$ 上的常值多项式 $a = ax^0$, $R[x]$ 自然可视为 R 的一个扩环.

容易验证 $R[x]$ 上任意两个多项式 $f(x), g(x)$ 的和与积的次数满足如下关系：

$$\deg\,(f(x)+g(x)) \leqslant \max(\deg\, f(x), \deg\, g(x)), \tag{5.1.1}$$

$$\deg\,(f(x)\cdot g(x)) \leqslant \deg\, f(x) + \deg\, g(x), \tag{5.1.2}$$

其中当 $\deg\, f(x) \neq \deg\, g(x)$ 时 (5.1.1) 式的等号成立, 而当 $f(x)$ 或 $g(x)$ 的首项系数不是零因子时 (5.1.2) 式的等号成立. 特别地, 当 R 为整环时有

$$\deg\,(f(x)\cdot g(x)) = \deg\, f(x) + \deg\, g(x),$$

由此可以得到

定理 5.1.1　若 R 为整环, 则 $R[x]$ 也是整环而且 $R[x]$ 的单位群与 R 的单位群相同.

证明　先证明 $R[x]$ 是整环. 因 R 为交换幺环, 显然 $R[x]$ 也是交换幺环. 下面只要证明 $R[x]$ 为无零因子环. 在 $R[x]$ 中任取两个非零多项式 $f(x)$ 和 $g(x)$, 不妨设

$$f(x) = a_0 + a_1x + \cdots + a_nx^n, \quad 其中\ a_n \neq 0;$$

$$g(x) = b_0 + b_1x + \cdots + b_mx^m, \quad 其中\ b_m \neq 0,$$

由于 R 为整环, 故 $a_nb_m \neq 0$, 从而 $f(x)g(x) \neq 0$, 故 $R[x]$ 是整环.

另一方面, 对任意 $f(x), g(x) \in R[x]$, 若 $f(x)\cdot g(x) = 1$, 则 $\deg\, f(x) + \deg\, g(x) = 0$. 从而 $\deg\, f(x) = \deg\, g(x) = 0$. $f(x)$ 和 $g(x)$ 只能是非零常数. 因此它们都是 R 中单位 (可逆元), 故 $R[x]$ 的单位群与 R 的单位群相同.　#

对任意正整数 n, 可以递归定义 $R[x_1,\cdots,x_n] = R[x_1,\cdots,x_{n-1}][x_n]$. 这样可以得到多元多项式环 $R[x_1,\cdots,x_n]$. $R[x_1,\cdots,x_n]$ 中的元素可写成

$$f(x_1,\cdots,x_n) = \sum_{i=0}^{r} f_i(x_1,\cdots,x_{n-1})x_n^i,$$

其中 $f_i(x_1,\cdots,x_{n-1}) \in R[x_1,\cdots,x_{n-1}]$. 每个 $f_i(x_1,\cdots,x_{n-1})$ 又可写成 x_{n-1} 的多项式, 系数属于 $R[x_1,\cdots,x_{n-2}]$. 如此继续下去, $f(x_1,\cdots,x_n)$ 最后可写成有限和形式

$$f(x_1,\cdots,x_n) = \sum_{i_1,\cdots,i_n>0} a_{i_1\cdots i_n}x_1^{i_1}\cdots x_n^{i_n}, \quad a_{i_1\cdots i_n} \in R,$$

因此每个 $f(x_1,\cdots,x_n)$ 是一些单项式 $a_{i_1\cdots i_n}x_1^{i_1}\cdots x_n^{i_n}$ 的有限和.

定理 5.1.1 的结论可以推广到多元多项式环上, 即有

推论 5.1.1 若 R 为整环, 则多元多项式环 $R[x_1, \cdots, x_n]$ 也是整环, 而且它的单位群与 R 的相同.

数域上两个一元多项式间可以做带余除法, 在一般交换幺环上, 当除式的首项系数为 1 时, 也可以做带余除法, 即有

定理 5.1.2 (带余除法) 若 R 为一个交换幺环, $f(x), g(x) \in R[x]$, $g(x) \neq 0$ 而且 $g(x)$ 的首项系数为 1, 则存在唯一的一对多项式 $q(x), r(x) \in R[x]$, 使得

$$f(x) = g(x)q(x) + r(x),$$

其中 $r(x) = 0$, 或者 $\deg r(x) < \deg g(x)$.

在定理 5.1.2 中若 $r(x) = 0$, 则称 $g(x)$ **整除** $f(x)$, 记成 $g(x)|f(x)$, 此时 $g(x)$ 叫做 $f(x)$ 的**因式**, $f(x)$ 叫做 $g(x)$ 的**倍式**.

推论 5.1.2 设 $f(x) \in R[x]$, $c \in R$, 则 $f(x)$ 可表成 $f(x) = q(x) \cdot (x-c) + f(c)$, 故有

$$(x-c)|f(x) \text{ 当且仅当 } c \text{ 为 } f(x) \text{ 的一个根}.$$

证明 由带余除法, 存在多项式 $q(x)$ 和常数 r 使得 $f(x) = q(x) \cdot (x-c) + r$, 故 $r = f(c)$.

如果 $(x-c)|f(x)$, 则余式 $r = 0$, 从而 $f(c) = r = 0$, 故 c 为 $f(x)$ 的一个根. 反之, 若 c 为 $f(x)$ 的一个根, 则 $f(c) = 0$, 从而 $r = 0$, 故 $(x-c)|f(x)$. #

关于环上多项式的根的个数, 下面的结论成立.

命题 5.1.1 设 R 是一个整环, $f(x) \in R[x]$ 且 $\deg f(x) = n \geqslant 0$, 则 $f(x)$ 在 R 中至多有 n 个不同的根.

证明 设 F 为整环 R 的商域, 把 $f(x)$ 看作 $F[x]$ 上的多项式, 与数域的情况类似可证. #

需要说明的是, 当 R 不是整环时, 命题 5.1.1 的结论不一定成立.

比如, 环 $\mathbf{Z}/(15)$ 中多项式 $f(x) = x^2 - \overline{1}$ 有 4 个根 $\overline{1}, \overline{4}, \overline{11}, \overline{14}$, 而在四元数体 H 中多项式 $f(x) = x^2 - 1$ 至少有 3 个根 I, J, K. 注意到 H 中元素的乘法不交换, 对于任意 $\alpha \in H$, $\alpha I \alpha^{-1}$ 都是 $f(x)$ 的根, 而且$\alpha I \alpha^{-1} = \beta I \beta^{-1}$ 当且仅当 $\beta^{-1}\alpha \in R[I]$, 对另外两个根也有类似的结果.

命题 5.1.2 设 R 是一个整环, $R^* = R - \{0\}$ 是一个乘法幺半群. 则 R^* 的任意一个有限子群都是循环群.

证明 设 G 为 R^* 的一个有限群, 阶为 n, 则 G 为一个交换群.

对于 n 的每个因子 d, 根据命题 5.1.1, $x^d - 1$ 在 R 中最多有 d 个不同的根, 因此 G 中至多有 d 个元素, 其阶整除 d, 即 G 至多有一个 d 阶子群, 根据 2.5 节的定理 2.5.5 知, G 为循环群. #

当 R 不是整环时, 命题 5.1.2 的结论也不一定成立.

比如, 四元数体 H 中, $\{\pm1,\pm I, \pm J, \pm K\}$ 是一个 8 阶有限群但不是循环群.

又如, 剩余类环 $\mathbf{Z}/(15)$ 中, $\{\overline{1},\overline{4},\overline{11},\overline{14}\}$ 是 4 阶群但不是循环群.

对于 q 元有限域 F, 由命题 5.1.2 知 F 中非零元素全体组成一个 $q-1$ 阶循环群, 即有

推论 5.1.3 设 F 为含 q 个元素的有限域, 则 F 中非零元素组成的乘法群 F^* 是一个 $q-1$ 阶循环群.

对于域上的一元多项式环, 还可以证明下面的结论成立.

定理 5.1.3 域上的一元多项式环是主理想整环.

证明 设 $F[x]$ 为域 F 上的一元多项式环, N 为 $F[x]$ 的任一理想. 由于零理想显然是主理想, 故可设 $N \neq (0)$. 在 N 的非零元素中取一个次数最低的首项系数为 1 的多项式 $f(x)$, 可以证明

$$N = (f(x)).$$

显然 $(f(x)) \subseteq N$, 反之, 对任意 $g(x) \in N$, 做带余除法

$$g(x) = q(x)f(x) + r(x), \quad \deg r(x) < \deg g(x).$$

因 N 为理想, 故有

$$r(x) = g(x) - q(x)f(x) \in N.$$

根据 $f(x)$ 的选择知, $r(x) = 0$, 于是 $g(x) \in (f(x))$, $N \subseteq (f(x))$, 所以 $N = (f(x))$. #

定理 5.1.4 设 F 为一域, $F[x]$ 为 F 上一元多项式环, $f(x) \in F[x]$ 为一个次数 $\geqslant 1$ 的多项式, 则下列叙述等价:

(1) $f(x)$ 不可约, 即 $f(x)$ 不能分解为两个次数较低的多项式的乘积;

(2) 理想 $(f(x))$ 为 $F[x]$ 的极大理想;

(3) $F[x]/(f(x))$ 为一域;

(4) $F[x]/(f(x))$ 为整环;

(5) $(f(x))$ 为 $F[x]$ 的素理想.

证明 (1)⇒(2) 设 $f(x)$ 不可约, 要证 $(f(x))$ 为极大理想. 设 N 为 $F[x]$ 的包含 $(f(x))$ 的任意理想, 由于 $F[x]$ 为主理想整环, 故存在 $g(x) \in F[x]$, 使得 $N=(g(x))$.

于是由 $(f(x)) \subseteq (g(x))$ 得 $g(x)|f(x)$, 故存在 $h(x) \in F[x]$, 使得 $f(x) = g(x)h(x)$. 因为 $f(x)$ 不可约, 故 $g(x)$ 或者 $h(x)$ 为单位, 从而 $(g(x)) = (1) = F[x]$ 或者 $(g(x)) = (f(x))$, 即有 $N= (f(x))$ 或者 $N = F[x]$, 故 $(f(x))$ 为极大理想.

(2) ⇒ (3) 由极大理想的性质可得.

(3) ⇒ (4) 显然.

(4) ⇒ (5) 由素理想的性质可得.

(5) ⇒ (1) (用反证法) 若 $f(x)$ 可约, 不妨设 $f(x)=g(x)h(x)$, 其中 $\deg g(x) < \deg f(x)$, $\deg h(x) < \deg f(x)$, 则 $g(x) \notin (f(x))$, $h(x) \notin (f(x))$, 但是 $g(x)h(x)=f(x) \in (f(x))$, 这与 $(f(x))$ 为素理想矛盾. #

更一般地, 还可以讨论添加包含 R 的环 R' 中某元素 u 得到的多项式环

$$R[u]=\{f(u)=a_nu^n+\cdots+a_1u+a_0 | a_i \in R,\ n \geqslant 0\}$$

的性质. 例如, 有理数域 $\mathbf{Q}$ 上添加 $\sqrt{2}$ 得到的多项式环为

$$\mathbf{Q}[\sqrt{2}]=\{a+b\sqrt{2} | a,b \in \mathbf{Q}\}.$$

本节证明了域 F 上的一元多项式环 $F[x]$ 是主理想整环, 并且 $F[x]$ 中的素理想也是极大理想, 它们都是由不可约多项式生成的理想. 类似于数域上多项式的证明方法, 基于带余除法或者后面将要介绍的主理想整环的性质, 可以证明 $F[x]$ 上每个多项式可以唯一分解成一些不可约多项式的乘积.

整数环 $\mathbf{Z}$ 和域 F 上的一元多项式环 $F[x]$ 是两类重要的主理想整环, 其中可以定义整除, 存在带余除法和唯一因子分解, 从下一节开始, 我们将讨论一般整环上的整除关系, 并给出不可约元、素元、最大公因子、互素、元素的唯一分解等概念.

习 题 5.1

1. 设 F 是域, 证明系数在 F 中的形式幂级数 $\sum\limits_{i=0}^{\infty} a_ix^i$ ($a_i \in F$, x 为未定元) 的全体在通常的加法和乘法下构成一个环, 称为 F 上的**一元形式幂级数环**, 记为 $F[[x]]$. 进而, 可证 $F[[x]]$ 为主理想整环, 且 $f(x)=\sum\limits_{i=0}^{\infty} a_ix^i$ 是 $F[[x]]$ 的可逆元当且仅当 $a_0 \neq 0$.

2. 设 R' 是包含 R 的某个环, 对任意 $u \in R'$, 称 $f(u)=a_nu^n+\cdots+a_1u+a_0$ 为关于 u 的多项式, 其中 $a_i \in R$, $n \geqslant 0$. 证明这样的多项式集合 $R[u]=\{a_nu^n+\cdots+a_1u+a_0 | a_i \in R, n \geqslant 0\}$ 按照多项式自然的加法和乘法构成一个环.

3. 证明 x^3-x 在 $\mathbf{Z}/(6)$ 内有 6 个根.

4. 证明 $\mathbf{Z}[x]$ 的理想 $(3,\ x^3+2x^2+2x-1)$ 不是主理想.

5. 设 $\mathbf{F}_3=\mathbf{Z}/(3)$, $I=(3,\ x^3+2x^2+2x-1)$ 为 $\mathbf{Z}[x]$ 的理想. 证明: $\mathbf{Z}[x]/I \cong \mathbf{F}_3[x]/(x^3+2x^2+2x-1)$, 从而 $I=(3,\ x^3+2x^2+2x-1)$ 为 $\mathbf{Z}[x]$ 的极大理想.

6. 设 $\mathbf{F}_2=\mathbf{Z}/(2)$, 证明 $f(x)=x^3+x^2+1$ 在 $\mathbf{F}_2[x]$ 上不可约, 并且商环 $R=\mathbf{F}_2[x]/(f(x))$ 是 8 个元素的域. 写出域 R 的加法表和乘法表.

7. 设 $\mathbf{F}_5=\mathbf{Z}/(5)$, 试定出 $\mathbf{F}_5[x]$ 中全部首项系数为 1 的 2 次不可约多项式.

8. 构造一个 25 个元素的有限域.

9. 如果一个交换环 R 的每个元素 a 都满足 $a^2=a$, 则 R 叫做一个**布尔** (Boole) **环**. 证明布尔环具有性质:

(1) $2a=0$, 对所有 $a\in R$;

(2) R 的每个素理想 I 都是极大理想, 并且 R/I 是特征为 2 的域;

(3) R 的每个有限生成的理想都可由一个元素生成.

5.2 整除、相伴、不可约元和素元

本节介绍一般整环上的整除性, 给出整除、相伴、最大公因子、不可约元、素元等基本概念和性质.

定义 5.2.1 设 R 是一个整环 $a, b\in R$.

(1) 如果存在 $c\in R$ 使得 $a=bc$, 则称 b **整除** a, 记为 $b|a$. 并称 b 为 a 的**因子**, a 为 b 的**倍数**;

(2) 如果 $a|b$, 且 $b|a$, 则称 a 与 b **相伴**, 记作 $a\sim b$;

(3) 如果 $a|b$, 但 $b\nmid a$, 则 a 称为 b 的**真因子**.

记 U 为 R 的全体可逆元构成的乘法群, 则每个非零元 a 都有两类平凡因子, 即 U 和 Ua. 容易验证相伴关系是一个等价关系, 记 a 所在的相伴类为 $\bar{a}$, 则

$$\bar{a}=\{Ua\,|U \text{ 是 } R \text{ 的可逆元}\}.$$

例 5.2.1 因为 $\mathbf{Z}$ 有且仅有两个可逆元 $1,-1$, 故对任意非零整数 a, 有 $\bar{a}=\{a,-a\}$.

例 5.2.2 因为 $R[x]$ 的可逆元是 R 的可逆元, 故对任意 $f(x), g(x)\in R[x]$, $f(x), g(x)$ 相伴当且仅当存在 R 的可逆元 u, 使得 $f(x)=ug(x)$.

设 R 是整环, $a, b, c\in R$, 类似于整数环, 容易证明下列简单性质成立:

(1) $1|a$, $a|0$;

(2) $a|1$ 当且仅当 a 为 R 的可逆元;

(3) 若 $a|b$, 则 $ac|bc$;

(4) 若 $a|b$, 且 $b|c$, 则 $a|c$; (整除的传递性)

(5) 若 $b_i, c_i\in R$, 且 $a|b_i$, $i=1, 2, \cdots, n$, 则 $a\left|\sum\limits_{i=1}^n b_ic_i\right.$;

(6) $a|b$ 当且仅当 $(b)\subseteq(a)$, 进而, $a\sim b$ 当且仅当 $(a)=(b)$.

定义 5.2.2 设 R 是一个整环, 如果 $c|a$ 且 $c|b$, 则称 c 为 a, b 的一个**公因子**. 如果 d 为 a, b 的一个公因子, 并且 a, b 的任一公因子 c 都整除 d, 则称 d 为 a, b 的一个**最大公因子**, 记为 $d\sim(a, b)$.

一般而言, 整环中的一些元素的最大公因子不一定存在, 参见本节末的例子. 如果存在, 它们必然相伴. 如果 $(a, b)\sim1$, 则称 a, b **互素**. 如果 $(a, b)\sim1$, $(a, c)\sim1$, 则 $(a, bc)\sim1$.

类似地, 如果 $a|c$ 且 $b|c$, 则称 c 是 a, b 的一个公倍数. 如果 c 为 a, b 的一个公倍数, 并且 c 整除 a, b 的任一公倍数, 则称 c 为 a, b 的**最小公倍数**, 记为 $c \sim [a, b]$.

定义 5.2.3 设 R 是一个整环, $0 \neq a \in R$, 且 a 不是 R 中的可逆元. 若从 $a = bc$ 恒推出 $b \sim 1$ 或 $b \sim a$(即 b 为可逆元或 c 为可逆元), 则称 a 为 R 的一个**不可约元**.

定义 5.2.4 设 R 是一个整环, $0 \neq a \in R$, 且 a 不是 R 中的可逆元. 若从 $a|bc$ 恒推出 $a|b$ 或 $a|c$, 则称 a 为 R 的一个**素元**.

例 5.2.3 整数环 $\mathbf{Z}$ 中, 素数是不可约元, 也是素元. 域上的一元多项式环 $F[x]$ 中, 不可约多项式是不可约元, 也是素元. 在这两种环中素元和不可约元是一样的. 后面将证明主理想整环和唯一分解整环中素元和不可约元也都是一样的.

一般来说, 不可约元不一定为素元, 但素元一定是不可约元, 且有下面的性质.

定理 5.2.1 设 R 是一个整环, 则对任意 $a \in R$, 有

(1) a 为素元当且仅当 (a) 为素理想;

(2) 素元是不可约元.

证明 (1) 由素元和素理想的定义容易证明第一个结果成立.

(2) 设 a 是整环 R 的任一素元, 用反证法证明 a 是不可约元. 假如 a 可以分解为两个真因子 b, c 的积 $a = bc$, 则有 $a|\ bc$. 由于 a 为素元, 故有 $a|b$ 或 $a|c$, 即 $a \sim b$ 或 $a \sim c$, 这与 b, c 是 a 的真因子矛盾. #

特别地, 在主理想整环中下面的结论成立.

定理 5.2.2 设 R 是主理想整环, $a \in R$, 则 a 为不可约元当且仅当 (a) 为非零极大理想.

证明 设 a 为不可约元, N 是任一真包含 (a) 的理想, 即 $(a) \subseteq N$ 且 $(a) \neq N$. 由于 R 是主理想整环, 故存在 $b \in R$, 使得 $N = (b)$. 于是由 $(a) \subseteq N = (b)$ 可得 $b\ |a$, 又因为 $(a) \neq N$, 故 $a \not\sim b$, 所以 b 是 a 的一个真因子. 由于 a 为不可约元, 故 $b \sim 1$, 即 $N = (b) = R$, 所以 (a) 为 R 的极大理想.

反之, 设 (a) 为非零极大理想, 则 $a \neq 0$ 且 a 不可逆, 下面证 a 为不可约元.

假如 a 可以分解为两个真因子 b, c 的积 $a = bc$, 则有 $(a) \subseteq (b)$, $(a) \subseteq (c)$. 因为 b, c 都不可逆, 故由 (a) 的极大性知 $(a) = (b)$ 且 $(a) = (c)$, 于是有 $a \sim b$ 或 $a \sim c$, 这与 b, c 是 a 的真因子矛盾, 故 a 是不可约元. #

由定理 5.2.1 容易得到

推论 5.2.1 主理想整环中的不可约元必是素元, 非零素理想必是极大理想.

本节的最后介绍二次数域上的代数整数环, 它们提供了许多特殊整环的实例.

设 m 为整数, $m \neq 0, 1$, 且 m 不含平方因子, 记 $\mathbf{Q}(\sqrt{m}) = \{s+t\sqrt{m}|s, t \in \mathbf{Q}\}$, 它关于复数的加减乘除运算封闭, 构成复数域 $\mathbf{C}$ 的一个子域, 叫做有理数域 $\mathbf{Q}$ 上

的一个**二次数域**. 设 α 是复数, 如果存在整系数多项式 $f(x)$ 使得 $f(\alpha)=0$, 则称 α 为**代数整数**.

关于 $\mathbf{Q}(\sqrt{m})$ 中的代数整数, 有下列性质.

(1) 若 $\alpha\in\mathbf{Q}$, 则 $x-\alpha$ 是 α 的极小多项式, 故 α 为代数整数当且仅当 α 为有理整数.

(2) 若 $\alpha=s+t\sqrt{m}\in\mathbf{Q}(\sqrt{m})$, $t\neq 0$, 则 α 的极小多项式为 $x^2-(\alpha+\overline{\alpha})x+\alpha\cdot\overline{\alpha}=x^2-2sx+(s^2-mt^2)$, 其中 $\overline{\alpha}=s-t\sqrt{m}$, $\alpha\cdot\overline{\alpha}$ 称为 α 的**范数**, 记为 $N(\alpha)$. 因而,

$$\alpha \text{ 为代数整数当且仅当 } 2s \text{ 和 } (s^2-mt^2) \text{ 都为整数}.$$

令 $2s=a$, $a\in\mathbf{Z}$. 又令 $2t=b$, 则 $s^2-mt^2=\dfrac{1}{4}(a^2-mb^2)$. 由此可见,

$$\alpha \text{ 为代数整数当且仅当 } a,\, b \text{ 为整数并且 } a^2-mb^2\equiv 0 \pmod 4.$$

而后者成立当且仅当下列条件之一成立:

当 $m\equiv 2$ 或 $3 \pmod 4$ 时, a, b 为偶数, 即 s, t 为整数;

当 $m\equiv 1 \pmod 4$ 时, a, b 同奇或同偶.

用 R_m 表示 $\mathbf{Q}(\sqrt{m})$ 中代数整数全体, 则有

(1) 当 $m\equiv 2$ 或 $3 \pmod 4$ 时, $R_m=\{a+b\sqrt{m}\,|\,a,b\in\mathbf{Z}\}=\mathbf{Z}[\sqrt{m}]$;

(2) 当 $m\equiv 1 \pmod 4$ 时, $R_m=\left\{\dfrac{1}{2}(a+b\sqrt{m})\,\middle|\,a,\, b\in\mathbf{Z} \text{ 且 } a,\, b \text{ 同奇或同偶}\right\}=\mathbf{Z}[(1+\sqrt{m})/2]$.

可以验证 R_m 是 $\mathbf{Q}(\sqrt{m})$ 的一个子环, 称为 $\mathbf{Q}(\sqrt{m})$ 的**代数整数环**.

下面举例说明在 R_m 中如何判断不可约元, 并举一个最大公因子不存在的例子.

例 5.2.4 记 $R_{-5}=\mathbf{Z}[\sqrt{-5}]=\{a+b\sqrt{-5}\,|\,a,b\in\mathbf{Z}\}$ 是 $\mathbf{Q}(\sqrt{-5})$ 的代数整数环, 容易看出 R_{-5} 中 6 有两种分解

$$6=2\cdot 3=(1+\sqrt{-5})(1-\sqrt{-5}),$$

可以证明 2, 3 和 $1\pm\sqrt{-5}$ 都是 R_{-5} 的不可约元, 但不是素元, 且 6 和 $2(1+\sqrt{-5})$ 没有最大公因子.

证明 首先确定 R_{-5} 的单位. 设 $\alpha=a+b\sqrt{-5}$ 是一个单位, 则存在一个 $\beta=c+d\sqrt{-5}$ 使得 $\alpha\beta=1$. 两边取范数得 $1=N(\alpha\beta)=N(\alpha)\cdot N(\beta)$. 由于 $N(\alpha)$, $N(\beta)$ 为正整数, 故有 $N(\alpha)=N(\beta)=1$, 即 $a^2+5b^2=1$. 从而 $b=0$, $a=\pm 1$. 所以 R_{-5} 仅有单位 ± 1. 因此, R_{-5} 的元素 α, β 相伴当且仅当 $\alpha=\pm\beta$.

如果 $1+\sqrt{-5}$ 不是不可约元, 不妨设 $1+\sqrt{-5}$ 有分解

$$1+\sqrt{-5}=(a+b\sqrt{-5})(c+d\sqrt{-5}),$$

两边取范数得

$$6=(a^2+5b^2)(c^2+5d^2),$$

于是有

$$a^2+5b^2=2,\quad c^2+5d^2=3,\ (1)$$

$$\text{或}\ a^2+5b^2=1,\quad c^2+5d^2=6,\quad (2)$$

$$\text{或}\ a^2+5b^2=6,\quad c^2+5d^2=1.\quad (3)$$

情形 (1) 不可能, 而在情形 (2) 和 (3) 下可以得到 $a^2+5b^2=1$ 或 $c^2+5d^2=1$, 于是有 $a+b\sqrt{-5}=\pm1$ 或 $c+d\sqrt{-5}=\pm1$, 所以 $1+\sqrt{-5}$ 是不可约元. 同理可证 $1-\sqrt{-5}$, 2 和 3 也都是不可约元.

由于 2 整除 $6=2\cdot3=(1+\sqrt{-5})(1-\sqrt{-5})$, 但 2 不整除 $1\pm\sqrt{-5}$, 故 2 不是 R_{-5} 的素元. 类似可得 3 和 $1\pm\sqrt{-5}$ 都不是素元.

从上面的分析可以看出, 6 和 $2(1+\sqrt{-5})$ 的公因子只有 ±2 和 $\pm(1+\sqrt{-5})$, 但它们不相伴, 都不是其最大公因子, 故 6 和 $2(1+\sqrt{-5})$ 没有最大公因子. #

上面的例子说明, 在某些整环中不可约元不一定为素元, 某些元素的最大公因子也不一定存在. 下一节将介绍唯一分解整环的概念并证明唯一分解整环上这些结论都成立.

习 题 5.2

1. 设 R 为整环, $a\in R$, 证明：a 为素元当且仅当 (a) 为素理想.

2. 设 R 是一个主理想整环, $a\in R$, $a\neq0$. 证明：若 a 为素元, 则 $R/(a)$ 为一域.

3. 设 m 是一个无平方因子的整数且 $m\neq0,1$. 令 $F=\mathbf{Q}(\sqrt{m})=\{a+b\sqrt{m}|a,\, b\in\mathbf{Q}\}$, 则 F 是一个域, 记 R_m 为 F 中代数的全体, 则 R_m 是 F 的一个子环, 且有

(1) 若 $m\equiv2$, 或 3 (mod 4), 则 $R_m=\mathbf{Z}[\sqrt{m}]=\{a+b\sqrt{m}|a,\, b\in\mathbf{Z}\}$,

(2) 若 $m\equiv1$ (mod 4), 则 $R_m=\mathbf{Z}[(1+\sqrt{m})/2]=\{a+b\cdot(1+\sqrt{m})/2|a,\, b\in\mathbf{Z}\}$,

称为 F 的代数整数环.

4. 记 R_m^* 是 R_m 的乘法单位群, 证明：

(1) $R_{-1}^*=\{\pm1,\, \pm\sqrt{-1}\}$;

(2) $R_{-3}^*=\{\pm1,\, \pm\omega,\, \pm\omega^2\}$, 其中 $\omega=\dfrac{1}{2}(1+\sqrt{-3})$ 为一个 3 次本原单位根;

(3) 若 $m<0$ 但 $m\neq-1,\,-3$, 则 $R_m^*=\{\pm1\}$.

5. 在高斯整环 $R_{-1}=\mathbf{Z}[\sqrt{-1}]$ 中, 元素 $\gamma=a+b\sqrt{-1}(a,\, b\in\mathbf{Z},\, b\neq0)$ 是一个不可约元当且仅当范数 $N(\gamma)$ 是 $\mathbf{Z}$ 的一个素数.

6. 设 p 为一个奇素数, 证明：在整数环 $\mathbf{Z}$ 内 $x^2\equiv-1(\text{mod}\ p)$ 有解的充要条件是 $p\equiv1$ (mod 4).

7. 设 p 为一个素数, 证明：

(1) 若 $p\equiv1$ (mod 4), 则 p 在高斯整环 $R_{-1}=\mathbf{Z}[\sqrt{-1}]$ 内可以分解成两个共轭的不可约元的乘积. 由此证明, 若 $p\equiv1$ (mod 4), 则可以表成两个有理数的平方和.

(2) 若 $p \equiv -1 \pmod 4$, 则 p 也是 R_{-1} 的不可约元.

(3) 2 在 R_{-1} 内与一个不可约元的平方相伴, 即

$$2 = (1+\sqrt{-1})(1-\sqrt{-1}) = -\sqrt{-1}(1+\sqrt{-1})^2,$$

其中 $1+\sqrt{-1}$ 是不可约元.

8. 根据上题定出高斯整环 $\mathbf{Z}[\sqrt{-1}]$ 的全部不可约元.

9. 证明：一个正整数 m 可以表成两个有理数的平方和, 其充要条件是在 m 的标准分解式中出现的 $4k+3$ 形式的素数的幂指数为偶数.

5.3　唯一分解整环

整数环中的整数可以唯一分解成一些素数方幂的乘积, 数域上的一元多项式可以唯一分解成一些不可约多项式的乘积, 在一般整环中也可以类似考虑唯一因子分解问题.

定义 5.3.1　设 R 是一个整环, 若对 R 中每个非零非单位的元素 a 都有

(1) a 可以分解为有限个不可约元的乘积 $a = p_1p_2\cdots p_s$, 其中 $p_i(i=1,2,\cdots,s)$ 为不可约元;

(2) 若 $a = p_1p_2\cdots p_s = q_1q_2\cdots q_t$, 其中 $p_i(1\leqslant i\leqslant s)$ 和 $q_j(1\leqslant j\leqslant t)$ 为不可约元, 则 $s=t$, 且适当调换 q_j 的次序后可以使得 $p_i \sim q_i$, $i=1, 2, \cdots, s$.

则称 R 为**唯一分解整环**, 也称**高斯整环**.

例如, 整数环和域上一元多项式环都是唯一分解整环. 下一节将证明主理想整环也是唯一分解整环.

设 R 为唯一分解整环, 则 R 的每个非零非单位的元素 a 都可以写成有限个不可约元的乘积. 在每个不可约元的相伴类中取定一个代表元, 于是得到不可约元的相伴代表系, 记作 S. 这样 R 的每个非零元素 a 可以唯一地写成 S 中不可约元的方幂和一个单位的乘积, 即有

$$a = u\prod_{p_i\in S} p_i^{r_i}, \quad u\in U, \tag{5.3.1}$$

其中 $r_i \geqslant 0$ 而且除有限个 r_i 外其余全为 0, U 为环 R 的单位群. (5.3.1) 式称为环 R 中元素 a 的一个**标准分解式**.

设 $b\in R$, $b\neq 0$, 元素 b 的标准分解式为

$$b = u'\prod_{p_i\in S} p_i^{s_i}, \quad u'\in U,$$

不难证明下面的结论都成立:

(1) $a|b$ 当且仅当 对所有的 $p_i\in S$, 都有 $r_i\leqslant s_i$;

(2) $a\sim b$ 当且仅当 对所有的 $p_i\in S$, 都有 $r_i = s_i$.

(3) a 的因子分成相伴类, 其类数有限, 共有 $\prod_i (r_i+1)$ 类.

(4) 令 $e_i = \min(r_i, s_i)$, 则 $d = v \prod_{p_i \in S} p_i^{e_i}$ 是 a, b 的一个最大公因子, 其中 $v \in U$.

(5) 令 $m_i = \max(r_i, s_i)$, 则 $m = w \prod_{p_i \in S} p_i^{m_i}$ 是 a, b 的一个最小公倍数, 其中 $w \in U$.

根据上面的分析, 唯一分解整环 R 中任意一对元素都有最大公因子, 并且唯一分解整环中每个元素不相伴的因子个数都有限. 下面介绍更一般化的因子链条件, 并给出唯一分解整环的几个等价判别条件.

定义 5.3.2 如果整环 R 的元素序列 $a_1, a_2, \cdots, a_i, \cdots$, 满足条件

$$a_{i+1}|a_i, \quad i = 1, 2, \cdots,$$

则 $\{a_i\}$ 叫做 R 的一个**因子降链**. 如果对于整环尺的任一因子降链

$$a_1, a_2, \cdots, a_i, \cdots,$$

恒存在一个正整数 m 使得

$$a_m \sim a_{m+1} \sim a_{m+2} \sim \cdots,$$

则称整环 R 满足**因子降链条件**.

整环 R 满足因子链条件意味着 R 中任何真因子序列 $a_1, a_2, \cdots a_i, \cdots$ (其中 a_{i+1} 是 a_{i+1} 的真因子) 只能含有有限项. 显然, 唯一分解整环满足因子链条件. 满足因子链条件的整环还有下面的性质.

引理 5.3.1 若整环 R 满足因子降链条件, 则 R 中每个非零非单位的元素 a 都能写成有限个不可约元的积.

证明 (反证法) 假设存在 R 中非零非单位的元素 a 不能写成有限个不可约元的乘积, 则 a 不是不可约元, 于是存在 a 的真因子 a_1, b_1, 使得 $a = a_1 b_1$, 且 a_1, b_1 至少有一个不能写成有限个不可约元的积.

不妨设 a_1 不能写成有限个不可约元的乘积, 则 a_1 不是不可约元, 于是存在 a_1 的真因子 a_2, b_2, 使得 $a_1 = a_2 b_2$, 且 a_2, b_2 至少有一个不能写成有限个不可约元的积.

……

这样无限延续下去, 可以得到一个具有无限项的因子降链

$$a_1, a_2, \cdots, a_i, a_{i+1}, \cdots, \text{其中 } a_{i+1}|a_i, i = 1, 2, \cdots$$

这与整环 R 满足因子降链条件矛盾. 故整环 R 中每个非零非单位的元素 a 都能写成有限个不可约元的积. #

下面给出唯一分解整环的几个等价判别条件.

定理 5.3.1　整环 R 为唯一分解整环当且仅当 R 满足下列两个条件：

(1) 因子降链条件;

(2) 每个不可约元都是素元.

证明　先证必要性. 显然唯一分解整环 R 满足因子链条件, 下面证明 R 中每个不可约元都是素元. 设 a 是 R 的不可约元, 且 $a|bc$, 要证明 $a|b$, 或者 $a|c$. 不妨设 b, $c \neq 0$ 且 b, c 都不可逆, 则 b, c 有分解式 $b = b_1b_2\cdots b_m$, $c = c_1c_2\cdots c_n$, 其中 b_i, c_j 都是不可约元, 于是有

$$a|b_1b_2\cdots b_mc_1c_2\cdots c_n.$$

由于 R 为唯一分解整环且 a 为不可约元, 故存在 b_i 或者 c_j 使得 $a \sim b_i$ 或者 $a \sim c_j$, 从而 $a|b$, 或者 $a|c$, 故 a 为素元.

再证充分性. 根据引理 5.3.1, R 中每个非零非单位的元素 a 都能写成有限个不可约元的乘积：

$$a = p_1p_2\cdots p_s,$$

下面利用 R 中每个不可约元都是素元证明分解的唯一性. 对不可约元 p_i 的个数 s 归纳.

不妨设 $a = p_1p_2\cdots p_s = q_1q_2\cdots q_t$. 当 s =1 时 $a = p_1$ 为不可约元, 不能再分解成两个以上的不可约元的乘积, 故 $t = 1$, $a = p_1 = q_1$.

假设结论对 $s-1$ 成立, 下面证明结论对 s 也成立.

由分解式 $a = p_1p_2\cdots p_s = q_1q_2\cdots q_t$ 可以得到 $p_1|q_1q_2\cdots q_t$, 由于 p_1 为素元, 故存在某个 q_k, 使得 $p_1|q_k$. 由于 q_i 的次序可任意排列, 不妨设 $p_1|q_1$, 于是有 $q_1 = up_1$. 由于 p_1 和 q_1 都是不可约元, 故 $p_1 \sim q_1$, u 为单位, 将 $q_1 = up_1$ 代入 a 的两个分解式中并消去 p_1 得到

$$p_2\cdots p_s = (uq_2)\cdots q_t.$$

由归纳假设得, $s = t$, 且适当调换次序后可以使得

$$p_i \sim q_i, \quad i = 2, 3, \cdots, s.$$

故结论对任意正整数 s 都成立. 因此, R 为唯一分解整环.　#

下面介绍唯一分解整环的另一个判断条件.

引理 5.3.2　若整环 R 的每一对元素都有最大公因子, 则 R 的每个不可约元都是素元.

证明　设 p 为 R 的任一不可约元, 若 p 不是素元, 则存在 $a, b \in R$, 使得

$$p|ab, \quad 但\ p \nmid a,\ p \nmid b.$$

因为 p 为不可约元, 故有

$$(p,\ a) \sim 1, \quad (p,\ b) \sim 1,$$

从而 $(p,\ ab)\sim 1$, 这与 $p|ab$ 矛盾, 故 p 为素元. #

由定理 5.3.1 和引理 5.3.2 可以得到

定理 5.3.2 整环 R 为唯一分解整环当且仅当 R 满足下列两个条件:

(1) 因子降链条件;

(2) R 中每一对元素都有最大公因子.

上一节的例 5.2.4 中, 我们证明了代数整数环 $R_{-5} = \mathbf{Z}[\sqrt{-5}] = \{a+b\sqrt{-5}|a, b \in \mathbf{Z}\}$ 中元素 6 有两种分解:

$$6 = 2 \cdot 3 = (1+\sqrt{-5})(1-\sqrt{-5}),$$

其中 2, 3 和 $1 \pm \sqrt{-5}$ 都是 R_{-5} 的不可约元. 因此 R_{-5} 不是唯一分解整环.

对于这些不具有唯一分解性质的代数整数环 R_m, 戴德金证明了相应的理想可以唯一分解, 即有: 代数整数环 R_m 上任一非零非单位理想 A 都可以唯一地写成一些素理想 P_i 的方幂的乘积 $A = P_1^{e_1} \cdots P_r^{e_r}$.

就上面的例子来说, 在 R_{-5} 中 6 有两种分解 $6 = 2\cdot 3 = (1+\sqrt{-5})(1-\sqrt{-5})$. 把它写成理想的形式有

$$(6) = (2) \cdot (3) = (1+\sqrt{-5}) \cdot (1-\sqrt{-5}),$$

理想 $(2), (3), (1+\sqrt{-5}), (1-\sqrt{-5})$ 还可以进一步分解如下:

$$(2) = P_1 \cdot P_3, \quad (3) = P_2 \cdot P_4,$$

$$(1+\sqrt{-5}) = P_1 \cdot P_2, \quad (1-\sqrt{-5}) = P_3 \cdot P_4,$$

其中

$$P_1 = (2, 1+\sqrt{-5}), \quad P_2 = (3, 1+\sqrt{-5}),$$

$$P_3 = (2, 1-\sqrt{-5}), \quad P_4 = (3, 1-\sqrt{-5}),$$

$P_1, P_2, P_3, \cdots, P_4$ 都是 R_{-5} 的极大理想, R_{-5} 中理想 (6) 的最终分解形式为

$$(6) = P_1 \cdot P_2 \cdot P_3 \cdot P_4.$$

习 题 5.3

1. 设 D 是一个主理想整环且包含在一个整环 R 内. 设 $a, b \in D$, 证明: 若 d 是 a, b 在 D 中的最大公因子, 则也是 a, b 在 R 内的最大公因子.
2. 证明 $\mathbf{Z}[\sqrt{-5}]$ 满足因子降链条件. 进一步证明 R_m 都满足因子降链条件.
3. 证明 $\mathbf{Z}[\sqrt{10}]$ 不是唯一分解整环.
4. 证明满足降链条件的整环是域.
5. 设 R 为唯一分解整环, P 为 R 的一个非零素理想, 商环 R/P 不一定是唯一分解整环.
6. 唯一分解整环的子环不一定是唯一分解整环.

5.4　主理想整环

本节将证明主理想整环都是唯一分解整环, 并分析唯一分解整环添加什么条件可以构成主理想整环.

可以证明主理想整环中任意一对元素必有最大公因子, 且有

定理 5.4.1　若 R 是主理想整环, 对于任意 $a, b \in R$, 若 $(a)+(b)=(d)$, 则 d 是 a, b 的一个最大公因子, 而且 d 可表成

$$d = ua + vb, \quad 其中\ u, v \in R.$$

证明　由 $(a) \subseteq (d)$, $(b) \subseteq (d)$ 得 $d\,|a$, $d\,|b$, 故 d 是 a, b 的一个公因子.

设 $c\,|a$, $c\,|b$, 于是 $(a) \subseteq (c)$, $(b) \subseteq (c)$, 从而 $(a)+(b)=(d) \subseteq (c)$, 于是 $c\,|d$, 所以 d 为 a, b 的一个最大公因子.　#

更一般地有

推论 5.4.1　若 R 是主理想整环, 对于任意 $a_1, \cdots, a_r \in R$, 若 $(a_1)+\cdots+(a_r)=(d)$, 则 d 是 $a_1, \cdots, a_r$ 的一个最大公因子而且 d 可表成 $d=u_1a_1+\cdots+u_ra_r$, 其中 $u_i \in R$, $i=1, 2, \cdots, n$.

环 R 的理想序列 $N_1, N_2, \cdots$ 如果满足条件 $N_i \subseteq N_{i+1}$, $i=1, 2, \cdots$, 则称其为一个**理想升链**. 由于主理想整环 R 中每个理想都是主理想, R 的因子降链与理想升链一一对应, 故有

引理 5.4.1　(1) 主理想整环 R 的任一理想升链 $\{(a_i)\}$ 恒有限, 即存在正整数 m, 使得

$$(a_m)=(a_{m+1})=(a_{m+2})=\cdots.$$

(2) 主理想整环 R 的任一因子降链 $\{a_i\}$ 恒有限, 即存在正整数 m, 使得

$$a_m \sim a_{m+1} \sim a_{m+2} \sim \cdots.$$

证明　注意到对任意 $a, b \in R$, $(a)=(b)$ 当且仅当 $a \sim b$, 故结论 (1) 和 (2) 等价.

下面证明结论 (1). 设 $\{(a_i)\}$ 是 R 的一个理想升链, 令 $N=\bigcup\limits_i (a_i)$, 则 N 为 R 的一个理想. 又因为 R 为主理想整环, 故存在 $d \in R$, 使得 $N=(d)$. 根据 N 的定义, d 属于某个 (a_m), 从而 $N \subseteq (a_m)$. 反之, 显然 $(a_m) \subseteq N$, 所以 $N=(a_m)$. 由 N 的定义知,

$$N=(a_m)=(a_{m+1})=(a_{m+2})=\cdots,$$

故结论 (1) 成立. 再由等价性, 结论 (2) 也成立. #

由于主理想整环满足因子降链条件, 且任意一对元素必有最大公因子, 故有

定理 5.4.2 主理想整环是唯一分解整环.

反之, 在唯一分解整环中添加下面的条件也可以构成主理想整环.

定理 5.4.3 一个唯一分解整环 R 是主理想整环当且仅当下列条件之一成立:

(1) R 中元素 a, b 的最大公因子都可以表示成 a, b 的组合;

(2) R 的每个不可约元 a 生成的主理想为极大理想.

证明 必要性由定理 5.4.1 和 5.2 节的定理 5.2.2 可得, 下面证明充分性.

(1) 若 R 中元素 a, b 的最大公因子都可以表示成 a, b 的组合, 则有 $(a)+(b)=(d)$, 其中 d 是 a, b 的一个最大公因子. 要证明 R 为主理想整环, 只需证明设 R 的任一非零理想 N 为主理想.

在 N 中任取一个非零元素 a_1, 若差集 $N-(a_1)$ 非空, 则在 $N-(a_1)$ 中取一个元素 b_1, 令 $(a_1)+(b_1)=(a_2)$, 于是 $(a_1)\subseteq(a_2)$, 且 $(a_1)\neq(a_2)$.

若差集 $N-(a_2)$ 非空, 则在 $N-(a_2)$ 中取一个元素 b_2, 令 $(a_2)+(b_2)=(a_3)$, 于是 $(a_2)\subseteq(a_3)$, 且 $(a_2)\neq(a_3)$.

如此继续下去, 最多 n 步后 $N-(a_n)$ 为空集, 其中 n 不超过包含 (a_1) 的主理想的个数, 这个数目等于 a_1 的相伴素因子类的类数. 这就证明了 $N=(a_n)$, 故 R 为主理想整环.

(2) 若 R 的每个不可约元 a 生成的主理想为极大理想, 容易验证两个不相伴的不可约元生成的理想一定互素. 事实上, 设 p, q 为 R 的不相伴的不可约元, 则 (p) 和 (q) 都是极大理想而且 $(p)\neq(q)$. 于是 $(p)+(q)=R$, 因而 $(p),(q)$ 互素.

另一方面, 设 a, b 为任意两个非零元, d 为 a, b 的一个最大公因子. 令 $a=da_1$, $b=db_1$, 则 a_1 的每个素因子和 b_1 的每个素因子不相伴, 因而它们分别生成的主理想互素. 重复应用 4.6 节引理 4.6.1 的结论 (2) 可得, 理想 (a_1) 和 (b_1) 互素. 于是

$$(a)+(b)=(d)(a_1)+(d)(b_1)=(d)[(a_1)+(b_1)]=(d).$$

因此 a, b 的最大公因子可以表示成 a, b 的组合, 这就证明了 R 满足条件 (1). 因此 R 为主理想整环. #

整数环和域上一元多项式环是两类特殊的主理想整环, 这两类环中都存在带余除法可以有效地计算两个整数或者多项式的最大公因子. 下一节将介绍一种特殊的具有带余除法的主理想整环, 即欧几里得整环. 同时也将给出主理想整环的一些新的例子.

本节的最后举一个非主理想整环的例子.

例 5.4.1 整数环 $\mathbf{Z}$ 上的一元多项式环 $\mathbf{Z}[x]$ 不是主理想整环.

证明 由于 $\mathbf{Z}$ 为整环, 故 $\mathbf{Z}[x]$ 也是整环. 下面证明 $\mathbf{Z}[x]$ 中理想 $(2, x)$ 不是主理想. 否则, 存在首项系数为正整数的多项式 $g(x) \in \mathbf{Z}[x]$, 使得 $(2, x) = (g(x))$.

由 $2 \in (g(x))$ 知, 存在 $h(x) \in \mathbf{Z}[x]$, 使得 $2 = g(x)h(x)$, 故 $\deg g(x) = 0$, 从而 $g(x) = 1$ 或 2.

若 $g(x) = 1$, 则由 $(2, x) = (1)$ 知, 存在 $u(x), v(x) \in \mathbf{Z}[x]$, 使得 $1 = 2u(x) + xv(x)$. 比较两边的次数知, $v(x) = 0$, $u(x)$ 为常数, 设为整数 c, 则有 $1 = 2c$, 矛盾.

若 $g(x) = 2$, 则由 $x \in (2) = (2, x)$ 知, 存在 $r(x) \in \mathbf{Z}[x]$, 使得 $x = 2r(x)$. 令 $x = 1$, 得 $1 = 2r(1)$, 矛盾. 故 $(2, x)$ 不是主理想, $\mathbf{Z}[x]$ 不是主理想整环. #

在 5.6 节, 我们将要证明唯一分解整环上的多项式整环仍然是唯一分解整环, 因此 $\mathbf{Z}[x]$ 是一个唯一分解整环, 但不是一个主理想整环. 由此可见, 唯一分解整环是比主理想整环更广泛的一类整环.

习 题 5.4

1. 证明: 整数环 $\mathbf{Z}$ 的所有理想均为主理想, 且有

(1) $(m) \subseteq (n)$ 当且仅当 $n|m$;

(2) $(m) \cap (n) = (\operatorname{lcm}(m, n))$;

(3) $(m) + (n) = (\gcd(m, n))$;

(4) $(m) \cdot (n) = (mn)$.

2. 设 F 为一个域. 证明: $F[x]$ 是主理想整环.

3. 设 R 为一个主理想整环. 证明: 若 $R[x]$ 是主理想整环, 则 R 是域.

4. 证明: 主理想整环的商环的每个理想仍为主理想.

5. 证明 $\mathbf{Z}[x]$ 的任一主理想都不是极大理想.

5.5 欧几里得整环

本节介绍一类存在带余除法的整环——欧几里得整环, 并给出一些欧几里得整环和主理想整环的例子.

定义 5.5.1 设 R 是一个整环. 如果存在 R 的乘法半群 $R^* = R - \{0\}$ 到自然数集 $\mathbf{N}$ 的一个函数 $\delta(x)$, 使得对于任意一对元素 $a, b \in R$, $b \neq 0$, 存在一对元素 q 和 r 使得

$$a = qb + r,$$

其中 $r = 0$, 或 $r \neq 0$, 但 $\delta(r) < \delta(b)$, 则 R 称为**欧几里得整环**, δ 称为 R 上的一个**度量**.

例 5.5.1 整数环 $\mathbf{Z}$ 是欧几里得整环, 其中对每个非零整数 a, 规定

$$\delta(a) = |a|.$$

例 5.5.2 域上的一元多项式环是欧几里得整环，其中对每个非零多项式 $f(x)$，规定

$$\delta(f(x)) = \deg f(x).$$

例 5.5.3 域 F 都是欧几里得整环. 对任意非零元素 $x \in F$, 可以令 $\delta(x) = 0$. 于是对于任意 $a, b \in R, b \neq 0$, 有 $a = (ab^{-1})b + 0$.

关于欧几里得整环，可以证明下面的重要结论.

定理 5.5.1 欧几里得整环是主理想整环.

证明 设 R 是一个欧几里得整环，$\delta(x)$ 为其中的度量函数. 设 N 为 R 的任一理想. 若 N 为零理想，则它当然是主理想 $N = (0)$. 设 $N \neq (0)$, 在 N 中存在一个非零元素 b 使得 $\delta(b)$ 最小的，可以证明 $N = (b)$. 显然 $(b) \subseteq N$, 故只要证明 $N \subseteq (b)$.

事实上，对于任意 $a \in N$, 由欧几里得整环的性质，存在一对元素 q 和 r 使得

$$a = qb + r,$$

其中 $r = 0$, 或 $r \neq 0$ 但 $\delta(r) < \delta(b)$. 由于 $a, b \in N$, 故 $r = a - qb \in N$. 根据元素 b 的取法知，$r = 0$, 从而 $a = qb \in (b)$, 故 $N \subseteq (b)$. 因此 $N = (b)$. #

欧几里得整环实际上是具有带余除法的主理想整环. 正如整数环一样，在欧几里得整环中可以应用欧几里得除法求两个元素的最大公因子. 需要注意的是，同一个欧几里得整环 R 可能存在多个不同的度量函数 $\delta(x)$.

同 5.2 节，记 R_m 为二次数域 $\mathbf{Q}(\sqrt{m})$ 的代数整环. 关于 R_m 的性质目前已知的结果有

(1) 关于虚二次数域 $\mathbf{Q}(\sqrt{m})$, 其代数整数环 R_m 为主理想整环的只有 9 种，即 $m = -1, -2, -3, -7, -11, -19, -43, -67, -163$, 其中前 5 种还是欧几里得整环，其中度量函数 $\delta(x) = N(x) = x \cdot \overline{x}$;

(2) 关于实二次数域 $\mathbf{Q}(\sqrt{m})$, 其代数整数环 R_m 为欧几里得整环的只有 16 种，即 $m = 2, 3, 5, 6, 7, 11, 13, 17, 19, 21, 29, 33, 37, 41, 57, 73$, 其中度量函数 $\delta(x) = |N(x)|$.

至于实二次数域的代数整数环 R_m 有多少为主理想整环，高斯曾猜想有无限多个实二次域，其代数整数环为主理想整环，但至今未能证实.

下面再利用 R_m 举几个欧几里得整环的例子.

例 5.5.4 证明高斯整数环 $R_{-1} = \mathbf{Z}[\sqrt{-1}] = \{s + t\sqrt{-1} | s, t \in \mathbf{Z}\}$ 为欧几里得整环.

证明 注意到 $-1 \equiv 3 \pmod 4$, 取函数 $\delta(x) = N(x)$.

对于 $\alpha, \beta \in R_{-1}, \beta \neq 0$. 令 $\dfrac{\alpha}{\beta} = s + t\sqrt{-1}$, $s, t \in \mathbf{Q}$. 取整数 u, v 使得 $|s - u| \leqslant \dfrac{1}{2}$, $|t - v| \leqslant \dfrac{1}{2}$, 令 $q = u + v\sqrt{-1}$, $r_1 = (s-u) + (t-v)\sqrt{-1}$, 则有 $\dfrac{\alpha}{\beta} = q + r_1$, 即

$$\alpha = q\beta + r_1\beta.$$

由于 $\alpha, \beta, q \in R_{-1}$, 故 $r_1\beta \in R_{-1}$. 另一方面, 由计算知

$$\delta(r_1) = N(r_1) = (s-u)^2 + (t-v)^2 \leqslant \frac{1}{4} + \frac{1}{4} < 1,$$

令 $r = r_1\beta$, 则有

$$\delta(r_1\beta) = N(r_1\beta) = N(r_1)N(\beta) < N(\beta) = \delta(\beta).$$

所以算式$\alpha = q\beta + r$ 满足定义 5.5.1 中的条件, 故 R_{-1} 为欧几里得整环. #

仿例 5.5.4, 可以证明当 $m = -2, 2, 3$ 时, R_m 为欧几里得整环. 下面再举一个 R_m, $m \equiv 1 \pmod 4$ 的例子.

例 5.5.5 证明 R_{-3} 为欧几里得整环.

证明 注意到 $-3 \equiv 1 \pmod 4$, $R_{-3} = \left\{\dfrac{1}{2}(a + b\sqrt{-3}) \,\middle|\, a, b \in \mathrm{Z}, a, b \text{ 同奇或同偶}\right\}$.

取函数 $\delta(x) = N(x)$. 对于 $\alpha, \beta \in R_{-3}, \beta \neq 0$. 令 $\dfrac{\alpha}{\beta} = s + t\sqrt{-3}$, $s, t \in \mathbf{Q}$. 先取一个整数 v 使得 $|2t - v| \leqslant \dfrac{1}{2}$, 然后取一个整数 u 使得 $|2s - u| \leqslant 1$ 而且保持 u 与 v 同奇或同偶. 令 $q = \dfrac{1}{2}(u + v\sqrt{-3})$, $r_1 = \dfrac{1}{2}((2s-u) + (2t-v)\sqrt{-3})$, 则有 $\dfrac{\alpha}{\beta} = q + r_1$, 即

$$\alpha = q\beta + r_1\beta.$$

由于 $\alpha, \beta, q \in R_{-1}$, 故 $r_1\beta \in R_{-1}$. 另一方面, 由计算知

$$\delta(r_1) = N(r_1) = \left(\frac{2s-u}{2}\right)^2 + 3\left(\frac{2t-v}{2}\right)^2 \leqslant \frac{1}{4} + \frac{3}{16} < 1.$$

令 $r = r_1\beta$, 则有

$$\delta(r_1\beta) = N(r_1\beta) = N(r_1)N(\beta) < N(\beta) = \delta(\beta).$$

所以算式$\alpha = q\beta + r$ 满足定义中的条件, 故 R_{-3} 为欧几里得整环. #

仿例 5.5.5, 可以证明, 当 $m = -11, -7, 5, 13$ 时, R_m 为欧几里得整环.

习 题 5.5

1. 证明 $\mathbf{Z}\left[\dfrac{1+\sqrt{5}}{2}\right]$ 为欧几里得整环.

设 D 为一个欧几里得整环, 证明：若 D 的 d 函数满足

(1) $d(a\cdot b)=d(a)+d(b)$;

(2) $d(a+b)\leqslant \max[d(a),\, d(b)]$.

则 D 是一个域, 或者是域上的一元多项式环.

2. 在 $R_{10}=\mathbf{Z}[\sqrt{10}]$ 中证明：

(1) $\varepsilon=3+\sqrt{10}$ 是一个单位;

(2) R_{10} 的每个单位 u 可写成 $u=\pm\varepsilon^r$, $r\in\mathbf{Z}$. 因此, R_{10} 的单位群 U 等于一个 2 阶群 $\langle -1\rangle$ 和一个无限循环群 $\langle\varepsilon\rangle$ 的直和. $\pm\varepsilon^{\pm 1}$ 叫做 R_{10} 的基本单位.

(3) R_{10} 不是唯一分解整环.

3. 在 $R_2=\mathbf{Z}[\sqrt{2}]$ 中证明：

(1) $\varepsilon=1+\sqrt{2}$ 是一个单位;

(2) R_2 的每个单位 u 可写成 $u=\pm\varepsilon^r$, $r\in\mathbf{Z}$, 因此 $\pm\varepsilon^{\pm 1}$ 是基本单位, 而且 R_2 的单位群 U 等于 $\langle -1\rangle\times\langle\varepsilon\rangle$.

5.6 唯一分解整环上的多项式环

类似高等代数中处理数域上一元多项式的分解、求根和不可约多项式的判断方法, 本节将给出唯一分解整环上多项式的类似性质, 并证明唯一分解整环上的多项式环还是唯一分解整环.

以下设 R 为唯一分解整环, $R[x]$ 为 R 的一元多项式环.

定义 5.6.1 设 $f(x)=a_0+a_1x+\cdots+a_nx^n\in R[x]$, 用 $(a_0,\, a_1,\, \cdots,\, a_n)$ 表示 $a_0,\, a_1,\, \cdots,\, a_n$ 的一个最大公因子, $(a_0,\, a_1,\, \cdots,\, a_n)$ 叫做 $f(x)$ 的**容度**, 记为 $c(f)=(a_0,\, a_1,\, \cdots,\, a_n)$, $c(f)$ 在相伴的意义下由 $f(x)$ 唯一决定. 如果 $c(f)\sim 1$, 则 $f(x)$ 叫做一个**本原多项式**.

$R[x]$ 中的单位是零次本原多项式, $R[x]$ 中的一个不可约元或者是 R 中的一个不可约元或者是一个不可约的本原多项式. $R[x]$ 中任一非零多项式 $f(x)$ 恒可写成一个常数 d 和一个本原多项式 $g(x)$ 的积, 分解 $f(x)$ 可以分别对常数 d 和本原多项式 $g(x)$ 进行分解.

引理 5.6.1 (高斯引理) 设 R 为唯一分解整环, 则 $R[x]$ 中两个本原多项式的乘积仍为 $R[x]$ 中的本原多项式.

证明 设 $f(x)=a_0+a_1x+\cdots+a_mx^m$ 和 $g(x)=b_0+b_1x+\cdots+b_nx^n$ 为两个本原多项式, 令 $f(x)\cdot g(x)=h(x)$. 反证法. 若 $h(x)$ 非本原, 则存在 R 的一个不可约元 p 整除 $c(h)$. 由于 $f(x)$ 为本原多项式, 可设 a_r 是 $a_0,\, a_1,\, \cdots$ 中最

前一个不被 p 整除的, 同样设 b_s 是 $b_0, b_1, \cdots$ 中最前一个不被 p 整除的. 考虑 $h(x)$ 的 x^{r+s} 的项的系数

$$c_{r+s} = a_0 b_{r+s} + \cdots + a_{r-1} b_{s+1} + a_r b_s + a_{r+1} b_{s-1} + \cdots + a_{r+s} b_0,$$

在上式中除 $a_r b_s$ 一项不被 p 整除外, 其余各项都被 p 整除, 因而 p 不能整除 c_{r+s}, 这与 $p|c(h)$ 矛盾. 所以 $h(x)$ 为本原多项式. #

一般来说, 如果将多项式系数的取值范围扩大, 则不可约多项式可能变成可约多项式, 比如 $x^2 + 1$ 在 $\mathbf{R}[x]$ 中不可约, 但在 $\mathbf{C}[x]$ 中可约. 但对唯一分解整环及其商域上的多项式, 利用高斯引理可以证明下面的结论成立.

推论 5.6.1 设 R 为唯一分解整环, F 为 R 的商域, $f(x) \in R[x]$, 且 $\deg f(x) \geqslant 1$. 如果 $f(x)$ 在 $R[x]$ 中不可约, 则 $f(x)$ 在 $F[x]$ 中也不可约.

证明 反证法. 假设 $f(x)$ 在 $F[x]$ 中可约, 则存在 $F[x]$ 中多项式 $g(x), h(x)$, $\deg g(x) \geqslant 1$, $\deg h(x) \geqslant 1$, 使得 $f(x) = g(x)h(x)$. 设 $g(x), h(x)$ 各项系数分母的乘积分别为 $r, s \in R$. 在 $f(x) = g(x)h(x)$ 两边乘以 rs 得到

$$rs \cdot f(x) = (r \cdot g(x)) \cdot (s \cdot h(x)).$$

不妨设 $r \cdot g(x) = a \cdot g_1(x)$, $s \cdot h(x) = b \cdot g_2(x)$, 其中 $a = c(r \cdot g(x))$, $b = c(s \cdot h(x))$, $g_1(x), g_2(x)$ 为 $R[x]$ 中的本原多项式. 比较等式

$$rs \cdot f(x) = (r \cdot g(x)) \cdot (s \cdot h(x)) = ab \cdot g_1(x) g_2(x) \tag{5.6.1}$$

的两端, 由于 $f(x)$ 在 $R[x]$ 中不可约且 $\deg f(x) \geqslant 1$, 故 $f(x)$ 为本原多项式, $c(rs \cdot f(x)) = rs$, 于是有 $rs \sim ab$, 即存在 R 中可逆元 u, 使得 $rs = uab$. 再由 (5.6.1) 式可以得到

$$f(x) = u g_1(x) g_2(x),$$

这与 $f(x)$ 在 $R[x]$ 中不可约矛盾. 故 $f(x)$ 在 $F[x]$ 中不可约. #

利用引理 5.6.1 和推论 5.6.1 可以证明唯一分解整环上的多项式环还是唯一分解整环.

定理 5.6.1 唯一分解整环 R 上的一元多项式环 $R[x]$ 仍为唯一分解整环.

证明 设 $f(x)$ 为 $R[x]$ 的任一多项式, $f(x) \neq 0$ 而且非单位, 则存在 $d \in R$ 和 $R[x]$ 中正次数本原多项式 $g(x)$, 使得 $f(x) = dg(x)$. 若 d 非单位, 则 d 在 $R[x]$ 中可以分解成不可约元 $p_1, \cdots, p_t$ 之积, 且 $p_t \in R$. 再设 $g(x)$ 可以分解成 $g(x) = g_1(x) \cdot g_2(x)$, $\deg g_i(x) > 0$. 由于 R 为整环, 故有 $\deg g(x) = \deg g_1(x) + \deg g_2(x)$, $\deg g_i(x) < \deg g(x)$. 因此对 $g(x)$ 的次数归纳可以证明 $g(x)$ 可分解成本原的不可约多项式 $q_1(x), \cdots, q_r(x)$ 之积, 而且 $\deg q_i(x) > 0$, 于是 $f(x)$ 可以分解成 $R[x]$ 的一些不可约元的乘积

$$f(x) = p_1 \cdots p_t q_1(x) \cdots q_r(x).$$

再证明分解的唯一性. 不妨设

$$f(x) = p'_1 \cdots p'_m q'_1(x) \cdots q'_s(x)$$

为 $f(x)$ 的任一分解, 其中 p'_i 为 R 的不可约元, $q'_j(x)$ 为 $R[x]$ 的正次数不可约本原多项式. 根据高斯引理, $\prod\limits_i q_i(x)$ 和 $\prod\limits_i q'_i(x)$ 都是本原多项式, 于是有

$$\prod_i p_i \sim \prod_i p'_i, \quad \prod_i q_i(x) \sim \prod_i q'_i(x),$$

即有

$$p'_1 \cdots p'_m = u p_1 \cdots p_t, \tag{5.6.2}$$

$$q'_1(x) \cdots q'_s(x) = v q_1(x) \cdots q_r(x), \tag{5.6.3}$$

其中 u, v 为单位. 由于 R 为唯一分解整环, 由 (5.6.2) 式得 $m = t$, 并且适当调整 p'_i 的次序可以使得 $p'_i \sim p_i, i = 1, 2, \cdots, t$.

对于 (5.6.3) 式, 设 F 为 R 的商域, 考虑在 $F[x]$ 中的分解. 由推论 5.6.1 知 $q_i(x)$ 和 $q'_i(x)$ 也是 $F[x]$ 中的不可约多项式. 由 $F[x]$ 中多项式分解的唯一性知, 这些 $q_i(x)$ 和 $q'_i(x)$ 在 $F[x]$ 内相伴, 从而在 $R[x]$ 内也相伴, 这就证明了分解的唯一性, 所以 $R[x]$ 为唯一分解整环. #

由于 $\mathbf{Z}$ 是唯一分解整环, 故由定理 5.6.1 知, $\mathbf{Z}[x]$ 也是唯一分解整环.

推论 5.6.2 设 R 为一个唯一分解整环, 则 R 上含有 n 个未定元的多元多项式环 $R[x_1, \cdots, x_n]$ 也是唯一分解整环.

此外, 可以证明, 若 R 为诺特环, 则上面的结论也成立, 即有

定理 5.6.2 (希尔伯特/Hilbert 基定理) 如果 R 是一个诺特环而且有单位元, 则 R 上的一元多项式环 $R[x]$ 也是诺特环. 更一般地, R 上的多元多项式环 $R[x_1, \cdots, x_n]$ 也是诺特环.

关于唯一分解整环 R 上多项式的根及不可约多项式的判别, 下面的结论成立.

定理 5.6.3 设 R 为唯一分解整环, F 为 R 的商域, $f(x) = a_0 + a_1 x + \cdots + a_n x^n \in R[x]$. 若 $\dfrac{r}{s} \in F$ 是 $f(x)$ 的一个根, 其中 $(r, s) \sim 1$, 则 $r | a_0, s | a_n$.

证明 将根 $\dfrac{r}{s}$ 代入多项式可得

$$f\left(\frac{r}{s}\right) = a_n \left(\frac{r}{s}\right)^n + a_{n-1} \left(\frac{r}{s}\right)^{n-1} + \cdots + a_1 \left(\frac{r}{s}\right) + a_0 = 0,$$

即有

$$a_n r^n + a_{n-1} s^{n-1} r + \cdots + a_1 s r^{n-1} + a_0 s^n = 0,$$

故有 $r\,|a_0$, $s\,|a_n$. #

定理 5.6.4 (艾森斯坦 (Eisenstein) 判别法) 设 R 是唯一分解整环, $R[x]$ 为 R 上的一元多项式环. 设 $f(x)=a_0+a_1x+\cdots+a_nx^n\in R[x]$, $a_n\neq 0$, $n>1$. 若 R 有一个不可约元 p 满足:

(1) $p|a_i$, $i=0,1,\cdots,n-1$;

(2) $p^2\nmid a_0$, $p\nmid a_n$.

则 $f(x)$ 在 $R[x]$ 中不可约.

证明 (反证法) 若 $f(x)$ 在 $R[x]$ 中可约, 则存在 $R[x]$ 中两个正次数多项式 $g(x)$, $h(x)$, 使得 $f(x)=g(x)h(x)$, 不妨设

$$g(x)=b_0+b_1x+\cdots+b_rx^r,\quad b_i\in R,\ b_r\neq 0,\ r>0,$$

$$h(x)=c_0+c_1x+\cdots+c_sx^s,\quad c_i\in R,\ c_s\neq 0,\ s>0,$$

由于 R 为整环, 故有 $r<n$, $s<n$. 由于 $p^2\nmid a_0$, 但 $p|a_0$, b_0, c_0 恰有一个被 p 整除. 不妨设 $p\nmid b_0$, $p|c_0$. 又因为 $p\nmid a_n$, 所以 $p\nmid b_r$, $p\nmid c_s$. 设 c_j 是 $c_0,\cdots,c_s$ 中第一个不能被 p 整除的, 则 $0<j\leqslant s$. 考虑 x^j 的系数 a_j, 有

$$a_j=b_0c_j+b_1c_{j-1}+\cdots+b_jc_0,$$

在上式右端 b_0c_j 不能被 p 整除, 但是其他各项都能被 p 整除, 因此 $p\nmid a_j$. 这与题设当 $j\leqslant s<n$ 时 $p|a_j$ 矛盾. 故 $f(x)$ 在 $R[x]$ 中不可约. #

满足定理 5.6.4 中条件的多项式叫做**艾森斯坦多项式**.

设 F 是唯一分解整环 R 的商域, $F[x]$ 为 F 上的一元多项式环. 定理 5.6.4 中, 若 $f(x)$ 还是本原多项式, 则由推论 5.6.1 知, $f(x)$ 在 $F[x]$ 中也不可约.

对于任一素数 p 和正整数 n, x^n-p 是 $\mathbf{Z}[x]$ 中的艾森斯坦多项式, 因而在 $\mathbf{Q}[x]$ 中不可约. 此外可以证明多项式 $f(x)=x^{p-1}+x^{p-2}+\cdots+1$ 在 $\mathbf{Z}[x]$ 上也不可约 (留作习题).

本节的最后, 我们来决定 $\mathbf{Z}[x]$ 的极大理想和素理想.

由于 $\mathbf{Z}[x]$ 为唯一分解整环, 故 $\mathbf{Z}[x]$ 的非零主理想 $(f(x))$ 是素理想当且仅当 $f(x)$ 是不可约元. 此外可以证明, $\mathbf{Z}[x]$ 的任一主理想都不是极大理想.

设 $I\neq(0)$ 是 $\mathbf{Z}[x]$ 的一个素理想但非主理想, 下面分析理想 I 的生成元集.

在 $I^*=I-\{0\}$ 中所有次数最低的多项式中取一个首项系数大于 0 且为最小的多项式 $p_0(x)$. 作差集 $S=I-(p_0(x))$. 根据假设, S 非空. 于是在 S 中取一个次数最低的多项式 $p_1(x)$. 显然 $\deg p_1(x)\geqslant\deg p_0(x)$. 可以证明 $I=(p_0(x),p_1(x))$, $p_0(x)$, $p_1(x)$ 为不可约元, 并且 $p_0(x)$ 为 $\mathbf{Z}$ 中的素数.

由于 I 为素理想, 可以

(1) 首先证明 $p_0(x)$ 是 $\mathbf{Z}[x]$ 的一个不可约元. 这是因为, 若 $p_0(x)=f(x)g(x)$, 其中 $f(x)$ 和 $g(x)$ 的首项系数 >0, 则由素理想的定义知, $f(x)$ 或 $g(x)$ 属于 I.

不妨设 $f(x) \in I$. 由 $p_0(x)$ 的选取, $\deg f(x) \geqslant \deg p_0(x)$, 故它们只能相等, 从而 $f(x)$ 的首项系数不小于 $p_0(x)$ 的首项系数, 它们也只能相等, 由此推出 $g(x) = 1$. 因此, $p_0(x)$ 是 $\mathbf{Z}[x]$ 的一个不可约元.

(2) 其次证明 $\deg p_0(x) = 0$. 若 $\deg p_0(x) > 0$, 则任何非零整数都不属于 $(p_0(x))$. 又因为 $p_1(x)$ 也不属于 $(p_0(x))$, 于是对所有的非零整数 k, 都有 $p_0(x) \nmid kp_1(x)$. 设 $p_0(x)$ 的首项系数为 a, 取一个 大于 $\deg p_1(x) - \deg p_0(x)$ 的整数 u, 用 $a^u p_1(x)$ 去除 $p_0(x)$, 由带余除法, 存在 $q(x), r(x) \in R[x]$, 使得

$$a^u p_1(x) = q(x)p_0(x) + r(x),$$

其中 $r(x) \neq 0$ 且 $\deg r(x) < \deg p_0(x)$. 另一方面, $r(x) = a^u p_1(x) - q(x)p_0(x) \in I$, 这与 $p_0(x)$ 的选取矛盾. 所以 $\deg p_0(x) = 0$, 即 $p_0(x)$ 是个素数, $p_0(x)$ 简记作 p.

由于 $p\mathbf{Z} \subseteq I \cap \mathbf{Z}$, 且 $I \cap \mathbf{Z} \neq \mathbf{Z}$, 故有 $I \cap \mathbf{Z} = p\mathbf{Z}$. 又由于 $p_1(x) \notin (p)$, 从而 $p_1(x) \notin \mathbf{Z}$, $\deg p_1(x) > 0$, 我们进一步证明 $p_1(x)$ 是模 (p) 不可约的. 假若 $p_1(x) \equiv f(x)g(x) \pmod{(p)}$, 其中 $f(x), g(x)$ 的次数都低于 $p_1(x)$ 的次数, 于是由 $p_1(x) \in I$ 导出 $f(x)g(x) \in I$, 从而 $f(x)$ 或 $g(x)$ 属于 I. 另一方面 $p_1(x) \notin (p)$, 从而 $f(x)g(x) \notin (p)$, 于是 $f(x)$ 和 $g(x)$ 都不属于 (p), 因而 $f(x)$ 或 $g(x)$ 属于 S. 这与 $p_1(x)$ 的取法矛盾. 由此同时证明了 $p_1(x)$ 的首项系数与 p 互素.

(3) 最后证明 $I = (p, p_1(x))$. 令 $N = (p, p_1(x))$, 显然 $N \subseteq I$, 我们只需要证明 N 为极大理想即可. 根据环的同构定理, 有

$$\mathbf{Z}[x]/N \cong (\mathbf{Z}[x]/(p))/(N/(p)).$$

考虑 $\mathbf{Z}[x]$ 到 $\mathbf{Z}_p[\bar{x}]$ 的映射 $\psi : f(x) \mapsto \bar{f}(\bar{x})$, 容易证明 ψ 是一个满同态, 且 $\mathrm{Ker}(\psi) = (p)$, 于是有 $\mathbf{Z}[x]\ /(p) \cong \mathbf{Z}_p[\bar{x}]$, 映射关系仍然记为 ψ. 在这个对应下, $\mathbf{Z}[x]\ /(p)$ 的理想 $N/(p)$ 与 $\mathbf{Z}_p[\bar{x}]$ 的理想 $(\bar{p}_1(\bar{x}))$ 对应, 于是商环

$$(\mathbf{Z}[x]/(p))/(N(p)) \cong (\mathbf{Z}_p[\overline{x}])/(\overline{p}_1(\overline{x})).$$

由 $p_1(x)$ 的定义知, $\bar{p}_1(\bar{x})$ 为 $\mathbf{Z}_p[\bar{x}]$ 中的不可约多项式, 从而 $\mathbf{Z}_p[\bar{x}]/(\bar{p}_1(\bar{x}))$ 为域, 故 $\mathbf{Z}[x]/N \cong (\mathbf{Z}[x]/(p))/(N/(p))$ 也为域, 从而 N 为 $\mathbf{Z}[x]$ 的极大理想, 于是由 $N \subseteq I$, 且 $I \neq R$, 得 $N = I$.

反之, 任给一个素数 p 和一个首项系数与 p 互素的正次整数系数多项式 $f(x)$, 若 $f(x)(\mathrm{mod}(p))$ 不可约, 则由 p 与 $f(x)$ 生成的理想是 $\mathbf{Z}[x]$ 的一个极大理想.

综上所述, $\mathbf{Z}[x]$ 的素理想可以分成以下三类.

(1) 零理想.

(2) 由不可约元生成的主理想. 但这一类理想都不是极大理想.

(3) 任给一个素数 p 和一个首项系数与 p 互素的正次整数系数多项式 $f(x)$ 而且模 (p) 是不可约的, 由 p 与 $f(x)$ 生成的理想 $(p, f(x))$, 这一类理想不仅是素理想而且是极大理想.

在第三类素理想中,

$$(p,\ f(x)) = (q,\ g(x)) \text{ 当且仅当 } p = q \text{ 而且 } f(x) \equiv cg(x)(\bmod\ (p)),\ c \in \mathbf{Z}.$$

习 题 5.6

1. 证明多项式 $f(x) = x^{p-1} + x^{p-2} + \cdots +1$ 在 $\mathbf{Z}[x]$ 上不可约, 其中 p 为素数.
2. 判断多项式 $f(x) = x^4 + (8 + \mathrm{i})x^3 + (3 - 4\mathrm{i})x + 5$ 在 $\mathbf{Q}(\mathrm{i})[x]$ 上是否可约.
3. 证明：若 $x^n - a \in F[x]$ 不可约, 则对于任一正整数 $m|n$, $x^m - a$ 在 F 上也不可约.

5.7 整环的商域

利用等价关系从整数出发可以作出所有的有理数, 有理数域是包含整数环 $\mathbf{Z}$ 的最小的域. 从整环 R 出发也可以类似作出一个商域 (分式域), 它也是包含 R 的最小的域.

定义 5.7.1 设 R 为一整环. 如果存在域 F 使得

(1) R 是 F 的一个子环;

(2) F 的每个元素 α 都可以表成 R 的两个元素的商, 即有 $\alpha = \dfrac{b}{c}$, $c \neq 0$.

则称域 F 为整环 R 的**商域** (**分式域**).

类似于有理数的构造方法, 可以如下构造商域.

定理 5.7.1 每个整环 R 都有一个商域 $F = \left\{ \dfrac{a}{b} \,\middle|\, a, b \in R \text{ 且 } a \neq 0 \right\}$.

证明 设 R 是一个整环, $R^* = R - \{0\}$, 则 R^* 为一个乘法幺半群. 作笛卡儿积 $T = R \times R^* = \{(a,\ b)|a \in R,\ b \in R^*\}$. 在 T 上定义一个关系 $\sim$:

$$(a,\ b) \sim (c,\ d) \text{ 当且仅当 } ad = bc.$$

$\sim$ 显然是反身的和对称的, 而且也是传递的. 事实上, 若设

$$(a,\ b) \sim (c,\ d), \text{ 且 } (c,\ d) \sim (e,\ f),$$

则有 $ad = bc$, $cf = de$ 且有 $adf = bcf = bde$, 因为 $d \neq 0$ 且 R 为整环, 消去 d 得 $af = be$. 所以 $(a,\ b) \sim (e,\ f)$.

作商集 $F = T/\sim$, 含 $(a,\ b)$ 的等价类记作 $\dfrac{a}{b}$. 于是 $\dfrac{a}{b} = \dfrac{c}{d}$ 当且仅当 $ad = bc$. 在 F 上定义加法和乘法运算如下：

$$\frac{a}{b} + \frac{c}{d} = \frac{ad + bc}{bd},$$

$$\frac{a}{b} \cdot \frac{c}{d} = \frac{ac}{bd}.$$

可以验证, 上述定义与等价类代表元的取法无关.

事实上, 设 $\frac{a}{b}=\frac{a'}{b'}$, $\frac{c}{d}=\frac{c'}{d'}$, 则有 $ab'=a'b$, $cd'=c'd$, 于是

$$\frac{a'}{b'}+\frac{c'}{d'}=\frac{a'd'+b'c'}{b'd'}=\frac{ad'+bc'}{bd'}=\frac{ad+bc}{bd'}=\frac{a}{b}+\frac{c}{d}.$$

类似可证

$$\frac{a'}{b'}\cdot\frac{c'}{d'}=\frac{a}{b}\cdot\frac{c}{d}.$$

进而, 还可以证明 F 对上面定义的加法和乘法构成一个域. 加法和乘法的结合律、交换律和分配律由读者自己去验证. $\frac{0}{b}$ 是 F 的零元素, 简记作 0. $-\frac{a}{b}=\frac{-a}{b}$ 为 $\frac{a}{b}$ 的负元素. $\frac{b}{b}$ 是 F 的单位元素, 简记作 1. 若 $\frac{a}{b}\neq 0$, 则 $\left(\frac{a}{b}\right)^{-1}=\frac{b}{a}$.

F 包含一个子环 $R'=\left\{\frac{a}{1}\middle| a\in R\right\}$. F 中元素 $\frac{a}{b}$ 可写成 R' 中两个元素的商 $\frac{a}{b}=\frac{a}{1}\Big/\frac{b}{1}$. 映射 $a\to\frac{a}{1}$ 是 R 到 F 的一个嵌入, 将 $\frac{a}{1}$ 与 a 等同, R 与 F 的子环 R' 等同, 则 F 的元素可写成 R 中元素的商. 所以 F 是 R 的一个商域. #

按上面的分析, 在同构意义下, 整环 R 可以看成其商域 F 的子环, 也称整环 R 可以嵌入到域 F 中. 特别地, 也可以说整数环 $\mathbf{Z}$ 被嵌入到了有理数域 $\mathbf{Q}$ 中.

上面构造整环 R 的商域时, 需要在集合 $T=R\times R^*=\{(a,b)|a\in R, b\in R^*\}$ 上定义等价关系, 元素 (a,b) 所在的等价类记作 $\frac{a}{b}$, 此时元素 $b\in R^*=R-\{0\}$. 适当放宽 b 所在集合 S 的要求, 比如只要求 S 中元素对乘法运算封闭 (此时称 S 构成**乘性子集**), 这样构造出的新的等价类的全体构成一个**分式环** $S^{-1}R$. 特别地, 当 P 是 R 的素理想时, $S=R\backslash P$ 为乘性子集, 分式环 $S^{-1}R$ 简记为 R_P, 称为环 R 的**局部化**, 这也是环论的重要研究内容.

下面证明商域的唯一性.

引理 5.7.1 设 R 为一整环, F 为它的一个商域. 则 R 到一个域 F' 的任一个单一同态 η 恒可以唯一地扩充成 F 到 F' 的一个单一同态.

证明 首先证明存在性. 设 $T=\{(a,b)|a,b\in R, b\neq 0\}$. 定义映射 $\xi: T\to F'$ 如下

$$\xi(a,b)=\eta(a)\cdot\eta(b)^{-1}.$$

若 $(a,b)\sim(c,d)$, 则 $ad=bc$, $\eta(a)\eta(d)=\eta(b)\eta(c)$. 从而$\xi(a,b)=\xi(c,d)$.

反之, 从$\xi(a,b)=\xi(c,d)$ 可知 $\eta(a)\cdot\eta(b)^{-1}=\eta(c)\cdot\eta(d)^{-1}$, 即 $\eta(a)\eta(d)=\eta(b)\eta(c)$, 也即 $\eta(ad)=\eta(bc)$. 又因为 η 是单一同态, 故有 $ad=bc$, 从而 $(a,b)\sim(c,d)$.

因此, ξ 确定了商集 $F=T/\sim$ 到 F' 的一个单一映射 η':

$$\eta'(a/b) = \xi(a, b) = \eta(a)/\eta(b).$$

η' 显然保持运算. 因而 η' 是 F 到 F' 的一个单一同态而且是 η 的一个扩充.

其次证明 η' 的唯一性. 设 η'' 是一个 η 在 F 上的任一个扩充, 求证 $\eta'' = \eta'$.

对于任一元素 $x \in F$, x 可以表成 $x = a \cdot b^{-1}$, 其中 $a, b \in R$, 于是 $xb = a$.

将 η' 和 η'' 分别作用于等式, 一方面由 $\eta'(xb) = \eta'(a)$ 得 $\eta'(x)\eta(b) = \eta(a)$, 另一方面由 $\eta''(xb) = \eta''(a)$ 得 $\eta''(x)\eta(b) = \eta(a)$. 由于 $\eta(b) \neq 0$, 故有 $\eta'(x) = \eta''(x)$.

因此 $\eta'' = \eta'$. #

定理 5.7.2　一个整环 R 的商域在同构意义下是唯一的.

证明　设 F 和 F' 为 R 的两个商域, 根据引理 5.7.1, 对于 R 到 F' 的嵌入映射 $\eta: a \mapsto a$, 存在一个单一同态 η': $F \to F'$ 而且保持 R 的元素映到自己. 又因为 F' 是 R 的商域, F' 的每个元素 $x' = a \cdot b^{-1}$, $a, b \in R$, 是 F 中元素 $x = a \cdot b^{-1}$ 在 η' 下的象, 因而 η' 是满射. 所以 η' 是 F 到 F' 的一个同构而且保持 R 的元素不动. #

例 5.7.1　$\mathbf{Z}$ 的商域是 $\mathbf{Q}$.

证明　$\mathbf{Z}$ 的商域 $=\left\{\dfrac{a}{b} \;\middle|\; a, b \in \mathbf{Z}, b \neq 0\right\}$, 而 $\mathbf{Q} = \{ab^{-1} | a, b \in \mathbf{Z}, b \neq 0\}$. 令

$$\eta: \frac{a}{b} \mapsto ab^{-1},$$

则 η 是域同构. 所以 $\mathbf{Z}$ 的商域 $\cong \mathbf{Q}$. #

习　题　5.7

1. 证明：整环 $\mathbf{Z}[\mathrm{i}]$ 的商域为 $\mathbf{Q}[\mathrm{i}]$.
2. 证明:域 F 上一元多项式环 $F[x]$ 的商域为 $F(x) = \left\{\dfrac{f(x)}{g(x)} \;\middle|\; f(x), g(x) \in F[x], g(x) \neq 0\right\}$.
3. 设 p 为素数, 写出分式环 $\mathbf{Z}_{(p)}$.
4. 设 P 是环 R 的素理想 (R 可以视为分式环 R_P 的子环), 证明：

(1) 对于 R 的任一素理想 Q, $Q \cdot R_P$ 是 R_P 的素理想或平凡理想 (1);

(2) $P \cdot R_P$ 是 R_P 的唯一的极大理想.

5.8　环在编码和密码中的应用*

现代通信系统中用数字代表信息, 在信息传递的过程中既要解决信息传递的可靠性问题, 也要解决信息的保密性问题, 这就需要用到相应的编码和密码技术.

为了有效检测或者纠正数字信息在信道传输过程中出现的错误, 通常需要对信息进行编码, 比如重复码、奇偶校验码、汉明码等都是常用的纠错码. 特别地, 基于有限域上的多项式环可以构造一类重要的纠错码——循环码.

有限域 $\mathbf{F}_q$ 上 n 维线性空间 $\mathbf{F}_q^n$ 的每个非空子集 C 都称为一个 q 元**纠错码**, C 中的每个向量 $c=(c_0, c_1, \cdots, c_{n-1})$ 称为一个**码字**, n 称为该码的**码长**, $K=|C|$ 为**码字个数**, $k=\log_q K$ 称为**信息位数**, $\dfrac{k}{n}$ 称为**码率**.

设 $u=(u_0, u_1, \cdots, u_{n-1})$, $v=(v_0, v_1, \cdots, v_{n-1})\in \mathbf{F}_q^n$, u 中非零分量 $u_i(0\leqslant i\leqslant n-1)$ 的个数称为向量 u 的**汉明重量**, 记为 $w_{\mathrm{H}}(u)$. 向量 u 和 v 中不同的分量的个数称为向量 u 和 v 的**汉明距离**, 记为 $d_{\mathrm{H}}(u, v)$, 即有 $d_{\mathrm{H}}(u, v)=w_{\mathrm{H}}(u-v)$. 对任意 $u, v, w\in \mathbf{F}_q^n$, 容易验证下面的三角不等式成立:

$$d_{\mathrm{H}}(u, v)\leqslant d_{\mathrm{H}}(u, w)+d_{\mathrm{H}}(w, v).$$

码 C 的**最小距离** $d(C)$ 定义为 C 中不同码字之间汉明距离的最小值. 码的最小距离反映了码的纠错能力. 由最小距离的定义和三角不等式可以证明: 最小距离为 d 的纠错码可以检查 $\leqslant d-1$ 位错误, 也可以纠正 $\leqslant \left[\dfrac{d-1}{2}\right]$ 位错误, 这里的 $[x]$ 表示不超过 x 的最大整数.

对于参数为 (n, K, d) 的 n 长 q 元码 C, 如果 $K\leqslant q^{n-d+1}$ 或者 $k\leqslant n-d+1$(满足辛格尔顿 (Singleton) 界), 则称 C 为 **MDS** (maximal distance separable) **码**. 这是一类性质较好的纠错码. 分组密码中的最优扩散层变换也经常基于这类码构造.

对于 q 元纠错码 C, 如果 C 能够构成 $\mathbf{F}_q^n$ 的一个线性子空间, 则 C 是一个 q 元**线性码**. 进而, 如果码 C 的每个码字 $c=(c_0, c_1, \cdots, c_{n-1})$ 的任意循环移位还是 C 的一个码字, 比如 $c'=(c_1, \cdots, c_{n-1}, c_0)\in C$, 则称 C 为一个**循环码**.

对于线性码 C, 如果把码字 $c=(c_0, c_1, \cdots, c_{n-1})$ 写成多项式 $c(x)=c_0+c_1x+\cdots+c_{n-1}x^{n-1}$, 它可以看成多项式环 $\mathbf{F}_q[x]$ 的商环 $R=(\mathbf{F}_q[x])/(x^n-1)$ 中的元素. 容易看出, R 是 $\mathbf{F}_q$ 上以 $1, x, \cdots, x^{n-1}$ 为基的 n 维线性空间, 而线性码 C 是 R 的一个线性子空间. 将码字 $c=(c_0, c_1, \cdots, c_{n-1})$ 与 R 中码多项式 $c(x)=c_0+c_1x+\cdots+c_{n-1}x^{n-1}$ 等同, 注意到在 R 中有

$$xc(x)=c_0x+c_1x^2+\cdots+c_{n-1}x^n=c_{n-1}+c_0x+c_1x^2+\cdots+c_{n-2}x^{n-1},$$

于是 C 为循环码当且仅当由 $c(x)\in C$ 总可以得到 $xc(x)\in C$. 进而, 对每个多项式 $a(x)$, 也有 $a(x)c(x)\in C$. 因此可以得到

C 为循环码当且仅当 C 为环 R 的一个理想.

由于 $\mathbf{F}_q[x]$ 为主理想整环, 商环 R 也是主理想环, 并且 R 的每个理想对应于 $\mathbf{F}_q[x]$ 中包含 (x^n-1) 的主理想 $(g(x))$, 其中 $g(x)|\,(x^n-1)$. 因此, $\mathbf{F}_q$ 上码长为 n 的循环码 C 可以表示为

$$C = (g(x)) = \{a(x)g(x) \in R | a(x) \in R\}.$$

取 $g(x)$ 为满足 $g(x) | (x^n-1)$ 的首项系数为 1 的多项式, 则 $g(x)$ 由码 C 唯一确定, 称 $g(x)$ 为循环码 C 的**生成多项式**. 不妨设 $\deg g(x) = n-k (0 \leqslant k \leqslant n)$, 则存在首项系数为 1 的 k 次多项式 $h(x)$ 使得 $x^n-1 = g(x)h(x)$, 称 $h(x)$ 为循环码 C 的**校验多项式**.

对于以 $g(x)$ 为生成多项式的循环码 C, 由于 $\deg g(x) = n-k$, 每个码字 $a(x)g(x)$ 能唯一地表示成

$$(a_0 + a_1 x + \cdots + a_{k-1}x^{k-1})g(x),$$

因此 $g(x), xg(x), \cdots, x^{k-1}g(x)$ 是码 C 的一组基, 从而 C 的信息位数为 k.

令 $g(x) = g_0 + g_1 x + \cdots + g_{n-k}x^{n-k}$ $(g_{n-k} = 1)$, $h(x) = h_0 + h_1 x + \cdots + h_k x^k$ $(h_k = 1)$, 则码 C 的生成矩阵为

$$G = \begin{pmatrix} g(x) \\ xg(x) \\ \vdots \\ x^{k-1}g(x) \end{pmatrix}$$

$$= \begin{pmatrix} g_0 & g_1 & \cdots & g_{n-k-1} & g_{n-k} & 0 & \cdots & 0 \\ 0 & g_0 & g_1 & \cdots & g_{n-k-1} & g_{n-k} & \cdots & 0 \\ \vdots & \ddots & \ddots & \ddots & & \ddots & \ddots & \vdots \\ 0 & \cdots & 0 & g_0 & g_1 & \cdots & g_{n-k-1} & g_{n-k} \end{pmatrix}$$

校验矩阵为

$$H = \begin{pmatrix} h_k & h_{k-1} & \cdots & h_1 & h_0 & 0 & \cdots & 0 \\ 0 & h_k & h_{k-1} & \cdots & h_1 & h_0 & \cdots & 0 \\ \vdots & \ddots & \ddots & \ddots & & \ddots & \ddots & \vdots \\ 0 & \cdots & 0 & h_k & h_{k-1} & \cdots & h_1 & h_0 \end{pmatrix}.$$

确定一般循环码的最小距离并不容易. 设 α 是 $\mathbf{F}_q$ 的一个本原元, $n = q-1$, $2 \leqslant d \leqslant n$, 可以证明形如

$$C = \left\{ c(x) = \sum_{i=0}^{n-1} c_i x^i \in \mathbf{F}_q[x] \,\middle|\, c(\alpha) = c(\alpha^2) = \cdots = c(\alpha^{d-1}) = 0 \right\}$$

的 Reed-Solomon 码是 MDS 码, 其中码 C 的生成多项式为 $g(x) = (x-\alpha)(x-\alpha^2)\cdots(x-\alpha^{d-1})$, 最小距离为 d, 信息位数 $k = n - \deg g(x) = n-d+1$. Reed-Solomon 码是 BCH 码的一种, 编码和译码都可以有效实现.

作为环论知识在密码中的应用, 下面介绍著名的 RSA 算法和 ElGamal 算法.

RSA 算法 设 $N= pq$, 其中 p, q 为两个不同的大素数, $\mathbf{Z}_N$ 为整数模 N 的剩余类环. 明文和密文都取自 $\mathbf{Z}_N$. 记 $\varphi(N) = (p-1)(q-1)$ 为欧拉函数, 在 1 到 $\varphi(N)$ 中任取一个与 $\varphi(N)$ 互素的整数 e, 则必然存在整数 d, 使得 $ed \equiv 1 \pmod N$, 称 e 为**加密指数**, d 为**解密指数**. N, e 为公开密钥, d 为秘密密钥. RSA 算法的**加密变换**为

$$c = E_e(m) = m^e \pmod N,$$

解密变换为

$$m = D_d(c)= c^d \pmod N,$$

由欧拉定理知, 当 a, N 互素时 $a^{\varphi(N)} \equiv 1 \pmod N$, 由此可以证明加解密的正确性.

RSA 密码算法的安全性依赖于大整数分解问题的困难性. 目前已经可以分解 768 比特的整数, 为保证安全性, 建议选用 1024 或者 2048 比特的模数 N.

ElGamal 算法 设 p 是一个大素数, α 是 $\mathbf{Z}_p^*$ 的本原元. 随机选择正整数 a, 并计算 $\beta = \alpha^a \pmod p$. p, α, β 为公开密钥, a 为秘密密钥. ElGamal 算法的**加密变换**为

选择秘密随机数 k, $1\leqslant k \leqslant p-2$, 并计算

$$c_1 = \alpha^k \pmod p, \quad c_2 =m\beta^k \pmod p,$$

则密文为 (c_1, c_2). **解密变换**为

$$m = c_2 \cdot (c_1^a)^{-1} (\bmod p).$$

ElGamal 算法的安全性依赖于 $\mathbf{Z}_p^*$ 上离散对数问题求解的困难性, 即已知 α, β, 求满足 $\beta = \alpha^k \pmod p$ 的正整数 k, $1\leqslant k \leqslant p-2$.

第 6 章　域扩张理论及其应用

CHAPTER 6

域是一个具有双重群结构的代数系统, 它既是一个加法交换群, 非零元素又构成一个乘法交换群, 加法和乘法由分配律相联系. 有理数域、实数域、复数域是常见的几类数域, 模素数 p 的剩余类环 $\mathbf{Z}_p$ 是一类有限域. 对于域 F 上的多项式环 $F[x]$, 当 $f(x)$ 为不可约多项式时, 商环 $F[x]/(f(x))$ 也构成一个域. 本章将介绍域扩张的基本概念, 重点介绍单扩张、有限扩张、代数扩张、正规扩张、可分扩张等基本概念和性质, 并简单介绍伽罗瓦理论及其应用.

6.1　素域和域的扩张

4.2 节介绍了环和域的特征, 特征刻画的是单位元 e 在加法群中的阶. 对于整环和域, 其特征要么为 0, 要么为素数 p. 设 F 为一个域, e 为其单位元, 则 e 在 F 中生成一个子环 $R_0 = \{ne \,|n \in \mathbf{Z}\}$, 映射 $\varphi : n \to n \cdot e$ 为环 $\mathbf{Z}$ 到 R_0 的满同态, 且有下面的结论:

定理 6.1.1　设 F 是一域, 如果 $\mathrm{char}(F) = 0$, 那么 F 包含一子域与有理数域 $\mathbf{Q}$ 同构. 如果 $\mathrm{char}(F) = p \neq 0$, 那么 F 包含一子域与 $\mathbf{Z}/p\mathbf{Z}$ 同构.

证明　定义整数环 $\mathbf{Z}$ 到 F 的映射 σ 为

$$\sigma(n) = ne,$$

容易验证, σ 是一个环同态.

如果 $\mathrm{char}(F) = p \neq 0$, 那么 $\mathrm{Ker}(\sigma) = p\mathbf{Z}$, 而 σ 的象为 $R_0=\{0, e, 2e, \cdots, (p-1)e\}$. 由环同态基本定理, 有 $R_0 \cong \mathbf{Z}/p\mathbf{Z} = \mathbf{Z}_p$. 因为 $\mathbf{Z}/p\mathbf{Z}$ 是 p 元域, 故 R_0 也是 p 元域.

如果 $\mathrm{char}(F) = 0$, 那么 $\mathrm{Ker}(\sigma) =\{0\}$, 从而 σ 是单射, 于是 σ 的象 $R_0 = \{ne|n \in \mathbf{Z}\} \cong \mathbf{Z}$. 当 $n \neq 0$ 时, $ne \neq 0$, σ 可以扩充定义到有理数 $\mathbf{Q}$ 上, 即有

$$\sigma\left(\frac{m}{n}\right) = (ne)^{-1}(me).$$

事实上, 若 $\dfrac{m}{n} = \dfrac{m'}{n'}$, 则有 $mn' = m'n$, 从而 $(me)(n'e) = (m'e)(ne)$, 于是有

$$(ne)^{-1}(me) = (n'e)^{-1}(m'e), \quad 即 \quad \sigma\left(\frac{m}{n}\right) = \sigma\left(\frac{m'}{n'}\right).$$

因此上面的定义是合理的.

σ 的象

$$F_0 = \{(ne)^{-1}(me)\,|n, m \in \mathbf{Z}, n \neq 0\}$$

显然是 F 的一个子域, 它与有理数域 $\mathbf{Q}$ 同构, 故定理的结论成立. #

定理 6.1.1 表明, 在同构意义下, 任意一个域必然包含域 $\mathbf{Q}$ 和 $\mathbf{Z}_p$ 中的一个作为子域, 其中 p 为素数. 因此, 可以认为有理数域 $\mathbf{Q}$ 和 $\mathbf{Z}_p$ 是一些最小的域, 它们统称为**素域**.

容易看出, 域 F 的素域是 F 的一切子域的交, 是 F 的最小的子域. 特征相同的域至少有一个共同的子域即素域, 特征不同的素域彼此不同构, 从而特征不同的域也互不同构.

关于域 F 的特征, 还有性质:

(1) 若 $\mathrm{char}(F) = 0$, 则 $n \cdot a = 0$ 当且仅当 $a = 0$ 或 $n = 0$;

(2) 若 $\mathrm{char}(F) = p$, 则对任意 $a, b \in F$, 有 $(a+b)^p = a^p + b^p$.

下面介绍域扩张的基本概念.

定义 6.1.1 设 K, F 是域. 若 F 是 K 的子域, 则称 K 为 F 的**扩域** (或**扩张**), 记为 $F \leqslant K$ 或者 $F \subseteq K$(也称为域扩张 K/F). K 的包含 F 的任一子域叫做域扩张 K/F 的**中间域**.

显然任一域 F 都可以看成其素域上的扩张.

定义 6.1.2 设 K 是域 F 的扩域, S 是 K 的一个非空子集, 记 $F(S)$ 为 K 中包含 F 和 S 的一切子域的交, 叫做**在 F 上添加 S 得到的子域**, 或叫做 **S 在 F 上生成的子域**.

用 $F[S]$ 表示在 F 上添加 S 得到的多项式环, 则 $F[S]$ 的商域就是 $F(S)$.

特别, 当 S 为有限子集 $\{\alpha_1, \cdots, \alpha_n\}$ 时, $F(S)$ 记作 $F(\alpha_1, \cdots, \alpha_n)$, 叫做**添加元素 $\alpha_1, \cdots, \alpha_n$ 于 F 所得的子域**. 显然, 有

$$\begin{aligned} F(\alpha_1, \cdots, \alpha_r, \beta_1, \cdots, \beta_s) &= F(\alpha_1, \cdots, \alpha_r)(\beta_1, \cdots, \beta_s) \\ &= F(\beta_1, \cdots, \beta_s)(\alpha_1, \cdots, \alpha_r). \end{aligned}$$

若 $n = 1$, 则称 $F(\alpha)$ 为 F 的一个**单扩域** (或**单扩张**), α 称为 $F(\alpha)$ 的**定义元**.

下一节将专门讨论单扩张的性质.

习 题 6.1

1. 设 F 为一个特征 p 的域, p 为素数, 证明: 对所有 $a, b \in F$, 有

$$(a+b)^p = a^p + b^p.$$

2. 设 F 为一个特征 p 的域, p 为素数, e 为 F 的单位元, 证明: $\mathbf{F}_p=\{0, e, 2e, \cdots, (p-1)e\}$ 为一个域.

3. 证明域的同态只有零同态和单同态.

4. 设 R 是一个有单位元 e 的环, 由 e 生成的子环称为 R 的**素环**.

(1) R 的素环要么同构于 $\mathbf{Z}$, 要么同构于 $\mathbf{Z}_n$.

(2) 对于整环 R, 如果其特征为 0, 则其素环为 $\mathbf{Z}$; 如果特征为素数 p, 则素环为 $\mathbf{Z}_p$.

6.2 代数元、超越元、单扩张

本节先介绍域 F 上代数元和超越元的概念, 再分析添加代数元或者超越元 α 时单扩张 $F(\alpha)$ 的性质.

定义 6.2.1 设 E 是 F 的一个扩域, $\alpha\in E$. 如果存在 F 上的非零多项式 $f(x)$ 使得 $f(\alpha)=0$, 则称 α 为 F 上的一个**代数元**. 否则, 称 α 为 F 上的一个**超越元**. 特别地, 有理数域 $\mathbf{Q}$ 上的代数元称为**代数数**, 超越元称为**超越数**.

例如, $\sqrt{2}$ 是代数数, 而圆周率 π 和自然对数的底 e 等都是超越数.

定义 6.2.2 扩域 $F(\alpha)$ 称为域 F 的**单扩张**. 特别地, 如果 α 为 F 上的一个代数元, 则称 $F(\alpha)$ 为 F 的**单代数扩张**; 如果 α 为 F 上的一个超越元, 则称 $F(\alpha)$ 为 F 的**单超越扩张**.

例如, $\mathbf{Q}(\sqrt{2})$ 是有理数域 $\mathbf{Q}$ 的一个单代数扩张, 而 $\mathbf{Q}(\pi)$ 是 $\mathbf{Q}$ 的一个单超越扩张.

定义 6.2.3 如果 $f(\alpha)=0$, 也称 α 为 $f(x)$ 的根, $f(x)$ 为 α 的一个**零化多项式**. α 的首项系数为 1 的次数最低的零化多项式称为 α 在 F 上的**极小多项式**. 称 α 在 F 上的极小多项式 $f(x)$ 的次数为 α 的**次数**.

例 6.2.1 虚部单位 i 为有理数域 $\mathbf{Q}$ 上的 2 次代数元, 它在 $\mathbf{Q}$ 上的极小多项式为 x^2+1.

例 6.2.2 $\sqrt{2}+\sqrt{3}$ 为有理数域 $\mathbf{Q}$ 上的 4 次代数元, 它在 $\mathbf{Q}$ 上的极小多项式为 x^4-10x^2+1.

容易证明 α 的极小多项式满足下面的性质.

性质 6.2.1 设 $f(x)$ 为域 F 上的代数元 α 的极小多项式, 则 $f(x)$ 在 F 上不可约, 并且如果存在 $F[x]$ 上多项式 $h(x)$ 使得 $h(\alpha)=0$, 则有 $f(x)|h(x)$.

证明 (1) 如果 $f(x)$ 可约, 则存在比 $f(x)$ 次数更低的多项式 $g_i(x)$ 使得 $f(x)=g_1(x)g_2(x)$, 于是有

$$g_1(\alpha)\,g_2(\alpha)=f(\alpha)=0.$$

由于域 $F(\alpha)$ 没有零因子, 故有 $g_1(\alpha)=0$, 或者 $g_2(\alpha)=0$, 于是 α 存在比 $f(x)$ 次数更低的零化多项式 $g_1(x)$ 或者 $g_2(x)$, 这与 $f(x)$ 为 α 在 F 上的极小多项式矛

盾. 故 $f(x)$ 在 F 上不可约.

(2) 对于多项式 $h(x)$ 和 $f(x)$, 由带余除法, 存在 $F[x]$ 上多项式 $q(x)$ 和 $r(x)$ 使得

$$h(x) = f(x)q(x) + r(x),$$

其中 $r(x) = 0$, 或者 $\deg r(x) < \deg g(x)$.

由于 $h(\alpha) = 0$, $f(\alpha) = 0$, 故有 $r(\alpha) = 0$, 于是 $r(x)$ 也是 α 的零化多项式. 由于 $f(x)$ 为 α 在 F 上的极小多项式, 故有 $r(x) = 0$, 从而 $f(x)|h(x)$. #

下面的定理给出了单扩张的性质.

定理 6.2.1 设 K/F 是一个域扩张, $\alpha \in K$, 则有

(1) 若 α 是 F 上的超越元, 则 $F[\alpha] \cong F[x]$, $F(\alpha) \cong F(x)$;

(2) 若 α 是 F 上的代数元, $f(x)$ 是 α 在 F 上的极小多项式, 则 $F(\alpha) = F[\alpha]$, 且

$$F(\alpha) \cong F[x]/(f(x)).$$

证明 先构造多项式环 $F[x]$ 到 $F[\alpha]$ 间的对应关系 $\eta: F[x] \to F[\alpha]$ 使得

$$\eta(x) = \alpha, \quad \eta(f(x)) = f(\alpha),$$

容易证明 η 为环的满同态, $\eta|_F = \mathbf{1}_F$, 且 $\mathrm{Ker}(\eta) = \{f(x) \in F[x] | \eta(f(x)) = f(\alpha) = 0\}$.

(1) 如果 α 为超越元, 则只有 0 为 α 的零化多项式, 故 $\mathrm{Ker}(\eta) = \{0\}$, 从而 $F[\alpha] \cong F[x]$, 于是 $F[\alpha]$ 的商域 $F(\alpha)$ 也与 $F[x]$ 的商域 $F(x)$ 同构.

(2) 如果 α 为代数元, $f(x)$ 是 α 在 F 上的极小多项式, 则

$$\mathrm{Ker}(\eta) = \{f(x) \in F[x] | \eta(f(x)) = f(\alpha) = 0\} = (f(x)),$$

于是有

$$F[\alpha] \cong F[x]/(f(x)).$$

由于 $f(x)$ 为 F 上不可约多项式, $F[x]/(f(x))$ 是一个域, 故 $F[\alpha]$ 也是一个域, 即有

$$F(\alpha) = F[\alpha] \text{ 且 } F(\alpha) \cong F[x]/(f(x)).$$ #

下面分析单代数扩张 $F(\alpha)$ 中元素的形式以及 $F(\alpha)$ 中元素的运算.

设 $f(x) = x^n + a_1x^{n-1} + \cdots + a_n$ 是 α 在 F 上的极小多项式, 由 $f(\alpha) = 0$ 得

$$\alpha^n = -(a_1\alpha^{n-1} + \cdots + a_n) \tag{6.2.1}$$

因此当 $m \geqslant n$ 时, α^m 经过 (6.2.1) 式逐次迭代, 恒可表成 $1, \alpha, \cdots, \alpha^{n-1}$ 的线性组合, 因而 $F(\alpha)$ 的每个元素都可以表成关于 α 的次数不超过 n 的多项式

$$b_0 + b_1\alpha + \cdots + b_{n-1}\alpha^{n-1}, \quad b_i \in F \tag{6.2.2}$$

的形式, 而且**表法唯一**. $F(\alpha)$ 中元素相加按多项式加法相加, 元素相乘按多项式相乘, 乘得的结果, 利用 (6.2.1) 式将 α 的高次幂 $\alpha^m (m \geqslant n)$ 逐次降低, 使得结果最后表成 (6.2.2) 式的形式.

例如, $\sqrt{2}$ 是 $\mathbf{Q}$ 上的不可约多项式 x^2-2 的根, 故有

$$\mathbf{Q}(\sqrt{2}) \cong (\mathbf{Q}[x])/(x^2-2) \text{ 且 } \mathbf{Q}(\sqrt{2}) = \{a + b\sqrt{2} | a, b \in \mathbf{Q}\}.$$

下面介绍 F-同构的概念, 并给出一类特殊的单代数扩张间的同构关系.

定义 6.2.4 设 $K_i/F (i=1,2)$ 为两个域扩张, 若存在 K_1 到 K_2 的一个同构 (或同态) η, 使得 η 限制在 F 上为恒等同构, 则 η 叫做一个 F-**同构** (或 F-**同态**).

设 $\eta: K \to K'$ 是一个 F-同构, $\alpha \in K$, 则 α 是 F 上的代数元当且仅当 $\eta(\alpha)$ 是 F 上的代数元, 此时 α 和 $\eta(\alpha)$ 有相同的极小多项式.

定理 6.2.1 说明, 如果 α 是 F 上的代数元, $f(x)$ 是 α 在 F 上的极小多项式, 则 $F(\alpha) \cong F[x]/(f(x))$. 反之, 若 $f(x)$ 在 F 上不可约, 则一定存在 F 的一个扩域 K 使得 α 是 $f(x)$ 在 K 中的一个根. 即有下面的**根的存在性定理**.

定理 6.2.2 设 F 为一域, $f(x) \in F[x]$ 为一个不可约多项式, 则存在 F 的一个扩域 K 使得 α 是 $f(x)$ 在 K 中的一个根.

证明 因为 $f(x)$ 为 $F[x]$ 上的不可约多项式, 故 $f(x)$ 生成的理想 $(f(x))$ 为极大理想, 商环 $F[x]/(f(x))$ 构成一个域, 记为 $K = F[x]/(f(x))$.

易验证映射 $a \mapsto \overline{a} = a + (f(x))$ 是域 F 到 K 的一个单同态, 将 a 与 $\overline{a}$ 等同, 于是 F 可以看成 K 的一个子域. 令$\alpha = \overline{x} = x + (f(x))$, 不妨设 $f(x) = a_0 + a_1 x + \cdots + x^n$, 则有

$$f(\alpha) = a_0 + a_1\alpha + \cdots + \alpha^n = \overline{a_0} + \overline{a_1} \cdot \overline{x} + \cdots + \overline{x^n} = \overline{f(x)} = \overline{0},$$

所以 α 为 $f(x)$ 在 $K = F[x]/(f(x))$ 中的一个根. #

注 6.2.1 由于 α 为不可约多项式 $f(x)$ 的一个根, 故由定理 6.2.1 的结论 (1) 知 $F(\alpha) \cong F[x]/(f(x))$, 故存在 F 的一个单代数扩张 $F(\alpha)$ 使得 $f(x)$ 在 $F(\alpha)$ 中有一个根.

推论 6.2.1 设 F 为一域, $f(x)$ 为 $F[x]$ 上的不可约多项式. 若 α, β 都是 $f(x)$ 的根, 则 $F(\alpha)$ 和 $F(\beta)$ 之间有一个 F-同构 η 使得 $\eta(\alpha) = \beta$.

证明 由于 $f(x)$ 为 $F[x]$ 上的不可约多项式, α, β 都是 $f(x)$ 的根, 故 $f(x)$ 为 α, β 在 F 上的极小多项式. 因此由定理 6.2.1 的结论 (2) 可以得到

$$F(\alpha) \cong F[x]/(f(x)) \text{ 且 } F(\beta) \cong F[x]/(f(x)),$$

其中 α, β 都与 $\overline{x}$ 对应. 故存在 F-同构 η 使得 $F(\alpha) \cong F(\beta)$ 并且 $\eta(\alpha) = \beta$. #

习 题 6.2

1. 设 $\eta: K \to K'$ 是一个 F-同构, $\alpha \in K$, 则 α 是 F 上的代数元当且仅当 $\eta(\alpha)$ 是 F 上的代数元, 此时 α 和 $\eta(\alpha)$ 有相同的极小多项式.

2. 证明 $u = \sqrt{2} + \sqrt{3}$, $\sqrt[3]{2}$, $1 + \mathrm{i}$ 都是 $\mathbf{Q}$ 上的代数元, 并求 u 在 $\mathbf{Q}$ 上的极小多项式.

3. 在复数域内, 设 u 为 $f(x) = x^3 - x + 1$ 的根, 试将下列元素

$$(5u^2 + 3u - 1)(2u^2 - 2u + 6) \text{ 和 } (3u^2 - u + 2)^{-1}$$

表成次数不超过 2 的 u 的多项式.

4. 设 $g(x) = x^2 - 5x + 7 \in \mathbf{Q}[x]$ 不可约, $g(\alpha) = 0$. 试把 $\dfrac{1 - 7\alpha + 2\alpha^2}{1 + \alpha - \alpha^2}$ 写成 α 的多项式.

5. 设 $E = \mathbf{Q}(\theta)$, 这里$\theta^3 - \theta^2 + \theta + 2 = 0$. 把 $(\theta^2 + \theta + 1)(\theta^2 - \theta)$ 和 $(\theta - 1)^{-1}$ 表成次数不超过 2 的θ 的多项式.

6. 试求 $\mathbf{Q}(\sqrt[3]{2})$ 中元素 $1 + \sqrt[3]{2} + \sqrt[3]{4}$ 的逆元.

7. 证明：两个域之间的非零同态必为单同态.

8. 证明：在 $\mathbf{Q}(\sqrt{-1})$ 和 $\mathbf{Q}(\sqrt{2})$ 之间不存在 $\mathbf{Q}$-同构.

6.3 有限扩张和代数扩张

本节介绍有限扩张和代数扩张, 这也是域扩张理论中最重要、最基础的两类扩张.

按照域中元素自然的加法和乘法, 域 F 上的扩张 K 可以看作是 F 上的一个线性空间, 根据线性空间的维数可以如下定义有限扩张、无限扩张和扩张次数.

定义 6.3.1 F 上的域扩张 K 可以看作是 F 上的一个线性空间, K 对 F 的维数叫做扩张 K/F 的**次数**, 记作 $[K:F]$. 若 $[K:F] < \infty$, 则 K/F 叫做**有限扩张**. 否则, K/F 叫做**无限扩张**.

定义 6.3.2 设 K/F 为一有限扩张, 当 K 作为 F 上线性空间时, K 对 F 的一组基也叫做域扩张 K/F 的一组**基**.

关于域上单扩张, 容易证明下面的结论成立.

引理 6.3.1 设 K/F 为一域扩张, $\alpha \in K$, 则 α 在 F 上是代数的当且仅当存在一个正整数 m 使得 $1, \alpha, \cdots, \alpha^m$ 线性相关. 进而, 若 α 为 F 上代数元, 则 α 的次数等于使得 $1, \alpha, \cdots, \alpha^n$ 在 F 上线性相关的最小正整数 n.

推论 6.3.1 设 K/F 是一个域扩张, $\alpha \in K$, 则有

(1) 若 α 是 F 上的超越元, 则 $F(\alpha)$ 为 F 上的无限扩张;

(2) 若 α 是 F 上的 n 次代数元, 则 $F(\alpha)$ 为 F 上的 n 次扩张, 且 $1, \alpha, \cdots, \alpha^{n-1}$ 是一组基.

下面介绍代数扩张的概念, 并分析代数扩张和有限扩张的关系.

定义 6.3.3 设域 K 是 F 上的一个扩张, 如果 K 的每个元素都是 F 上的代数元, 则称 K/F 为**代数扩张**.

关于有限扩张和代数扩张, 下面的结论成立:

定理 6.3.1 任一有限扩张 K/F 是一代数扩张.

证明 设 $[K:F]=n$. 对每个 $\alpha \in K$, $1, \alpha, \cdots, \alpha^n$ 在 F 上线性相关, 故存在 F 上不全为零的元素 $c_0, c_1, \cdots, c_n$, 使得

$$c_0^n + c_1\alpha + \cdots + c_n\alpha^n = 0,$$

所以 α 是 F 上的代数元, 故 K/F 是代数扩张. #

对于单扩张, 由定理 6.3.1 和推论 6.3.1 容易验证下面的结论成立.

定理 6.3.2 设 K/F 为任一域扩张, $\alpha \in K$, 则下列叙述是等价的:

(1) $F(\alpha)/F$ 是代数扩张;

(2) α 在 F 上是代数的;

(3) $F(\alpha)/F$ 是有限扩张.

由定理 6.3.2 可以看出, 当 α 为代数元时, $F(\alpha)/F$ 就是代数扩张, 这也是称 $F(\alpha)$ 为单代数扩张的理由.

作为有限扩张的简单应用, 我们分析一下有限域中元素的个数.

性质 6.3.1 有限域中元素的个数一定为素数的方幂.

证明 设 K 为一个特征 p 的有限域. 于是 K 包含 $\mathbf{F}_p$ 作为子域. K 自然的可以看成 $\mathbf{F}_p$ 上的有限维线性空间. 设 K 对 $\mathbf{F}_p$ 的维数为 n, 并设 $\alpha_1, \cdots, \alpha_n$ 为它的一基. 于是 K 的每个元素 β 可以唯一地表成 $\alpha_1, \cdots, \alpha_n$ 的线性组合

$$\beta = c_1\alpha_1 + \cdots + c_n\alpha_n,$$

其中 $c_i \in \mathbf{F}_p$, $c_1, \cdots, c_n$ 可以独立地取 $0, 1, \cdots, p-1$ 等 p 个值, 因而 K 恰由 p^n 个元素组成.

因此 K 的基数只能是它的特征 p 的一个方幂, 幂指数等于 K 对 $\mathbf{F}_p$ 的维数, 也就是域扩张 $K/\mathbf{F}_p$ 的扩张次数. #

此外, 还可以证明有限扩张具有传递性, 且有下面的性质.

定理 6.3.3 (次数定理) 设 $F \subseteq E \subseteq K$ 为 F 上的扩域链, 则 $[K:F]$ 有限当且仅当 $[K:E]$ 和 $[E:F]$ 都有限. 并且在这种情况下有次数关系

$$[K:F] = [K:E]\,[E:F].$$

证明 (1) 若 $[K:F] < \infty$, 由于 E/F 是 K/F 的子空间, 故有

$$[E : F] \leqslant [K : F] < \infty.$$

设 $\alpha_1, \cdots, \alpha_n$ 是线性空间 K 对 F 的一组基, 若把 K 看成 E 上的线性空间, 则 $\alpha_1, \cdots, \alpha_n$ 显然是 K/E 的一组生成元, 所以 $[K:E] \leqslant n = [K:F]$.

(2) 反之, 设 $[K : E] = m$, $[E:F] = r$ 都有限, 并设 $\beta_1, \cdots, \beta_m$ 和$\gamma_1, \cdots, \gamma_r$ 分别是 K/E 和 E/F 的基, 于是对于任意 $\alpha \in K$, α 可以写成系数属于 E 的 β_i 的线性组合

$$\alpha = a_1\beta_1 + \cdots + a_m\beta_m, \quad a_i \in E,$$

而 $a_i \in E$ 又可以写成系数属于 F 的γ_j 的线性组合

$$a_i = b_{i1}\gamma_1 + \cdots + b_{ir}\gamma_r, \quad b_{ij} \in F,$$

于是 α 可以表示成系数属于 F 的 $\beta_i\gamma_j$ 的线性组合

$$\alpha = \sum_i \left(\sum_j b_{ij}\gamma_j\right)\beta_i = \sum_{i,j} b_{ij}\beta_i\gamma_j, \quad b_{ij} \in F.$$

因此, $[K : F] \leqslant [K : E]\ [E : F]$, 且 $\{\beta_i\gamma_j\}_{i,j}$ 为 K/F 的生成元.

下面再证明 $\{\beta_i\gamma_j\}_{i,j}$ 在 F 上线性无关. 事实上, 若存在 $b_{ij} \in F$, 使得

$$\sum_{i,j} b_{ij}\beta_i\gamma_j = 0,$$

令 $a_i = \sum\limits_j b_{ij}\gamma_j$, i=1, 2, $\cdots$, m, 则

$$a_i \in E, \text{而且} \sum_i a_i\beta_i = 0.$$

由于 $\{\beta_i\}_i$ 为 K/E 的一组基, 故对任意 i=1, 2, $\cdots$, m, 有 $a_i = 0$, 即

$$\sum_j b_{ij}\gamma_j = 0.$$

又由于 $\{\gamma_j\}_j$ 为 E/F 的一组基, 故由 $\sum\limits_j b_{ij}\gamma_j = 0$ 知, 对任意 i=1, 2, $\cdots$, m, j=1, 2, $\cdots$, r, 有 $b_{ij}= 0$. 因此, $\{\beta_i\gamma_j\}_{i,j}$ 在 F 上线性无关, 它们构成 K/F 的一组基, 于是有

$$[K:F] = mr = [K:E]\ [E:F]. \qquad \#$$

设 K/F 为一有限扩张, E/F 是 K/F 的任一中间域, 则 $[E:F] \leqslant [K:F]$, 而且 $E = K$ 当且仅当 $[E:F] = [K:F]$. 特别地, 一个素数次扩张 K/F 除 K 和 F 外没有其他中间域.

利用域扩张的次数定理, 还可以得到下面的结论.

推论 6.3.2　每个有限扩张 K/F 有一个中间域的有限升链

$$F = F_0 \subseteq F_1 \subseteq \cdots \subseteq F_r = K,$$

使得 F_{i+1}/F_i 为单代数扩张 (称其为**单代数扩张升链**). 反之, 若 K/F 有一个单代数扩张升链, 则 K/F 是有限扩张.

证明　(1) 若 K/F 是有限扩张, 对扩张次数 $[K:F]$ 作归纳.

若 $[K:F] = 1$, 结论显然成立.

假设当 $[K:F] < n$ 时, 结论成立, 下面证明当 $[K:F] = n$ 时, 结论也成立.

若 $[K:F] > 1$, 任取 $\alpha \in K$, 但 $\alpha \notin F$, 作 $F_1 = F(\alpha)$, 则 F_1/F 为单代数扩张且 $[F_1:F] > 1$, 从而 $[K:F_1] < [K:F]$. 对有限扩张 K/F_1, 由归纳假设知, K/F_1 有一个单代数扩张升链

$$F_1 \subseteq F_2 \subseteq \cdots \subseteq F_r = K,$$

于是

$$F \subseteq F_1 \subseteq F_2 \subseteq \cdots \subseteq F_r = K$$

就是 K/F 的一个单代数扩张升链.

(2) 反之, 若 K/F 有一个单代数扩张升链

$$F = F_0 \subseteq F_1 \subseteq \cdots \subseteq F_r = K,$$

则由定理 6.3.2 知, F_{i+1}/F_i 都是有限扩张, 再由定理 6.3.3 知, K/F 是有限扩张. #

由推论 6.3.2 可以得到**代数扩张也具有传递性**, 即有

定理 6.3.4　代数扩张的代数扩张仍是代数扩张. 特别地, 域 F 上的代数元 α, β 的和、差、积、商仍为 F 上的代数元.

证明　(1) 设 $F \subseteq E \subseteq K$ 为扩域链, 若 K/E 和 E/F 都是代数扩张, 要证明 K/F 也是代数扩张.

对任意 $\alpha \in K$, 因为 α 在 E 上是代数的, 故 α 在 E 上有正次数的极小多项式

$$g(x) = x^r + a_1x^{r-1} + \cdots + a_r, \quad a_i \in E.$$

又因为 E/F 是代数扩张, 故 a_i 都是 F 上代数元. 令

$$F_0 = F, \quad F_i = F_0(a_1, \cdots, a_i), \quad i=1, 2, \cdots, r, \quad F_{r+1} = F_r(\alpha),$$

则

$$F = F_0 \subset F_1 \subset F_2 \subset \cdots \subset F_r \subset F_{r+1}$$

是单代数扩张升链, 故由推论 6.3.1 知, F_{r+1}/F 为有限扩张, 从而 F_{r+1}/F 为代数扩张, 于是 F_{r+1} 中元素 α 为 F 上的代数元. 因此, K/F 是代数扩张.

(2) 设 α, β 为域 F 上的代数元, 则 $F(\alpha, \beta)/F(\alpha)$ 和 $F(\alpha)/F$ 都是单代数扩张, 故由结论 (1) 知, $F(\alpha, \beta)/F$ 是代数扩张, 从而 $F(\alpha, \beta)$ 中的元素 $\alpha \pm \beta$, $\alpha \cdot \beta$, α / β 都是 F 上的代数元. #

定义 6.3.4 设 K/F 是一个域扩张, K 中所有 F 上的代数元构成一个中间域, 称为 F 在 K 上的**代数闭包**.

K 中任一不属于此代数闭包的元素在 F 上都是超越的.

例如, 复数域 $\mathbf{C}$ 是有理数域 $\mathbf{Q}$ 上的域扩张. $\mathbf{C}$ 中代数数 (如果复数 α 在 $\mathbf{Q}$ 上是代数的, 则 α 叫做一个**代数数**) 的全体, 记作 $\overline{\mathbf{Q}}$, 对加、减、乘、除封闭, 因而 $\overline{\mathbf{Q}}$ 是 $\mathbf{C}$ 的一个子域, 叫做**代数数域**. $\overline{\mathbf{Q}}$ 是 $\mathbf{Q}$ 在 $\mathbf{C}$ 中的代数闭包.

最后介绍几个有限扩张的例子.

例 6.3.1 求扩张次数 $[\mathbf{Q}(\sqrt{2}, \sqrt{3}) : \mathbf{Q}]$, 并求 $\mathbf{Q}(\sqrt{2}, \sqrt{3})$ 在 $\mathbf{Q}$ 上的一组基.

解 因为 $\mathbf{Q} \subseteq \mathbf{Q}(\sqrt{2}) \subseteq \mathbf{Q}(\sqrt{2}, \sqrt{3})$, x^2-2 在 $\mathbf{Q}$ 上不可约, x^2-3 在 $\mathbf{Q}(\sqrt{2})$ 上不可约, 且 $\pm\sqrt{2}$, $\pm\sqrt{3}$ 分别为它们的根, 所以

$$[\mathbf{Q}(\sqrt{2}, \sqrt{3}) : \mathbf{Q}] = [\mathbf{Q}(\sqrt{2}, \sqrt{3}) : \mathbf{Q}(\sqrt{2})][\mathbf{Q}(\sqrt{2}) : \mathbf{Q}] = 2 \times 2 = 4.$$

此外, 由次数定理的证明过程知, $1, \sqrt{2}, \sqrt{3}, \sqrt{6}$ 是 $\mathbf{Q}(\sqrt{2}, \sqrt{3})$ 在 $\mathbf{Q}$ 上的一组基.

例 6.3.2 设 E 是 F 的扩域, $[E : F] = 2^m$ $(m \geqslant 1)$, $p(x)$ 是 F 上的一个 3 次不可约多项式, 则 $p(x)$ 在 E 上也不可约.

证明 (反证法) 若 $p(x)$ 在 E 上可约, 因为 $\deg(p(x)) = 3$, 设 $p(x)$ 在 E 上有一个根 α, 由于 $p(x)$ 在 F 上不可约, 它也是 α 在 F 上的极小多项式, 故有

$$[F(\alpha) : F] = \deg(p(x)) = 3.$$

又因为 $F \subseteq F(\alpha) \subseteq E$, 故由次数定理知,

$$[E : F] = [E : F(\alpha)] \cdot [F(\alpha) : F] = 3[E : F(\alpha)],$$

这与 $[E : F] = 2^m$ 矛盾. 故 $p(x)$ 在 E 上也不可约. #

习　题　6.3

1. 设 K/F 为一域扩张, $\alpha \in K$, 则

(1) α 在 F 上是代数的当且仅当存在一个正整数 m 使得 $1, \alpha, \cdots, \alpha^m$ 线性相关;

(2) 若 α 为 F 上代数元, 则 α 的次数等于使得 $1, \alpha, \cdots, \alpha^n$ 在 F 上线性相关的最小正整数 n;

(3) 设 α 为 F 上的一个 n 次代数元, 则 $[F(\alpha):F]=n$, 并且 $1, \alpha, \cdots, \alpha^{n-1}$ 是 $F(\alpha)/F$ 的一组基.

2. 设 K/F 为一个有限扩张, 且 $[K:F]=p$ 为一素数. 证明：任一元素 $\alpha \in K\backslash F$ 上生成 K, 即 $K=F(\alpha)$.

3. 设 K/F 为一个有限扩张, $\alpha \in K$ 是 F 上一个 n 次元素, 则 $n|[K:F]$.

4. 设 K 为 F 上域扩张, 证明：如果 $u \in K$ 是 F 上代数元而且次数为奇数, 则 u^2 也是 F 上奇次代数元而且 $F(u)=F(u^2)$.

5. 求扩域 $K=\mathbf{Q}(\sqrt{3}, \sqrt{-1}, \omega)$ 在 $\mathbf{Q}$ 上的一组基, 其中$\omega=\dfrac{1}{2}(-1+\sqrt{-3})$.

6. 求扩张次数 $[\mathbf{Q}(\mathrm{i}, \sqrt{2}):\mathbf{Q}]$, 并给出扩域 $\mathbf{Q}(\mathrm{i}, \sqrt{2})$ 在 $\mathbf{Q}$ 上的一组基.

7. 设 p 为素数, 证明：$\mathbf{Q}(\sqrt{p}, \sqrt[3]{p}, \cdots, \sqrt[n]{p}, \cdots)$ 是 $\mathbf{Q}$ 上的无限次代数扩张.

8. 证明：若 K/F 是一个代数扩张, 则 K 的任一个 F-自同态 σ 是一个 F-自同构.

9. 设 L, M 为域 K 的两个子域. K 中包含 L 和 M 的一切子域的交叫做子域 L 和 M 在 K 中的复合域, 记作 $L\cdot M$. 证明：

(1) 设 $L\cap M=F$, 设 L 和 M 分别由子集 S 和 T 在 F 上生成, 即 $L=F(S)$, $M=F(T)$, 则 $L\cdot M=F(S\cup T)$;

(2) 若 L 由子集 S 在 F 上生成, 则 $L\cdot M=M(S)$;

(3) $L\cup M\subseteq L\cdot M$, 在什么条件下等号成立?

10. 设 L 和 M 为域扩张 K/F 的中间域. 证明：

(1) $[L\cdot M:F]$ 有限当且仅当 $[L:F]$ 和 $[M:F]$ 都有限;

(2) $[L\cdot M:F]\leqslant[L:F]\cdot[M:F]$;

(3) 若 L/F 和 M/F 都是代数的, 则 $L\cdot M/F$ 也是代数的.

11. 设 K/F 为一单代数扩张. 令 $K=F(\theta)$, 并设 L 为 K/F 的任一个中间域. 证明：θ 在 L 上的极小多项式 $g(x)=x^r+\alpha_1x^{r-1}+\cdots+\alpha_r$ 的系数 $\alpha_1, \cdots, \alpha_r$ 在 F 上生成的子域就是 L. 由此进一步证明：单代数扩张 K/F 只有有限多个中间域.

12. 设 F 为一个无限域, K/F 为一个代数扩张. 证明：若 K/F 只有有限多个中间域, 则对于任意 $\alpha, \beta \in K$, $F(\alpha)$ 和 $F(\beta)$ 在 K 内的复合域仍然是 F 上的一个单扩张. 由此进一步证明：若代数扩张 K/F 只有有限多个中间域, 则 K/F 是一个单扩张.

13. 证明：单扩张 K/F 的中间域 L/F 仍是一个单扩张.

14. 证明：有理数域的代数闭包是有理数域 $\mathbf{Q}$ 上的无限扩张.

15. 证明：所有代数数构成一个代数闭域.

6.4 分裂域和正规扩张

代数基本定理告诉我们, 复数域 $\mathbf{C}$ 上一元多项式环 $\mathbf{C}[x]$ 的每一个 $n(n \geqslant 1)$ 次多项式 $f(x)$ 在 $\mathbf{C}$ 中都有 n 个根, 即 $f(x)$ 在 $\mathbf{C}[x]$ 中能**完全分解**为一次因式的乘积

$$f(x) = c(x-\alpha_1)(x-\alpha_2)\cdots(x-\alpha_n), \quad c, \alpha_i \in \mathbf{C}.$$

对于任意域 F 和 $F[x]$ 上的每一个 n 次多项式 $f(x)$, 也存在一个域 E, 使得 $f(x)$ 在 $F[x]$ 中能完全分解为一次因式的乘积, 本节将要介绍的多项式的分裂域就是这样的一个域.

定义 6.4.1 取定一个基域 F 和一个 $n(n \geqslant 1)$ 次多项式 $f(x) \in F[x]$, 如果有一个域扩张 E/F 满足

(1) $f(x)$ 在 $E[x]$ 内完全分解为一次因式的乘积

$$f(x) = c(x-\alpha_1)(x-\alpha_2)\cdots(x-\alpha_n), \quad c, \alpha_i \in E;$$

(2) $E = F(\alpha_1, \alpha_2, \cdots, \alpha_n)$.

则 E/F 叫做 $f(x)$ 的一个**分裂域** (也称 E 为 $f(x)$ 在 F 上的一个分裂域).

定理 6.4.1 设 F 是域, 每个正次数多项式 $f(x) \in F[x]$ 都有一个分裂域.

证明 对 $f(x)$ 的次数归纳. 当 $\deg f(x) = 1$ 时, $f(x) = c(x-\alpha)$, $\alpha \in F$, 显然 F 本身就是 $f(x)$ 的一个分裂域.

下面假设当 $\deg f(x) < n$(其中 $n > 1$) 时, $f(x)$ 有一个分裂域, 要证明当 $\deg f(x) = n$ 时, $f(x)$ 也有一个分裂域.

任取 $f(x)$ 的一个不可约因式 $p(x)$, 根据 6.2 节的定理 6.2.2 和注 6.2.1, 存在 F 的一个单代数扩张 $K_1 = F(\alpha_1)$ 使得 $p(\alpha_1) = 0$. 于是 $p(x)$ 在 K_1 上析出一个一次因式, 从而 $f(x)$ 在 K_1 上至少析出一个一次因式. 不妨设 $f(x) = (x-\alpha_1)\cdots(x-\alpha_r)f_1(x)$, $f_1(x) \in K_1[x]$, $\alpha_i \in K_1$, $i = 1, 2, \cdots, r$, $r \geqslant 1$. 此时 $\deg f_1(x) < n$.

若 $f_1(x)$ 为常数, 则 K_1/F 就是 $f(x)$ 的一个分裂域. 若 $\deg f_1(x) \geqslant 1$, 则由归纳假设, $f_1(x)$ 在 K_1 上有一个分裂域 E/K_1. 于是

$$f_1(x) = c(x-\alpha_{r+1})\cdots(x-\alpha_n), \quad \alpha_i \in E, \quad i = r+1, \cdots, n,$$

$$\begin{aligned} E = K_1(\alpha_{r+1}, \cdots, \alpha_n) = F(\alpha_1)(\alpha_{r+1}, \cdots, \alpha_n) &= F(\alpha_1, \cdots, \alpha_r)(\alpha_{r+1}, \cdots, \alpha_n) \\ &= F(\alpha_1, \cdots, \alpha_n), \end{aligned}$$

因此 E/F 就是 $f(x)$ 的一个分裂域. #

推论 6.4.1 设 $\deg f(x) = n$, 则分裂域 E/F 的次数不超过 $n!$.

下面证明分裂域的唯一性.

引理 6.4.1 设 $\sigma : F \to F'$ 是域同构, 则 σ 可以延拓成多项式环 $F[x]$ 到 $F'[y]$ 的环同构, 其中 $\sigma(x) = y$, $\sigma(f(x)) = f^\sigma(y)$. 进而, 设 $p(x)$ 是 $F[x]$ 中的一个不可约多项式, 则 $p^\sigma(y)$ 也是 $F'[y]$ 中的不可约多项式. 再设 α 为 $p(x)$ 的一个根, α' 为 $p^\sigma(y)$ 的一个根, 则存在域同构 σ': $F(\alpha) \to F'(\alpha')$ 使得 $\sigma'(\alpha) = \alpha'$, 并且 $\sigma'|_F = \sigma$.

证明 令 $\sigma(x) = y$, 对任意 $f(x) = a_0 + a_1x + \cdots + a_nx^n \in F[x]$, 记

$$f^\sigma(y) = \sigma(a_0) + \sigma(a_1)y + \cdots + \sigma(a_n)y^n,$$

并令 $\sigma(f(x)) = f^\sigma(y)$, 容易验证 σ 是多项式环 $F[x]$ 到 $F'[y]$ 的环同构.

如果 $p(x)$ 是 $F[x]$ 中的一个不可约多项式, 则 $p^\sigma(y)$ 也是 $F'[y]$ 的一个不可约多项式. 由环同态的性质知, 商环 $F[x]/(p(x)) \cong F'[y]/(p^\sigma(y))$, 其中 $x + (p(x))$ 与 $y+ (p^\sigma(y))$ 对应.

又因为 α, α' 分别为不可约多项式 $p(x)$ 和 $p^\sigma(y)$ 的根, 再由单代数扩张的性质知

$$F[x]/(p(x)) \cong F(\alpha), \quad F'[y]/(p^\sigma(y)) \cong F'(\alpha'),$$

其中 $x + (p(x))$ 与 α 对应, $y + (p^\sigma(y))$ 与 α' 对应, 故有

$$F(\alpha) \cong F'(\alpha'),$$

其中 $\sigma'(\alpha) = \alpha'$, $\sigma'|_F = \sigma$. #

定理 6.4.2 设 $\sigma : F \to F'$ 是域同构, $f(x)$ 为 $F[x]$ 的一个正次数多项式, E 和 E' 分别为 $f(x)$ 和 $f^\sigma(y)$ 在 F 和 F' 上的分裂域, 则存在域同构 σ': $E \to E'$ 使得 $\sigma'|_F = \sigma$.

证明 不妨设 $\deg f(x) = n \geqslant 1$, $\alpha_1, \alpha_2, \cdots, \alpha_n$ 为 $f(x)$ 在其分裂域 E 上的 n 个根, 下面对扩张次数 $[E:F]$ 归纳.

若 $[E:F] = 1$, 则 $E = F(\alpha_1, \alpha_2, \cdots, \alpha_n) = F$, 即有 $\alpha_i \in F$, 从而 $f(x)$ 在 $F[x]$ 内完全分解

$$f(x) = c(x - \alpha_1)(x - \alpha_2)\cdots(x - \alpha_n).$$

不妨记 $c'= \sigma(c)$, $\alpha_i' = \sigma(\alpha_i)$, 则 $f(x)$ 在 σ 作用下得到

$$f^\sigma(y) = c'(y - \alpha_1')(y - \alpha_2')\cdots(y - \alpha_n'),$$

由于 $\alpha_i \in F$, 故有 $\alpha_i' \in F'$, 从而 $E' = F'(\alpha_1', \alpha_2', \cdots, \alpha_n') = F'$. 令 $\sigma' = \sigma$ 则定理的结论成立.

设当 $1 < [E{:}F] < l$ 时, 定理的结论成立, 下面证明, 当 $[E{:}F] = l$ 时, 定理的结论也成立.

此时, $f(x)$ 在 $F[x]$ 中必有次数大于 1 的不可约因子, 不妨设 $g(x)$ 为一个这样的因子, $\alpha \in E$ 为 $g(x)$ 的一个根, α' 为 $g^{\sigma}(y)$ 的一个根, 则由引理 6.4.1 知, 存在域同构

$$\sigma'\colon F(\alpha) \to F'(\alpha') \text{ 使得 } \sigma'(\alpha) = \alpha',\ \sigma'|_F = \sigma.$$

显然, E 也是 $f(x)$ 在 $F(\alpha)$ 上的分裂域, E' 也是 $f^{\sigma}(y)$ 在 $F'(\alpha')$ 上的分裂域.

由于 $[F(\alpha){:}F] = \deg g(x) > 1$, 故 $[E{:}F(\alpha)] = [E{:}F]/[F(\alpha){:}F] < l$, 于是由归纳假设知, 存在域同构 $\overline{\sigma}\colon E \to E'$ 使得 $\overline{\sigma}|_{F(\alpha)} = \sigma'$, 于是 $\overline{\sigma}|_F = \sigma'|_F = \sigma$.

故当 $[E{:}F] = l$ 时定理的结论也成立, 命题得证. #

设 $F' = F$, σ 为恒等同构, 由定理 6.4.2 可得如下分裂域的唯一性.

推论 6.4.2 任意给定基域 F 和正次数多项式 $f(x) \in F[x]$, 则 $f(x)$ 在 F 上的任意两个分裂域 E 和 E' 成 F-同构, 因此 $f(x)$ 在 F 上的分裂域在 F-同构意义下是唯一的.

关于分裂域, 下面的结论成立.

性质 6.4.1 若一个域扩张 K/F 包含两个中间域 E 和 E', 它们是同一个多项式 $f(x)$ 在 F 上的分裂域, 则 $E = E'$.

证明 由多项式 $f(x)$ 在 $E[x]$ 中分解的唯一性及分裂域的定义知结论成立. #

性质 6.4.2 若域扩张 K/F 的一个中间域 E 是一个多项式 $f(x)$ 在 F 上的分裂域, 则 E 在 K 的任一个 F-自同构 σ 作用下保持不变, 即 $\sigma(E) = E$.

证明 由于 $\sigma(E)$ 为 $f^{\sigma}(x)$ 在 F 上的分裂域, 又由于 $f(x) \in F[x]$, 故 $f^{\sigma}(x) = f(x)$, 于是由性质 6.4.1 知, $\sigma(E) = E$. #

后面将会看到, $f(x)$ 诸根在 F 上的代数性质可以由它的分裂域 E/F 的代数性质反映出来. 此外, 分裂域有一个定性的刻画, 就是它的正规性.

定义 6.4.2 设 E/F 为一个代数扩张, 如果 $F[x]$ 的任一个不可约多项式在 E 内有一个根, 则它在 E 内可以完全分解成一次因子的乘积, 则 E/F 叫做**正规扩张**.

上面的定义等价于：如果对任意 $\alpha \in E$, α 在 F 上的极小多项式在 E 中都能分解成一次因子的乘积, 则 E/F 叫做正规扩张.

定理 6.4.3 一个有限扩张 E/F 是正规扩张当且仅当 E 是 F 上一多项式的分裂域.

证明 设 E/F 为一有限正规扩张, 则存在 F 上代数元 α_i, 使得 $E = F(\alpha_1, \alpha_2, \cdots, \alpha_r)$.

设 $f_i(x)$ 为 α_i 在 F 上的极小多项式, 由于 E/F 正规, 每个 $f_i(x)$ 在 E 内完全分解为一次因式的乘积. 令 $f(x)=\prod\limits_{i=1}^{r} f_i(x)$, 则 $f(x)$ 在 E 内也能完全分解为一次因式的乘积.

不妨设 $f(x)=(x-\beta_1)(x-\beta_2)\cdots(x-\beta_n)$, 则 $\beta_i\in E$, 从而 $F(\beta_1, \beta_2, \cdots, \beta_n)\subseteq E$. 另一方面, 显然有 $E=F(\alpha_1, \alpha_2, \cdots, \alpha_r)\subseteq F(\beta_1, \beta_2, \cdots, \beta_n)$, 故 $E=F(\beta_1, \beta_2, \cdots, \beta_n)$ 是 $f(x)$ 在 F 上的分裂域.

反之, 设 E/F 为 $f(x)\in F[x]$ 的一个分裂域, 设 $p(x)$ 为 $F[x]$ 的任一个不可约多项式, 而且在 E 内有一个根 α, 求证 $p(x)$ 在 E 内完全分解.

设 K 是 $p(x)$ 在 E 上的分裂域, 易见 K 就是 $g(x)=f(x)p(x)$ 在 F 上的分裂域. 设 β 为 $p(x)$ 在 K 内的任一根, 则有一个 $F(\alpha)$ 到 $F(\beta)$ 的 F-同构 τ 使得 $\tau(\alpha)=\beta$. 根据定理 6.4.2, τ 可以延拓为 K 的一个 F-自同构 σ. 因为 E/F 是 $f(x)$ 的分裂域, 故由性质 6.4.2 知, $\sigma(E)=E$. 由于 $\alpha\in E$, 从而 $\beta=\tau(\alpha)=\sigma(\alpha)\in E$. 因此, $p(x)$ 在 E 内完全分解.

这就证明了 E/F 是正规扩张. #

由定理 6.4.3 可知, 若 E/F 是一个有限正规扩张, 则对 E 的任一个中间域 L, E/L 也是正规扩张. 然而, L/F 不一定是正规扩张. 反之, 设 $F\subseteq L\subseteq E$, 即使 E/L 和 L/F 是正规扩张, E/F 也不一定是正规扩张 (举反例说明).

关于正规扩张, 容易证明: 任何域 F 的二次扩张一定是正规扩张 (留作习题).

定义 6.4.3 设 E/F 是一个有限扩张, 如果 E 上一个代数扩张 K/E 满足:

(1) K/F 是一个正规扩张;

(2) 若中间域 $L(F\subseteq L\subseteq K)$ 包含 E 而且 L/F 正规, 则 $L=K$.

那么 K/F 叫做 E/F 的一个**正规闭包**.

下面证明这样的正规闭包一定存在, 并且在同构意义下是唯一的.

因为 E/F 是一个有限扩张, 故存在 F 上的代数元 $\alpha_1, \cdots, \alpha_r$, 使得 $E=F(\alpha_1, \cdots, \alpha_r)$. 设 $f_i(x)$ 为 α_i 在 F 上的极小多项式, 并记 $f(x)=\prod\limits_{i=1}^{r} f_i(x)$. 设 K 是 $f(x)$ 在 E 上的分裂域, 则 K 也是 $f(x)$ 在 F 上的分裂域, 因而 K 是 F 上的正规扩张而且由定义可以看出 K 是包含 E 的 F 上最小的正规扩张, 故 K/F 是 E/F 的一个正规闭包.

再证正规闭包的唯一性. 设 K'/F 为 E/F 的任一个正规闭包. 因为每个 $f_i(x)$ 在 K' 内有根, 因而在 K' 内完全分解, 因而 $f(x)$ 在 K' 内也完全分解. 于是 K' 包含 $f(x)$ 在 F 上的一个分裂域 K_1. 由条件 (2), 从 $E\subseteq K_1\subseteq K'$ 推出 $K_1=K'$. 由分裂域的唯一性知, 正规闭包 K/F 是由 E/F 唯一确定的.

例 6.4.1 设 F 为域, $f(x)=x^2+ax+b\in F[x]$. 若 $f(x)$ 在 $F[x]$ 上可约, 不妨设 $f(x)=(x-c_1)(x-c_2)$, 其中 $c_i\in F$, 则 $F(c_1, c_2)=F$ 就是 $f(x)$ 的分

裂域.

若 $f(x)$ 在 $F[x]$ 上不可约, 作 $K = F[x]/(f(x))$, 令 $\alpha = x + (f(x))$, 则 $K = F(\alpha)$, $f(x)$ 以 α 为根, $f(x)$ 的另一个根 $\alpha' = -a-\alpha \in K$, 所以 $K = F(\alpha, \alpha')$ 为 $f(x)$ 在 F 上的分裂域.

例 6.4.2 求 $x^4 - 2$ 在 $\mathbf{Q}$ 上的分裂域.

解 $x^4 - 2$ 在复数域 $\mathbf{C}$ 上有 4 个根 $\pm\sqrt[4]{2}$, $\pm\sqrt[4]{2}\mathrm{i}$, 故 $\mathbf{Q}(\sqrt[4]{2}, \mathrm{i})$ 为 $x^4 - 2$ 在 $\mathbf{Q}$ 上的分裂域.

例 6.4.3 设 p 为素数, 求 $x^p - 1$ 和 $x^p - 2$ 在 $\mathbf{Q}$ 上的分裂域.

解 x^p-1 在 $\mathbf{Q}$ 上可约分解为 $x^p - 1 = (x-1)(x^{p-1}+\cdots+x+1)$, 而 $p(x) = x^{p-1}+\cdots+x+1$ 在 $\mathbf{Q}$ 上不可约. 设ζ 为 $\mathbf{C}$ 中的 p 次本原单位根, 则$\zeta, \zeta^2, \cdots, \zeta^{p-1}$ 恰为 $p(x)$ 的所有根, 故 $\mathbf{Q}(\zeta)$ 是 x^p-1 在 $\mathbf{Q}$ 上的分裂域.

注意到 $x^p - 2$ 在 $\mathbf{Q}$ 上不可约, 它在复数域 $\mathbf{C}$ 上有实根 $\alpha = \sqrt[p]{2}$, 同前设ζ 为 $\mathbf{C}$ 中的 p 次本原单位根, 则 $\alpha, \alpha\zeta, \alpha\zeta^2, \cdots, \alpha\zeta^{p-1}$ 恰为 $x^p - 2$ 的所有根, 故 $\mathbf{Q}(\alpha, \zeta)$ 是 x^p-2 在 $\mathbf{Q}$ 上的分裂域.

例 6.4.4 记 $\mathbf{F}_p$ 是特征为 p 的素子域, 对任一正整数 n, $x^{p^n} - x$ 在 $\mathbf{F}_p$ 上的分裂域就是一个含有 p^n 个元素的有限域. 在同构意义下, 除此之外无其他 p^n 个元素的有限域.

证明 对任意素数 p 和任意正整数 n, 设 E 是 $x^{p^n} - x$ 在 $\mathbf{F}_p$ 上的分裂域, 下面证明 E 是一个含有 p^n 个元素的有限域.

由于 $(x^{p^n} - x)' = p^n x^{p^n-1} - 1 = -1$ 且 $-1 \neq 0$, 所以 $x^{p^n} - x$ 在 E 内只有单根. 于是 $x^{p^n} - x$ 在 E 内有 $p^n = q$ 个不同的根, 设为 $\alpha_1, \cdots, \alpha_q$. 令 $K=\{\alpha_1, \cdots, \alpha_q\}$. 可以证明 K 是 E 的一个子域. 对于任意 $\alpha, \beta \in K$, 有 $\alpha^{p^n} = \alpha$, $\beta^{p^n} = \beta$, 于是

$$(\alpha - \beta)^{p^n} = \alpha - \beta,$$

$$\left(\frac{\alpha}{\beta}\right)^{p^n} = \frac{\alpha^{p^n}}{\beta^{p^n}} = \frac{\alpha}{\beta}, \quad \beta \neq 0.$$

从而 $\alpha - \beta$ 和 $\dfrac{\alpha}{\beta}(\beta \neq 0)$ 都属于 K. 显然 $0, 1 \in K$. 所以 K 是 E 的子域, 而且 K 是含有 p^n 个元素的有限域.

注意到 $K = \{\alpha_1, \cdots, \alpha_q\}$ 为多项式 $x^{p^n} - x$ 在其分裂域 E 内的所有根构成的集合, 由分裂域的定义知, $E = \mathbf{F}_p(\alpha_1, \cdots, \alpha_q)$, 故显然有 $K = E$. 这就证明了 $x^{p^n} - x$ 在 $\mathbf{F}_p$ 上的分裂域 $E = K$ 就是一个含有 p^n 个元素的有限域.

由分裂域的唯一性知, 这样的 p^n 个元素的有限域在同构意义下也是唯一的.

#

从上面的证明过程可以看出, p^n 个元素的有限域 K 的元素恰好是 $x^{p^n}-x$ 的全部根. 由于有限域的结构完全由其元素个数唯一确定, 以后 p^n 个元素的有限域习惯记成 $GF(p^n)$ 或 $\mathbf{F}_q$, 其中 $q=p^n$.

习 题 6.4

1. 求 $x^{p^e}-1\,(e\geqslant 1)$ 在特征 p 的素域 $\mathbf{Z}_p$ 上的分裂域.
2. 求 x^6+2x^3+2 在 $\mathbf{Z}_3$ 上的分裂域.
3. 设 p 是素数, $f(x)=x^p-2$, 证明: $f(x)$ 在 $\mathbf{Q}$ 上不可约, 并求 $f(x)$ 在 $\mathbf{Q}$ 上的分裂域.
4. 求 $\mathbf{Z}_2[x]$ 中所有首项系数为 1 的 1, 2, 3, 4 次的不可约多项式.
5. 证明: 任何域 F 的二次扩张一定是正规扩张.
6. 证明: $\mathbf{Q}(\sqrt[3]{2})$ 不是 $\mathbf{Q}$ 上的正规扩张.
7. 若 E/F 是一个有限正规扩张, 证明: 对 E 的任一个中间域 L, E/L 也是正规扩张. 问: 此时 L/F 是否为正规扩张?
8. 设 $F\subseteq L\subseteq E$, 若 E/L 和 L/F 都是正规扩张, 问: E/F 是否为正规扩张? 若结论成立, 试给出证明. 否则, 举出反例.
9. 设 E 是多项式 $f(x)\in F[x]$ 在 F 上的分裂域, K 为 E/F 的一个中间域, 证明 E 也是多项式 $f(x)$ 在 K 上的分裂域.
10. 证明: 若域扩张 E/F 的中间域 K 在 F 上正规, 则称 K 关于 E/F 是稳定的, 即对于 E 的任一个 F-自同构 σ, 恒有 $\sigma(K)=K$.
11. 设 E/F 为有限正规扩张, K 为其中间域. 证明: K 在 F 上正规当且仅当对于 E 的任一个 F-自同构 σ, 恒有 $\sigma(K)=K$.

6.5 可 分 扩 张

本节研究一般域上多项式的重根问题, 并给出可分多项式、可分元、可分扩张等概念, 这里讨论的可分性与域的特征密切相关.

域 F 上任一个正次数多项式 $f(x)$ 在它的分裂域 K 内可以唯一地写成

$$f(x)=c(x-\alpha_1)^{e_1}\cdots(x-\alpha_r)^{e_r},\quad e_i\geqslant 1,$$

其中 $\alpha_1,\cdots,\alpha_r\in K$ 两两不同. 这种分解与分裂域的选择无关, 称 $x-\alpha_i$ 为 $f(x)$ 的 e_i **重因式**, α_i 为 $f(x)$ **在** K **内的** e_i **重根**. 当 $e_i=1$ 时, α_i 叫做**单根**. 若 $e_i>1$, 则 α_i 叫做**重根**.

为了判断一个根是否是重根, 我们引进多项式的形式导数.

设 $f(x)=a_nx^n+a_{n-1}x^{n-1}+\cdots+a_0\in F[x]$, 定义 $f(x)$ 的形式导数 $f'(x)$ 为

$$f'(x)=na_nx^{n-1}+(n-1)a_{n-1}x^{n-2}+\cdots+a_1,$$

容易证明形式导数有如下的基本性质：

(1) $(f(x)+g(x))'=f'(x)+g'(x)$;

(2) $(af(x))'=af'(x)$;

(3) $(f(x)\cdot g(x))'=f'(x)g(x)+f(x)g'(x)$;

(4) $x'=1$.

引理 6.5.1 设 $f(x)\in F[x]$, α 是 $f(x)$ 在它的分裂域 K 内的一个 k 重根, $k\geqslant 1$, 于是

(1) 若 $\operatorname{char}(F)\nmid k$, 则 α 是 $f'(x)$ 的 $k-1$ 重根 (当 $k=1$ 时, 0 重根即 $f'(\alpha)\neq 0$);

(2) 若 $\operatorname{char}(F)|k$, 则 α 至少是 $f'(x)$ 的 k 重根.

证明 由定义, 在 K 内有 $f(x)=(x-\alpha)^k\cdot g(x)$, 其中 $g(\alpha)\neq 0$, 于是有

$$f'(x)=k(x-\alpha)^{k-1}g(x)+(x-\alpha)^k\,g'(x)=(x-\alpha)^{k-1}(kg(x)+(x-\alpha)g'(x)).$$

不妨记 $q(x)=kg(x)+(x-\alpha)g'(x)$, 则 $f'(x)=(x-\alpha)^{k-1}q(x)$.

(1) 若 $\operatorname{char}(F)\nmid k$, 则在 K 内有 $k\neq 0$, $(x-\alpha)\nmid q(x)$, 所以 α 是 $f'(x)$ 的 $k-1$ 重根.

(2) 若 $\operatorname{char}(F)|k$, 则在 K 内有 $k=0$, 此时可以得到

$$f'(x)=(x-\alpha)^k g'(x),$$

故 α 至少是 $f'(x)$ 的 k 重根.

定理 6.5.1 设 $f(x)\in F[x]$, 则 $f(x)$ 在其分裂域 K 内无重根当且仅当 $(f(x), f'(x))=1$.

证明 先证必要性. 若 $f(x)$ 在 K 内无重根, 则 $f(x)$ 在 K 内的每个根 α 都是单根. 无论 $\operatorname{char}(F)=0$ 还是素数 p, 都有 $\operatorname{char}(F)\nmid 1$, 故由引理 6.5.1 知, α 不是 $f'(x)$ 的根. 于是有 $f(x), f'(x)=1$.

再证充分性. 用反证法, 如果 $f(x)$ 在 K 内有个 k 重根 α, 其中 $k>1$. 根据引理 6.5.1, α 至少是 $f'(x)$ 的 $k-1$ 重根, $k-1>0$, 因而 α 是 $(f(x), f'(x))=d(x)$ 的根, 故 $d(x)$ 非常数, 所以 $f(x)$, $f'(x)$ 不互素, 这与 $(f(x), f'(x))=1$ 矛盾, 故 $f(x)$ 在 K 内无重根.

推论 6.5.1 $F[x]$ 内一个不可约多项式 $p(x)$ 在它的分裂域内有重根当且仅当 $p'(x)\neq 0$.

证明 根据定理 6.5.1, $p(x)$ 在 K 内有重根当且仅当 $(p(x), p'(x))=d(x)$ 非常数.

由于 $p(x)$ 在 $F[x]$ 内不可约, 故只有 $d(x)=p(x)$, 从而 $p(x)|p'(x)$, 但是 $p'(x)$ 的次数比 $p(x)$ 低, 所以 $p'(x)=0$.

推论 6.5.2 若 $\mathrm{char}(F)=0$, 则 $F[x]$ 内任一不可约多项式在它的分裂域内只有单根.

证明 因为任意不可约多项式 $p(x)$ 的次数大于 0, 不妨设

$$p(x)=x^r+a_{r-1}x^{r-1}+\cdots+a_0\in F[x],\quad r>0,$$

于是

$$p'(x)=rx^{r-1}+(r-1)a_{r-1}x^{r-2}+\cdots+a_1.$$

因为 $\mathrm{char}(F)=0$, 故在 F 内有 $r\neq 0$, 因而 $p'(x)\neq 0$, 故由推论 6.5.1 知 $p(x)$ 在它的分裂域中只有单根.

当 F 的特征是素数时, 后面将举例说明 F 上的不可约多项式可能有重根. 下面先给出可分多项式、可分元和可分扩张的概念.

定义 6.5.1 设 F 是一个域, $p(x)$ 是 $F[x]$ 上的不可约多项式, K 为 $p(x)$ 在 F 上的分裂域. 如果 $p(x)$ 在 K 内只有单根, 则称 $p(x)$ 为 F 上的**可分多项式**, 否则称为**不可分多项式**.

更一般地, 设 $f(x)\in F[x]$, 如果 $f(x)$ 的每个不可约因式在 F 上都是可分的, 则称 $f(x)$ 为 F 上的可分多项式, 否则称为不可分多项式.

定义 6.5.2 设 K/F 为代数扩张, $\alpha\in K$, 如果 α 的极小多项式是 F 上的可分多项式, 则称 α 为 F 上的**可分元**, 否则称为**不可分元**.

定义 6.5.3 设 K/F 为代数扩张, 如果 K 的每个元素在 K 上都是可分的, 则称 K/F 为**可分扩张**, 否则称为**不可分扩张**.

根据推论 6.5.2, 特征为 0 的域上的不可约多项式都是可分的, 特征为 0 的域上的任何代数扩张都是可分扩张.

下面举例说明特征为素数 p 的域上确实存在不可分的不可约多项式.

例 6.5.1 令 $\mathbf{F}_p=\mathbf{Z}/(p)$, $\mathbf{F}_p(t)$ 为一元多项式 $\mathbf{F}_p[t]$ 的商域. 再记 $F=\mathbf{F}_p(t)$, 在 $F[x]$ 内取多项式 $f(x)=x^p-t$, 可以证明 $f(x)$ 为 F 上一个不可分的不可约多项式.

解 设 K 为 $f(x)$ 在 F 上的分裂域, 如果 α 是 $f(x)$ 的一个根, 则 $\alpha^p=t$, 于是在 $K[x]$ 中有

$$f(x)=x^p-t=x^p-\alpha^p=(x-\alpha)^p.$$

下面证明 $f(x)=x^p-t$ 在 $F[x]$ 上不可约.

用反证法. 如果 $f(x)=x^p-t$ 在 $F[x]$ 内可以分解成 $x^p-t=g(x)\cdot h(x)$, 其中 $g(x)$ 为首一多项式, 且次数 m 满足 $1\leqslant m<p$. 由于 $K[x]$ 为唯一分解整

环且在 $K[x]$ 中有 $f(x)=(x-\alpha)^p$, 故 $g(x)=(x-\alpha)^m$, 由于 $g(x)\in F[x]$, 故 $\alpha^m\in F$. 又因为 $1\leqslant m<p$, $(m,p)=1$, 故存在整数 u, v, 使得 $um+vp=1$, 于是 $\alpha=\alpha^{um+vp}=(\alpha^m)^u(\alpha^v)^p\in F$, 这说明 t 在 F 中有 p 次方根, 矛盾. 故 x^p-a 在 F 上不可约, x^p-a 是一个不可分的不可约多项式.

下面分析特征为 p 的域 F 上不可分的不可约多项式的形式.

设 $f(x)=a_nx^n+a_{n-1}x^{n-1}+\cdots+a_0$ 为 F 上不可分的不可约多项式, 则 $f'(x)=0$, 即有

$$ka_k=0,\quad 对任意\ k=1,2,\cdots,n.$$

当 $p\nmid k$ 时, 由 $ka_k=0$ 可以得到 $a_k=0$, 因而 $f(x)$ 可写成

$$f(x)=a_0+a_px^p+a_{2p}x^{2p}+\cdots+a_{mp}x^{mp},$$

令 $g(x)=a_0+a_px+a_{2p}x^2+\cdots+a_{mp}x^m$, 则 $f(x)=g(x^p)$, 并且 $g(x)$ 必定在 F 上不可约. 如果 $g(x)$ 不可分, 则 $g(x)$ 又可以写成 $g(x)=h(x^p)$, 而 $h(x)$ 在 F 上不可约, 于是 $f(x)=h(x^{p^2})$. 这样 $f(x)$ 最终可写成

$$f(x)=\psi(x^{p^e}),$$

其中 $\psi(x)$ 在 F 上是可分的. 进一步考察 $f(x)$ 在它的分裂域内的分解, 设 $\psi(x)$ 可分解成

$$\psi(x)=(x-\alpha_1)(x-\alpha_2)\cdots(x-\alpha_r),\quad \alpha_i\neq\alpha_j,$$

于是

$$f(x)=\prod_{i=1}^{r}(x^{p^e}-\alpha_i).$$

令 β_i 为 $x^{p^e}-\alpha_i$ 的一个根, 则有

$$x^{p^e}-\alpha_i=x^{p^e}-\beta^{p^e}=(x-\beta_i)^{p^e},$$

于是得到 $f(x)$ 的最后分解式为

$$f(x)=\prod_{i=1}^{r}(x^{p^e}-\alpha_i)=\prod_{i=1}^{r}(x^{p^e}-\beta_i^{p^e})=\prod_{i=1}^{r}(x-\beta_i)^{p^e}.$$

因此特征为 p 的域上不可分的不可约多项式的每个根都有相同的重数, 其重数为 p 的方幂.

域的同态只有零同态和单同态, 域的单同态也称为**域嵌入**. 如果 K 和 L 都是域 F 的扩域, $\sigma: L \to K$ 为域嵌入, 且 σ 限制在 F 上为恒等映射, 则称 σ 为一个 F-**嵌入** (即 F-同态). 对于域扩张 K/F 的任意两个中间域 L_1, L_2, 如果 $L_1 \subseteq L_2$, τ_1 是 L_1 到 K 的 F-嵌入, τ_2 是 L_2 到 K 的 F-嵌入, 并且 $\tau_2|_{L_1} = \tau_1$, 则称 τ_2 为 τ_1 在 L_2 上的一个**延拓**.

对于可分元和可分扩张, 下面的结论成立.

引理 6.5.2　设 $\sigma: F \to K$ 为域嵌入, 又设 α 为 F 上的代数元, α 在 F 上的极小多项式为 $f(x)$, K 包含 $f^\sigma(x)$ 的所有根, 则 σ 可延拓为 $F(\alpha)$ 到 K 的域嵌入, 这种延拓的个数 $N(\sigma, F(\alpha))$ 等于 α 的极小多项式 $f(x)$ 的不同根的个数. 因而, 嵌入数 $\leqslant [F(\alpha):F]$, 等号成立当且仅当 α 是 F 上的可分元.

证明　因为 $f(x)$ 为 α 在 F 上的极小多项式, K 包含 $f^\sigma(x)$ 的所有根, 故 $f^\sigma(x)$ 在 K 内可以完全分解成一次因式的乘积, 即有 $f^\sigma(x) = (x-\beta_1)\cdots(x-\beta_r)$, 其中 $\beta_i \in K$, $r = [F(\alpha){:}F]$.

σ 在 $F(\alpha)$ 上的任一延拓 σ' 将 α 映到 $f^\sigma(x)$ 的一个根 $\sigma(\alpha)$, σ 由 α 的象 $\sigma(\alpha)$ 唯一决定, 因而不同的延拓将 α 映到不同的根. 反之, 对 $f^\sigma(x)$ 的任一根 β, 根据 6.4 节的引理 6.4.1, 存在 σ 的一个延拓 σ' 使得 $\sigma'(\alpha) = \beta$. 因此, σ 在 $F(\alpha)$ 上的延拓数 $N(\sigma, F(\alpha))$ 就等于 $f^\sigma(x)$ 的不同根的个数, 记作 r_0. 显然 $r_0 \leqslant r$. 等号成立当且仅当 $f(x)$ 是 F 上的可分多项式, 即 α 是 F 上的可分元.

定理 6.5.2　设 K/F 为一个有限扩张, 不妨设 $K = F(\alpha_1, \cdots, \alpha_r)$, $g_i(x)$ 为 α_i 在 F 上的极小多项式, E 为 $g(x) = \prod\limits_{i=1}^{r} g_i(x)$ 在 F 上的分裂域, 则 K 到 E 的 F-嵌入数 $\leqslant [K{:}F]$. 等号成立当且仅当 K/F 为可分扩张.

证明　令 $F_0 = F$, $F_1 = F_0(\alpha_1), \cdots, F_r = F_{r-1}(\alpha_r) = K$, 并记 $N(F_{i-1}, F_i)$ 为 F_{i-1} 到 E 的任一 F-嵌入 τ_{i-1} 在 F_i 上的延拓数. 下面先证明

$$N(F_0, F_1)N(F_1, F_2)\cdots N(F_{r-1}, F_r) = N(F,\ K), \tag{6.5.1}$$

其中 $N(F, K)$ 表示 K 到 E 的 F-嵌入数.

对生成元个数 r 归纳. 当 $r = 1$ 时, 结论显然成立. 假设当生成元的个数小于 r 时结论成立, 证明生成元的个数为 r 时结论也成立. 由归纳假设有

$$N(F_0, F_1)\cdots N(F_{r-2}, F_{r-1}) = N(F, F_{r-1}). \tag{6.5.2}$$

根据引理 6.5.2, F_{r-1} 的每个 F-嵌入在 K 上可延拓为 $N(F_{r-1}, F_r)$ 个 K 的 F-嵌入, 而且 K 的任一个 F-嵌入必是 F_{r-1} 的某个 F-嵌入的延拓. 因而有

$N(F, F_{r-1})N(F_{r-1}, F_r) = N(F, K)$. 与 (6.5.2) 式联立可以得到 (6.5.1) 式. 故 (6.5.1) 式恒成立.

再根据引理 6.5.2, 对任意 $i = 1, 2, \cdots, r$, 有

$$N(F_{i-1}, F_i) \leqslant [F_i : F_{i-1}], \tag{6.5.3}$$

联立 (6.5.1) 和 (6.5.3) 式可以得到

$$N(F, K) \leqslant [F_0, F_1]\,[F_1, F_2] \cdots\, [F_{r-1}, F_r] = [K : F].$$

再证明定理的第二部分. 假设 K 在 F 上可分, 则每个 α_i 都是 F 上的可分元, 当然也是 F_{i-1} 上的可分元. 根据引理 6.5.2, 对任意 $i = 1, 2, \cdots, r$, 有 $N(F_{i-1}, F_i) = [F_i : F_{i-1}]$, 故 $N(F, K) = [K : F]$, 等号成立.

反之, 假设 K/F 是不可分扩张, $\alpha \in K$ 是 F 上的一个不可分元. 取 $\alpha_1 = \alpha$ 作为 K 的第一个生成元. 由于 α 是 F 上的不可分元, 故由引理 6.5.2 可得 $N(F_0, F_1) < [F_1 : F_0]$, 于是

$$N(F, K) < [K : F],$$

这与 $N(F, K) = [K : F]$ 矛盾, 故 K/F 是可分扩张.

推论 6.5.3 设 L 为有限扩张 K/F 的任一中间域, 则 K/F 是可分扩张当且仅当 K/L 和 L/F 都是可分的.

证明 必要性显然. 下证充分性. 设 K/L 和 L/F 为可分扩张. 由定理 6.5.2 的第一部分的证明, 可知嵌入数有等式

$$N(F, K) = N(F, L)N(L, K).$$

因为 K/L 和 L/F 都可分, 根据定理 6.5.2, 有

$$N(L, K) = [K : L],\ N(F, L) = [L : F].$$

由域的次数公式即得 $N(F, K) = [K : F]$. 再由定理 6.5.2 可知 K/F 是可分的.

需要说明的是, 当 K/F 为代数扩张时, 推论 6.5.3 的结论也成立.

推论 6.5.4 设 α 为 F 上的代数元, 则 α 为 F 上的可分元当且仅当 $F(\alpha)$ 为 F 上的可分扩张.

推论 6.5.5 在代数扩张 K/F 中可分元素的和、差、积、商 (0 不作除数) 都是可分的.

推论 6.5.6 一个可分多项式的分裂域是可分的.

联合推论 6.5.6 与定理 6.4.3 可以得到

定理 6.5.3　一个有限扩张 E/F 是可分正规的当且仅当 E 是 F 上一个可分多项式的分裂域.

类似于代数闭包和正规闭包, 也可以如下定义代数扩张的可分闭包.

定义 6.5.4　设 K/F 为任一代数扩张, K 中在 F 上可分的元素全体构成 K 的一个子域, 称为 F 在 K 中的**可分闭包**, 记为 $\boldsymbol{K}_s$.

定义 6.5.5　设 F 为域, 如果 $F[x]$ 中每个不可约多项式都是可分的, 则称 F 为**完全域**.

特征 0 的域是完全的, 例 6.5.1 中的 $F = \mathbf{F}_p(t)$ 不是完全的.

引理 6.5.3　设 F 为特征为素数 p 的域, $a \in F$. 如果 a 在 F 内可开 p 次方, 则 $x^p - a$ 在 F 上可以完全分解成

$$x^p - a = (x - b)^p, \quad b \in F;$$

否则, $x^p - a$ 在 F 上不可约.

证明　(1) 若 a 在 F 内可开 p 次方, 即存在 $b \in F$, 使得 $a = b^p$, 则有

$$x^p - a = x^p - b^p = (x - b)^p.$$

(2) 若 a 在 F 内不能开 p 次方, 下面证明此时 $x^p - a$ 在 F 上不可约.

否则, 设 $x^p - a$ 在 $F[x]$ 内可以分解成 $x^p - a = g(x) \cdot h(x)$, 其中 $g(x)$ 为首一多项式, 且次数 r 满足 $1 \leqslant r < p$. 设 α 为 $x^p - a$ 在其分裂域 K 内的一个根, 在 K 内考虑 $x^p - a$ 的分解, 有

$$x^p - a = x^p - \alpha^p = (x - \alpha)^p = g(x) \cdot h(x),$$

从而 $g(x) = (x - \alpha)^r = x^r + \cdots + (-1)^r \alpha^r \in F[x]$, 于是 $\alpha^r \in F$.

又因为 $\alpha^p = a \in F$, 且 $(r, p) = 1$, 令 $ur + vp = 1$, 于是 $\alpha = \alpha^{ur+vp} = (\alpha^r)^u (\alpha^v)^p \in F$, 这说明 a 在 F 内可开 p 次方, 与假设矛盾. 故此时 $x^p - a$ 在 F 上不可约.

由引理 6.5.3 可以得到

命题 6.5.1　一个特征为素数 p 的域 F 是完全域当且仅当 F 的每个元素在 F 内可开 p 次方, 即 $F^p = F$, 其中 $F^p = \{a^p \mid a \in F\}$.

证明　先证必要性. 用反证法, 如果 $F^p \neq F$, 则存在 $a \in F$ 但 $a \notin F^p$, 即 a 在 F 内不能开 p 次方. 根据引理 6.5.3 知, $x^p - a$ 在 F 上不可约, 但是 $x^p - a$ 在 F 上不可分, 所以 F 不是完全域, 与题设矛盾, 故 $F^p = F$.

再证充分性. 设 $F^p = F$, 如果 F 不是完全域, 则 $F[x]$ 中存在不可分的不可约多项式 $f(x)$. 由于 $f(x)$ 不可分, 故 $f(x)$ 可写成

$$f(x) = g(x^p),$$

其中 $g(x) = x^m + b_1x^{m-1} + \cdots + b_m \in F[x]$. 另一方面, 由于 $F^p = F$, 故 b_i 在 F 内可开 p 次方, 不妨设 $b_i = c_i^p$, 其中 $c_i \in F$. 令 $h(x) = x^m + c_1x^{m-1} + \cdots + c_m$, 则有

$$f(x) = h(x)^p,$$

这说明 $f(x)$ 在 $F[x]$ 中是可约的, 与假设矛盾, 故 F 是完全域.

对于特征为 p 的有限域 F, 可以证明 $\sigma : x \mapsto x^p$ 是 F 到自身的同构映射, 称为**弗罗贝尼乌斯** (Frobenius) **自同构**. 因此有 $F^p = F$, 故有限域都是完全域. 此外还可以证明

命题 6.5.2 完全域上的代数扩张还是完全的.

证明 设 F 为一个完全域, K/F 为一代数扩张. 因为特征为 0 的域都是完全域, 只需考虑 $\mathrm{char}(F) = p > 0$ 的情况.

对任一 $\alpha \in K$, 考虑中间域 $E = F(\alpha)$, E 有一个自同态 $\sigma : x \mapsto x^p$, 在这个自同态下, $\sigma(E) = \sigma\ (F)(\sigma(\alpha))$, 而且 $\sigma(\alpha)$ 在 $\sigma(F)$ 上的次数等于 α 在 F 上的次数. 由于 F 为一个完全域, $\sigma\ (F) = F^p = F$, 于是 $E^p = F(\alpha^p)$, $[E^p : F] = [E: F]$, 所以 $E^p = E$.

由 α 的任意性知, $K^p = K$, 因而 K 是完全域.

下面考虑有限扩张 K/F 在什么条件下是单扩张, 即是否存在元素 $\alpha \in K$, 使得 $K = F(\alpha)$. 这样的元素 α 称为 K/F 的一个**本原元素**.

对于有限域, 下面的结论成立.

命题 6.5.3 有限域都是单扩张.

证明 设 K 是一个有限域, $\mathbf{F}_p$ 为其素子域. 由 5.1 节的推论 5.1.3 知, 作为乘法群, K^* 是一个循环群. 设 ξ 为 K^* 的一个生成元, 则有 $K = \mathbf{F}_p(\xi)$, 故 K 为 $\mathbf{F}_p$ 上的单扩张.

更一般地, 有结论

命题 6.5.4 有限可分扩张都是单扩张.

证明 不妨设 E/F 为一个有限扩张, $E= F(\alpha_1, \cdots, \alpha_r)$, 其中 $\alpha_1, \cdots, \alpha_r$ 是可分元.

当 F 为有限域时, 由于有限域的有限扩张仍然是一个有限域, 而有限域都是单扩张, 故 E/F 是单扩张.

以下设 F 为无限域. 先证 r =2 的情形, 不妨设 $K = F(\alpha, \beta)$, 其中 β 为可分元, 求证 E/F 为单扩张. 当 $r > 2$ 时类似可以递归证明.

设 $f(x)$, $g(x)$ 分别为 α 和 β 的极小多项式, 并设 E/K 为 $f(x)g(x)$ 在 K 上的分裂域, $\alpha_1=\alpha, \alpha_2, \cdots, \alpha_r$ 和 $\beta=\beta_1, \beta_2, \cdots, \beta_s$ 分别为 $f(x)$ 和 $g(x)$ 在 E 内的全部根, 考虑下列方程

$$\alpha_i + y\beta_j = \alpha_k + y\beta_1, \quad 其中\ j \neq 1.$$

因为 $\beta_j \neq \beta_1$, $j \neq 1$, 每个方程在 F 内只有一个解, 方程个数有限而 F 的元素无限, 因而存在一个 $c\in F$ 使得

$$\alpha_i + c\beta_j \neq \alpha_k + c\beta_1,$$

对所有的 $i, j, k, j \neq 1$ 都成立.

令 $\theta=\alpha_1+c\beta_1$, 则 $f(\theta-cx)$ 和 $g(x)$ 仅有公共根 β_1. 因为 $x-\beta_1$ 是 $g(x)$ 的单因式, 所以 $f(\theta-cx)$ 和 $g(x)$ 的最大公因式是 $x-\beta_1$, 注意 $f(\theta-cx)$ 和 $g(x)$ 的系数都属于 $F(\theta)$, 故在 $F(\theta)[x]$ 内存在两个多项式 $u(x)$ 和 $v(x)$, 使得 $u(x)f(\theta-cx)+v(x)g(x)=x-\beta_1$, 因而 $\beta_1\in F(\theta)$, 于是 $\alpha_1=\theta-c\beta_1\in F(\theta)$. 反之, 显然 $F(\theta)\subseteq F(\alpha,\beta)$, 因而 $F(\alpha,\beta)=F(\theta)$.

习　题　6.5

1. 设 F 为特征为 p 的域, K 为 F 的扩域, $a\in K$. 证明: α 在 F 上是代数的而且是可分的当且仅当对任意 $n\geqslant 1$, $F(\alpha^{p^e})=F(\alpha)$ 都成立.

2. 设 F 为特征为 p 的域, 如果 $a\in F$, 但 $a\notin F^p$, 证明 $x^{p^e}-a\ (e\geqslant 1)$ 在 F 上不可约.

3. 设 F 为特征为 p 的域, 证明:

(1) 若多项式 $f(x)\in F[x]$ 不可约而且 $f(x)$ 的次数与 p 互素, 则 $f(x)$ 在 F 上可分;

(2) 若有限扩张 K/F 的次数 $[K:F]$ 与 p 互素, 则 K/F 是可分扩张.

4. 代数扩张 K/F 中可分元素的和、差、积、商都是可分的.

5. 证明: 可分多项式的分裂域是可分的.

6.6　分　圆　域

设 P 是一个素域, n 为正整数, 多项式 x^n-1 在素域 P 上的分裂域 E 称为 n 次**分圆域**, 本节简单介绍分圆域的性质.

当 $\mathrm{char}(F)=0$ 时, $P=\mathbf{Q}$ 为有理数域; 当 $\mathrm{char}(F)=$ 素数 p 时, $P=\mathbf{F}_p$ 为 p 个元素的有限域. 当 $\mathrm{char}(F)=p$ 并且 $p\mid n$ 时, n 可写成 $n=p^r n'$, $(n',p)=1$. 此时 $x^n-1=(x^{n'}-1)^{p^r}$, 故 x^n-1 和 $x^{n'}-1$ 在素域 $\mathbf{F}_p$ 上有相同的分裂域. 当 $\mathrm{char}(F)=p$ 时, 以下都假定 $(n,p)=1$.

因为 $(x^n-1)'=nx^{n-1}\neq 0$, 它与 x^n-1 互素, 故 x^n-1 在分裂域 E 中只有单根. 因而 x^n-1 在 E 内有 n 个不同的根, 每个根 ζ 都适合$\zeta^n=1$, 称 ζ 为一个 n

次单位根. 这 n 个 n 次单位根在 E 中形成一个乘法群, 记作 G, 称为 n **次单位根群**. 根据命题 5.1.2 知, 当 R 为整环时, R^* 的任意一个有限子群都是循环群, 故 n 次单位根群 G 是一个循环群. G 的每个生成元叫做 n **次本原单位根**.

设 ζ 为一个本原 n 次单位根, 则 $G=\{1,\zeta,\zeta^2,\cdots,\zeta^{n-1}\}$, 而且$\zeta^v$ 为 n 次本原单位根当且仅当 $(v,n)=1$. 因而 n 次本原单位根有 $\varphi(n)$ 个, 其中 $\varphi(n)$ 为欧拉函数. 当 $d\mid n$ 且 $d<n$ 时, n 次本原单位根不能是任何 x^d-1 的根.

多项式 x^n-1 的分裂域 E 是由它的全部根在 P 上生成的, 由于每个根都可以用某个 n 次本原单位根 ζ 来表示, 故 E 是 P 上的一个单扩张, $E=P(\zeta)$. 下面确定分圆域的扩张次数和 ζ 的极小多项式.

对于有理数域 $\mathbf{Q}$, n 次分圆域满足下面的性质.

定理 6.6.1 设 n 为正整数, E 为 x^n-1 在 $\mathbf{Q}$ 上的分裂域, 则分圆域 $E=\mathbf{Q}(\zeta)$ 是一个单扩张, 扩张次数 $[E:\mathbf{Q}]=\varphi(n)$, 其中 ζ 为 n 次本原单位根, ζ 的极小多项式为

$$\Phi_n(x)=\prod_{\substack{1\leqslant v<n\\(v,n)=1}}(x-\zeta^v),$$

称 $\Phi_n(x)$ 为 n **次分圆多项式**.

证明 由前面的分析知, $E=\mathbf{Q}(\zeta)$ 为单扩张, 其中 ζ 为 n 次本原单位根.

设 $f(x)$ 为ζ 的极小多项式, 则 $[E:\mathbf{Q}]=\deg f(x)$, 可以证明 $\deg f(x)=\varphi(n)$.

由于 $f(x)|(x^n-1)$ 但 $f(x)\nmid(x^d-1)$, 其中 $d<n$, 因而 $f(x)$ 的根只能是 n 次本原单位根. 下面再证明每个 n 次本原单位根都是 $f(x)$ 的根.

为此先证明：对于 $f(x)$ 的任一根 ζ 和与 n 互素的任一素数 p, ζ^p 也是 $f(x)$ 的一个根.

用反证法, 如果 ζ^p 不是 $f(x)$ 的根. 记 ζ^p 的极小多项式为 $g(x)$, 则 $f(x)$ 与 $g(x)$ 互素. 由 $f(x)|(x^n-1)$ 和 $g(x)|(x^n-1)$ 知, $f(x)g(x)|(x^n-1)$, 故存在 $\mathbf{Q}[x]$ 上多项式 $h(x)$, 使得

$$x^n-1=f(x)g(x)h(x).$$

注意到 $f(x)$ 和 $g(x)$ 的首项系数都为 1, 根据高斯引理, $f(x)$, $g(x)$, $h(x)$ 都是整系数多项式.

另一方面, 由于ζ^p 是 $g(x)$ 的一个根, 故 ζ 为 $g(x^p)$ 的一个根, 从而 $f(x)|g(x^p)$, 故

$$g(x^p)=f(x)\cdot q(x)$$

也是整系数多项式. 在自然同态 $\mathbf{Z}[x]\to\mathbf{Z}_p[x]$ 下, 多项式 $f(x)$ 的象记作 $\overline{f(x)}$, 于是有

$$\overline{x^n-1}=\overline{f(x)}\cdot\overline{g(x)}\cdot\overline{h(x)},\tag{6.6.1}$$

$$\overline{g(x^p)} = \overline{f(x)} \cdot \overline{q(x)}. \tag{6.6.2}$$

不妨设 $g(x) = x^r + b_1 x^{r-1} + \cdots + b_r$, 其中 $b_i \in \mathbf{Z}$, 则有

$$\overline{g(x^p)} = x^{rp} + \overline{b_1} x^{(r-1)p} + \cdots + \overline{b_r} = (x^r + \overline{b_1} x^{(r-1)} + \cdots + \overline{b_r})^p = \overline{g(x)}^p,$$

其中 $\overline{b_i} \in \mathbf{Z}_p$. 因而 (6.6.2) 式可以变成

$$\overline{g(x)}^p = \overline{f(x)} \cdot \overline{q(x)}. \tag{6.6.3}$$

由于 $(p, n) = 1$, $\overline{x^n - 1}$ 在 $\mathbf{Z}_p$ 上的分裂域内无重根, 故由 (6.7.1) 式知 $\overline{f(x)}$ 与 $\overline{g(x)}$ 互素. 但由 (6.6.3) 式知, $\overline{f(x)}$ 整除 $\overline{g(x)}^p$, 而且 $\deg \overline{f(x)} > 0$, 因而 $\overline{f(x)}$ 与 $\overline{g(x)}$ 不互素, 这是一个矛盾. 所以 ζ^p 必须是 $f(x)$ 的一个根.

下面证明任一 n 次本原单位根都是 $f(x)$ 的根. 因为 ζ 可以表成 $\zeta = \zeta^v$, $(v, n) = 1$, 将 v 分解成素因子的积 $v = p_1 p_2 \cdots p_r$ 而且 $(p_i, n) = 1$.

令 $\zeta_0 = \zeta, \zeta_1 = \zeta^{p_1}, \zeta_2 = \zeta_1^{p_2}, \cdots, \zeta_r = \zeta_{r-1}^{p_r}$. 若 ζ_i 为 $f(x)$ 的一个根, 则 ζ_{i+1} 也是 $f(x)$ 的一个根. 因为 $\zeta_0 = \zeta$ 为 $f(x)$ 的一个根, 故 $\zeta_r = \zeta$ 也是 $f(x)$ 的一个根. 这就证明了 $f(x)$ 的全部根恰好是全部 n 次本原单位根. 由于 n 次本原单位根恰有 $\varphi(n)$ 个, 故 $\deg f(x) = \varphi(n)$, 从而

$$[E : \mathbf{Q}] = \varphi(n).$$

根据定理 6.6.1, 我们可以得到 $x^n - 1$ 在 $\mathbf{Q}$ 上的分解式.

对 n 的每个因子 d, 有一个分圆多项式 $\Phi_d(x)$, 它的全部根恰是全部 d 次本原单位根. 因此得到 $x^n - 1$ 的分解式

$$x^n - 1 = \prod_{d|n} \Phi_d(x).$$

比较上式两边的次数, 我们可以得到

$$n = \sum_{d|n} \varphi(d).$$

分圆多项式也可以用 $x^d - 1$ 表示出来. 记 $\mu(n)$ 为默比乌斯函数, 其中

$$\mu(n) = \begin{cases} 1, & 若 n = 1, \\ (-1)', & 若 n = p_1 p_2 \cdots p_r,\ p_i 为素数, p_i \neq p_j, i \neq j, \\ 0, & 若 n = p_1 p_2 \cdots p_r,\ p_i 含素数平方因子. \end{cases}$$

关于 $\mu(n)$, 可以证明

$$\sum_{d|n} \mu(d) = \begin{cases} 1, & 当 n = 1, \\ 0, & 当 n > 1. \end{cases}$$

于是可以得到

$$\Phi_n(x)=\prod_{d|n}(x^d-1)^{\mu\left(\frac{n}{d}\right)}.$$

例 6.6.1 $\Phi_{12}(x)=(x^{12}-1)(x^6-1)^{-1}(x^4-1)^{-1}(x^2-1)=(x^6+1)(x^2+1)^{-1}=x^4-x^2+1$.

例 6.6.2 设 q 为一素数, 则

$$\Phi_q(x)=(x^q-1)(x-1)^{-1}=x^{q-1}+x^{q-2}+\cdots+1,$$

$$\Phi_{q^r}(x)=(x^{q^r}-1)(x^{q^{r-1}}-1)^{-1}=x^{(q-1)q^{r-1}}+x^{(q-2)q^{r-1}}+\cdots+xq^{r-1}+1.$$

对于有限域 $\mathbf{F}_p$, n 次分圆域满足下面的性质.

定理 6.6.2 设 n 为一正整数, $(n,p)=1$, E 为 x^n-1 在 $\mathbf{F}_p$ 上的分裂域, 则分圆域 $E=\mathbf{F}_p(\zeta)$ 是一个单扩张, 其中 ζ 为本原 n 次单位根. 记 r 为 p 模 n 的指数, 则 $[E{:}\mathbf{F}_p]=r$, 并且 ζ 的极小多项式为

$$f(x)=(x-\zeta)(x-\zeta^p)\cdots(x-\zeta^{p^{r-1}}).$$

证明 设 $[E:\mathbf{F}_p]=r$, 则 E 是 p^r 个元素的有限域. 不妨记 $E=GF(p^r)$. 设 e 为 p 模 n 的指数, 即使得 $p^e\equiv 1(\mathrm{mod}\ n)$ 的最小正整数 e, 可以证明 $r=e$.

一方面, 乘法群 E^* 是一个 p^r-1 阶群, 而且包含 n 阶单位群 G, 因而 $n|(p^r-1)$. 根据指数的定义知 $e\leqslant r$.

另一方面, 由于 $n\mid(p^r-1)$, 故 p^r-1 阶乘法循环群 $GF(p^r)^*$ 包含由 n 次单位根构成的 n 阶循环群 G, 因而 $GF(p^e)$ 包含 $E=GF(p^r)$. 比较域的基数可知 $r\leqslant e$. 所以 $r=e$.

设 $f(x)=x^r+a_1x^{r-1}+\cdots+a_r$ 为 ζ 在 $\mathbf{F}_p$ 上的极小多项式, $a_i\in\mathbf{F}_p$. 将弗罗贝尼乌斯自同构 σ 作用于 $f(\zeta)$ 得

$$\sigma(f(\zeta))=\zeta^{pr}+a_1\zeta^{p(r-1)}+\cdots+a_r=\sigma(0)=0,$$

这里 $\sigma(a_i)=a_i$, 故有 $f(\zeta^p)=0$. 同理可证 $\zeta,\zeta^p,\cdots,\zeta^{p^{r-1}}$ 都是 $f(x)$ 的根.

由于 ζ 为 n 次本原单位根, 且 p 模 n 的指数为 r, 可以证明 $\zeta,\zeta^p,\cdots,\zeta^{p^{r-1}}$ 两两不同, 它们恰好为 $f(x)$ 的所有根. 于是有

$$f(x)=(x-\zeta)(x-\zeta^p)\cdots(x-\zeta^{p^{r-1}}).$$

习 题 6.6

1. 设ζ 为复数域中一个 n 次本原单位根, $n>2$. 证明: $[\mathbf{Q}(\zeta+\zeta^{-1}):\mathbf{Q}(\zeta)]=\varphi(n)/2$, 因而 $\mathbf{Q}(\zeta+\zeta^{-1})$ 是 $\mathbf{Q}(\zeta)$ 的最大实子域.

2. 设 n 为一正整数, $(n,p)=1$, E 为 x^n-1 在 $\mathbf{F}_p$ 上的分裂域, 设 ζ 为 E 中的 n 次本原单位根, 且 p 模 n 的指数为 r, 则 $\zeta,\zeta^p,\cdots,\zeta^{p^{r-1}}$ 两两不同.

6.7 伽罗瓦扩张

本节介绍伽罗瓦群、不动域、伽罗瓦扩张等概念, 讨论伽罗瓦扩张的性质, 并证明有限伽罗瓦扩张就是有限正规可分扩张.

定义 6.7.1 设 E/F 为域扩张. E 的全部 F-自同构构成一个群, 叫做 E/F 的**伽罗瓦群**, 记作 $\mathrm{Gal}(E/F)$. 即有

$$\mathrm{Gal}(E/F) = \{\ \sigma \in \mathrm{Aut}(E) |\ \text{对任意 } a \in F, \sigma(a) = a\}.$$

显然, $\mathrm{Gal}(E/F)$ 是 E 的自同构群 $\mathrm{Aut}(E)$ 的子群.

定义 6.7.2 设 E 为域, G 为 $\mathrm{Aut}(E)$ 的子群. 若 E 的元素 α 满足: 对所有 $\sigma \in G$, 都有 $\sigma(\alpha) = \alpha$, 则称 α 为 G 的一个**不动点**. E 中 G 的全部不动点的集合记为 $\mathrm{Inv}(G)$. 可以证明, $\mathrm{Inv}(G)$ 构成 E 的一个子域 (留作习题), 叫做 G 的**不动域**. 即有

$$\mathrm{Inv}(G) = \{\alpha \in E |\ \text{对任意 } \sigma \in G, \text{都有 } \sigma(\alpha) = \alpha\}.$$

关于伽罗瓦群和不动域, 由定义不难得到下列性质.

性质 6.7.1 设 E 为域, F, F_1, F_2 为 E 的子域, G, G_1, G_2 为 $\mathrm{Aut}(E)$ 的子群, 则有

(1) 若 $F_1 \subseteq F_2$, 则 $\mathrm{Gal}(E/F_2) \leqslant \mathrm{Gal}(E/F_1)$;

(2) 若 $G_1 \leqslant G_2$, 则 $\mathrm{Inv}(G_2) \subseteq \mathrm{Inv}(G_1)$;

(3) $F \subseteq \mathrm{Inv}(\mathrm{Gal}(E/F))$;

(4) $G \leqslant \mathrm{Gal}(E/\mathrm{Inv}(G))$.

例 6.7.1 设 $E = \mathbf{Q}(\sqrt[3]{2}), F = \mathbf{Q}$, 则 $\mathrm{Gal}(E/F) = \{e\}$ 是单位群,

$$\mathrm{Inv}(\mathrm{Gal}(E/F)) = E.$$

解 事实上, 对任意 $\eta \in \mathrm{Gal}(E/F)$, $\eta(\sqrt[3]{2})$ 是 $x^3 - 2$ 的一个根. 又 $\eta(\sqrt[3]{2}) \in \mathbf{Q}(\sqrt[3]{2}) \subseteq \mathbf{R}$, 而 $x^3 - 2$ 的实根只有 $\sqrt[3]{2}$, 故只有 $\eta(\sqrt[3]{2}) = \sqrt[3]{2}$, 从而 $\eta = e$.

例 6.7.2 设 $F = \mathbf{F}_p(t)$ 为特征 p 的素域 $\mathbf{F}_p$ 上的有理分式域. 令 $g(x) = x^2 + tx + t$, $f(x) = g(x^n)$. 设 E 是 $f(x)$ 在 F 上的分裂域. $f(x)$ 只有两个不同的根, 记为 α, β. 由于 $g(x)$ 在 F 上不可约, $f(x)$ 在 F 上也不可约. E 只有一个非平凡的 F-自同构 σ 将 α 变成 β. 因而 $\mathrm{Gal}(E/F) = \langle\sigma\rangle$ 是一个二阶群. 令 $\alpha+\beta = a$, $\alpha\beta = b$, $F_1 = F(a,\ b)$, 易见 $a^p = -t$, $b^p = t$. 由此可见 $\mathrm{Gal}(E/F)$ 的不动域包含 F_1. 读者不难证明, F_1 就是 $\mathrm{Gal}(E/F)$ 的不动域.

从例 6.7.1 和例 6.7.2 可以看出, 当域扩张 E/F 不正规或不可分时, $\mathrm{Gal}(E/F)$ 的不动域可以大于 F. 下面将会看到, 在这些情况下, $\mathrm{Gal}(E/F)$ 的不动域一定比 F 大.

定义 6.7.3 设 E 是域 F 的扩域, 若 $F = \mathrm{Inv}(\mathrm{Gal}(E/F))$, 则 E 叫做 F 的一个**伽罗瓦扩张**, 或称 E 在 F 上是**伽罗瓦的**.

一般来说, 设 F_1 为域扩张 E/F 的伽罗瓦群 $\mathrm{Gal}(E/F)$ 的不动域, 则 E 是 F_1 上的伽罗瓦扩张. 这是现在流行的伽罗瓦扩张的定义. 现在的定义突出了伽罗瓦群的地位和作用, 强调了它和基域的关系, 但从定义一点也看不出 E 对 F 的次数和伽罗瓦群 $\mathrm{Gal}(E/F)$ 的阶有什么关系. 下面两个引理完全确定了这两者的关系.

引理 6.7.1(阿廷 (Artin) 引理) 设 G 为域 E 的一个有限自同构群, 即 $G \leqslant \mathrm{Aut}(E)$, $|G| < \infty$, F 为它的不动域, 则 $[E : F] \leqslant |G|$.

证明 设 $|G| = n$, $G = \{\sigma_1 = 1, \sigma_2, \cdots, \sigma_n\}$, 并设 $u_1, \cdots, u_{n+1}$ 是 E 中的任意 $n+1$ 个全不为 0 的元素. 用 σ_i 作用于 u_j 得到一个 $n \times (n+1)$ 的矩阵

$$\begin{pmatrix} \sigma_1(u_1) & \sigma_1(u_2) & \cdots & \sigma_1(u_{n+1}) \\ \sigma_2(u_1) & \sigma_2(u_2) & \cdots & \sigma_2(u_{n+1}) \\ \vdots & \vdots & & \vdots \\ \sigma_n(u_1) & \sigma_n(u_2) & \cdots & \sigma_n(u_{n+1}) \end{pmatrix},$$

令 $\boldsymbol{v}_i = (\sigma_1(u_i), \sigma_2(u_i), \cdots, \sigma_n(u_i))$, $i = 1, 2, \cdots, n+1$, 则 $n+1$ 个列向量 $\boldsymbol{v}_1, \cdots, \boldsymbol{v}_{n+1}$ 在 E 上线性相关, 于是存在一个整数 r, $1 \leqslant r < n+1$, 使得 $\boldsymbol{v}_1, \cdots, \boldsymbol{v}_r$ 线性无关而 $\boldsymbol{v}_1, \cdots, \boldsymbol{v}_{r+1}$ 线性相关. 从而 $\boldsymbol{v}_{r+1}$ 可以唯一地表示成

$$\boldsymbol{v}_{r+1} = \alpha_1 \boldsymbol{v}_1 + \cdots + \alpha_r \boldsymbol{v}_r, \quad \alpha_i \in E, \tag{6.7.1}$$

按分量的形式写出就是

$$\sigma_i(u_{r+1}) = \alpha_1 \sigma_i(u_1) + \cdots + \alpha_r \sigma_i(u_r), \quad i = 1, \cdots, n. \tag{6.7.2}$$

用 σ 作用于 (6.7.2) 式可得

$$\sigma\sigma_i(u_{r+1}) = \sigma(\alpha_1)\sigma\sigma_i(u_1) + \cdots + \sigma(\alpha_r)\sigma\sigma_i(u_r), \quad i = 1, \cdots, n. \tag{6.7.3}$$

由于 G 是一个群, $\sigma\sigma_1, \cdots, \sigma\sigma_n$ 不过是 $\sigma_1, \cdots, \sigma_n$ 的一个排列, 故将 (6.7.3) 式中等式的次序作适当调整, 再恢复向量的写法得

$$\boldsymbol{v}_{r+1} = \sigma(\alpha_1)\boldsymbol{v}_1 + \cdots + \sigma(\alpha_r)\boldsymbol{v}_r, \quad \text{对所有 } \sigma \in G.$$

与 (6.7.1) 式比较, 由 $\boldsymbol{v}_{r+1}$ 表法的唯一性知, 对任意 $\sigma \in G$, 对任意 $j=1,\cdots,n$, 有 $\sigma(\alpha_j)=\alpha_j$, 从而 $\alpha_j \in \mathrm{Inv}(G)$. 又因为 $F=\mathrm{Inv}(G)$, 故 $\alpha_j \in \mathrm{Inv}(G), j=1,\cdots,n$.

特别地, 在 (6.7.2) 式中取 $i=1$ 即得

$$u_{r+1}=\alpha_1 u_1+\cdots+\alpha_r u_r,$$

故 $u_1,\cdots,u_r,u_{r+1}$ 在 F 上线性相关. 又因为 $1 \leqslant r < n+1$, 故 $u_1,\cdots,u_n,u_{n+1}$ 在 F 上也线性相关, 从而 $[E:F] \leqslant n$.

引理 6.7.2 设 $\sigma_1,\cdots,\sigma_n$ 是域 K 到 E 的 n 个不同的单同态, 则 $\sigma_1,\cdots,\sigma_n$ 在 E 上线性无关. 也就是说, 如果存在一个线性组合 $f(\alpha)=a_1\sigma_1(\alpha)+\cdots+a_r\sigma_r(\alpha)$, $a_1,\cdots,a_r \in E$, 使得对任意 $\alpha \in K$, 都有 $f(\alpha)=0$, 那么 $a_1=\cdots=a_r=0$.

证明　对同态的个数 n 作归纳法.

当 $n=1$ 时, 若对任意 $\alpha \in K$, 都有 $a\sigma_1(\alpha)=0$, 则有 $a\sigma_1(0)=a\sigma_1(1)=0$, 于是

$$a(\sigma_1(0)-\sigma_1(1))=0.$$

因为 σ_1 为单同态, $\sigma_1(0)\neq\sigma_1(1)$, 即 $\sigma_1(0)-\sigma_1(1)\neq 0$, 故有 $a=0$.

下面设结论对 $n-1$ 个 σ 成立, 其中 $n>1$. 并设对任意 $\alpha \in K$, 有

$$a_1\sigma_1(\alpha)+a_2\sigma_2(\alpha)+\cdots+a_n\sigma_n(\alpha)=0. \tag{6.7.4}$$

若存在某个 $a_j=0$, 则有

$$a_1\sigma_1(\alpha)+\cdots+a_{j-1}\sigma_{j-1}(\alpha)+a_{j+1}\sigma_{j+1}(\alpha)+\cdots+a_n\sigma_n(\alpha)=0,$$

由归纳假设知 $a_1=\cdots=a_{j-1}=a_{j+1}=\cdots=a_n=0$, 结论得证.

若对任意 i, 有 $a_i\neq 0$. 由于 σ_1,σ_2 为不同的同态, 故存在 $\beta \in K$ 使得 $\sigma_1(\beta)=\sigma_2(\beta)$. 一方面, 由 (6.7.4) 式有

$$\begin{aligned}0&=a_1\sigma_1(\beta\alpha)+a_2\sigma_2(\beta\alpha)+\cdots+a_n\sigma_n(\beta\alpha)\\&=a_1\sigma_1(\beta)\sigma_1(\alpha)+a_2\sigma_2(\beta)\sigma_2(\alpha)+\cdots+a_n\sigma_n(\beta)\sigma_n(\alpha)\end{aligned}$$

另一方面, 在 (6.7.4) 式两边同乘 $\sigma_1(\beta)$ 得

$$a_1\sigma_1(\beta)\sigma_1(\alpha)+a_2\sigma_1(\beta)\sigma_2(\alpha)+\cdots+a_n\sigma_1(\beta)\sigma_n(\alpha)=0,$$

两式相减后得到

$$a_2(\sigma_2(\beta)-\sigma_1(\beta))\sigma_2(\alpha)+\cdots+a_n(\sigma_n(\beta)-\sigma_1(\beta))\sigma_n(\alpha)=0.$$

因为 $a_2(\sigma_2(\beta)-\sigma_1(\beta))\neq 0$, 这与归纳假设 $\sigma_2,\cdots,\sigma_n$ 在 E 上线性无关矛盾. 故只有

$$a_1=a_2=\cdots=a_n=0.$$

综上知, 结论对任意正整数 n 都成立.

推论 6.7.1 设 E 是域, $G=\{\sigma_1,\cdots,\sigma_r\}$ 是 $\mathrm{Aut}(E)$ 的一个 r 阶子群, $F=\mathrm{Inv}(G)$, 则

$$[E:F]\geqslant r.$$

证明 若 $[E:F]=\infty$, 则结论显然成立. 下设 $[E:F]=n<\infty$. 任取 $\sigma\in G$, 由于 $F=\mathrm{Inv}(G)$, σ 保持 F 中元素不动, 故对任意 $\alpha,\beta\in E$, $c\in F$, 有

$$\sigma(\alpha+\beta)=\sigma(\alpha)+\sigma(\beta),$$
$$\sigma(c\alpha)=\sigma(c)\sigma(\alpha)=c\sigma(\alpha),$$

故 σ 是 F 上线性空间 E 的线性变换. 对任意 $\alpha_1,\cdots,\alpha_r\in E$, $x\in E$, 令

$$(\alpha_1\sigma_1+\cdots+\alpha_r\sigma_r)(x)=\alpha_1\sigma_1(x)+\cdots+\alpha_r\sigma_r(x)$$

则 $\alpha_1\sigma_1+\cdots+\alpha_r\sigma_r$ 仍为 F 上线性空间 E 的线性变换.

由引理 6.7.2 知, $\alpha_1\sigma_1+\cdots\alpha_r\sigma_r$ 为零变换当且仅当 α_i 全为零. 另一方面, E/F 的一个线性变换为零当且仅当它把 E/F 的一组基 $u_1,\cdots,u_n$ 的每个 u_j 变成零. 联立这二者可知, α_i 全为零当且仅当对任意 j, $1\leqslant j\leqslant n$, 有

$$(\alpha_1\sigma_1+\cdots+\alpha_r\sigma_r)(u_j)=0,$$

即 $\alpha_1\sigma_1(u_j)+\alpha_2\sigma_2(u_j)+\cdots+\alpha_r\sigma_r(u_j)=0$. 这说明 $E^{(n)}$ 中下列 r 个向量

$$(\sigma_1(u_1),\sigma_1(u_2),\cdots,\sigma_1(u_n)),$$
$$(\sigma_2(u_1),\sigma_2(u_2),\cdots,\sigma_2(u_n)),$$
$$\cdots\cdots$$
$$(\sigma_r(u_1),\sigma_r(u_2),\cdots,\sigma_r(u_n))$$

在 E 上线性无关, 故 $r\leqslant n$.

由引理 6.7.1 及推论 6.7.1 我们即得如下结论.

推论 6.7.2 设 E 是任一域, G 是 $\mathrm{Aut}(E)$ 的一个 n 阶子群, 则

$$[E:\mathrm{Inv}(G)]=n.$$

定理 6.7.1 (1) 若 E 是 F 的有限伽罗瓦扩张, 则 $|\mathrm{Gal}(E/F)| = [E:F]$.

(2) 设 G 是 $\mathrm{Aut}(E)$ 的一个有限子群, $F = \mathrm{Inv}(G)$, 则 E/F 是有限伽罗瓦扩张, 且

$$G = \mathrm{Gal}(E/F).$$

(3) 设 E 是 F 的有限扩张, 若存在子群 $G \leqslant \mathrm{Gal}(E/F)$ 使得 $|G| = [E:F]$, 则 E 是 F 的伽罗瓦扩张且 $G = \mathrm{Gal}(E/F)$.

证明 (1) 因为 E 是 F 的有限伽罗瓦扩张, 故 $F = \mathrm{Inv}(\mathrm{Gal}(E/F))$. 令 $G = \mathrm{Gal}(E/F)$, 由推论 6.7.2 可得 $|\mathrm{Gal}(E/F)| = [E:F]$.

(2) 一方面, 由定义知 $F \subseteq \mathrm{Inv}(\mathrm{Gal}(E/F))$. 另一方面, 由于 $G \leqslant \mathrm{Gal}(E/F)$, 故由性质 6.7.1 的结论 (2) 有 $\mathrm{Inv}(\mathrm{Gal}(E/F)) \subseteq \mathrm{Inv}(G) = F$, 故 $F = \mathrm{Inv}(\mathrm{Gal}(E/F))$, 从而 E/F 是一个伽罗瓦扩张.

对于 $\mathrm{Aut}(E)$ 的有限子群 G, 由推论 6.7.2 知, $[E:F] = [E:\mathrm{Inv}(G)] = |G|$, 故 E/F 是一个有限伽罗瓦扩张. 再由结论 (1) 知, 此时有 $|\mathrm{Gal}(E/F)| = [E:F]$. 又因为 $G \leqslant \mathrm{Gal}(E/F)$, 故有 $G = \mathrm{Gal}(E/F)$.

(3) 设 $F_1 = \mathrm{Inv}(G)$, 求证 $F_1 = F$. 由结论 (2) 知, E 是 F_1 上的有限伽罗瓦扩张, 且 $G = \mathrm{Gal}(E/F_1)$. 再由结论 (1) 知, $|G| = |\mathrm{Gal}(E/F_1)| = [E:F_1]$. 又因为 $|G| = [E:F]$, 且由定义知 $F \subseteq \mathrm{Inv}(G) = F_1$, 故 $F = F_1$.

因此, E 是 F 上的有限伽罗瓦扩张, 且 $G = \mathrm{Gal}(E/F)$.

下面给出伽罗瓦扩张的几个等价条件. 我们先证明域 F 上可分多项式的分裂域还是 F 上的伽罗瓦扩张, 即有

定理 6.7.2 设 E 是 $F[x]$ 中一个可分多项式的分裂域, 则

(1) $|\mathrm{Gal}(E/F)| = [E:F]$;

(2) $F = \mathrm{Inv}(\mathrm{Gal}(E/F))$, 即 E 是 F 的伽罗瓦扩张.

证明 (1) 不妨设 E 是 $F[x]$ 中可分多项式 $f(x)$ 的分裂域, 则由定理 6.5.4 知, E 是 F 上的可分扩张, 且由可分正规扩张的性质知, $|\mathrm{Gal}(E/F)| = [E:F]$.

(2) 设 $G = \mathrm{Gal}(E/F)$, $F_1 = \mathrm{Inv}(G)$, 则 $F \subseteq \mathrm{Inv}(G) = F_1$, 于是有

$$\mathrm{Gal}(E/F_1) \leqslant \mathrm{Gal}(E/F) = G,$$

另一方面, 由性质 6.7.1 的结论 (4) 知, $G \leqslant \mathrm{Gal}(E/\mathrm{Inv}(G))$, 即

$$\mathrm{Gal}(E/F) \leqslant \mathrm{Gal}(E/F_1),$$

故有 $\mathrm{Gal}(E/F_1) = \mathrm{Gal}(E/F) = G$.

因为 E 也是 $f(x)$ 在 F_1 上的分裂域, 故由结论 (1) 知, $|\mathrm{Gal}(E/F_1)| = [E:F_1]$, 且 $|\mathrm{Gal}(E/F)| = [E:F]$. 又因为 $F \subseteq F_1 \subseteq E$, 故 $[F_1:F] = 1$, 从而 $F = F_1 = \mathrm{Inv}(\mathrm{Gal}(E/F))$. 因此 E 是 F 的伽罗瓦扩张.

定理 6.7.3 设 E 是域 F 的扩域, 那么以下三个条件等价.

(1) E 是某个可分多项式在 F 上的分裂域.

(2) E 是 F 的有限伽罗瓦扩张.

(3) E 是 F 的有限可分正规扩张.

证明 由定理 6.7.2 知, 若 (1) 成立, 则 (2) 成立; 再由定理 6.4.4 知, 若 (3) 成立, 则 (1) 成立. 下面只要证明若 (2) 成立, 则 (3) 成立.

设 E 是 F 的有限伽罗瓦扩张, 并令 $G = \mathrm{Gal}(E/F)$, 则 $F = \mathrm{Inv}(G)$, 且 $|G| = [E:F] < \infty$. 因为 E/F 是有限扩张, 当然也是代数扩张. 任取 $\alpha \in E$, 并设 $f(x)$ 是 α 在 F 上的极小多项式. 要证 E/F 为正规可分扩张, 只需要证明 $f(x)$ 在 $E[x]$ 中完全分解为一次因式的乘积.

注意到对任意 $\sigma \in G$, 有 $f(\sigma(\alpha)) = \sigma(f(\alpha)) = 0$, 故有 $(x - \sigma(\alpha)) | f(x)$. 令

$$\Omega = \{\, \sigma(\alpha) | \sigma \in G \,\} = \{\, \alpha_1 = \alpha, \alpha_2, \cdots, \alpha_r \}, \quad 1 \leqslant r \leqslant n,$$

其中 α_i 两两不同. 记 $g(x) = \prod\limits_{i=1}^{r} (x - \alpha_i)$, 则在 $E[x]$ 上有 $g(x) | f(x)$. 下面证明 $g(x)$ 就是 α 在 F 上的极小多项式.

事实上, 对任意 $\tau \in G$, 有

$$\tau(g(x)) = \prod_{i=1}^{r} (x - \tau(\alpha_i)).$$

由于 G 为群, $G = \tau G = \{\, \tau\sigma | \sigma \in G \,\}$, 故

$$\{\, \tau(\alpha_1), \tau(\alpha_2), \cdots, \tau(\alpha_r) \,\} = \{\, \tau\sigma(\alpha) | \sigma \in G \,\} = \Omega,$$

于是有

$$\tau(g(x)) = \prod_{i=1}^{r} (x - \tau(\alpha_i)) = \prod_{i=1}^{r} (x - \alpha_i) = g(x),$$

这说明 $g(x)$ 展开后的系数在 G 的任意元素作用下保持不动, 所以 $g(x)$ 的系数都属于 $F = \mathrm{Inv}(G)$, 即 $g(x) \in F[x]$. 由前面的分析知, 在 $E[x]$ 上有 $g(x) | f(x)$, 而 $f(x), g(x) \in F[x]$, 故在 $F[x]$ 上也有 $g(x) | f(x)$. 又因为 $f(x)$ 在 $F[x]$ 上不可约, 所以 $g(x) = f(x)$ 为 α 在 F 上的极小多项式.

综上可知, 任何在 E 中有根的不可约多项式在 E 上都能完全分解成互不相同的一次因子的乘积. 故 E 是 F 的可分正规扩域.

利用正规扩张和可分扩张的性质, 由定理 6.7.3 容易得到下列结论 (自证).

推论 6.7.3 设 E 是域 F 的有限伽罗瓦扩张, $F \subseteq K \subseteq E$, 令 $G = \mathrm{Gal}(E/F)$, $H = \mathrm{Gal}(E/K)$, 则 $K = \mathrm{Inv}(H)$, 即 E 是 K 的伽罗瓦扩张.

由定理 6.7.3, 在处理具体问题的时候, 视情况可以把一个有限的伽罗瓦扩张看作一个可分多项式的分裂域或一个可分正规扩张, 从而使问题比较容易处理. 下面利用定理 6.7.3 分析复合域的扩张性质.

设在基域 F 上给定三个代数扩张 E/F, K/F 和 L/F, 又设有两个 F-嵌入 $\sigma: E \to L$ 和 $\tau: K \to L$. 那么 L 中同时包含 $\sigma(E)$ 和 $\tau(K)$ 的所有子域的交叫做 E 和 K 的一个**复合域**, 记作 $\sigma(E)\cdot\tau(K)$. 一般来说, E 和 K 的复合域与嵌入的方式有关, 当嵌入不同时得到的复合域可能不是 F-同构的. 然而, 当 E 是 F 上一个有限正规扩张时, 则 E 和 K 的复合域与嵌入的方式无关, 就是说不论如何嵌入, 它们总是 F-同构的.

这是因为, 设 E/F 是一个有限正规扩张, 则 E 是 F 上一个多项式 $f(x)$ 的分裂域. 在 F-嵌入 σ 作用下 $f(x)$ 不变, $\sigma\,(E)$ 仍然是 $f(x)$ 在 F 上的分裂域. 设 $\sigma\,(E) = F(\alpha_1, \cdots, \alpha_n)$, $f(x)$ 在 $\sigma\,(E)$ 内有分解 $f(x) = (x-\alpha_1)\cdots(x-\alpha_n)$. 显然有

$$\sigma\,(E) \subseteq \tau(K)(\alpha_1, \cdots, \alpha_n) \subseteq \sigma(E)\cdot\tau(K),$$

又 $\tau(K) \subseteq \tau(K)(\alpha_1, \cdots, \alpha_n)$. 根据 $\sigma(E)\cdot\tau(K)$ 的定义有

$$\sigma(E)\cdot\tau(K) \subseteq \tau(K)(\alpha_1, \cdots, \alpha_n),$$

所以 $\sigma(E)\cdot\tau(K) = \tau(K)(\alpha_1, \cdots, \alpha_n)$. $\tau(K)(\alpha_1, \cdots, \alpha_n)$ 是 F 上的多项式 $f(x)$ 在 $\tau(K)$ 上的分裂域. 根据引理 6.4.2, 对不同的两对 F-嵌入 $\sigma_i: E \to L$ 和 $\tau_i: K \to L$, $i = 1, 2$, 总是有

$$\tau_1(K)(\alpha_1, \cdots, \alpha_n) \cong \tau_2\,(K)(\alpha_1, \cdots, \alpha_n),$$

即

$$\sigma_1(E)\cdot\tau_1(K) \cong \sigma_2(E)\cdot\tau_2(K).$$

因此, 有限正规扩张和任意扩张 K/F 的复合域 $\sigma(E)\cdot\tau(K)$ 与 F- 嵌入 σ, τ 无关, 由 E/F 和 K/F 唯一决定. 以后 $\sigma(E)\cdot\tau(K)$ 简记作 $E\cdot K$.

根据定理 6.7.3, 这个结论可表述成：若 E/F 是 F 上的多项式 $f(x)$ 的分裂域, K/F 为任意扩张, 则 E/F 和 K/F 的复合域和 $f\,(x)$ 在 K 上的分裂域同构. 进而可以得到

定理 6.7.4 设 E/F 为一个有限的伽罗瓦扩张, K/F 为任意域的扩张, 则复合域 $E\cdot K$ 是 K 上的伽罗瓦扩张且有

$$\mathrm{Gal}(E\cdot K/K) \cong \mathrm{Gal}(E/E\cap K),$$

而且这个同构可由映射 $\sigma \mapsto \bar{\sigma} = \sigma|_E, \sigma \in$Gal$(E \cdot K/K)$ 来实现.

证明 先证明 $\psi : \sigma \to \bar{\sigma}$ 为群同态. 根据定理 6.7.3 和上面的讨论, E/F 是 F 上的一个可分多项式 $f(x)$ 的分裂域. 因而 $E \cdot K$ 是 K 上的伽罗瓦扩张. 令 $K_1 = E \cap K$. 对于 $\sigma \in$Gal$(E \cdot K/K)$, σ 保持 K 的元素不变, 当然也保持 $K_1 = E \cap K$ 的元素不变, 而且 σ 保持 $f(x)$ 的根集合变到自身, 因而 σ 保持 E 变到自身. 所以 σ 在 E 上诱导出 E 的一个 K_1-自同构 $\bar{\sigma} = \sigma|_E$. 对 $\sigma, \tau \in$Gal$(E \cdot K/K)$, 显然有 $\bar{\sigma} \cdot \bar{\tau} = \overline{\sigma\tau}$. 因而映射 $\sigma \mapsto \bar{\sigma}$ 是 Gal$(E \cdot K/K)$ 到 Gal$(E/E \cap K)$ 的一个同态.

再证明映射 ψ 是单射. 若 $\bar{\sigma} = 1$, 则 $\bar{\sigma}$ 保持 $f(x)$ 的每个根不动又保持 K 的元素不动, 当然 σ 保持 $f(x)$ 在 K 上的分裂域, 即 $E \cdot K$ 的元素不动, 因而 $\sigma = 1$.

最后证明映射 ψ 是满射. 这只需要证明 $\mid$ Gal$(E \cdot K/K) \mid = \mid$ Gal$(E/E \cap K)|$. 由于 $E \cdot K/K$ 和 E/K_1 有限可分, 根据定理 6.5.6, E 可表成 K_1 上的单扩张, 即有 $E = K_1(\theta)$. 设 $g(x)$ 为θ 在 K_1 上的极小多项式, 则 $[E : K_1] = \deg g(x)$. 由于 E/K_1 正规, $g(x)$ 的全部根$\theta_1 = \theta, \theta_2, \cdots, \theta_r$ 全在 E 中. 另一方面 $K(\theta)$ 既包含 K 又包含 $E = K_1(\theta)$, 因而 $K(\theta)$ 包含 K 与 E 的复合域 $E \cdot K$, 所以 $E \cdot K = K(\theta)$. 求证 $g(x)$ 也是θ 在 K 上的极小多项式. 这只需证明 $g(x)$ 在 K 上不可约. 假设 $g(x) = \psi(x)\varphi(x)$ 为在 K 中的任一分解, $\psi(x)$ 和 $\varphi(x)$ 的首项系数为 1, $\psi(x)$ 和 $\varphi(x)$ 的系数都是$\theta, \theta_2, \cdots, \theta_r$ 的多项式, 系数为 ± 1, 因而 $\psi(x)$ 和 $\varphi(x)$ 的系数全属于 E, 从而它们的系数全属于 $K_1 = E \cap K$. 那么 $g(x) = \psi(x)\varphi(x)$ 是 K_1 内的一个分解. 由 $g(x)$ 在 K_1 上的不可约性, 从而推出 $\psi(x) =1$ 或 $\varphi(x) =1$. 所以 $g(x)$ 在 K 上也不可约. 由此可知 $[E \cdot K : K] = \deg g(x)$. 总之 $[E \cdot K : K] = [E : K_1]$.

综合起来, 映射 $\sigma \mapsto \bar{\sigma}$ 是 Gal$(E \cdot K/K)$ 到 Gal$(E/E \cap K)$ 的一个同构.

习 题 6.7

1. 设 $\eta \in$ Gal(E/F),$u \in E, m(x)$ 是 u 在 F 上的极小多项式, 则

$$m(\eta(u)) = 0.$$

2. 证明：Gal$(\mathbf{C}/\mathbf{Q}) = \{1\}$.
3. 求 Gal$(\mathbf{C}/\mathbf{R})$.

6.8 伽罗瓦基本定理

利用 6.7 节介绍的伽罗瓦扩张的性质, 可以给出如下伽罗瓦扩张中伽罗瓦群的子群和中间域间的对应关系.

定理 6.8.1(伽罗瓦基本定理)　设 E 是 F 的有限伽罗瓦扩张, $G=\mathrm{Gal}(E/F)$, 并设

$$\Gamma=\{H|H\leqslant G\},\quad \Sigma=\{K|F\subseteq K\subseteq E\},$$

则有

(1) $\varphi: H\mapsto \mathrm{Inv}(H)$ 是 Γ 到 Σ 的双射, $\psi: K\mapsto \mathrm{Gal}(E/K)$ 是 Σ 到 Γ 的双射, 且它们互为逆映射, 即有

$$\mathrm{Gal}(E/\mathrm{Inv}(H))=H,\quad \mathrm{Inv}(\mathrm{Gal}(E/K))=K;$$

(2) $H_1\leqslant H_2$ 当且仅当 $\mathrm{Inv}(H_2)\subseteq \mathrm{Inv}(H_1)$;

(3) $|H|=[E\text{: }\mathrm{Inv}(H_2)]$, $[G\text{:}H]=[\mathrm{Inv}(H)\text{:}F]$;

(4) 若子群 H 对应于中间域 K, 则 H 的共轭子群 $\sigma\tau H\sigma^{-1}$ 对应于 K 的共轭子域 $\sigma(K)$, $\sigma\in G$;

(5) 若子群 H 对应于中间域 K, 则 H 在 G 中正规当且仅当 $\mathrm{Inv}(H)$ 在 F 上是伽罗瓦的 (正规的), 此时将 G 限制到 K 上就得到 K/F 的伽罗瓦群, 即 $\mathrm{Gal}(K/F)\cong G/H$.

证明　(1) *先证 φ 是 Γ 到 Σ 的双射.*

设 $H\leqslant G$, 则由性质 6.7.1 的结论 (2) 和 (3) 知, $F\subseteq \mathrm{Inv}(G)\subseteq \mathrm{Inv}(H)\subseteq E$, 故 φ 是映射.

今设 $F\subseteq K\subseteq E$, 并令 $H=\mathrm{Gal}(E/K)$, 则由定义知 $H\leqslant G$, 故 φ 是满射.

另一方面, 如果 $\mathrm{Inv}(H_1)=\mathrm{Inv}(H_2)$, 由定理 6.7.1 的结论 (2) 知,

$$H_1=\mathrm{Gal}(E/\mathrm{Inv}(H_1)),\quad H_2=\mathrm{Gal}(E/\mathrm{Inv}(H_2)),$$

故有 $H_1=H_2$, 从而 φ 是单射. 综上知 φ 是双射.

接着证 ψ 是 Σ 到 Γ 的双射.

设 $F\subseteq K\subseteq E$, 则 $\mathrm{Gal}(E/K)\leqslant \mathrm{Gal}(E/F)=G$, 故 ψ 是映射.

设 $H\leqslant G$, 并令 $K=\mathrm{Inv}(H)$, 显然 $F\subseteq K\subseteq E$, 故 ψ 是满射. 此外, 由定理 6.6.1 的结论 (2) 知, E/K 是伽罗瓦扩张, 且 $H=\mathrm{Gal}(E/K)=\mathrm{Gal}(E/\mathrm{Inv}(H))$.

如果 $\mathrm{Gal}(E/K_1))=\mathrm{Gal}(E/K_2)$, 由推论 6.6.3 知 E/K_1 和 E/K_2 都是伽罗瓦扩张, 故有 $K_1=\mathrm{Inv}(\mathrm{Gal}(E/K_1))=\mathrm{Inv}(\mathrm{Gal}(E/K_2))=K_2$, 故 ψ 是单射. 综上知 ψ 是双射.

再证 $\mathrm{Gal}(E/\mathrm{Inv}(H))=H, \mathrm{Inv}(\mathrm{Gal}(E/K))=K$.

设 H 是 G 的任一子群, 则由定理 6.7.1 的结论 (2) 知, E 是 $\mathrm{Inv}(H)$ 的伽罗瓦扩张, 并且

$$H=\mathrm{Gal}(E/\mathrm{Inv}(H)).$$

反之, 设 K 是域扩张 E/F 的任一中间域, 则由推论 6.7.3 知, E 是 K 的伽罗瓦扩张, 故

$$K = \mathrm{Inv}(\mathrm{Gal}(E/K)).$$

(2) 若 $H_1 \leqslant H_2$, 则由性质 6.7.1 的结论 (1) 知, $\mathrm{Inv}(H_2) \subseteq \mathrm{Inv}(H_1)$.

反之, 若 $\mathrm{Inv}(H_2) \subseteq \mathrm{Inv}(H_1)$, 由于 $E/\mathrm{Inv}(H_i)$ 是伽罗瓦扩张, 故有

$$H_1 = \mathrm{Gal}(E/\mathrm{Inv}(H_1)) \leqslant \mathrm{Gal}(E/\mathrm{Inv}(H_1)) = H_2.$$

因此结论 (2) 成立.

(3) 由定理 6.7.1 的结论 (2) 知, $E/\mathrm{Inv}(H)$ 是伽罗瓦扩张, 且

$$H = \mathrm{Gal}(E/\mathrm{Inv}(H)), \quad |H| = [E : \mathrm{Inv}(H)],$$

又因为 E/F 是伽罗瓦扩张, $G = \mathrm{Gal}(E/F)$, $|G| = [E : F]$. 由于

$$|G| = |H| \cdot [G : H], \quad [E : F] = [E : \mathrm{Inv}(H)]\, [\mathrm{Inv}(H) : F],$$

故有

$$[G : H] = [\mathrm{Inv}(H) : F],$$

因此结论 (3) 成立.

(4) 若子群 H 对应于中间域 K, 任取 $\sigma \in G$, 要证 H 的共轭子群 $\sigma H \sigma^{-1}$ 对应于 K 的共轭子域 $\sigma\ (K)$, 即要证 $\mathrm{Inv}(\sigma H \sigma^{-1}) = \sigma\ (K) = \sigma(\mathrm{Inv}(H))$.

事实上, 任取 $x \in \mathrm{Inv}(\sigma H \sigma^{-1})$, 则对任意 $\tau \in H$, 有

$$\sigma\tau\sigma^{-1}(x) = x, \quad \text{即} \tau\sigma^{-1}(x) = \sigma^{-1}(x),$$

也即 $\sigma^{-1}(x) \in \mathrm{Inv}(H)$, 故 $x \in \sigma(\mathrm{Inv}(H))$, 从而 $\mathrm{Inv}(\sigma H \sigma^{-1}) \subseteq \sigma(\mathrm{Inv}(H))$.

反之, 任取 $y \in \sigma(\mathrm{Inv}(H))$, 则存在 $\alpha \in \mathrm{Inv}(H)$, 使得 $y = \sigma\ (\alpha)$, 于是

$$\text{对任意 } \tau \in H, \text{有 } y = \sigma\ (\tau(\alpha)) = \sigma\tau\sigma^{-1}(\sigma(\alpha)) = \sigma\tau\sigma^{-1}(y),$$

故有 $y \in \mathrm{Inv}(\sigma H \sigma^{-1})$, 从而 $\sigma(\mathrm{Inv}(H)) \subseteq \mathrm{Inv}(\sigma H \sigma^{-1})$.

综上知, $\mathrm{Inv}(\sigma H \sigma^{-1}) = \sigma(\mathrm{Inv}(H))$.

(5) 设子群 H 与中间域 K 对应, 即 $K = \mathrm{Inv}(H)$, $H = \mathrm{Gal}(E/K)$.

若 H 在 G 中正规, 则对任意 $\sigma \in G$, 有 $\sigma H \sigma^{-1} = H$. 于是由结论 (4) 知,

$$\sigma(K) = \mathrm{Inv}(\sigma H \sigma^{-1}) = \mathrm{Inv}(H) = K.$$

这说明 σ 在 K 上的限制 $\overline{\sigma}=\sigma|_K\in\mathrm{Gal}(K/F)$. 显然, $\overline{\sigma\tau}=\overline{\sigma}\cdot\overline{\tau}$, 于是映射 $\psi:\sigma\mapsto\overline{\sigma}$ 是群 $G=\mathrm{Gal}(E/F)$ 到 $\mathrm{Gal}(K/F)$ 的同态, 且同态核

$$\mathrm{Ker}(\psi)=\{\sigma\in G|\sigma|_K=1_K\}=\mathrm{Gal}\,(E/K)=H.$$

由此诱导出 G/H 到 $\mathrm{Gal}(K/F)$ 的单同态, 从而 $|G/H\,|\leqslant|\mathrm{Gal}(K/F)|$.

另一方面, 由结论 (3) 知, $[G:H]=[K:F]$. 又由推论 6.6.1 知, $|\mathrm{Gal}(K/F)|\leqslant[K:F]$, 故有 $|G/H\,|=[G:H]=[K:F]=|\mathrm{Gal}(K/F)|$, 从而上述同态为同构. 即有

$$\mathrm{Gal}(K/F)\cong G/H.$$

由于 $[K:F]=|\mathrm{Gal}(K/F)|$, 故由定理 6.7.1 的结论 (3) 知, K 在 F 上是伽罗瓦的.

反之, 设 K 是 F 上的伽罗瓦扩张, 任取 $\alpha\in K$, 并设 $f(x)$ 是 α 在 F 上的极小多项式, 那么在 $K[x]$ 中有

$$f(x)=(x-\alpha_1)(x-\alpha_2)\cdots(x-\alpha_m),\quad 其中\alpha_1=\alpha.$$

因为对任意 $\sigma\in G$, 有 $f(\sigma(\alpha))=\sigma(f(\alpha))=0$, 故存在正整数 i, 使得 $\sigma(\alpha)=\alpha_i$, 从而 $\sigma(\alpha)\in K$. 这就证明了 $\sigma\,(K)\subseteq K$.

另一方面, 由结论 (4) 知, $\sigma\,(K)=\mathrm{Inv}(\sigma H\sigma^{-1})$, 又因为 $K=\mathrm{Inv}(H)$, 故有

$$\mathrm{Inv}(\sigma H\sigma^{-1})\subseteq\mathrm{Inv}(H),$$

于是由结论 (2) 知, 对任意 $\sigma\in G$, 有 $H\leqslant\sigma H\sigma^{-1}$, 故 H 是 G 的正规子群.

下面举一些伽罗瓦扩张的例子, 并给出相应的伽罗瓦群的子群和中间域.

例 6.8.1　设 $E=\mathbf{Q}(\sqrt[4]{2},\mathrm{i}),\mathrm{i}=\sqrt{-1}$. 求 $\mathrm{Gal}(E/\mathbf{Q})$ 的所有子群及其相对应的不动子域.

解　令 $\alpha=\sqrt[4]{2}$, 则 $\mathbf{Q}\subseteq\mathbf{Q}(\alpha)\subseteq\mathbf{Q}(\alpha,\mathrm{i}\,)$. 因为 x^4-2 在 $\mathbf{Q}$ 上不可约, 且 $\alpha^4-2=0$, 故 $[\mathbf{Q}(\alpha):\mathbf{Q}]=4$. 又因为 x^2+1 在 $\mathbf{Q}(\alpha)$ 上不可约且 $\mathrm{i}^2+1=0$, 故 $[\mathbf{Q}(\alpha,\mathrm{i}\,):\mathbf{Q}(\alpha)]=2$. 故 $[E:\mathbf{Q}]=[E:\mathbf{Q}(\alpha)]\cdot[\mathbf{Q}(\alpha):\mathbf{Q}]=2\times4=8$.

注意到 E 是可分多项式 x^4-2 在 $\mathbf{Q}$ 上的分裂域, $\pm\alpha,\pm\alpha\mathrm{i}$ 是多项式 x^4-2 的四个根, 故由定理 6.7.1 知, $|\mathrm{Gal}(E/\mathbf{Q})|=[E:\mathbf{Q}]=8$.

因为 $1,\alpha,\alpha^2,\alpha^3$ 是 $\mathbf{Q}(\alpha)$ 在 $\mathbf{Q}$ 上的一组基, $1,\mathrm{i}$ 是 E 在 $\mathbf{Q}(\alpha)$ 上的一组基, 所以 $1,\alpha,\alpha^2,\alpha^3,\mathrm{i},\alpha\mathrm{i},\alpha^2\mathrm{i},\alpha^3\mathrm{i}$ 是 E 在 $\mathbf{Q}$ 上的一组基. 故对任意 $\sigma\in\mathrm{Gal}(E/\mathbf{Q})$, σ 由 $\sigma(\alpha),\sigma(\mathrm{i})$ 完全确定. 因为 $\sigma(\alpha)$ 仍为 x^4-2 的根, $\sigma(\mathrm{i})$ 仍为 x^2+1 的根, 故有

$$\sigma(\alpha)=\pm\alpha,\pm\alpha\mathrm{i},\quad\sigma(\mathrm{i})=\pm\mathrm{i}.$$

搭配之, 我们有 $\mathrm{Gal}(E/\mathbf{Q})=\left\{\eta_1,\eta_2,\cdots,\eta_8|\eta_i|_{\mathbf{Q}}=1_{\mathbf{Q}}\right\}$, 其中

	$\eta_1 = 1_E$	η_2	η_3	η_4	η_5	η_6	η_7	η_8
i	i	i	i	i	−i	−i	−i	−i
α	α	$-\alpha$	αi	$-\alpha$i	α	$-\alpha$	αi	$-\alpha$i

$\mathrm{Gal}(E/\mathbf{Q})$ 有一个 1 阶子群 $G_1 = \{1\}$, 1 个 8 阶子群 $G_8 = \mathrm{Gal}(E/\mathbf{Q})$, 5 个 2 阶子群:

$$G_{2,1} = \{1, \eta_2\}, \quad G_{2,2} = \{1, \eta_5\}, \quad G_{2,3} = \{1, \eta_7\},$$
$$G_{2,4} = \{1, \eta_6\}, \quad G_{2,5} = \{1, \eta_8\},$$

3 个 4 阶子群:

$$G_{4,1} = \{1, \eta_2, \eta_3, \eta_4\}, \quad G_{4,2} = \{1, \eta_2, \eta_5, \eta_6\}, \quad G_{4,3} = \{1, \eta_2, \eta_7, \eta_8\}.$$

分别与上述子群相对应的不动子域为

$$\mathrm{Inv}(G_1) = E, \quad \mathrm{Inv}(G_8) = \mathbf{Q},$$

$$\mathrm{Inv}(G_{2,1}) = \mathbf{Q}(\alpha^2, \mathrm{i}\ ), \quad \mathrm{Inv}(G_{2,2}) = \mathbf{Q}(\alpha), \quad \mathrm{Inv}(G_{2,3}) = \mathbf{Q}((1+\mathrm{i})\alpha),$$

$$\mathrm{Inv}(G_{2,4}) = \mathbf{Q}(\alpha\mathrm{i}), \quad \mathrm{Inv}(G_{2,5}) = \mathbf{Q}((1-\mathrm{i})\alpha),$$

$$\mathrm{Inv}(G_{4,1}) = \mathbf{Q}(\mathrm{i}), \quad \mathrm{Inv}(G_{4,2}) = \mathbf{Q}(\alpha^2), \quad \mathrm{Inv}(G_{4,3}) = \mathbf{Q}(\mathrm{i}\alpha^2).$$

下面再举一个计算伽罗瓦群的子群及其相对应的不动子域的例子.

例 6.8.2 设 $f(x) = x^4 + 2x^2 + 2$, 它在有理数域 $\mathbf{Q}$ 上不可约, 设 E 为 $f(x)$ 在 $\mathbf{Q}$ 上的分裂域, 则 $E/\mathbf{Q}$ 为伽罗瓦扩张. 求伽罗瓦群 $\mathrm{Gal}(E/\mathbf{Q})$, 它的所有子群及其相对应的不动子域.

解 由于 $f(x)$ 只有偶次项, 若 α 为 $f(x)$ 的一个根, 则 $-\alpha$ 也是它的根. 因此不妨设 $f(x)$ 的四个根为 $\alpha, -\alpha, \beta$ 和 $-\beta$, 于是 α^2 和 β^2 为 $x^2 + 2x + 2$ 的根, 解出得 $\alpha^2 = \mathrm{i} - 1$, $\beta^2 = -\mathrm{i} - 1$. 不妨记 $\alpha = \sqrt{\mathrm{i} - 1}$, $\beta = \sqrt{-\mathrm{i} - 1}$, 则 $E = \mathbf{Q}(\alpha, \beta)$ 为 $f(x)$ 在 $\mathbf{Q}$ 上的分裂域, $\mathbf{Q}(\alpha)$ 和 $\mathbf{Q}(\beta)$ 为其中间域, 且

$$\mathbf{Q}(\alpha) \cap \mathbf{Q}(\beta) = \mathbf{Q}(\alpha^2) = \mathbf{Q}(\beta^2) = \mathbf{Q}(\mathrm{i}),$$

$[E : \mathbf{Q}(\mathrm{i})] = 4$, $[\mathbf{Q}(\mathrm{i}) : \mathbf{Q}] = 2$, 故 $E/\mathbf{Q}$ 为 8 次伽罗瓦扩张, $\mathrm{Gal}(E/\mathbf{Q})$ 为 8 阶群.

由于 $[E : \mathbf{Q}(\mathrm{i})] = 4$, E 的每个自同构都引起 $\mathbf{Q}(\mathrm{i})$ 的自同构. 反之, $\mathbf{Q}(\mathrm{i})$ 的每个自同构在 E 上有四个不同的延拓. 另一方面, α 和 β 在 $\mathbf{Q}(\mathrm{i})$ 上的极小多项式分别为 $x^2 - (\mathrm{i}-1)$ 和 $x^2 - (-\mathrm{i}-1)$. $\mathbf{Q}(\mathrm{i})$ 的自同构在 E 上的每一个延拓由 α 和 β 的象唯一决定. 下面具体写出 E 的 8 个自同构. 为简单起见, $\alpha, -\alpha, \beta, -\beta$ 分别记作 1, 2, 3, 4.

$\mathbf{Q}(\mathrm{i})$ 的恒等自同构在 E 上有 4 个延拓, 它们都保持 i 不动, 也就保持 $x^2-(\mathrm{i}-1)$ 和 $x^2-(-\mathrm{i}-1)$ 不动, 因而它们只能引起 α, $-\alpha$ 之间的置换和 β, $-\beta$ 之间的置换, 而且这两部分置换是独立的, 所以这 4 个延拓用根的置换表示就是

$$e=(1),(12),(34),(12)\,(34).$$

$\mathbf{Q}(\mathrm{i})$ 的自同构 $a+b\mathrm{i}\mapsto a-b\mathrm{i}$, $a, b\in\mathbf{Q}$ 将 i 变成 $-\mathrm{i}$, 因而它在 E 上的 4 个延拓是将 $x^2-(\mathrm{i}-1)$ 的根和 $x^2-(-\mathrm{i}-1)$ 的根互换, 即将 α 变成 β 或 $-\beta$, 同时将 β 变成 α 或 $-\alpha$ 而且互不依赖. 因而它在 E 上的 4 个延拓用根的置换表示就是

$$(13)\,(24),(14)\,(23),(13\,24),(14\,23).$$

这样 $G=\mathrm{Gal}(E/\mathbf{Q})$ 由上面 8 个置换组成.

G 除单位群和本身外有 3 个 4 阶子群和 5 个 2 阶子群:

4 阶子群: $V=\{(1),(12)\,(34),(13)\,(24),(14)\,(23)\}$,

$Z=\langle(13\,24)\rangle$,

$V_1=\{(1),(12),(34),(12)(34)\}$,

2 阶子群: $\langle(12)\rangle$, $\langle(34)\rangle$, $\langle(12)(34)\rangle$, $\langle(13)(24)\rangle$ 和 $\langle(14)(23)\rangle$.

下面分析上述这些子群对应的不动域.

首先确定 4 阶子群的不动域. 根据伽罗瓦基本定理可知, 4 阶子群的不动域都是 $\mathbf{Q}$ 上 2 次域. 根据上面 G 的构造可知 $\mathbf{Q}(\mathrm{i})\subseteq\mathrm{Inv}(V_1)$. 由于 $[E:\mathbf{Q}(\mathrm{i})]=|V_1|=4$, 根据伽罗瓦基本定理, $\mathrm{Inv}(V_1)=\mathbf{Q}(\mathrm{i})$. 由于 $\alpha^2\beta^2=2$, 不妨设$\alpha\beta=\sqrt{2}$, 显然 $\alpha\beta=\sqrt{2}$ 是 V 的不动元, 因而 $\mathbf{Q}(\sqrt{2})=\mathbf{Q}(\alpha\beta)\subseteq\mathrm{Inv}(V)$. 由于 $[E:\mathbf{Q}(\sqrt{2})]=|V|=4$, 同理有 $\mathrm{Inv}(V)=\mathbf{Q}(\sqrt{2})$.

注意到 $(13\,24)$ 将 i 变成 $-\mathrm{i}$, 而且将$\alpha\beta=\sqrt{2}$ 变成 $-\alpha\beta=-\sqrt{2}$, 因而 $\mathrm{i}\cdot\sqrt{2}=\sqrt{-2}$ 在 $(13\,24)$ 下不动, 故 $\sqrt{-2}$ 是 Z 的不动元, 于是 $\mathbf{Q}(\sqrt{2})=\mathbf{Q}(\alpha\beta(\alpha^2-\beta^2))\subseteq\mathrm{Inv}(Z)$. 由于 $[E:\mathbf{Q}(\sqrt{-2})]=4=|Z|$, 故有 $\mathrm{Inv}(Z)=\mathbf{Q}(\sqrt{-2})$.

最后来定出 2 阶子群的不动域. 根据伽罗瓦基本定理可知, 2 阶子群的不动域都是 $\mathbf{Q}$ 上 4 次域. 显然有

$$\mathrm{Inv}(\langle(12)\rangle)=\mathbf{Q}(\beta),\quad \mathrm{Inv}(\langle(34)\rangle)=\mathbf{Q}(\alpha).$$

由于 $\langle(12)(34)\rangle=V\cap Z$, 根据伽罗瓦基本定理, $\langle(12)(34)\rangle$ 的不动域包含 V 和 Z 的不动域的复合域 $\mathbf{Q}(\sqrt{2})\cdot\mathbf{Q}(\sqrt{-2})=\mathbf{Q}(\sqrt{2},\sqrt{-2})=\mathbf{Q}(\sqrt{2},\mathrm{i})$, 又因为 $[\mathbf{Q}(\sqrt{2},\mathrm{i}):\mathbf{Q}]=4$, 故

$$\mathrm{Inv}(\langle(12)(34)\rangle)=\mathbf{Q}(\sqrt{2},\mathrm{i}).$$

下面给出 $\langle(13)(24)\rangle$ 和 $\langle(14)(23)\rangle$ 的不动域. 注意到 $\alpha+\beta$ 是 $(13)(24)$ 的不动元, 因而 $\mathbf{Q}(\alpha+\beta)\subseteq \mathrm{Inv}(\langle(13)(24)\rangle)$, 可以证明 $[\mathbf{Q}(\alpha+\beta):\mathbf{Q}]=4$, 故 $\mathrm{Inv}(\langle(13)(24)\rangle)=\mathbf{Q}(\alpha+\beta)$. 令 $\tau=(123\ 4)$, 则 $(14)(23)=\tau\ (13)(24)\tau^{-1}$. 根据伽罗瓦基本定理, $\mathbf{Q}(\tau\ (\alpha+\beta))=\mathbf{Q}(\beta-\alpha)$ 是 $\tau\ (13)(24)\tau^{-1}=(14)(23)$ 的不动域.

下面证明 $[\mathbf{Q}(\alpha+\beta):\mathbf{Q}]=4$. 事实上, $(\alpha+\beta)^2=\alpha^2+\beta^2+2\alpha\beta=2+2\sqrt{2}=2(1+\sqrt{2})$, 由此可知 $\mathbf{Q}(\sqrt{2})\subseteq\mathbf{Q}(\alpha+\beta)$. 又因为 2 在 $\mathbf{Q}(\sqrt{2})$ 中可以开平方, 而 $1+\sqrt{2}$ 在 $\mathbf{Q}(\sqrt{2})$ 中不能开平方, 故 $\alpha+\beta\notin\mathbf{Q}(\sqrt{2})$, 从而 $[\mathbf{Q}(\alpha+\beta):\mathbf{Q}(\sqrt{2})]=2$, 于是有 $[\mathbf{Q}(\alpha+\beta):\mathbf{Q}]=4$.

利用伽罗瓦理论, 伽罗瓦证明了

方程有根式解的判别准则 在特征为 0 的域 F 上, 多项式 $f(x)$ 的根可用根式解当且仅当 $f(x)$ 的分裂域 E/F 的伽罗瓦群是可解的.

可以证明, 域 F 上 n 次一般方程 $f(x)=x^n+t_1x^{n-1}+\cdots+t_n$ 在 $F(t_1,\cdots,t_n)$ 上的伽罗瓦群是 n 个文字的对称群 S_n. 由于当 $n\leqslant 4$ 时对称群 S_n 是可解的, 而当 $n\geqslant 5$ 时 S_n 是不可解的, 于是得

定理 6.8.2(阿贝尔–鲁菲尼) $n\geqslant 5$ 的一般方程 $f(x)=x^n+t_1x^{n-1}+\cdots+t_n$ 在 $F(t_1,\cdots,t_n)$ 上是不能用根式解的.

例 6.8.3 考虑有理数域 $\mathbf{Q}$ 上的二次多项式 $f(x)=x^2-3x+5$ 的两个根

$$x_1=\frac{1}{2}(3+\sqrt{-11}),\quad x_2=\frac{1}{2}(3-\sqrt{-11})$$

全包含在 $K=\mathbf{Q}(\sqrt{-11})$ 中, $K/\mathbf{Q}$ 是一个单根式扩张, 因而 $f(x)$ 的根不论按通常意义或按现在的定义都是可用根式解的.

例 6.8.4 考虑有理数域 $\mathbf{Q}$ 上的多项式 $f(x)=x^4+2x^2+2$, 它的四个根为 $\alpha, -\alpha, \beta$ 和 $-\beta$, 而

$$\alpha=\sqrt{\sqrt{-1}-1},\quad \beta=\sqrt{-\sqrt{-1}-1},$$

且 $\alpha^2\beta^2=2$. 约 $\alpha\beta=\sqrt{2}$, 于是 $\beta=\sqrt{2}\cdot\alpha^{-1}$. $f(x)$ 的分裂域 $E=\mathbf{Q}(\alpha,\beta)=\mathbf{Q}(\sqrt{-1},\sqrt{2},\alpha)$, 它本身就是一个根式扩张. 因为 $E/\mathbf{Q}$ 有一个根式扩张链:

$$\mathbf{Q}\subseteq\mathbf{Q}(\sqrt{-1})=F_1\subseteq F_1(\sqrt{2})=F_2\subseteq F_2(\alpha)=E,$$

因而 $f(x)$ 的根在现在的意义下是可用根式解的.

习 题 6.8

1. 设 $E=\mathbf{Q}(\sqrt{2},\sqrt{3})$, 求 $\mathrm{Gal}(E/\mathbf{Q})$ 的所有子群及其相对应的不动子域.
2. 设 $E=\mathbf{Q}(\mathrm{i},\omega)$, 求 $\mathrm{Gal}(E/\mathbf{Q})$ 的所有子群及其相对应的不动子域.

6.9 尺规作图问题求解 *

尺规作图问题是初等平面几何的基本问题之一, 简单来讲就是在平面上应用无刻度的直尺和圆规从已知的图形 (如点、直线和圆等) 出发作出未知的图形. 利用尺规可以作垂线、平行线、二等分线段、二等分任意角. 历史上还曾提出过化圆为方、立方倍积、三等分任意角、分圆问题等著名的作图问题, 本节将利用域扩张的理论知识解决这些问题.

下面先给出几何作图问题的代数描述.

已知平面内两点, 以其中一点为原点, 以两点间的距离为单位长度可以建立平面直角坐标系. 从单位长度出发可以作出所有的整数和有理数. 更一般地, 设已知平面上 m 个点 $P_1, \cdots, P_m$, 它们的坐标分别为 $(x_1, y_1), \cdots, (x_m, y_m)$. 令 $F = \mathbf{Q}(x_1, y_1, \cdots, x_m, y_m)$, 从这些已知点出发, 通过有限次下列操作可构造出的点称为**可构造点**, 对应的坐标称为**可构造数**, 这些操作是

(i) 通过已得到的两点画一条直线;

(ii) 以已得到的某个点为圆心, 以已得到的某两个点之间的距离为半径画圆;

(iii) 计算并标出两直线的交点坐标;

(iv) 计算并标出一直线和一圆的交点坐标;

(v) 计算并标出两圆的交点坐标.

因而尺规作图问题可以转化为求出所有可构造数的问题.

关于可构造数, 下面的结论成立.

引理 6.9.1　设 a, b 为非零实数, 则 $a \pm b$, ab, a/b 和 $\sqrt{a}$ $(a > 0)$ 都可以由 a, b 作出.

证明　显然 $a + b$, $a - b$ 可由 a, b 作出, ab, a/b 和 $\sqrt{a}$ 的作法如图 6-1.

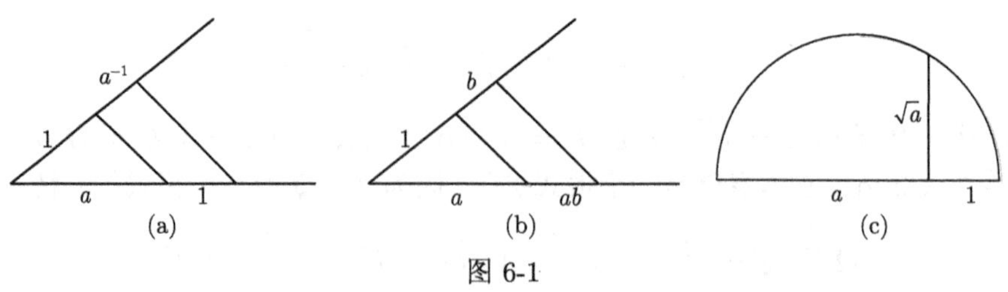

图 6-1

定理 6.9.1　设 K 是所有可构造数的集合, 则 K 构成一个域, 并且是实数域 $\mathbf{R}$ 的子域, 有理数域 $\mathbf{Q}$ 的扩域, 即有 $\mathbf{Q} \subseteq K \subseteq \mathbf{R}$.

证明　显然 K 为 $\mathbf{R}$ 的一个子集, 证 K 是一个域. 对任意 $a, b \in K$, 显然 $a + b$, $a - b$ 都可以用尺规作出, 即有 $a + b$, $a - b \in K$. 另一方面, 从图 6-1 可

以看出, ab 也可由 a,b 作出, 并且当 $a \neq 0$ 时 a^{-1} 也可由 a 作出, 故 $ab \in K$ 且 $a^{-1} \in K$, 因此 K 是一个域, 并且是 $\mathbf{R}$ 的一个子域.

再证 K 是 $\mathbf{Q}$ 的扩域. 从单位长度 1 出发显然可以作出所有的整数, 再图 6-1 知, 已知两个整数可以作出它们的商, 因此所有有理数都可以作出, 即有 $\mathbf{Q} \subseteq K$.

综上知 K 构成一个域, 并且 $\mathbf{Q} \subseteq K \subseteq \mathbf{R}$.

定理 6.9.2 (可构造数的充要条件) 实数 α 可构造的充分必要条件是存在一个有限的二次根式扩张链

$$\mathbf{Q} = K_0 \subseteq K_1 \subseteq K_2 \subseteq \cdots \subseteq K_n \subseteq \mathbf{R},$$

使得 $\alpha \in K_n$, 其中 $[K_{i+1} : K_i] = 2$, $K_{i+1} = K_i(\alpha_{i+1})$ 而且 $\alpha_{i+1}^2 \in K_i$, $i = 0, 1, \cdots, n-1$.

证明 *先证必要性.* 设 α 可构造, 则在 $\mathbf{Q} = K_0$ 上通过有限步操作 (i)~(v) 可得到 α. 设在这有限步操作中逐次作出数 $\alpha_1, \alpha_2, \cdots, \alpha_m = \alpha$, 并令 $K_i = K_{i-1}(\alpha_i)(i = 1, 2, \cdots, m)$. 由于每次操作是对已知可构造数进行四则运算或开方, 故 $[K_{i+1} : K_i] = 1$ 或 2. 由此可得如上的二次根式扩张链.

再证充分性. 若存在上述二次根式扩张链使得 $\alpha \in K_n$, 由于 $\mathbf{Q}$ 中所有有理数都可作出, 故由引理 6.9.1 知, 满足 $\alpha_1^2 \in K_0 = \mathbf{Q}$ 的实数 α_1 也可作出, 再由引理 6.9.1 知, $K_1 = K_0(\alpha_1)$ 中所有元素都可以作出. 类似可以得到 $K_2, \cdots, K_n$ 中的元素也都可以作出, 故 $\alpha \in K_n$ 可以作出, 命题得证.

由定理 6.9.2 可以得到如下可构造数的必要条件.

推论 6.9.1(可构造数的必要条件) 若 $\alpha \in \mathbf{R}$ 可构造, 则 $[\mathbf{Q}(\alpha) : \mathbf{Q}] = 2^n$, 其中 n 为非负整数.

利用推论 6.9.1 可以证明化圆为方、立方倍积、三等分任意角等作图问题都不可解.

例 6.9.1 化圆为方问题不可作.

解 考虑半径为 1 的圆, 需要作边长为 a 的正方形使得 $a^2 = \pi$, 即要作 $a = \sqrt{\pi}$. 由于 π 为超越数, $\mathbf{Q}(\sqrt{\pi})$ 是 $\mathbf{Q}$ 上的超越扩张, 故 $\sqrt{\pi}$ 不可作.

例 6.9.2 倍立方体问题不可作.

解 考虑边长为 1 的正方体, 需要作边长为 b 的正方体使得 $b^3 = 2$, 即要作 $b = \sqrt[3]{2}$. 由于 $[\mathbf{Q}(\sqrt[3]{2}) : \mathbf{Q}] = 3$, 故 $\sqrt[3]{2}$ 不可作.

下面考虑三等分任意角问题. 由定理 6.9.2 可以证明

推论 6.9.2 角 φ 可以三等分当且仅当多项式 $4x^3 - 3x - \cos\varphi$ 在 $\mathbf{Q}(\cos\varphi)$ 上可约.

证明 由 φ 可作出 $\cos\varphi$, 记 $F = \mathbf{Q}(\cos\varphi)$. 设 $\theta = \varphi/3$, 由三倍角公式 $\cos\varphi = \cos 3\theta = 4\cos^3\theta - 3\cos\theta$ 知, 故 $\cos\theta$ 是 F 上多项式 $f(x) = 4x^3 - 3x - \cos\varphi$

的根.

先证必要性. 若 φ 可以三等分, 即 θ 和 $\cos\theta$ 可作出, 则由推论 6.9.1 知, 存在正整数 n 使得 $[\mathbf{Q}(\cos\theta):\mathbf{Q}]=2^n$. 又因为 $[\mathbf{Q}(\cos\theta):\mathbf{Q}]\leqslant 3$, 故 $[\mathbf{Q}(\cos\theta):\mathbf{Q}]\leqslant 2$, 因此 $f(x)$ 在 $\mathbf{Q}(\cos\varphi)$ 上可约.

再证充分性. 若 $f(x)$ 在 $\mathbf{Q}(\cos\phi)$ 上可约, 则 $\cos\theta$ 是 $\mathbf{Q}(\cos\phi)$ 上一个次数 $\leqslant 2$ 的多项式的根, 故有 $[F(\cos\theta):F]\leqslant 2$, 于是由定理 6.9.2 知 $\cos\theta$ 可作出.

例 6.9.3 三等分任意角问题不可作.

解 根据推论 6.9.2 只需要举一反例即可. 令 $\varphi=\pi/3$, 则 $\cos\varphi=1/2$, $F=\mathbf{Q}(\cos\varphi)=\mathbf{Q}$, 可以证明多项式

$$f(x)=4x^3-3x-\cos\varphi=4x^3-3x-\frac{1}{2}=\frac{1}{2}((2x)^3-3\cdot(2x)-1)$$

在 $\mathbf{Q}$ 上不可约, 所以 φ 不能三等分.

为便于研究分圆问题, 我们将可构造数的定义推广到复数上, 如果 a, b 都是可构造数, 则称复数 $z=a+b\mathrm{i}$ 也为可构造数. 此时定理 6.9.2 可以描述为

定理 6.9.3(可构造数的充要条件) 复数 α 可构造的充分必要条件是存在一个有限的二次根式扩张链

$$\mathbf{Q}=K_0\subseteq K_1\subseteq K_2\subseteq\cdots\subseteq K_n\subseteq \mathbf{C},$$

使得 $\alpha\in K_n$, 其中 $[K_{i+1}:K_i]=2$, $K_{i+1}=K_i(\alpha_{i+1})$ 而且 $\alpha_{i+1}^2\in K_i$, $i=0,1,\cdots,n-1$.

推论 6.9.3 若 $\alpha\in\mathbf{C}$ 可构造, 则 $[\mathbf{Q}(\alpha):\mathbf{Q}]=2^n$, 其中 n 为非负整数.

利用定理 6.9.3 以及伽罗瓦理论和欧拉函数的性质可以证明下面的结论成立.

定理 6.9.4 正 $n(n>2)$ 边形可用尺规作图的充要条件是 n 有分解式 $n=2^e p_1^{e_1}\cdots p_r^{e_r}$, 其中 $e\geqslant 0,p_1,\cdots,p_r$ 为不同的费马素数.

证明 先证必要性. 假设正 n 边形可用尺规作出, 则 n 次本原单位根 ζ 可以作出, 于是存在正整数 k 使得 $[\mathbf{Q}(\zeta):\mathbf{Q}]=2^k$. 由分圆域的性质知, $[\mathbf{Q}(\zeta):\mathbf{Q}]=\varphi(n)$, 故有 $\varphi(n)=2^k$. 由欧拉函数的性质知, 此时 n 有分解式

$$n=2^e p_1^{e_1}\cdots p_r^{e_r},$$

其中 $e\geqslant 0,p_1,\cdots,p_r$为不同的费马素数.

再证充分性. 若 n 有分解式 $n=2^e p_1^{e_1}\cdots p_r^{e_r}$, 其中 $e\geqslant 0,p_1,\cdots,p_r$ 为不同的费马素数, 则存在正整数 k 使得 $\varphi(n)=2^k$, 于是 $[\mathbf{Q}(\zeta):\mathbf{Q}]=\varphi(n)=2^k$. 由于 $\mathbf{Q}(\zeta)/\mathbf{Q}$ 是伽罗瓦扩张, 其伽罗瓦群 G 是一个 2^k 阶群, 存在指数为 2 的正规子群列

$$G = H_1 \supset H_2 \supset \cdots \supset H_l \supset H_{l+1} = \{1\}$$

满足 $H_{i+1} \lhd H_i$, 且 H_i/H_{i+1} 为 2 阶循环群, $2 \leqslant i \leqslant l$.

由于 $\mathbf{Q}(\zeta_n)/\mathbf{Q}$ 为伽罗瓦扩张, 故由伽罗瓦基本定理知, 存在相应的二次扩域链

$$\mathbf{Q} = F_1 \leqslant F_2 \leqslant \cdots \leqslant F_l \leqslant F_{l+1} = \mathbf{Q}(\zeta_n),$$

使得 $[F_{i+1}:F_i] = 2$, $1 \leqslant i \leqslant l-1$. 由于二次扩域均为二次根式扩域, 而开方运算可以用尺规作出, 故当 n 有标准分解式 $n = 2^e p_1 p_2 \cdots p_r$, 其中 p_i 为费马素数, $e \geqslant 0$ 时, 正 n 边形可用尺规作出, 充分性得证.

下面举一个作正 5 边形的例子.

例 6.9.4 计算 5 次本原单位根.

解 5 次本原单位根是 $\Phi_5(x) = x^4 + x^3 + x^2 + x + 1$ 的根. 设 ζ 为 $\Phi_5(x)$ 的一个根, 则其他三个根为$\zeta^2, \zeta^3, \zeta^4$. 令 $\eta_1 = \zeta + \zeta^4$, $\eta_2 = \zeta^2 + \zeta^3$, 计算可得

$$\eta_1 + \eta_2 = -1, \quad \eta_1\eta_2 = -1,$$

故 η_1, η_2 是方程 $x^2 + x - 1 = 0$ 的根. 解之得

$$\eta_1 = \frac{1}{2}\left(-1 + \sqrt{5}\right), \quad \eta_2 = \frac{1}{2}\left(-1 - \sqrt{5}\right),$$

故 ζ 和 ζ^4 是方程

$$x^2 - \frac{1}{2}\left(-1 + \sqrt{5}\right)x + 1 = 0$$

的根, 解之得

$$\zeta = \frac{1}{4}\left((-1 + \sqrt{5}) + \sqrt{2(5 + \sqrt{5})}\,\mathrm{i}\right),$$

$$\zeta^4 = \frac{1}{4}\left((-1 + \sqrt{5}) - \sqrt{2(5 + \sqrt{5})}\,\mathrm{i}\right).$$

由于 ζ 的实部和虚部都是正的, ζ 落在第一象限, 因而 $\zeta = \cos\frac{2\pi}{5} + \mathrm{i}\sin\frac{2\pi}{5}$. 另外两个根为

$$\zeta^2 = \frac{1}{4}\left(-(1 + \sqrt{5}) + \sqrt{2(5 - \sqrt{5})}\,\mathrm{i}\right),$$

$$\zeta^4 = \frac{1}{4}\left(-(1 + \sqrt{5}) - \sqrt{2(5 - \sqrt{5})}\,\mathrm{i}\right).$$

根据表达式就可以用尺规作出正五边形的顶点 ζ.

第 7 章 模论基础及其应用

CHAPTER 7

本章讨论环上的模. 模可以看成环上的线性代数, 或者定义了环作用的交换群. 以前学过的交换群、域上的线性空间以及环等代数结构都可以统一在模的概念下. 7.1~7.3 节将介绍模、子模、商模、模同态、自由模等基本概念和性质.

对于一般代数结构, 刻画出所有可能的互不同构的类型或者研究其分类问题通常是不容易的. 然而对于主理想整环上的有限生成模, 其分类问题可以彻底解决. 7.4~7.7 节将详细介绍主理想整环上有限生成模分解的结论, 并利用该结论解决有限生成的交换群和有限维线性空间中线性变换的标准形问题. 最后介绍格和环上代数的概念.

7.1 模的基本概念

本节介绍模、子模、商模的基本概念和简单性质.

以下设 R 是一个**幺环**, M 为一个**加法交换群**. 如同第 3 章可以将一个群作用在一个集合上一样, 也可以将一个**环 $\boldsymbol{R}$ 作用在一个交换群 $\boldsymbol{M}$ 上**, 要求这种作用既反映环的运算也反映群的运算, 这样就形成了如下的**环上的模**的概念.

定义 7.1.1(模) 设 R 是一个幺环, M 为一个加法交换群. 若存在 $R\times M$ 到 M 的一个映射 $(a, x) \mapsto ax$(环 R 中元素 a 对 M 中元素 x 的作用 $a(x)$, 简记为 ax) 满足下列条件:

(1) $a(x+y) = ax + ay$, $a\in R$, $x, y\in M$;

(2) $(a+b)x = ax + bx$, $a, b\in R$, $x\in M$;

(3) $(ab)x = a(bx)$;

(4) $1\cdot x = x$.

则 M 叫做环 R 上的一个**左模**, 或叫做一个**左R-模**.

同样, 若存在 $R\times M$ 到 M 的一个映射 $(a, x)\mapsto xa$ 满足

(1) $(x+y)a = xa + ya$, $a\in R$, $x, y\in M$;

(2) $x(a+b) = xa + xb$, $a, b\in R$, $x\in M$;

(3) $x(ab) = (xa)b$;

(4) $x\cdot 1 = x$.

则 M 叫做环 R 上的一个**右R-模**.

若不作特别说明, 以下均考虑左 R-模.

利用模的定义, 容易证明下面的定理成立.

定理 7.1.1 设 R 是一个幺环, M 为一个 R-模. 则对任意 $a, a_i \in R$, 以及 $x, x_i \in M$, 有

(1) $a\cdot 0 = 0, 0 \cdot x = 0$;

(2) $a\cdot(-x) = -ax, (-a)\cdot x = -ax, (-a)\cdot(-x) = ax$;

(3) $a\cdot\left(\sum\limits_{i=1}^{n} x_i\right) = \sum\limits_{i=1}^{n} a\cdot x_i, \left(\sum\limits_{i=1}^{n} a_i\right)\cdot x = \sum\limits_{i=1}^{n} a_i\cdot x.$

下面给出模的几个简单例子.

例 7.1.1 域 F 上一个线性空间 V 为 F-模, 其中 F 在 V 上的作用定义为 F 中元素对 V 中向量的数乘.

例 7.1.2 加法交换群 G 为 $\mathbf{Z}$-模, 其中 $na = n\cdot a, n \in \mathbf{Z}, a \in G$. 进而, 阶为 n 的交换群还可以看成 $\mathbf{Z}_n$-模.

例 7.1.3 环 R 按自身的加法和乘法可以看成 R-模.

例 7.1.4 设 V 为域 F 上一个线性空间, T 为 V 上任意给定的线性变换. 令 $R = F[\lambda]$ 为 F 上的一元多项式环, λ 为 F 上的未定元, $M = V$. 对任意 $\alpha \in V$, 定义 $F[\lambda]$ 在 V 上的作用为

$$f(\lambda)\cdot(\alpha) = f(T)(\alpha),$$

其中 $f(\lambda) \in F[\lambda]$, 则 V 为 $F[\lambda]$-模. 这个模的结构完全由给定的线性变换 T 决定.

不妨设 $f(\lambda) = a_0 + a_1\lambda + \cdots + a_n\lambda^n \in F[\lambda], a_i \in F$, 则 $f(T) = a_0 I + a_1 T + \cdots + a_n T^n$, 其中 I 为单位变换, 并且

$$f(\lambda)\cdot(\alpha) = f(T)(\alpha) = a_0\alpha + a_1 T(\alpha) + \cdots + a_n T^n(\alpha).$$

类似于群作用的置换表示, 下面利用加法群的自同态环给出模的另一种等价描述.

命题 7.1.1 设 M 是一个加法交换群, R 是一个幺环 (单位元为 1), 则 M 是一个 R-模当且仅当存在 R 到 $\mathrm{End}(M)$ 的环同态 ψ 使得 $\psi(1) = 1_M$.

证明 先证必要性. 对于任一左 R-模 M, 由模的定义可以证明, 对于任意固定的元素 $a \in R$, 映射 $\eta_a : x \to ax$ 确定了交换群 M 的一个自同态, 并且 ψ: $a \to \eta_a$ 是环 R 到 $\mathrm{End}(M)$ 的一个环同态, 其中 $\psi(1) = \eta_1 = 1_M$.

事实上, 由模的定义知, 对任意 $x, y \in M$, 有

$$\eta_a(x+y) = a(x+y) = ax + ay = \eta_a(x) + \eta_a(y),$$

故 η_a 为群 M 的一个自同态.

进而, 对任意 $a, b \in R$, 以及 $x \in M$, 有

$$\eta_{a+b}(x) = (a+b)x = ax + bx = \eta_a(x) + \eta_b(x) = (\eta_a + \eta_b)(x),$$

$$\eta_{ab}(x) = (ab)x = a(bx) = \eta_a(bx) = \eta_a(\eta_b(x)) = (\eta_a\eta_b)(x),$$

即有 $\eta_{a+b} = \eta_a + \eta_b$, $\eta_{ab} = \eta_a\eta_b$, 从而 $\psi : a \to \eta_a$ 是环 R 到 $\mathrm{End}(M)$ 的一个环同态. 又因为 $\eta_1(x) = 1 \cdot x = x$, 故 $\eta_1 = 1_M$, 从而 $\psi(1) = \eta_1 = 1_M$. 必要性得证.

再证充分性. 若存在环同态 $\psi : R \to \mathrm{End}(M)$ 使得 $\psi(1) = 1_M$, 任取 $a \in R$, $x \in M$, 定义环 R 中元素 a 对加法交换群 M 中元素 x 的作用为 $a\ x = \psi(a)(x)$. 下面证明 M 构成 R-模.

由于 $\psi(a)$ 为加法交换群 M 的自同态, 故对任意 $x, y \in M$, 有

$$a(x+y) = \psi(a)(x+y) = \psi(a)(x) + \psi(a)(y) = ax + ay.$$

另一方面, 由于 ψ 为环 R 到 $\mathrm{End}(M)$ 的同态, 故对任意 $a, b \in R$, 有

$$\begin{aligned}\psi(a+b) &= \psi(a) + \psi(b),\\ \psi(ab) &= \psi(a)\psi(b),\end{aligned}$$

于是对任意 $x \in M$, 有

$$(a+b)x = \psi(a+b)(x) = (\psi(a) + \psi(b))(x) = \psi(a)(x) + \psi(b)(x) = ax + bx,$$

$$(ab)x = \psi(ab)(x) = (\psi(a)\psi(b))(x) = \psi(a)(\psi(b)(x)) = a(bx),$$

又因为 $\psi(1) = 1_M$, 故有

$$1\ x = \psi(1)(x) = 1_M\ (x) = x,$$

从而 M 是一个左 R-模. 充分性也成立.

定义 7.1.2(子模)　设 M 是一个 R-模, N 为 M 的非空子集, 如果

(1) N 为 M 的子群;

(2) 对任意 $a \in R$, $y \in N$, 恒有 $ay \in N$.

则称 N 为 M 的一个**子模**.

$\{0\}$ 和 M 本身显然都是 M 的子模, 它们称为 M 的**平凡子模**.

如果模 M 没有非平的子模, 则称 M 为**单模**. 非零的单模称为**不可约模**.

对于上面的四个例子, 容易给出各模的子模如下：

例 7.1.5 作为 F-模, 域 F 上线性空间 V 的每个子空间是一个子模, 反之, V 的每个子模是一个线性子空间.

例 7.1.6 作为 $\mathbf{Z}$-模, 加法交换群 G 的每个子群 H 是 G 的一个子模.

例 7.1.7 作为 R-模, 环 R 的每个左理想是模 R 的一个子模, 反之, 模 R 的每个子模是环 R 的一个左理想.

例 7.1.8 作为 $F[\lambda]$-模, 线性空间 V 上线性变换 T 的每个不变子空间为 V 的一个子模. 反之, 若 V_1 为 V 的子模, 则对任意 $\alpha \in V_1$, 由子模的定义有 $T(\alpha) = \lambda\alpha \in V_1$, 故 V_1 为线性变换 T 的一个不变子空间.

由于 $-x = (-1)\cdot x$, 容易验证如下子模的判别条件成立.

定理 7.1.2 设 N 是 R-模 M 的一个非空子集, 则下列三个条件等价:

(1) N 是 M 的子模;

(2) 对任意 $x, y \in N$, $a \in R$, 有 $x+y \in N$, 且 $ax \in N$;

(3) 对任意 $x, y \in N$, $a, b \in R$, 有 $ax+by \in N$.

由定理 7.1.2 容易证明, 模 M 的任意多个子模的交仍为 M 的子模.

设 $N_1, \cdots, N_r$ 为模 M 的子模, 定义子模 $N_1, \cdots, N_r$ 的和为下列元素的集合:

$$\{ x_1 + \cdots + x_r | x_i \in N_i\},$$

则它们仍是 M 的子模 (留为习题), 记为 $N_1 + \cdots + N_r$.

定义 7.1.3 设 S 是模 M 的一个非空子集, M 的包含 S 的所有子模的交称为**由 S 生成的子模**, 记为 $\langle S\rangle$. 若 S 是有限集, 则称 $\langle S\rangle$ 是**有限生成的**. 不难看出

$$\langle S\rangle = \{a_1y_1 + \cdots + a_ny_n | a_i \in R,\ y_i \in S,\ i = 1, 2, \cdots, n,\ n \in \mathbf{N}\}.$$

M 中单个元素 x 生成的子模 $Rx = \{ ax \mid a \in R \}$ 称为**循环子模**.

若 $S = \{y_1, \cdots, y_r\}$, 则 $\langle S\rangle = Ry_1 + \cdots + Ry_r$.

设 M 为一个 R-模, 若存在子集合 S, 使得 $M = \langle S\rangle$, 则称 S 为 M 的**生成元集**. 显然, $M^* = M - \{0\}$ 为 M 的平凡的生成元集.

定义 7.1.4 设 M 为一个 R-模, 若存在 $x \in M$, 使得 $M = Rx = \{ax | a \in R\}$, 则 M 称为**循环 R-模**.

一个加法循环群 $G = \langle a\rangle$ 就是一个以 a 为生成元的循环 $\mathbf{Z}$-模.

一个幺环 R 看成一个 R-模, 它也是一个循环 R-模, 因为 $R = R\cdot 1$.

设 N 是 R-模 M 的一个子模. 由于 N 作为 M 的一个加法子群是正规子群, 故可以作**商群**

$$\overline{M} = M/N = \{ \overline{x} = x + N | x \in M \},$$

它仍然是一个加法交换群, 其中 $\overline{x}+\overline{y}=\overline{x+y}$, 零元为 N, $-\overline{x}=\overline{-x}$. 按自然的方式定义 $\boldsymbol{R}$ 对 $\overline{M}$ 的作用为

$$a\overline{x}=a(x+N)=ax+N=\overline{ax}.$$

可以证明, 此定义与 $\overline{x}$ 的代表元的取法无关. 事实上, 如果 $\overline{x}=\overline{y}$, 那么 $x-y\in N$, 从而 $ax-ay=a(x-y)\in N$, 故 $\overline{ax}=\overline{ay}$.

此外, 容易验证

$$a(\overline{x}+\overline{y})=a\overline{x+y}=\overline{a(x+y)}=\overline{ax+ay}=\overline{ax}+\overline{ay}=a\overline{x}+a\overline{y},$$

$$(a+b)\overline{x}=\overline{(a+b)x}=\overline{ax+bx}=\overline{ax}+\overline{bx}=a\overline{x}+b\overline{x},$$

$$(ab)\overline{x}=\overline{(ab)x}=\overline{a(bx)}=a\overline{bx}=a(b\overline{x}),$$

$$1_R\overline{x}=\overline{1_Rx}=\overline{x},$$

所以 $\overline{M}=M/N$ 关于上述运算组成一个 R-模, 称它为 M 对子模 N 的**商模**.

下面介绍模同态的概念并给出模的同构定理.

定义 7.1.5 设 M 和 M' 是两个 R-模, 若存在 M 到 M' 的一个映射 σ, 使得

(1) $\sigma(x+y)=\sigma(x)+\sigma(y)$, $x,y\in M$;

(2) $\sigma(ax)=a\,\sigma(x)$, $a\in R$, $x\in M$.

则称 σ 为 M 到 M' 的一个**模同态**, 或 **R-同态**.

当 σ 为单射、满射或者双射时, 相应的模同态称为单同态、满同态和同构.

称 $\mathrm{Ker}(\sigma)=\{x\in M|\sigma(x)=0\}$ 为**同态** σ **的核**, 称 $\sigma(M)=\{\sigma(x)|x\in M\}$ 为**同态** σ **的象**. 可以验证它们分别是 M 和 M' 的子模 (留作习题).

设 M, N 是两个 R-模, 记 $\mathrm{Hom}_R(M,N)$ 为模 M 到 N 的全部同态构成的集合. 若 R 为交换幺环, 对任意 $a\in R$ 和 $\eta,\xi\in\mathrm{Hom}_R(M,N)$, 如下定义同态的加法和环 R 中元素 a 对同态 η 的作用

$$(\eta+\xi)(x)=\eta(x)+\xi(x),\quad x\in M,$$

$$(a\eta)(x)=a(\eta(x)),\quad x\in M,$$

可以证明 $\mathrm{Hom}_R(M,N)$ 构成一个 R-模 (留作习题). 当 $R=\mathbf{Z}$ 时, $\mathbf{Z}$-模同态就是群同态, $\mathrm{Hom}_Z(M,N)$ 可简记为 $\mathrm{Hom}(M,N)$.

类似于加法交换群的自同态, R-模 M 到自身的所有 R-自同态的全体, 记为也构成一个环, 称为**模** M **的自同态环**, 记为 $\mathrm{End}_R(M)$.

设 N 是模 M 的子模, 则存在模 M 到商模 M/N 的自然同态

$$\varphi : M \to M/N,$$
$$x \to \bar{x} = x + N.$$

容易验证, φ 是模的满同态, 且同态核 $\mathrm{Ker}(\varphi) = N$.

类似于群和环的同构定理, 我们可以证明如下模的同构定理.

定理 7.1.3(同态基本定理, 第一同构定理) 设 $\sigma : M \to M'$ 是模的满同态, 令 $N = \mathrm{Ker}(\sigma)$, 则有

$$M/\ N \cong M'.$$

更一般地, 设 $\sigma : M \to M'$ 是 R-同态, 则有 $M/N \cong \sigma\ (M)$.

定理 7.1.4(第二同构定理) 设 $\sigma : M \to M'$ 是模的满同态, 令 $N = \mathrm{Ker}(\sigma)$, 则 σ 诱导出了 M 的一切包含 N 的子模集合到 M' 的一切子模集合的一个一一对应

$$\Sigma = \{\ H | H \text{ 是 } M \text{ 的子模且 } N \subseteq H\} \to \Lambda = \{\ H' | H' \text{ 是 } M' \text{ 的子模}\},$$
$$H \to \sigma(H).$$

进而, 若 H 是 M 的包含 N 的子模, $H' = \sigma(H)$, 则 $M/H \cong M'/H'$.

若 N 是 M 的子模, 因为自然同态$\varphi : M \to M/N$ 是满同态, 且 $\mathrm{Ker}(\varphi) = N$, 故由定理 7.1.2 可以得到

推论 7.1.1 设 N 是模 M 的子模, 并设 $S(M/N)$ 是模 M/N 的所有子模组成的集合, 则

(1) $S(M/N) = \{\ H/N | H$ 是 M 的包含 N 的子模$\}$;

(2) 若 H 是 M 的包含 N 的子模, 则有

$$M/H \cong (M/N)\ /\ (H/N).$$

定理 7.1.5(第三同构定理) 设 H, N 是 M 的子模, 则有

$$H/H \cap N \cong (H + H)/N.$$

下面介绍模中零化子的概念和简单性质.

定义 7.1.6 设 M 为一个 R-模, 对任意 $x \in M$, 称集合 $\mathrm{ann}(x) = \{a \in R|\ ax = 0\}$ 为**元素 x 的零化子**. 可以证明, $\mathrm{ann}(x)$ 为 R 的一个左理想, 称其为 x 的**阶理想**. 特别地, 当 R 为交换环时, $\mathrm{ann}(x)$ 是 R 的一个 (双边) 理想. 进而, 称

$$\mathrm{ann}(M) = \{a \in R|\ ax = 0, \text{对所有 } x \in M\},$$

为**模 M 的零化子**. 可以证明 $\operatorname{ann}(M)$ 是 R 的一个理想, 并且有

$$\operatorname{ann}(M)=\bigcap_{x\in M}\operatorname{ann}(x).$$

考虑元素 x 生成的循环子模 Rx, 作为 R-模, 存在如下 R 到 Rx 的模同态 (自证):

$$\zeta_x : a \ \to ax, a\in R,$$

同态核 $\operatorname{Ker}(\zeta_x)=\{a\in R|\ ax=0\}=\operatorname{ann}(x)$ 为 R 的子模, 也是 R 的左理想. 显然 ζ_x 是一个满同态, 故由模同态基本定理还可以得到

$$Rx\cong R/\operatorname{ann}(x).$$

例 7.1.9 设 G 是一个交换群, $x\in G$. 作为 $\mathbf{Z}$-模, G 中元素 x 的零化子 $\operatorname{ann}(x)$ 是 $\mathbf{Z}$ 的一个理想. 容易验证, 若 x 为无限阶元素, 则 $\operatorname{ann}(x)=(0)$, 此时 $\langle x\rangle\cong\mathbf{Z}$ 是一个无限循环群; 若 x 为 n 阶元素, 则 $\operatorname{ann}(x)=(n)$, 此时 $\langle x\rangle\cong\mathbf{Z}/(n)$ 是一个 n 阶循环群.

例 7.1.10 设 V 是域 F 上一个 n 维线性空间, T 为 V 的一个线性变换. 对任意 $\alpha\in V$, 如前定义$\lambda\alpha=T(\alpha)$, 则 V 为 $F[\lambda]$-模. 对任意取定的元素 $\alpha\in V$, α 生成一个循环 $F[\lambda]$-子模 $V_1=F[\lambda]\alpha$, 其零化子 $\operatorname{ann}(\alpha)$ 是 $F[\lambda]$ 的一个理想, 并且

$$F[\lambda]/\operatorname{ann}(\alpha)\cong F[\lambda]\alpha.$$

因为 $F[\lambda]$ 是主理想整环, 所以存在首一多项式 $m(\lambda)$, 使得 $\operatorname{ann}(\alpha)=(m(\lambda))$, 其中 $m(\lambda)$ 是 α 的极小多项式.

习 题 7.1

1. 设 M 是一个左 R-模, R 和 S 是两个幺环, η: $S\ \to\ R$ 是环同态, 且$\eta\ (1_S)=1_R$. 定义 S 在 M 上的作用如下:

$$ax=\eta\ (a)\ (x),\ a\in S,\ x\in M,$$

证明 M 是一个 S-模.

2. 设 M 是一个左 R-模, $N_1,\cdots,N_r$ 为 M 的子模, 记

$$N_1+\cdots+N_r=\{\ x_1+\cdots+x_r|\ \ x_i\in N_i\},$$

则 $N_1 + \cdots + N_r$ 仍是 M 的子模.

3. 证明：R-模 M 是不可约的当且仅当 M 是一个非零循环模, 而且每个非零元都是它的生成元.

4. 若 σ 是 M 到 M' 的模同态, 证明同态核 $\mathrm{Ker}(\sigma) = \{x \in M | \sigma(x) = 0\}$ 为 M 的子模, 同态象 $\sigma(M) = \{\sigma(x) | x \in M\}$ 为 M' 的子模.

5. 证明: 若 M_1, M_2 是不可约模, 则 M_1 到 M_2 的模同态不是零同态便是模同构.

6. 设 M 和 M' 是两个左 $\mathbf{Z}$-模. 证明：若 M 和 M' 是加法群同构的, 则 M 和 M' 也是 $\mathbf{Z}$-模同构的. 更精确地说, 若η 是 M 到 M' 的一个加法群同构, 则 η 也是一个 $\mathbf{Z}$-模同构.

7. 设 M 是一个 R-模, 记 $\mathrm{End}_R(M)$ 为模 M 的全部自同态构成的集合. 对任意 $\eta, \xi \in \mathrm{End}_R(M)$, 定义同态的加法和乘法如下:

$$(\eta + \xi)(x) = \eta(x) + \xi(x), \quad x \in M,$$

$$(\eta\xi)(x) = \eta(\xi(x)), \quad x \in M,$$

则$\eta + \xi$ 和 $\eta\xi$ 还是模 M 的自同态, 并且 $\mathrm{End}_R(M)$ 关于上述定义的同态的加法和乘法构成一个环.

8. 设 R 为交换幺环, M, N 是两个 R-模, 记 $\mathrm{Hom}_R(M, N)$ 为模 M 到 N 的全部同态构成的集合. 对任意 $\eta, \xi \in \mathrm{Hom}_R(M, N)$, 定义同态 η, ξ 的加法为

$$(\eta + \xi)(x) = \eta(x) + \xi(x), \quad x \in M,$$

则 $\mathrm{Hom}_R(M, N)$ 构成一个加法交换群. 进而, 对任意 $a \in R$, 再定义 a 对 η 的作用为

$$(a\eta)(x) = a(\eta(x)), \quad x \in M,$$

则 $\mathrm{Hom}_R(M, N)$ 构成一个 R-模.

9. 证明: $\mathrm{Hom}(\mathbf{Z}, \mathbf{Z}/(n)) \cong \mathbf{Z}/(n)$, $\mathrm{Hom}(\mathbf{Z}/(n), \mathbf{Z}) \cong \{0\}$.

10. 设 M 是 R-模, 对任意 $x \in M$, 记 $\mathrm{ann}(x) = \{a \in R | ax = 0\}$, 称为 x 的**零化子 (阶理想)**, 则 $\mathrm{ann}(x)$ 为环 R 的左理想.

11. 设 M 是 R-模, 记 $\mathrm{ann}(M) = \{a \in R |$ 对任意 $x \in M, ax = 0\}$, 称为 M 的**零化子**, 证明：

(1) $\mathrm{ann}(M)$ 为环 R 的理想,

(2) $\mathrm{ann}(M) = \bigcap\limits_{x \in M} \mathrm{ann}(x)$,

(3) 进而, 设 R 是交换幺环, 若 M 为有限生成 R-模, $x_1, x_2, \cdots, x_n$ 为生成元, 则

$$\mathrm{ann}(M) = \bigcap_{i=1}^{n} \mathrm{ann}(x_i).$$

12. 设 M 是一个左 R-模, $\mathrm{ann}(M) = \{a \in R |$ 对任意 $x \in M, ax = 0\}$ 为 M 的零化子, 证明: 对于包含在 $\mathrm{ann}(M)$ 中的 R 的任一个理想 I, 可以定义商环 R/I 在 M 上的作用如下使得 M 成为一个 R/I-模：

$$(a + I)\, x = ax, \quad a \in R, x \in M.$$

7.2 模的直和

本节介绍模的直和, 其定义和性质类似于群的直和.

定义 7.2.1 设 $M_1, \cdots, M_r$ 是同一个环 R 上的模, 先作加法群 $M_1, \cdots, M_r$ 的外直和 $M = M_1 \times \cdots \times M_r$, 然后规定 R 对 M 的作用如下：

$$a(x_1, \cdots, x_r) = (ax_1, \cdots, ax_r),$$

其中 $(x_1, \cdots, x_r) \in M$, $a \in R$, 则 M 组成一个 R-模, 称为模 $M_1, \cdots, M_r$ 的**外直和**, 记为 $M_1 \times \cdots \times M_r$.

设 0_i 为 M_i 的零元, $i = 1, 2, \cdots r$, 则外直和 $M = M_1 \times \cdots \times M_r$ 的零元为 $(0_1, \cdots, 0_r)$.

外直和 $M = M_1 \times \cdots \times M_r$ 中任意元素 $(x_1, \cdots, x_r)$ 的负元为 $(-x_1, \cdots, -x_r)$.

与群的直和一样, 模 $M_1, \cdots, M_r$ 的外直和 $M = M_1 \times \cdots \times M_r$ 包含如下 r 个子模:

$$M_i' = \{ x_i' = (0, \cdots, x_i, 0, \cdots, 0) \mid x_i \in M_i \}, \quad i = 1, 2, \cdots r,$$

而且 M_i' 与 M_i 成模同构, 同构映射由 $(0, \cdots, x_i, 0, \cdots, 0) \mapsto x_i$ 给出. 这些子模 M_i' 还满足：

(1) $M = M_1' + \cdots + M_r'$;

(2) $M_i' \cap (M_1' + \cdots + \hat{M}_i' + \cdots + M_r') = \{0\}$, $i = 1, 2, \cdots, r$, 其中 $\hat{M}_i'$ 表示在和中去掉了 M_i'.

类似地, 可以给出模的内直和的定义.

定义 7.2.2 设 $M_1, \cdots, M_r$ 是为 R-模 M 的子模. 如果

(1) $M = M_1 + \cdots + M_r$;

(2) $M_i \cap (M_1 + \cdots + \hat{M}_i + \cdots + M_r) = \{0\}$, $i = 1, 2, \cdots, r$.

则称 R-模 M 为其子模 $M_1, \cdots, M_r$ 的**内直和**, 记为 $M = M_1 \oplus \cdots \oplus M_r$.

注 7.2.1 定义中的条件 (2) 也可以替换为 "$(M_1 + \cdots + M_i) \cap M_{i+1} = \{0\}$, $i = 1, 2, \cdots, r-1$".

注 7.2.2 满足定义中条件 (2) 的子模 $M_1, \cdots, M_r$ 称为**线性无关 (独立) 的子模**. 不难看出, $M_1, \cdots, M_r$ 线性无关当且仅当

从等式 $x_1 + \cdots + x_r = 0$ $(x_i \in M_i, i = 1, 2, \cdots, r)$ 恒可推出 $x_1 = \cdots = x_r = 0$.

例 7.2.1 $\mathbf{Z}$-模 $\mathbf{Z}$ 不能表成两个非零子模的直和.

这是因为, $\mathbf{Z}$ 的所有 $\mathbf{Z}$-子模都具有形式 $n\mathbf{Z}$, n 是某个整数. 设 $r\mathbf{Z}$ $(r \neq 0)$ 和 $s\mathbf{Z}$ $(s \neq 0)$ 是 $\mathbf{Z}$ 的任意两个非零子模. 由于 $rs \in r\mathbf{Z} \cap s\mathbf{Z}$, 所以 $r\mathbf{Z} \cap s\mathbf{Z} \neq \{0\}$. 因此 $\mathbf{Z}$ 不能表成非零子模 $r\mathbf{Z}, s\mathbf{Z}$ 的直和.

例 7.2.2 考虑实数域 $\mathbf{R}$ 上的向量空间 $\mathbf{R}^{(2)}$ 和子空间 $X=\{(x, 0)|x \in \mathbf{R}\}$, $Y=\{(0, y)|y \in \mathbf{R}\}$, $W=\{(z, z)|z \in \mathbf{R}\}$. 由于对于任意 $(x, y) \in \mathbf{R}^{(2)}$, 有

$$(x, y) = (x, x) + (0, y-x) = (y, y) + (x-y, 0),$$

且 $W \cap X = \{0\}$, $W \cap Y = \{0\}$, 所以

$$\mathbf{R}^{(2)} = W \oplus X = W \oplus Y.$$

此外, 由于 $X+Y = \mathbf{R}^{(2)}$ 且 $X \cap Y = \{0\}$, 所以 $\mathbf{R}^{(2)} = X \oplus Y$.

另外, 由于 $(X+Y) \cap W = \mathbf{R}^{(2)} \cap W = W \neq \{0\}$, 故 X, Y, W 不是线性无关的子模.

下面的定理刻画了内直和与外直和的关系:

定理 7.2.1 设模 M 是其子模 $M_1, \cdots, M_r$ 的内直和, 即

$$M = M_1 \oplus \cdots \oplus M_r,$$

则

$$M_1 \times \cdots \times M_r \cong M_1 \oplus \cdots \oplus M_r.$$

证明 令 $\psi: M_1 \times \cdots \times M_r \to M$ 为 $(x_1, \cdots, x_r) \to x_1 + \cdots + x_r$, 利用内直和的定义和性质, 可以证明$\psi$ 是模同构.

基于定理 7.2.1, 在同构意义下, 内直和与外直和可以不加区分. 在不引起混淆的情况下, 以下我们将 $M_1, \cdots, M_r$ 的内直和与外直和都统一记为 $M_1 \oplus \cdots \oplus M_r$.

利用模的同构定理和内直和的性质, 可以证明下面的结论.

定理 7.2.2 设模 M 是其子模 $M_1, \cdots, M_r$ 的内直和, 记

$$M_i^* = M_1 + \cdots + \hat{M}_i + \cdots + M_r, \quad i = 1, 2, \cdots, r,$$

则有

$$M/M_i \cong M_i^*, \quad M/M_i^* \cong M_i.$$

关于模的内直和, 还有下面的结论.

定理 7.2.3　(1) 若 R-模 M 是子模 $M_1, \cdots, M_r$ 的直和, 而且每个 M_i 又是子模 $M_{i1}, \cdots, M_{in_i}$ 的直和, 则 M 是子模 M_{ij} $(j=1, 2, \cdots, n_i, i=1, 2, \cdots, r)$ 的直和.

(2) 若 R-模 M 是子模 $N_1, \cdots, N_r$ 的直和, 令

$$M_1 = N_1 + \cdots + N_{s_1}, \ M_2 = N_{s_1+1} + \cdots + N_{s_2}, \ \cdots, \ M_t = N_{s_{t-1}+1} + \cdots + N_r,$$

则 M 是 $M_1, M_2, \cdots, M_t$ 的直和.

(3) 若 R-模 M 是子模 $M_1, \cdots, M_r$ 的直和, 令 $N = M_1 + \cdots + M_s$, $1 \leqslant s < r$, 则商模 M/N 和 $M_{s+1} + \cdots + M_r$ 成模同构.

习　题　7.2

1. 设 $M_1, \cdots, M_r$ 是为 R-模 M 的子模. 若 M_i 满足

(1) $M = M_1 + \cdots + M_r$;

(2) $(M_1 + \cdots + M_i) \cap M_{i+1} = \{0\}$, $i = 1, 2, \cdots, r-1$;

则 $M = M_1 \oplus \cdots \oplus M_r$(内直和).

2. 将 $\mathbf{Z}/(n)$ 看作 Z-模, 问下列模是否可写成两个非零子模的直和:

(1) $\mathbf{Z}/(p^e)$, p 为一素数, $e \geqslant 1$;

(2) $\mathbf{Z}/(n)$, $n = p_1^{e_1} \cdots p_r^{e_r}$, $p_1, \cdots, p_r$ 为不同的素数, $e_i \geqslant 1$, $i=1, 2, \cdots, r$.

3. 设 M 为一个有限生成 R-模, N 为一个子模, 证明: 若 N 是 M 的一个直和项, 则 N 也是有限生成的.

7.3　自　由　模

我们知道, 域 F 上的 n 维线性空间 V 都有一组基 $\{\varepsilon_1, \cdots, \varepsilon_n\}$, V 中每个元素都可以表示成这组基的线性组合, 并且基 $\{\varepsilon_1, \cdots, \varepsilon_n\}$ 中各元素在域 F 上是线性无关的. 本节类似给出环上自由模的概念.

设 R 是一个幺环, M 是一个 R-模, S 是 M 的任一非空子集, 则集合

$$\langle S \rangle = \left\{ \sum_{x \in S} a_x x \,\middle|\, a_x \in R, \text{ 只有有限个 } a_x \neq 0 \right\}$$

是 M 的由子集 S 生成的子模.

定义 7.3.1　设 $S_1=\{x_1, \cdots, x_r\}$ 是 M 的任一有限子集, 如果对于任一线性关系

$$a_1 x_1 + \cdots + a_r x_r = 0, \quad a_i \in R$$

恒可推出 $a_1 = \cdots = a_r = 0$, 则称 S_1 是 **R-线性无关的**. 进而, 设 S 是 M 的任一非空子集, 如果 S 的任一有限子集都是 R-线性无关的, 则 S 称为 **R-线性无关的**.

定义 7.3.2 如果 $M = \langle S \rangle$ 且 S 是 R-线性无关的, 则 S 称为 M 的一个 (组) **基**.

由上面的定义, 若 S 是 M 的一个基, 则 M 中每个元素都能表示成 S 中有限个元素的 R-线性组合, 并且表法是唯一的. 即对任意 $x \in M$, 都存在有限个元素 $a_i \in R$, $x_i \in S$, 使得

$$x = a_1x_1 + \cdots + a_rx_r,$$

并且若两个有限和相等, 即有 $\sum\limits_{x \in S} a_x x = \sum\limits_{x \in S} b_x x$, 则对所有 $x \in S$, 有 $a_x = b_x$.

若 $M = \langle S \rangle$ 且 $|S| < \infty$, 则称 M 为有限生成的. 下面我们只讨论有限生成的 R-模.

定义 7.3.3 若 R-模 M 有一个基, 则称 M 为一个**自由 R-模**.

一个模总是可以找到一组生成元, 但不一定有基. 例如, 有限交换群作为一个 $\mathbf{Z}$-模, 它的每个元素都不是 $\mathbf{Z}$-线性无关的, 因此不是自由模.

若 M 是一个自由 R-模, $x_1, \cdots, x_n$ 是 M 的一组基, 则 M 有直和分解 $M = Rx_1 \oplus \cdots \oplus Rx_n$. 反之, 若 M 有直和分解 $M = Rx_1 \oplus \cdots \oplus Rx_n$, 则 $x_1, \cdots, x_n$ 是 M 的一组生成元, 但不一定是 M 的一组基 (参见后面有限生成模的分解).

类似于 n 维线性空间的构造, 我们也可以利用集合 R 的笛卡儿积构造自由模.

设 R 是一个幺环, 记 $R^{(n)} = \{(x_1, \cdots, x_n) | x_i \in R\}$, 规定 $R^{(n)}$ 中的加法和 R 对 $R^{(n)}$ 的作用如下

$$(x_1, \cdots, x_n) + (y_1, \cdots, y_n) = (x_1 + y_1, \cdots, x_n + y_n),$$

$$a\,(x_1, \cdots, x_n) = (a\,x_1, \cdots, a\,x_n), \quad a \in R.$$

不难验证 $R^{(n)}$ 是一个 R-模, 零元素为 $(0, \cdots, 0)$, $(x_1, \cdots, x_n)$ 的负元为

$$(-x_1, \cdots, -x_n).$$

令

$$e_1 = (1, 0, \cdots, 0),$$

$$e_2 = (0, 1, \cdots, 0),$$

$$\cdots\cdots$$

$$e_n = (0, \cdots, 0, 1),$$

则 $R^{(n)}$ 中任一元素 $(x_1, \cdots, x_n)$ 可以表示为 $(x_1, \cdots, x_n) = x_1e_1 + \cdots + x_ne_n$, 并且 $e_1, \cdots, e_n$ 是 R-线性无关的, 故 $e_1, \cdots, e_n$ 作成 $R^{(n)}$ 的一基, $R^{(n)}$ 是一个自由 R-模.

特别地, 若 R 是域, 则 $R^{(n)}$ 是 R 上的 n 维线性空间.

设 M 为自由 R-模, $u_1, u_2, \cdots, u_n$ 为 M 的一组基, N 为任一 R-模. 若 σ: $M \to N$ 是模同态, 则对于任意 $x = \sum\limits_{i=1}^{n} a_iu_i \in M$, 有 $\psi(x) = \sum\limits_{i=1}^{n} a_i\psi(u_i)$. 由此可见, 自由模上的同态 ψ 由其基中元素的象 $\psi(u_i)$ 唯一确定. 进而, 若指定 $\psi(u_i) = v_i \in N$, 定义 $\psi\left(\sum\limits_{i=1}^{n} a_iu_i\right) = \sum\limits_{i=1}^{n} a_iv_i$, 其中 $a_i \in R$, 则 ψ 是模同态.

定理 7.3.1　设 M 是一个以 $u_1, u_2, \cdots, u_n$ 为基的自由模, 则 $M \cong R^{(n)}$.

证明　不妨设 $e_1, e_2, \cdots, e_n$ 为 $R^{(n)}$ 的一组基, 令 $\psi(u_i) = e_i$, $\psi\left(\sum\limits_{i=1}^{n} a_iu_i\right) = \sum\limits_{i=1}^{n} a_ie_i$, 其中 $a_i \in R$, 则映射 ψ 是 M 到 $R^{(n)}$ 的模同态. 因为 $e_1, e_2, \cdots, e_n$ 为 $R^{(n)}$ 的一组基, 故 ψ 是满射并且同态核

$$\mathrm{Ker}(\psi) = \left\{ x = \sum_{i=1}^{n} a_iu_i \in M \;\middle|\; \psi(x) = \sum_{i=1}^{n} a_ie_i = 0 \right\} = \{0\},$$

因此 ψ 也是单射, 从而 φ 为模 M 到 $R^{(n)}$ 的同构映射.

下面证明自由模的基中的元素个数是不变量, 为此先介绍几个引理.

引理 7.3.1　设 M 是一个 R-模, $M = \langle S \rangle$, I 为 R 的一个理想, 考虑集合

$$IS = \{a_1x_1 + \cdots + a_kx_k \mid a_i \in I,\ x_i \in S,\ 1 \leqslant i \leqslant k\},$$

则 IS 是 M 的子模, 并且 IS 与 M 生成元集 S 的选取无关, 即

$$\text{若 } M = \langle S' \rangle, \text{ 则有 } IS = IS'.$$

证明　容易验证 IS 是 M 的子模. 下面证明 $IS = IS'$. 任取 $y \in S'$, 由于 $M = \langle S \rangle$, 故存在 $b_i \in R$, $x_i \in S$ 使得

$$y = b_1x_1 + \cdots + b_kx_k,$$

从而对任意 $a \in I$, 有

$$ay = ab_1x_1 + \cdots + ab_kx_k.$$

由于 I 为 R 的一个理想, 故 $ab_i \in I$, 从而 $ay \in IS$. 由此可知 $IS' \subseteq IS$, 同理可证 $IS \subseteq IS'$. 故有 $IS = IS'$.

特别地, 若 $M = \langle x_1, x_2, \cdots, x_r \rangle$ 为有限生成模, I 为 R 的理想, 则

$$IS = Ix_1 + Ix_2 + \cdots + Ix_r.$$

引理 7.3.2 设 M 是一个自由 R-模, $x_1, x_2, \cdots, x_r$ 为它的一组基, I 为 R 的一个理想. 令 $\overline{R} = R/I$, $N = Ix_1 + Ix_2 + \cdots + Ix_r$, 则商模 M/N 可以看成 $\overline{R}$ 上的模, 且是自由模, $\overline{x_i} = x_i + N (i = 1, \cdots, r)$ 是它的一组基.

证明 记 $\overline{M} = M/N$, 则 $\overline{x_i} = x_i + N (i = 1, \cdots, r)$ 是 $\overline{M}$ 的一组生成元. 对于任意 $\overline{x} \in \overline{M}$, $\overline{x}$ 可表成 $\overline{x} = a_1\overline{x}_1 + \cdots + a_r\overline{x}_r$, 其中 $a_i \in R$. 根据 R 对商模 $\overline{M}$ 的作用有

$$\overline{x} = a_1\overline{x}_1 + \cdots + a_r\overline{x}_r = \overline{a_1x_1} + \cdots + \overline{a_rx_r} = \overline{a_1x_1 + \cdots + a_rx_r},$$

由此可知, $\overline{x} = \overline{0}$ 当且仅当 $a_1x_1 + \cdots + a_rx_r \in N$. 由于 $x_1, x_2, \cdots, x_r$ 是 M 的一组基, 根据 N 的定义可知

$$a_1x_1 + \cdots + a_rx_r \in N \text{ 当且仅当所有 } a_i \in I.$$

因此 I 是商模 $\overline{M}$ 的零化子, 从而 $\overline{M}$ 可以构成一个 $\overline{R} = R/I$-模.

作为 $\overline{R}$-模, 对于任意 $\overline{x} \in \overline{M}$, $\overline{x}$ 可表成 $\overline{x} = \overline{a}_1\overline{x}_1 + \cdots + \overline{a}_r\overline{x}_r$, $\overline{a}_i = a_i + I$. 同上面的分析知, $\overline{x} = \overline{0}$ 当且仅当所有 $a_i \in I$, 即 $\overline{a_i} = \overline{0}$. 故 $\overline{x}_1, \cdots, \overline{x}_r$ 是 $\overline{M}$ 的一组基, 从而 $\overline{M}$ 是一个自由 $\overline{R}$-模.

定理 7.3.2 设 R 是一个交换幺环. M 是一个自由 R-模, 则 M 的任意两基有相同的基数.

证明 设 $x_1, x_2, \cdots, x_r$ 和 $y_1, y_2, \cdots, y_s$ 为 M 的两组基. 因为 R 为交换幺环, 所以 R 有极大理想. 设 I 为 R 的一个极大理想, 由引理 7.3.1, $N = Ix_1 + Ix_2 + \cdots + Ix_r = Iy_1 + Iy_2 + \cdots + Iy_s$ 是 M 的子模.

令 $\overline{R} = R/I$, 由引理 7.3.2 知, M/N 是 $\overline{R}$ 上的自由模, 且 $\overline{x}_1, \cdots, \overline{x}_r$ 和 $\overline{y}_1, \cdots, \overline{y}_s$ 是它的两组基. 又因为 I 为极大理想, 故 $\overline{R}$ 是域, 从而 M/N 为 $\overline{R}$ 上的线性空间, 它的维数等于任一基所含元素的个数, 从而 $r = s$.

设 R 为一个交换幺环. 一个自由 R-模 M 的基所含元素的个数称为是自由模的一个**不变量**, 它叫做自由模 M 的**秩**. 零模看作自由模, 它的秩为 0.

由定理 7.3.1 和定理 7.3.2 可以得到

推论 7.3.1 设 R 为一个交换幺环. 若 $R^{(m)} \cong R^{(n)}$, 则 $m = n$.

根据上面的讨论, 给定一个交换幺环和一个正整数 n, 在同构意义下存在一个而且只有一个秩为 n 的自由 R-模, 秩不相同的自由 R-模互相不能模同构.

环上的自由模是域上线性空间的一种推广，下面我们举例说明环上的自由模与域上的线性空间还有许多不同的地方.

例 7.3.1　设 $R=\mathbf{Z}_6$, $R^{(2)}$ 是秩为 2 的自由 R-模, $e_1=(\overline{1},\overline{0})$, $e_2=(\overline{0},\overline{1})$ 为 $R^{(2)}$ 的基. 令 $\alpha=\overline{2}e_1+\overline{2}e_2\in R^{(2)}$, 则 $\overline{3}\cdot\alpha=(\overline{0},\overline{0})$, 这说明自由模中非零元素不一定都是 R-线性无关的.

例 7.3.2　设 $R=\mathbf{Z}_6$, 令 $\alpha=\overline{2}e_1+\overline{2}e_2\in R^{(2)}$, 则由 α 生成的子模 $\langle\alpha\rangle=\{0,\alpha,\overline{2}\alpha\}$ 不是自由 R-模. 这说明, 自由模的子模不一定是自由模.

例 7.3.3　设 $R=\mathbf{Z}$, 则 $R^{(2)}$ 是秩为 2 的自由 R-模. $e_1=(1,0)$, $e_2=(0,1)$ 是 $R^{(2)}$ 的基. $\langle 2e_1, 3e_2\rangle$ 是 $R^{(2)}$ 的一个真子模, 并且 $2e_1, 3e_2$ 是 $\langle 2e_1, 3e_2\rangle$ 的基. 故自由模 $R^{(2)}$ 与其真子模$\langle 2e_1, 3e_2\rangle$ 有相同的秩.

对于域上的 n 维线性空间 V, 任意 n 个线性无关的向量构成 V 的一组基, 并且从任意一个非零向量出发, 总可以扩充成 V 的一组基. 然而对于环上的模, 非零元素不一定是 R-线性无关的 (参见例 7.3.1), 即使 R-线性无关的非零元素也不一定能扩充成自由模的一组基. 比如, 例 7.3.3 中, $R=\mathbf{Z}$, $R^{(2)}$ 是秩为 2 的自由 R-模, $e_1=(1,0)$, $e_2=(0,1)$ 是 $R^{(2)}$ 的基. $R^{(2)}$ 中元素 $2e_1, 3e_2$ 都是 R-线性无关的, 但是它们都不能扩充成 $R^{(2)}$ 的一组基.

关于自由模, 还可以证明下面的投射性质成立.

定理 7.3.3　设 F 为一个自由 R-模. $\eta: M\to N$ 为 R-模的满同态, 并设 $\varphi: F\to N$ 为任意模同态, 则存在模同态 $\psi: F\to M$ 使得 $\eta\psi=\varphi$, 即图 7-1 可交换.

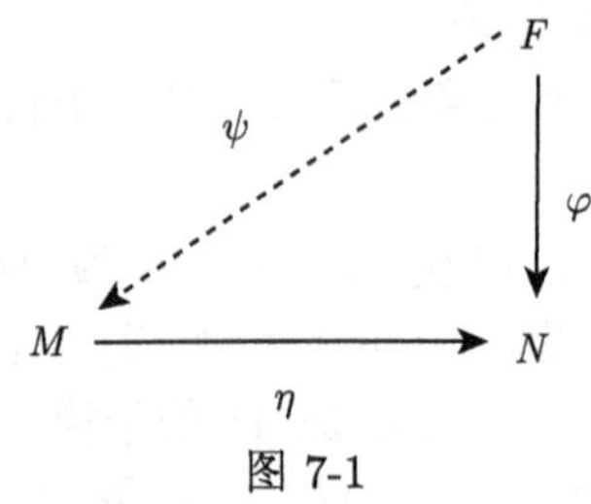

图 7-1

证明　设 $S=\{u_\lambda \mid \lambda\in I\}$ 为 F 的一组基, 其中 I 为指标集. 由于 η 是满射, 故每个 $\varphi(u_\lambda)$ 在 η 下有原象. 对于任一$\lambda\in I$, 取定一个 $x_\lambda\in M$ 使得

$$\eta(x_\lambda)=\varphi(u_\lambda).$$

再令 $\psi(u_\lambda)=x_\lambda$, $\psi\left(\sum\limits_{\lambda\in I}a_\lambda u_\lambda\right)=\sum\limits_{\lambda\in I}a_\lambda x_\lambda$, 其中 $a_\lambda\in R$, 则ψ 是自由模 F 到 M 的模同态.

又因为

$$\eta\cdot\psi\ (u_\lambda) = \eta(\psi\ (u_\lambda)) = \eta(x_\lambda) = \varphi(u_\lambda), \quad \lambda \in I,$$

即 $\eta\cdot\psi$ 和φ 在 F 的一组基 S 上的作用相等, 故有 $\eta\cdot\psi = \varphi$.

更一般地, 设 P 为一个 R-模, 如果对于任意 $R-$ 模 M 和 N, 以及任意的模的满同态 $\eta{:}M \to N$, 任一个模同态 $\varphi{:}P \to N$ 恒可提升为模同态 $\psi{:}P \to M$ 使得 $\eta\psi = \varphi$, 则 P 叫做**投射** R-**模**. 可以证明投射 R-模必是某个自由 R-模的直和项. 反之, 若模 P 为某个自由模的直和项, 则 P 为投射模.

推论 7.3.2 设 $\eta: M \to N$ 为一个满的模同态, N 为自由模, 则存在单的模同态 $\psi: N \to M$ 使得 $\eta\psi = 1_N$, 进而存在 M 的一个子模 L 使得

$$M = \mathrm{Ker}(\eta) \oplus L.$$

证明 在定理 7.3.3 中令 $F = N$, $\varphi = 1_N$, 则存在单的模同态 $\psi: N \to M$ 使得 $\eta\psi = 1_N$, 即图 7-2 可交换.

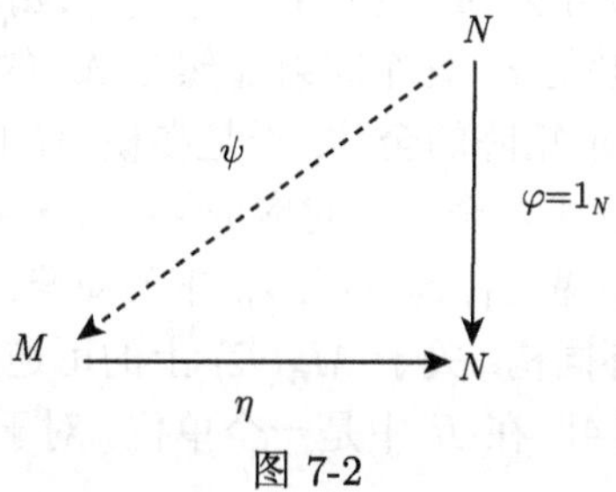

图 7-2

令 $L = \mathrm{Im}(\psi)$, 显然 $L = \mathrm{Im}(\psi)$ 和 $\mathrm{Ker}(\eta)$ 都是 M 的子模, 故 $\mathrm{Ker}(\eta) + \mathrm{Im}(\psi) \subseteq M$. 另一方面, 由于 $\eta\psi = 1_N$, 故对于任意 $x \in M$, 有

$$\eta(x - \psi\ (\eta(x))) = 0, \text{ 即 } x - \psi\ (\eta(x)) \in \mathrm{Ker}(\eta),$$

从而有 $x \in \mathrm{Ker}(\eta) + \mathrm{Im}(\psi)$, 故有 $M \subseteq \mathrm{Ker}(\eta) + \mathrm{Im}(\psi)$, 因此有 $M = \mathrm{Ker}(\eta) + \mathrm{Im}(\psi)$.

又因为 $\eta\psi = 1_N$, 可以验证 $\mathrm{Ker}(\eta) \cap \mathrm{Im}(\psi) = (0)$, 故有 $M = \mathrm{Ker}(\eta) \oplus \mathrm{Im}(\psi)$.

下面考虑交换环上自由模的自同态环.

设 R 为一个交换幺环, M 为一个自由 R-模. 设 σ 为 M 的 R-模自同态. 取定 M 的一组基 $e_1, e_2, \cdots, e_n$, M 中任一个元素 x 可唯一表示成 $x = x_1e_1 + x_2e_2 + \cdots + x_ne_n$, 其中 $x_i \in R$. 于是有

$$\sigma\ (x) = \sigma\ (x_1e_1 + x_2e_2 + \cdots + x_ne_n)$$

$$= x_1\sigma\ (e_1)\ + x_2\sigma\ (e_2)\ +\ \cdots\ + x_n\sigma\ (e_n) \tag{7.3.1}$$

因此 σ 由基 $e_1, e_2, \cdots, e_n$ 在 σ 下的象唯一确定. 不妨设

$$\sigma\ (e_i) = \sum_{j=1}^{n} a_{ji}\ e_j, \quad i= 1, 2, \cdots, n. \tag{7.3.2}$$

这样 M 的每个 R-模自同态 σ 确定了 R 上的一个 $n \times n$ 矩阵 $A = (a_{ij})_{\ 1\ \leqslant\ i,\ j\ \leqslant\ n}$. 于是 (7.3.2) 式也可以用矩阵的形式表示如下：

$$\begin{pmatrix} \sigma(e_1) \\ \sigma(e_2) \\ \vdots \\ \sigma(e_n) \end{pmatrix} = \begin{pmatrix} a_{11} & a_{12} & \cdots & a_{1n} \\ a_{21} & a_{22} & \cdots & a_{2n} \\ \vdots & \vdots & \ddots & \vdots \\ a_{n1} & a_{n2} & \cdots & a_{nn} \end{pmatrix} \begin{pmatrix} e_1 \\ e_2 \\ \vdots \\ e_n \end{pmatrix} = A \begin{pmatrix} e_1 \\ e_2 \\ \vdots \\ e_n \end{pmatrix}. \tag{7.3.3}$$

反之, 任给一个 $n \times n$ 矩阵 $A = (a_{ij})_{1\ \leqslant\ i,\ j\ \leqslant\ n}, a_{ij} \in R$, 由 (7.3.1) 和 (7.3.2) 式定义 M 到自身的一个映射 σ, 这个映射显然是 M 的一个模自同态. 用 $M_n(R)$ 表示元素属于 R 的 $n \times n$ 矩阵的全体, 于是在模 M 的自同态环 $\mathrm{End}_R(M)$ 和全矩阵环 $M_n(R)$ 之间建立了一个一一对应 $\sigma \to A$, σ 和 A 的对应关系由 (7.8.1) 式确定, A 叫做自同态σ 在基 $e_1, e_2, \cdots, e_n$ 下的矩阵. 并且, 在这个对应关系下, $\mathrm{End}(M)$ 和 $M_n(R)$ 成环同构. 关于 $M_n(R)$ 上的可逆矩阵, 容易证明, A 有逆的充要条件是 A 的行列式 $|A|$ 在 R 中是一个单位. 对于主理想整环上的矩阵也可以考虑矩阵的标准形.

习　题　7.3

1. 证明, $\mathbf{Q}$ 作为 $\mathbf{Z}$-模, 它的任一有限生成子模是循环模. 由此证明, $\mathbf{Q}$ 不是一个自由 $\mathbf{Z}$-模.

2. 设 M 是一个自由 R-模, 若 $x_1, \cdots, x_n$ 是 M 的一组基, 则 M 有直和分解 $M = Rx_1 \oplus \cdots \oplus Rx_n$. 反之, 若 M 有直和分解 $M = Rx_1 \oplus \cdots \oplus Rx_n$, 问 $x_1, \cdots, x_n$ 是 M 的一组基吗?

3. 设 $R = \mathbf{Z}$, 则 $R^{(2)}$ 是秩为 2 的自由 $\mathbf{Z}$-模, $e_1 = (1, 0), e_2 = (0, 1)$ 是 $R^{(2)}$ 的一组基. 证明：$R^{(2)}$ 中元素 $2e_1, 3e_2$ 都不能扩充成 $R^{(2)}$ 的一组基. 分析 $R^{(2)}$ 中什么样的元素可以扩充成一组基.

4. 证明：任一 R-模都是某个自由 R-模的同态象.

5. 设 R 为交换幺环, 证明 $\mathrm{Hom}_R(R^{(m)}, R^{(n)})$ 为一个自由 R-模, 而且秩 $= m \cdot n$.

6. 设 R 为一个交换幺环, η 是 $R^{(n)}$ 的一个 R-同态. 证明：若 η 是满的, 则 η 是单的, 因而 η 是一个 R-自同构. 反之, 设 η 是单的, 问 η 是否是满的?

7. 设 P 为一个 R-模, 如果对于任意 R-模 M 和 N 以及任意的模的满同态 $\eta{:}M \to N$, 任一个模同态 $\varphi{:}P \to N$ 恒可提升为模同态 $\psi{:}P \to M$ 使得 $\eta\psi = \varphi$, 则 P 叫做投射 R-模. 证明：投射 R-模必是某个自由 R-模的直和项.

8. 设 F 为一个自由 R-模, P 为 F 的直和项, 即 F 等于子模 P 和 P' 的直和. 又设 M, N 为两个任意的 R-模, η 为 M 到 N 的一个模同态, 证明: P 到 N 的任一个模同态 φ 恒可提升为 P 到 M 的一个模同态 ψ, 使得 $\eta\psi=\varphi$.

9. 设 $\eta:M\to P$ 是一个满的 R-模同态, 证明: 若 P 是一个投射模, 则存在一个模同态 $\psi:P\to M$ 使得 $\eta\cdot\psi=1_P$, 其中 1_P 是 P 的恒等自同构, 此时 $M=\mathrm{Ker}(\eta)\oplus\mathrm{Im}(\psi)$.

10. 设 P 为一个 R-模, 证明: 如果对于任一 R-模 M 以及任一满的模同态 $\eta:M\to P$, 恒存在模同态 $\psi:P\to M$ 使得 $\eta\cdot\psi=1_P$, 则 P 是一个投射模.

11. 举一个是投射模但不是自由模的例子.

7.4 主理想整环上的自由模

本节研究主理想整环上自由模的性质, 将证明主理想整环上自由模的子模还是自由模, 有限生成模的子模还是有限生成模, 主理想整环上无扭的有限生成模是自由模, 并给出主理想环上有限生成模的第一步分解.

定理 7.4.1 设 R 是一主理想整环, M 是一自由 R-模, 秩为 n, 则 M 的任一子模也是自由 R-模, 并且其秩 $\leqslant n$.

证明 设 N 是 M 的一个子模. 若 $M=\{0\}$, 则结论显然. 下面设 $M\neq\{0\}$ 并对 M 的秩 n 作归纳. 假设结论对秩小于 n 的自由模已经成立.

令 $e_1, e_2, \cdots, e_n$ 是自由模 M 的一组基, 令

$$I_1=\{a_1\mid a_1e_1+\cdots+a_ne_n\in N,\ a_i\in R,\ i=1,2,\cdots,n\}$$

是 N 中元素 $a_1e_1+\cdots+a_ne_n$ 的第一个系数 a_1 所成的集合, 则 I_1 是 R 的一个理想 (自证).

因为 R 是一主理想整环, 则存在 $f\in R$, 使得 $I_1=(f)$.

若 $f=0$, 则 $I_1=(0)$, 于是子模 N 包含在秩为 $n-1$ 的自由模

$$M_1=Re_2+\cdots+Re_n$$

中, 故由归纳假设知, N 是自由 R-模, 并且其秩 $\leqslant n-1$, 从而结论成立.

以下设 $f\neq 0$, 于是在 N 中有一元素

$$h_1=fe_1+\cdots,$$

并且对于 N 中任一元素 $x=a_1e_1+\cdots+a_ne_n$, 有 $a_1=a_1'f$, 于是

$$x-a_1'h_1\in M_1.$$

令 $N_1=N\cap M_1$, 则上面的讨论表明

$$N = Rh_1 + N_1.$$

显然 $Rh_1 \cap N_1 = \{0\}$, 故有

$$N = Rh_1 \oplus N_1.$$

由归纳假设知, N_1 是自由 R-模, 并且其秩 $\leqslant n-1$.

设 $h_2, \cdots, h_r$ 是 N_1 的一组基, $r \leqslant n$, 则有

$$N = Rh_1 \oplus Rh_2 \oplus \cdots \oplus Rh_r.$$

这就证明了, $h_1, h_2, \cdots, h_r$ 是 N 的一组基, 故 N 是一自由 R-模, 且秩 $= r \leqslant n$.

由数学归纳法原理, 定理普遍成立.

注 7.4.1 若 R 不是主理想整环, 那么自由模的子模不一定是自由的. 例如, $R = \mathbf{Z}/6\mathbf{Z}$, R 作为 R-模是秩为 1 的自由模, 但其子模 $N = 2R = \{\overline{0}, \overline{2}, \overline{4}\}$ 就不是自由模.

推论 7.4.1 主理想整环上有限生成模的子模也是有限生成的.

证明 设 M 是主理想整环 R 上一有限生成模, $g_1, g_2, \cdots, g_m$ 是它的一组生成元. 设 N 是 M 的任一子模. 作一秩为 m 的自由模 $R^{(m)}$, 并设 $e_1, e_2, \cdots, e_m$ 为其一组基. 令 $\eta(e_i) = g_i$, $1 \leqslant i \leqslant m$, 则存在满同态

$$\eta: R^{(m)} \to M$$

$$\sum_{i=1}^{m} a_i e_i \mapsto \sum_{i=1}^{m} a_i g_i,$$

令 $K = \eta^{-1}(N) = \{x \in R^{(m)} | \eta(x) \in N\}$, 则 K 是 $R^{(m)}$ 的一个子模. 由定理 7.4.1 知, K 也是自由模, 有一基 $f_1, f_2, \cdots, f_r$. 因为 η 是一个满同态, 故

$$h_1 = \eta(f_1), \quad \cdots, \quad h_r = \eta(f_r)$$

是 N 的一组生成元, 故 N 是有限生成的.

定义 7.4.1 设 R 是主理想整环, M 是 R-模, $\alpha \in M$. 如果存在 $r \in R$, $r \neq 0$ 使得 $r\alpha=0$, 则称 α 为**扭元素** (或**挠元**). 如果不存在非零的 r 使得 $r\alpha=0$, 则 α 称为**自由的** (**R-线性无关的**).

模 M 的零元显然是扭元素.

如果元素 $\alpha \in M$ 是自由的, 那么由 α 生成的子模 $R\alpha$ 是秩为 1 的自由模.

例 7.4.1 交换群作为 $\mathbf{Z}$-模, 扭元素就是有限阶元素.

例 7.4.2 设 V 是域 F 上的线性空间, 则 V 中每个非零元素都是自由的.

例 7.4.3 设 V 是域 F 上的 n 维线性空间, $\boldsymbol{A}$ 是 V 的一个线性变换, $F[\lambda]$ 是一元多项式环. 定义$\lambda\alpha = \boldsymbol{A}(\alpha)$, 则 V 组成一个 $F[\lambda]$-模. 这时, V 的每个元素都是扭元素. (这是因为, V 是 n 维线性空间, 故对任意 $\alpha \in V$, 存在 $m \geqslant n$, 使得 $\alpha, \lambda\alpha, \lambda^2\alpha, \cdots, \lambda^m\alpha$ 线性相关, 从而存在非零多项式 $g(\lambda)$ 使得 $g(\lambda)\alpha = 0$.)

定义 7.4.2 设 M 是 R-模. 如果 M 中每个元素都是扭元素, 则 M 称为**扭模 (挠模)**; 如果 M 中每个非零元素都是自由的, 则 M 称为**无扭模**.

定理 7.4.2 主理想整环 R 上无扭的有限生成模一定是自由模.

证明 设 M 是主理想整环 R 上一无扭的有限生成模, $\alpha_1, \alpha_2, \cdots, \alpha_m$ 是它的一组生成元. 若 $M = \{0\}$, 结论显然成立. 下面设 $M \neq \{0\}$.

因为 M 是无扭模, M 的每个非零元都线性无关, 故在 $\alpha_1, \alpha_2, \cdots, \alpha_m$ 中总可选出一个极大线性无关组, 比如说, 就是 $\alpha_1, \cdots, \alpha_r (r \leqslant m)$. 这就是说, $\alpha_1, \cdots, \alpha_r$ 线性无关, 而 $\alpha_1, \cdots, \alpha_r, \alpha_j (r < j \leqslant m)$ 都线性相关, 于是存在关系

$$c_{j_1}\alpha_1 + \cdots + c_{j_r}\alpha_r + c_j\alpha_j = 0, \quad c_j \neq 0, \quad r < j \leqslant m .$$

令 $N = \langle\alpha_1, \cdots, \alpha_r\rangle$, 则 N 是一自由子模且 $\alpha_1, \cdots, \alpha_r$ 是 N 的基. 令 $c = c_{r+1} \cdots c_m$, 因为 R 是整环, 故 $c \neq 0$. 显然 $c\alpha_i \in N, i = 1, 2, \cdots, m$. 于是映射 $\eta : x \mapsto cx$ 是 M 到 N 的单同态, 故

$$M \cong \eta(M) \leqslant N.$$

因为 N 为自由模, 由定理 7.4.1 知 $\eta(M)$ 也是自由模, 故 M 是自由模.

注 7.4.2 在定理 7.4.2 中, 有限生成这个条件是必要的. 例如, 有理数域 $\mathbf{Q}$ 作为整数环 $\mathbf{Z}$ 上的模是无扭的, 但是任意两个有理数在 $\mathbf{Z}$ 上都是线性相关的, 因此不可能是自由模.

定理 7.4.2 表明, 如果一个有限生成模是无扭的, 则是自由模, 而自由模的结构是清楚的, 完全被秩决定. 下面讨论一般的情形, 将证明一般有限生成模的分解可以归结为有限生成扭模的分解.

设 R 是主理想整环, M 是 R-模. 令 $\mathrm{Tor}(M)$ 是 M 中全体扭元素组成的子集, 即

$$\mathrm{Tor}(M) = \{\alpha \in M \mid 存在\ r \in R,\ r \neq 0\ 使得\ r\alpha = 0\}$$

则 $\mathrm{Tor}(M)$ 是 M 的子模, 称为 **M 的扭子模**.

定理 7.4.3 设 M 是主理想整环 R 上的有限生成模, 则 $M/\mathrm{Tor}(M)$ 是无扭模, 且是自由模.

证明 先证 $M/\mathrm{Tor}(M)$ 为无扭模. 设 $\alpha+\mathrm{Tor}(M)$ 是 $M/\mathrm{Tor}(M)$ 的一个扭元, 则存在 $r \in R$, $r \neq 0$ 使得

$$r(\alpha+\mathrm{Tor}(M))=\mathrm{Tor}(M),$$

即 $r\alpha\in\mathrm{Tor}(M)$. 于是存在 $s\in R$, $s\neq 0$ 使得 $s(r\alpha)=0$, 即 $(sr)\alpha=0$. 又因为 R 为整环, 故 $sr\neq 0$, 从而

$$\alpha\in\mathrm{Tor}(M),$$

即 $\alpha+\mathrm{Tor}(M)=\mathrm{Tor}(M)$, 因此 $M/\mathrm{Tor}(M)$ 为无扭模. 又因为 $M/\mathrm{Tor}(M)$ 是有限生成模, 故由定理 7.4.2 知, $M/\mathrm{Tor}(M)$ 是自由模.

令

$$M/\mathrm{Tor}(M)\cong R^{(t)}$$

是一秩为 t 的自由模, 并令 $\gamma: M\to M/\mathrm{Tor}(M)$ 为模的自然同态, 因为 γ 为满同态且 $\mathrm{Ker}(\gamma)=\mathrm{Tor}(M)$, 故由 7.3 节的推论 7.3.3 知, 存在 M 的子模 L 使得

$$M=\mathrm{Tor}(M)\oplus L.$$

又因为 $L\cong M/\mathrm{Tor}(M)\cong R^{(t)}$, 所以 L 是自由模. 这就证明了

定理 7.4.4　主理想整环 R 上任一有限生成模 M 都可以分解成它的扭子模 $\mathrm{Tor}(M)$ 与一自由子模 L 的直和, 并且 L 的秩是唯一决定的.

一般来说, 自由子模 L 不是唯一决定的, 读者不难举出这样的例子.

自由模 $M/\mathrm{Tor}(M)$ 的秩通常称为**模 M 的秩**.

由定理 7.4.4 知, 有限生成模的分解就归结为它的扭子模 $\mathrm{Tor}(M)$ 的分解. 因为 $\mathrm{Tor}(M)$ 也是有限生成的, 所以下面我们重点讨论有限生成扭模的分解.

习　题　7.4

1. 设 M 为主理想整环 R 上的自由模, $x_1,x_2,\cdots,x_n$ 是一组基, $y_1=a_1x_1+\cdots+a_nx_n$. 如果 $(a_1,\cdots,a_n)=1$, 则存在 $y_2,\cdots,y_n$, 使 $y_1,y_2,\cdots,y_n$ 是 M 的一组基.

2. 设 M 为主理想整环 R 上的有限生成模, $x_1, x_2, \cdots, x_n$ 是一组生成元, $y_1=a_1x_1+\cdots+a_nx_n$. 如果 $(a_1,\cdots,a_n)=1$, 则存在 $y_2, \cdots, y_n$, 使 $y_1, y_2, \cdots, y_n$ 是 M 的一组生成元.

3. 设 M 为主理想整环 R 上一秩为 n 的自由模, $x_1, x_2, \cdots, x_n$ 是一组基, 令

$$y_1=a_1x_1+\cdots+a_nx_n,\quad z_1=b_1x_1+\cdots+b_nx_n,$$

如果 $(a_1,\cdots,a_n)\sim(b_1,\cdots,b_n)$, 则存在 M 的一个模自同构使得 $\eta(y_1)=z_1$.

4. 设 R 是主理想整环 (交换环), M 是 R-模. 令 $\mathrm{Tor}(M)$ 是 M 中全体扭元素组成的子集, 即

$$\mathrm{Tor}(M)=\{\alpha\in M\mid 存在\ r\in R,\ r\neq 0\ 使得\ r\alpha=0\}$$

则 $\mathrm{Tor}(M)$ 是 M 的子模.

7.5 有限生成扭模的分解

设 M 是主理想整环 R 上一有限生成的扭模. 对任意 $a \in R$, 定义

$$M\,(a) = \{x \in M \mid ax\; = 0\},$$

显然 $M\,(a)$ 是 M 的子模, 且有性质 (自证):

(1) 若 $a \mid b$, 则 $M\,(a) \subseteq\; M\,(b)$;

(2) 若 u 可逆, 则 $M\,(u) = \{0\}$, $M\,(ua) = M\,(a)$;

(3) $M\,(0) = M$;

(4) 对任意 $a, b \in R$, 令 $d = (a,\, b)$, 则

$$M\,(d) = M\,(a) \cap M\,(b).$$

利用上面的性质, 我们可以证明

引理 7.5.1 设 $a, b \in R$, $(a,\, b) = 1$, 则

$$M\,(a) \cap M\,(b) = \{0\},$$

$$M\,(ab) = M\,(a) \oplus M\,(b).$$

证明 根据上面的讨论, 有

$$M\,(a) \cap M\,(b) = M\,((a,\, b)) = M\,(1) = \{0\}.$$

由 $M\,(a) \subseteq M\,(ab)$, $M\,(b) \subseteq M\,(ab)$ 知, $M\,(a) + M\,(b) \subseteq M\,(ab)$.

反之, 设 $x \in M\,(ab)$, 即 $abx\; = 0$, 则有 $ax\in M\,(b)$, $bx\in M\,(a)$. 又因为 $(a,\, b) = 1$, 故存在 $u, v \in R$, 使得 $1= ua\, +vb$, 于是有

$$x\; = uax\; +vbx \in M\,(a) + M\,(b),$$

故

$$M\,(ab) = M\,(a) + M\,(b).$$

再由 $M\,(a) \cap M\,(b) = \{0\}$, 即得 $M\,(ab) = M\,(a) \oplus M\,(b)$.

定理 7.5.1 设 R 是主理想整环, M 是 R-模. 设 $a \in R$, $a \neq 0$,$a = up_1^{n_1} \cdots p_r^{n_r}$, 其中 u 为可逆元, $p_1, \cdots, p_r$ 为互不相伴的素元, $r \geqslant 1$. 于是有

$$M(a) = \bigoplus_{i=1}^{r} M(p_i^{n_i}).$$

证明　对 r 作归纳法. 当 $r=1$ 时, 结论显然.

当 $r>1$ 时, 显然有 $(up_1^{n_1}\cdots p_{r-1}^{n_{r-1}}, p_r^{n_r})=1$, 故由引理 7.5.1 即得

$$M(a)=M(up_1^{n_1}\cdots p_{r-1}^{n_{r-1}})\oplus M(p_r^{n_r}),$$

对 $M(up_1^{n_1}\cdots p_{r-1}^{n_{r-1}})$ 由归纳假设知,

$$M(up_1^{n_1}\cdots p_{r-1}^{n_{r-1}})=M(p_1^{n_1}\cdots p_{r-1}^{n_{r-1}})=\bigoplus_{i=1}^{r-1}M(p_i^{n_i}),$$

故有

$$M(a)=\bigoplus_{i=1}^{r}M(p_i^{n_i}).$$

对于主理想整环 R 中任一元素 p, 显然有

$$M(p)\subseteq M(p^2)\subseteq\cdots,$$

则并集 $\bigcup\limits_{i=1}^{\infty}M(p^i)$ 是 M 的一个子模 (自证).

定义 7.5.1　对于主理想整环 R 中任一素元素 p, 子模 $M_p=\bigcup\limits_{i=1}^{\infty}M(p^i)$ 称为 M 的 $\boldsymbol{p}$ **分量** ($\boldsymbol{p}$ **分支**).

引理 7.5.2　设 R 是主理想整环, M 是 R 上的有限生成扭模, $x_1,\cdots,x_r$ 是 M 的一组生成元. 则有

(1) $\operatorname{ann}(M)=\bigcap\limits_{i=1}^{r}\operatorname{ann}(x_i)$;

(2) 存在 $a\in R$, $a\neq 0$ 使得 $\operatorname{ann}(M)=(a)$.

证明　(1) 由于 $\operatorname{ann}(M)=\bigcap\limits_{x\in M}\operatorname{ann}(x)$, 且 $x_1,\cdots,x_r$ 是 M 的一组生成元, 结论显然.

(2) 因为 $x_1,\cdots,x_r$ 均是扭元素, 故存在 $a_i\neq 0$ 使得 $\operatorname{ann}(x_i)=(a_i)$, $i=1,2,\cdots,r$. 又因为 R 是主理想整环, 故存在 $a\in R$, 使得 $\bigcap\limits_{i=1}^{r}(a_i)=(a)$, 从而 $\operatorname{ann}(M)=(a)$.

定理 7.5.2　设 M 是主理想整环 R 上的有限生成扭模, $\operatorname{ann}(M)=(a)$, $a=up_1^{n_1}\cdots p_r^{n_r}$, 其中 u 为可逆元, $p_1,\cdots,p_r$ 为互不相伴的素元, $r\geqslant 1$, 则有

(1) $M=\bigoplus\limits_{i=1}^{r}M(p_i^{n_i})$,

(2) 若 p 是一个与 $p_1,\cdots,p_r$ 都不相伴的素元, 则

$$M_p=\{0\},\quad M_{p_i}=M(p_i^{n_i}),\quad i=1,2,\cdots,r.$$

证明 (1) 由 $\operatorname{ann}(M)=(a)$ 即知 $M\ (a)=M$, 于是由定理 7.5.1 即有

$$M=\bigoplus_{i=1}^{r}M(p_i^{n_i}).$$

(2) 要证 $M_p=\{0\}$, 只需证对任意 j, 有 $M(p^j)=\{0\}$. 因为 $(p^j,a)=1$, 故由引理 7.5.1 即得

$$\{0\}=M(a)\cap M(p^j)=M\cap M(p^j)=M(p^j).$$

为了证明 $M_{p_i}=M(p_i^{n_i})$, 我们来证, 对任意 $t\geqslant n_i$, 有 $M(p_i^t)=M(p_i^{n_i})$. 因为 $(p_i^t,a)=p_i^{n_i}$, 故有

$$M(p_i^t)=M(p_i^t)\cap M=M(p_i^t)\cap M(a)=M(p_i^{n_i}).$$

定理 7.5.2 说明, 任一有限生成的扭模都可以分解成有限多个 p 分量的直和, 而定理 7.5.2 的结论 (2) 说明这种分解是唯一的:

$$M=\bigoplus_{i=1}^{r}M_{p_i}=M_{p_1}\oplus\cdots\oplus M_{p_r}.$$

并且由定理 7.5.2 中结论 (1) 的证明知, $\operatorname{ann}(M_{p_i})=\operatorname{ann}(M(p_i^{n_i}))=(p_i^{n_i})$.

定义 7.5.2 设 M 是主理想整环 R 上一有限生成模. 如果 $\operatorname{ann}(M)=(p^n)$, 其中 p 是素元, 则模 M 称为一 **p 模**.

显然, p 模必是扭模. 于是定理 7.5.2 就可以写成: 主理想整环上任一有限生成扭模都能分解成一些 p 模的直和. 下面将进一步把 p 模再分解成一些循环 p 模的直和. 这就是

定理 7.5.3 主理想整环上的任一有限生成 p 模都可以分解成有限多个循环 p 模的直和.

证明 设 $x_1,x_2,\cdots,x_r$ 是 M 的一组生成元, 我们对生成元的个数 r 作归纳证明下列结论: 主理想整环 R 上由 r 个元素生成的 p 模可以分解成不超过 r 个循环 p 模的直和.

当 $r=1$ 时, 结论自然成立.

假设结论对生成元个数 $<r$ 时已经成立, 现在来证生成元的个数 $=r$ 的情形.

因为 M 是 p 模, 所以有

$$\operatorname{ann}(x_i)=(p^{mi}),\quad i=1,2,\cdots,r,$$

在 $m_1,m_2,\cdots,m_r$ 中取一最小的, 譬如说是 m_r, 即

$$m_i \geqslant m_r, \quad i = 1, 2, \cdots, r-1.$$

令 M_1 为 $x_1, x_2, \cdots, x_{r-1}$ 生成的模. 由归纳法假设, M_1 有分解式

$$M_1 = N_1 \oplus \cdots \oplus N_s, \quad s \leqslant r-1,$$

其中 $N_i = Ry_i$, $\mathrm{ann}\,(y_i) = (p^{t_i})$, $i = 1, 2, \cdots, s$.

(1) 如果 $M_1 \cap Rx_r = \{0\}$, 则

$$M = M_1 \oplus Rx_r = Ry_1 \oplus \cdots Ry_s \oplus Rx_r,$$

结论成立.

(2) 如果 $M_1 \cap Rx_r \neq \{0\}$, 显然 M 可以由 $y_1, \cdots, y_s, x_r$ 生成.

(2.1) 如果 $s < r-1$, 则由归纳法假设, 结论成立.

(2.2) 如果 $s = r-1$, 此时不妨假定 $t_i \geqslant m_r$, $i = 1, 2, \cdots, r-1$. 否则, 譬如 $t_1 < m_r$, 我们就取 y_1 代替原来的 x_r, 考虑 $y_2, \cdots, y_{r-1}, x_r$ 生成的子模 M_2, 重复以上的步骤. 经过有限步之后, 我们总可以达到 $t_i \geqslant m_r$, $i = 1, 2, \cdots, r-1$ 的情形.

(2.2.1) 如果 $Rx_r \subseteq M_1$, 则 $M = M_1$, 于是由归纳法假设知, 结论成立.

(2.2.2) 否则, 考虑商模 M / M_1. 可以证明存在 $x_r + M_1$ 中元素 y_r 使得 $M = M_1 \oplus Ry_r$.

令 $\bar{x}_r$ 为 x_r 在 M / M_1 中的象. 显然 $p^{m_r} \in \mathrm{ann}(x_r)$, 从而有

$$\mathrm{ann}(\bar{x}_r) = (p^k), \quad k \leqslant m_r.$$

由 $p^k \cdot \bar{x}_r = \bar{0}$, 得 $p^k x_r \in M_1$, 故存在 $a_1, \cdots, a_{r-1} \in R$, 使得

$$p^k x_r = a_1 y_1 + \cdots + a_{r-1} y_{r-1},$$

两边乘以 p^{m_r-k} 得

$$0 = p^{m_r-k} a_1 y_1 + \cdots + p^{m_r-k} a_{r-1} y_{r-1}.$$

由直和分解 $M_1 = N_1 \oplus \cdots \oplus N_s$, $N_i = Ry_i$, $\mathrm{ann}(y_i) = (p^{t_i})$, 可知

$$p^{t_i} | p^{m_r-k} a_i, \text{ 即 } p^{k+t_i-m_r} | a_i, \quad i = 1, 2, \cdots, r-1.$$

由于 $t_i \geqslant m_r$, 故有 $p^k | a_i$, 从而存在 $c_i \in R$, 使得

$$a_i = p^k c_i, \quad i = 1, 2, \cdots, r-1.$$

于是

$$p^k x_r = p^k c_1 y_1 + \cdots + p^k c_{r-1} y_{r-1},$$

即

$$p^k \left(x_r - c_1 y_1 - \cdots - c_{r-1} y_{r-1}\right) = 0.$$

令 $y_r = x_r - c_1 y_1 - \cdots - c_{r-1} y_{r-1}$, 显然 $\bar{x}_r = \bar{y}_r$, $\operatorname{ann}(y_r) \subseteq \operatorname{ann}(\bar{y}_r)$, 由此可得

$$\operatorname{ann}(y_r) = (p^k) = \operatorname{ann}(\overline{y_r}),$$

并且 $M_1 \cap Ry_r = \{0\}$. 事实上, 对任意 $x = cy_r \in M_1 \cap Ry_r$, 有 $\bar{x} = \bar{0}$, 即 $\overline{cy_r} = \bar{0}$, 从而 $c \in \operatorname{ann}(\bar{y}_r) = \operatorname{ann}(y_r)$, 故 $cy_r = 0$, 即 $x = 0$, 故 $M_1 \cap Ry_r = \{0\}$.

因为 $M_1 \cap Ry_r = \{0\}$, 故此时有

$$M = M_1 \oplus Ry_r = Ry_1 \oplus \cdots Ry_s \oplus Ry_r,$$

故定理得证.

结合定理 7.5.2 与定理 7.5.3, 我们有

定理 7.5.4 主理想整环 R 上的任一有限生成扭模 M 都可分解成一些循环 p 模的直和, 即,

$$M = \bigoplus_{i=1}^{m} N_i, \tag{7.5.1}$$

其中 $N_i = Ry_i$, $\operatorname{ann}(N_i) = \operatorname{ann}(y_i) = (p_i^{n_i})$, p_i 为 R 中的素元, $i = 1, \cdots, m$.

分解式 (7.5.1) 中涉及的素元 $p_1, p_2, \cdots, p_m$ 有可能是相伴的, 而相伴的元素生成相同的理想, 因此我们可以约定相伴的元素都用同一个素元表示. 重新排列 $N_1, N_2, \cdots, N_m$ 的次序, 定理中 m 个素元的方幂 $p_1^{n_1}, \cdots, p_m^{n_m}$ 可以排成

$$\begin{array}{c} p_1^{n_{11}}, \cdots, p_1^{n_{1r_1}} \\ \cdots\cdots \\ p_s^{n_{s1}}, \cdots, p_s^{n_{sr_s}} \end{array} \tag{7.5.2}$$

其中 $p_1, \cdots, p_s$ 互不相伴且

$$n_{i1} \geqslant n_{i2} \geqslant \cdots \geqslant n_{ir_i}, \quad i = 1, \cdots, s.$$

显然, 元素组 (7.5.2) 在同构的意义下唯一地决定了分解式 (7.5.1).

习 题 7.5

1. 设 R 是主理想整环 (交换环), 对任意 $a \in R$, 定义 $M(a) = \{x \in M \mid ax = 0\}$, 则有:

(1) $M(a)$ 是 M 的子模, 并且 $M(a) \subseteq M(a^2) \subseteq \cdots$,

(2) 并集 $\bigcup_{i=1}^{\infty} M(a^i)$ 也是 M 的一个子模.

2. 证明：主理想整环上循环 p 模不能分解成两个非零子模的直和.

7.6　有限生成模的标准分解及其唯一性

设 R 是主理想整环, M 是有限生成 R-模. 由定理 7.4.4, 有

$$M = \mathrm{Tor}(M) \oplus F,$$

其中 F 为自由模, $F \cong R^{(t)}$, $\mathrm{Tor}(M)$ 为 M 的扭子模. 再由定理 7.5.4, 有

$$\mathrm{Tor}(M) = \bigoplus_{i=1}^{m} N_i,$$

其中 $N_i = Ry_i$, $\mathrm{ann}(N_i) = \mathrm{ann}(y_i) = (p_i^{n_i})$, p_i 为 R 中的素元, $i = 1, \cdots, m$. 由此可以得到如下有限生成模的**第一标准分解**.

定理 7.6.1　主理想整环 R 上任一有限生成模 M 都可以分解成一自由子模与若干个循环 p 模的直和, 即

$$M = F \oplus \bigoplus_{i=1}^{s} \bigoplus_{j_i=1}^{r_i} N_{ij_i},$$

其中 $F \cong R^{(t)}$, $\mathrm{ann}(N_{ij_i}) = (p_i^{n_{ij_i}})$, $p_1, \cdots, p_s$ 是互不相伴的素元且

$$n_{i1} \geqslant n_{i2} \geqslant \cdots \geqslant n_{ir_i}, \quad i = 1, \cdots, s,$$

t 被 M 唯一决定, 称为 M 的**秩**.

在这个分解式中, 属于不同的素元的循环 p 模可以合并为一些较大的循环模. 为此, 我们先证明

引理 7.6.1　设 M 是主理想整环 R 上的模, $x, y \in M$, $\mathrm{ann}(x) = (f)$, $\mathrm{ann}(y) = (g)$. 如果 $(f, g) = 1$, 则

$$Rx + Ry = R(x + y),$$

且 $\mathrm{ann}(x + y) = (fg)$.

证明　显然 $R(x + y) \subseteq Rx + Ry$, 下面证 $Rx + Ry \subseteq R(x + y)$.

由于 $(f, g) = 1$, 故存在 $u, v \in R$, 使得 $uf + vg = 1$, 于是

$$vg(x + y) = vgx = (1 - uf)x = x \in R(x + y),$$

同理 $uf(x + y) = ufy = (1 - vg)y = y \in R(x + y)$, 这就证明了

$$Rx + Ry \subseteq R(x + y)$$

故有 $Rx + Ry = R(x + y)$.

令 $\operatorname{ann}(x + y) = (h)$. 显然, $fg \in \operatorname{ann}(x + y)$, 故 $(fg) \subseteq (h)$.

反过来, 由 $\operatorname{ann}(x) = (f)$, $\operatorname{ann}(y) = (g)$ 和 $hfy = hf(x + y) = 0$ 知, $g \mid hf$. 又因为 $(f, g) = 1$, 故 $g|h$. 同理由 $hgx = hg(x + y) = 0$ 得 $f \mid h$, 故有 $fg \mid h$, 从而 $(h) \subseteq (fg)$.

综上知 $(fg) = (h)$, 从而 $\operatorname{ann}(x + y) = (h) = (fg)$.

利用引理 7.6.1, 由定理 7.6.1 不难给出如下有限生成模的**第二标准分解**.

定理 7.6.2 主理想整环 R 上任一有限生成模 M 都可以分解成一自由子模与若干个循环模的直和, 即

$$M = F \oplus \bigoplus_{k=1}^{l} M_k,$$

其中 $F \cong R^{(t)}$, $M_k = Rz_k$, $\operatorname{ann}(M_k) = (d_k)$, 且

$$d_{k+1} | d_k, \quad k = 1, \cdots, l - 1.$$

证明 由定理 7.6.1 知, M 有第一标准分解

$$M = F \oplus \bigoplus_{i=1}^{s} \bigoplus_{j_i=1}^{r_i} N_{ij_i},$$

其中 $F \cong R^{(t)}$, $N_{ij_i} = Ry_{ij_i}$, $\operatorname{ann}(N_{ij_i}) = (p_i^{n_{ij_i}})$, $p_1, \cdots, p_s$ 是互不相伴的素元.

令 $l = \max\limits_i(r_i)$, 并设

$$z_{ij} = \begin{cases} y_{ij_i}, & j \leqslant r_i \\ 0, & j > r_i \end{cases},$$

再令 $x_k = z_{1k} + z_{2k} + \cdots + z_{sk}$, $k = 1, \cdots, l$. 由引理 7.6.1 可知

$$Rx_k = Rz_{1k} + Rz_{2k} + \cdots + Rz_{sk}, \quad k = 1, \cdots, l,$$

且 $\operatorname{ann}(x_k) = (p_1^{n_{1k}} p_2^{n_{2k}} \cdots p_l^{n_{lk}})$, 这里约定当 $k > r_i$ 时 $n_{ik} = 0$.

令 $Rx_k = M_k$, $\operatorname{ann}(x_k) = (d_k)$, 于是我们有

$$M = F \oplus \bigoplus_{k=1}^{l} M_k,$$

且 $d_{k+1} | d_k$, $k = 1, \cdots, l - 1$.

例 7.6.1 设主理想整环 R 上有限生成模 M 的第一标准分解为

$$M = F \oplus (N_{11} \oplus N_{12} \oplus N_{13} \oplus N_{21} \oplus N_{22} \oplus N_{31} \oplus N_{32} \oplus N_{33} \oplus N_{34}),$$

其中 $N_{ij_i} = Ry_{ij_i}, \operatorname{ann}(N_{ij_i}) = (p_i^{n_{ij_i}})$, M 的初等因子为

$$\begin{array}{llll} p_1^{n_{11}}, & p_1^{n_{12}}, & p_1^{n_{13}}, & \\ p_2^{n_{21}}, & p_2^{n_{22}}, & & \\ p_3^{n_{31}}, & p_3^{n_{32}}, & p_3^{n_{33}}, & p_3^{n_{34}}, \end{array}$$

其中 $n_{11} \geqslant n_{12} \geqslant n_{13}$, $n_{21} \geqslant n_{22}, n_{31} \geqslant n_{32} \geqslant n_{33} \geqslant n_{34}$.

令 $\alpha_1 = y_{11} + y_{21} + y_{31}$, $\alpha_2 = y_{12} + y_{22} + y_{32}$, $\alpha_3 = y_{13} + y_{33}$, $\alpha_4 = y_{34}$, 则有

$$M = F \oplus (M_1 \oplus M_2 \oplus M_3 \oplus M_4),$$

其中 $M_k = R\alpha_k, k = 1, \cdots, 4$, $\operatorname{ann}(M_1) = (p_1^{n_{11}} p_2^{n_{21}} p_3^{n_{31}})$, $\operatorname{ann}(M_2) = (p_1^{n_{12}} p_2^{n_{22}} p_3^{n_{32}})$, $\operatorname{ann}(M_3) = (p_1^{n_{13}} p_3^{n_{33}}), \operatorname{ann}(M_4) = (p_3^{n_{34}})$.

记 $\operatorname{ann}(M_k) = (d_k)$, 则有 $d_{k+1} | d_k$, $k = 1, 2, 3$.

下面来讨论有限生成模标准分解的唯一性问题. 在两种标准分解式中, 子模 N_{ij_i} 和 M_k 一般来说不是唯一决定的. 我们将要证明: 在第一标准分解

$$M = F \oplus \bigoplus_{i=1}^{s} \bigoplus_{j_i=1}^{r_i} N_{ij_i}$$

中, 自由子模 F 的秩以及 N_{ij_i} 的零化子组

$$\operatorname{ann}(N_{ij_i}) = (p_i^{n_{ij_i}}), \quad i = 1, \cdots, s;\ j_i = 1, \cdots, r_i$$

是被 M 唯一决定的. 同样第二标准分解

$$M = F \oplus \bigoplus_{k=1}^{l} M_k,$$

中, 自由子模 F 的秩以及 M_k 的零化子组

$$\operatorname{ann}(M_k) = (d_k), \quad k = 1, \cdots, l$$

是被 M 唯一决定的.

由于这两个标准分解互相唯一决定, 所以只需要证明其中的一个具有上述的唯一性就行了. 下面就第一标准分解来讨论唯一性. 自由子模 F 的秩被 M 唯一决定, 前面已经证明了, 而 $\operatorname{Tor}(M)$ 是被 M 唯一决定的, 因此下面的讨论可以限制在扭模的情形.

我们先给出证明唯一性时需要用到的几个引理.

引理 7.6.2 设 M 是环 R 上的一个模, 它有直和分解

$$M = \bigoplus_{k=1}^{m} M_k,$$

则对任意 $a \in R$, 有

$$aM = \bigoplus_{k=1}^{m} aM_k,$$

$$M/aM = \bigoplus_{k=1}^{m} M_k/aM_k.$$

利用模直和的性质, 可以证明引理 7.6.1 成立, 证明留作习题.

引理 7.6.3 设 N 是主理想整环 R 上一循环 p 模, p 是 R 中一素元. 对于 R 中任一元素 q, 有

(1) 若 q 与 p 不相伴, 则 $qN = N$;

(2) 若 q 与 p 相伴, 则 N/qN 为循环 p 模, 且 $\operatorname{ann}(N/qN) = (p)$.

证明 令 $N = R\alpha$, $\operatorname{ann}(\alpha) = (p^i)$.

(1) 若 q 与 p 不相伴, 则 $(p^i, q) = 1$, 于是存在 $u, v \in R$, 使得 $up^i + vq = 1$, 故有

$$\alpha = (up^i + vq)\alpha = vq\alpha \in qN,$$

这就证明了 $qN = N$.

(2) 若 q 与 p 相伴, 不妨设 $q = p$. 显然, N/qN 非零模.

由于循环模的商模还是循环模, 故 N/qN 是循环模. 又因为 $p \in \operatorname{ann}(N/qN)$, 而 p 为素元, 故有 $\operatorname{ann}(N/qN) = (p)$, 从而 N/qN 是循环 p 模.

引理 7.6.4 设 M 是主理想整环 R 上一有限生成的 p 模, p 是 R 中一素元, $\operatorname{ann}(M) = (p)$, 则 M 的第一标准分解

$$M = M_1 \oplus M_2 \oplus \cdots \oplus M_r$$

中有 $\operatorname{ann}(M_i) = (p)$, $i = 1, \cdots, r$, 且 r 是唯一决定的.

证明 由 $M_i \subseteq M$ 可知, $\operatorname{ann}(M_i) \supseteq \operatorname{ann}(M) = (p)$. 因为 R 是主理想整环, 素元 p 生成的理想 (p) 是极大理想, 故有

$$\operatorname{ann}(M_i) = \operatorname{ann}(M) = (p), \quad i = 1, \cdots, r.$$

因为 $\operatorname{ann}(M) = (p)$, 所以 M 可以看成商环 $R/(p)$ 上的模, 而 $R/(p)$ 是域, M 也可以看成域 $R/(p)$ 上一线性空间, r 正是这个线性空间的维数, 当然是唯一的.

下面来证明有限生成模第一标准分解的唯一性.

设 M 是主理想整环 R 上一有限生成的扭模, 它的第一标准分解为

$$M = \bigoplus_{i=1}^{s} \bigoplus_{j_i=1}^{r_i} N_{ij_i}$$

$$\text{ann}(N_{ij_i}) = (p_i^{n_{ij_i}}), \quad i = 1, \cdots, s;\ j_i = 1, \cdots, r_i.$$

设 q 为 R 中任一素元, 由引理 7.6.1, 有

$$M/qM = \bigoplus_{i=1}^{s} \bigoplus_{j_i=1}^{r_i} N_{ij_i}/qN_{ij_i}.$$

由引理 7.6.2, 当 q 不与 $p_1, \cdots, p_s$ 中任一个相伴时, 我们有 $M/qM = \{0\}$, 而当 q 与 $p_1, \cdots, p_s$ 中某一个相伴, 譬如说 $q = p_1$ 时, 我们有

$$M/p_1M = N_{11}/p_1N_{11} \oplus \cdots \oplus N_{1r_1}/p_1N_{1r_1},$$

而 r_1 就是域 $R/(p_1)$ 上线性空间 M/p_1M 的维数. 换句话说, M/p_1M 在域 $R/(p_1)$ 上线性空间的维数就是元素组

$$\begin{gathered} p_1^{n_{11}}, \cdots, p_1^{n_{1r_1}}, \\ \cdots\cdots \\ p_s^{n_{s1}}, \cdots, p_1^{n_{sr_s}} \end{gathered}$$

中 p_1 的方幂的个数. 因此, r_1 与分解无关, 是被 M 唯一决定的.

再看 p_1M/p_1^2M 在域 $R/(p_1)$ 上的维数. 同样

$$p_1M/p_1^2M = p_1N_{11}/p_1^2N_{11} \oplus \cdots \oplus p_1N_{1r_1}/p_1^2N_{1r_1},$$

显然 $\text{ann}(p_1N_{1j}) = (p_1^{n_{1j}-1})$, 因此 p_1M/p_1^2M 在 $R/(p_1)$ 上的维数就是元素组

$$p_1^{n_{11}-1}, \quad \cdots, \quad p_1^{n_{1r_1}-1}$$

中 p_1 的方幂的个数, 或者说是元素组

$$p_1^{n_{11}}, \quad \cdots, \quad p_1^{n_{1r_1}}$$

中 $p_1^t (t \geqslant 2)$ 的个数.

一般地, $p_1^kM/p_1^{k+1}M$ 在域 $R/(p_1)$ 上的维数就是元素组

$$p_1^{n_{11}}, \quad \cdots, \quad p_1^{n_{1r_1}}$$

中 $p_1^t(t \geqslant k+1)$ 的个数.

由此可见, 在域 $R/(p_1)$ 上, $p_1^{k-1}M/p_1^kM$ 与 $p_1^kM/p_1^{k+1}M$ 的维数之差就是元素组

$$p_1^{n_{11}}, \quad \cdots, \quad p_1^{n_{1r_1}}$$

中 p_1^k 的个数.

这就证明了

定理 7.6.3 设 M 为主理想整环 R 上一有限生成扭模, 它的第一标准分解是

$$M = \bigoplus_{i=1}^{s} \bigoplus_{j_i=1}^{r_i} N_{ij_i},$$

其中 $\operatorname{ann}(N_{ij_i}) = (p_i^{n_{ij_i}}), i = 1, \cdots, s;\ j_i = 1, \cdots, r_i$, 则元素组

$$\begin{array}{ccc} p_1^{n_{11}}, & \cdots, & p_1^{n_{1r_1}}, \\ & \cdots\cdots & \\ p_s^{n_{s1}}, & \cdots, & p_1^{n_{sr_s}} \end{array}$$

在相伴的意义下是被 M 唯一决定的.

由第一标准分解和第二标准分解的关系, 同时也就证明了

定理 7.6.4 设 M 为主理想整环 R 上一有限生成扭模, 它的第一标准分解是

$$M = \bigoplus_{k=1}^{l} M_k,$$

其中 $\operatorname{ann}(M_k) = (d_k), d_{k+1} \,|\, d_k, k = 1, \cdots, l-1$, 则元素组 $d_1, d_2, \cdots, d_l$ 在相伴的意义下是被 M 唯一决定的.

注 7.6.1 由定理 7.6.4 和不变因子间的整除关系容易得到 $\operatorname{ann}(M) = (d_l)$. 设 M 为主理想整环 R 上一有限生成模, 由 $\operatorname{Tor}(M)$ 的第一标准分解所确定的元素组 $p_1^{n_{11}}, \cdots, p_1^{n_{1r_1}}; \cdots; p_s^{n_{s1}}, \cdots, p_s^{n_{sr_s}}$ 称为 M 的**初等因子**, 由 $\operatorname{Tor}(M)$ 的第二标准分解所确定的元素组 $d_1, \cdots, d_l$ 称为 M 的**不变因子**, 它们都是由模 M 唯一决定的.

对于主理想整环 R 上一有限生成模 M, 它的秩与初等因子或者秩与不变因子是刻画模 M 的结构的一组**完全不变量**.

习 题 7.6

1. 证明: 主理想整环 R 上一扭模 M 是不可约的 (即没有非平凡的子模) 当且仅当 $M = Rz$ 且 $\operatorname{ann}(z) = (p)$, 其中 p 是 R 的一个素元.

2. 设 M 是主理想整环 R 上一有限生成的扭模, 证明: M 不能分解成两个非零子模的直和的充要条件为 $M = Rz$ 且 $\operatorname{ann}(z) = (p^e)$, 这里 p 是 R 的一个素元, $e \geqslant 1$.

3. 设 M 是主理想整环 R 上的模, N 是 M 的一个子模. 如果从方程 $ax = z$, $a \in R$, $z \in \boldsymbol{N}$, 在 M 中有解就可推知它在 N 中也有解, 则 N 称为**纯子模**. 证明: 如果子模 N 是 M 的一个直和项, 则 N 是一个纯子模.

4. 设 M 是主理想整环 R 上的模, N 是 M 的一个纯子模, 则在每个陪集 $x+N$ 中有一元素 y 使得 $\operatorname{ann}(y) = \operatorname{ann}(\bar{x})$, 这里 $\bar{x}$ 表示 x 在商模 M/N 中的象.

5. 设 M 是主理想整环 R 上一有限生成模, N 是 M 的一个纯子模, 则 N 是 M 的一个直和项.

6. 设 M 是主理想整环 R 上一有限生成扭模, $z \in M$ 适合条件 "对所有 $x \in M$, 有 $\operatorname{ann}(z) \subseteq \operatorname{ann}(x)$", 则 Rz 是 M 的一个直和项.

7. 设 R 为一交换环, 如果 R 上的自由模的子模都是自由的, 则 R 为一主理想整环.

8. 设 M 是环 R 上的一个模, 它有直和分解 $M = \bigoplus\limits_{k=1}^{m} M_k$, 则对任意 $a \in R$, 有

$$aM = \bigoplus_{k=1}^{m} aM_k, \quad M/aM = \bigoplus_{k=1}^{m} M_k/aM_k.$$

7.7 有限生成模分解的应用

本节介绍有限生成模分解的两个应用, 考虑有限生成交换群的分解和有限维线性空间上线性变换的标准形问题, 用到整数环 $\mathbf{Z}$ 上有限生成模和域 F 的一元多项式环 $F[\lambda]$ 上有限生成模分解的结构.

1. 有限生成交换群的分解

设 G 是一个有限生成加法交换群, 则 G 是一个有限生成 $\mathbf{Z}$-模. 于是

$$G = \operatorname{Tor}(G) \oplus F, \quad F \cong \mathbf{Z}^{(r)}.$$

令 $G_0 = \operatorname{Tor}(G)$, 并设 $G_0 = \langle x_1, \cdots, x_m \rangle$, x_i 的阶为 n_i. 于是 G_0 的每个元素 x 可以表示成

$$x = k_1x_1 + \cdots + k_mx_m, \quad 0 \leqslant k_i \leqslant n_i - 1,$$

故 G_0 为有限交换群. 由西罗定理知, 一个有限交换群 G_0 可以分解成它的西罗 p_i-子群 G_{p_i} 的直和

$$G_0 = G_{p_1} \oplus \cdots \oplus G_{p_t},$$

这里的每个西罗 p_i-子群就是 7.5 节的定理 7.5.2 给出的 G_0 的 p_i-分量.

再由 7.5 节的定理 7.5.3 知, 每个有限交换 p 群 G_p 又能分解成一些循环 p-子群的直和, 即

$$G_p = \bigoplus_i \mathbf{Z}\alpha_i,$$

其中 $o(\alpha_i) = p^{e_i}$, $e_1 \geqslant e_2 \geqslant \cdots$, $p^{e_1}, p^{e_2}, \cdots$ 是 G_p 的一组不变量.

这样秩 r 和阶 $p_i^{e_{ij}}$, $i = 1, 2, \cdots, t$, $j = 1, 2, \cdots$ 就构成了有限生成交换群 G 的一组完全不变量. 总结以上讨论得

定理 7.7.1 一个有限生成的交换群 G 可以分解成 r 个无限循环子群与若干个有限循环 p 群的直和, r 和有限循环 p 群的阶 $p_i^{e_{ij}}$, $i = 1, 2, \cdots, t, j = 1, 2, \cdots$ 构成 G 的一组完全不变量, 即两个有限生成交换群同构的充要条件是它们的不变量相同.

例 7.7.1 一个 $24 = 2^3 \cdot 3$ 阶交换群互不同构的类型只有三种, 用不变量写出来就是

$$(3, 8), \quad (3, 4, 2), \quad (3, 2, 2, 2),$$

即一种是一个 3 阶循环子群和一个 8 阶循环子群的直和, 一种是一个 3 阶循环子群、一个 4 阶循环子群和一个 2 阶循环子群的直和, 一种是一个 3 阶循环子群和 3 个 2 阶循环子群的直和. 故同构意义下 24 阶交换群有且只有以下三个:

$$\mathbf{Z}_3 \oplus \mathbf{Z}_8, \quad \mathbf{Z}_3 \oplus \mathbf{Z}_4 \oplus \mathbf{Z}_2, \quad \mathbf{Z}_3 \oplus \mathbf{Z}_2 \oplus \mathbf{Z}_2 \oplus \mathbf{Z}_2.$$

2. 有限维线性空间的单个线性变换

以下设 V 是域 F 上的一个 n 维线性空间, T 是 V 的一个线性变换, $u_1, \cdots, u_n$ 是 V 在 F 上的一组基. T 在 $u_1, \cdots, u_n$ 下的矩阵为 A, 则

$$T(u_1, \cdots, u_n) = (u_1, \cdots, u_n)A.$$

设 $v_1, \cdots, v_n$ 是 V 的另一组基, 并设 $(v_1, \cdots, v_n) = (u_1, \cdots, u_n)P$, 则

$$\begin{aligned} T(v_1, \cdots, v_n) &= T((u_1, \cdots, u_n)P) = T(u_1, \cdots, u_n)P \\ &= (u_1, \cdots, u_n)AP = (v_1, \cdots, v_n)P^{-1}AP. \end{aligned}$$

T 在基 $v_1, \cdots, v_n$ 下的矩阵为 $P^{-1}AP$. 我们的问题是求一适当的基 $v_1, \cdots, v_n$ 使得 T 在 $v_1, \cdots, v_n$ 下的矩阵具有标准的形状.

为了解决上面的问题, 将 V 看作 $F[\lambda]$-模:

$$f(\lambda) \cdot x = f(T)(x), \quad x \in V, \quad f(\lambda) \in F[\lambda].$$

设 V 可以分解成一些 $F[\lambda]$-子模的直和 $V = V_1 \oplus \cdots \oplus V_s$. 由于对任意 $x \in V_i$, $\lambda \cdot x \in V_i$, 故 V_i 是 T 的不变子空间, 其中 $i = 1, 2, \cdots, s$. 分别在 $V_1, \cdots, V_s$ 内

取基, 使得它们构成 V 的一组基, 则在这组基下线性变换 T 的矩阵为

$$A=\begin{pmatrix} A_1 & & & \\ & A_2 & & \\ & & \ddots & \\ & & & A_s \end{pmatrix},$$

其中 A_i 就是 T 在 V_i 的基下的矩阵. 由此可见, 求 T 的矩阵的标准形状的问题与 V 作为 $F[\lambda]$-模的分解有密切的关系.

由线性代数的知识知, V 看作主理想整环 $F[\lambda]$ 上的模, 是一个有限生成的扭模, 基 $u_1,\cdots,u_n$ 就是一组生成元. 对于每个元素 $x\in V$, $\mathrm{ann}(x)=(m(\lambda))$, $m(\lambda)$ 是 x 的**极小多项式**. 若 $x\neq 0$, 则 $\deg m(\lambda)>0$.

由有限生成模标准分解的结论知, V 可以分解成一些循环子模的直和

$$V=F[\lambda]\cdot z_1\oplus\cdots\oplus F[\lambda]\cdot z_s, \tag{7.7.1}$$

其中 $\mathrm{ann}(z_i)=(d_i(\lambda))$, $d_{i+1}(\lambda)|d_i(\lambda)$, 即 $(d_1(\lambda))\supseteq(d_2(\lambda))\supseteq\cdots\supseteq(d_s(\lambda))$, 且 $d_i(\lambda)\neq 0$, $d_1(\lambda),\cdots,d_s(\lambda)$ 称为线性变换 T 的**不变因子**.

1) 有理标准形

定理 7.7.2　在分解式 (7.7.1) 中, 每个循环子模 $V_i=F[\lambda]\cdot z_i$ 作为 $F[\lambda]$-模, 都是 T 的不变子空间, 它的维数 $\dim V_i=\deg d_i(\lambda)=n_i$, 而且 $z_i,\lambda z_i\cdots,\lambda^{n_i-1}z_i$ 是 V_i 的一基. 设

$$d_i(\lambda)=\lambda^{n_i}+b_{in_i-1}\lambda^{n_i-1}+\cdots+b_{i1}\lambda+b_{i0},$$

则 T 在 V_i 内诱导出的线性变换 T_i 在 $z_i,\lambda z_i\cdots,\lambda^{n_i-1}z_i$ 下的矩阵为

$$B_i=\begin{pmatrix} 0 & 0 & \cdots & 0 & -b_{i0} \\ 1 & 0 & \cdots & 0 & -b_{i1} \\ 0 & 1 & \cdots & 0 & -b_{i2} \\ \vdots & \vdots & \ddots & \vdots & \vdots \\ 0 & 0 & \cdots 0 & 1 & -b_{in_i-1} \end{pmatrix},$$

B_i 叫做多项式 $d_i(\lambda)$ 的**相伴矩阵**.

证明　由于对任意 $x\in V_i$, 有 $\lambda\cdot x\in V_i$, 故 V_i 是 T 的不变子空间.

下面确定 V_i 的维数和基.

由于 $\mathrm{ann}(z_i)=(d_i(\lambda))$, 故对任意 $f(\lambda)\in F[\lambda]$, $f(\lambda)\cdot z_i=0$ 的充要条件是 $d_i(\lambda)|f(\lambda)$, 由此可知, $z_i,\lambda z_i\cdots,\lambda^{n_i-1}z_i$ 在 F 上线性无关.

另一方面, 对任意 $x \in V_i$, 存在 $f(\lambda) \in F[\lambda]$, 使得 $x = f(\lambda) \cdot z_i$. 由带余除法, 存在 $q(\lambda)$, $r(\lambda) \in F[\lambda]$, 使得

$$f(\lambda) = q(\lambda) \cdot d_i(\lambda) + r(\lambda), \quad \deg r(\lambda) < \deg d_i(\lambda),$$

于是 $x = f(\lambda) \cdot z_i = r(\lambda) \cdot z_i$ 是 $z_i, \lambda z_i, \cdots, \lambda^{n_i-1} z_i$ 的线性组合, 所以 $\dim V_i = \deg d_i(\lambda) = n_i$, 而且 $z_i, \lambda z_i, \cdots, \lambda^{n_i-1} z_i$ 是 V_i 的一基.

最后再分析 T_i 在 $z_i, \lambda z_i, \cdots, \lambda^{n_i-1} z_i$ 下的矩阵. 由计算知

$$T_i(z_i) = \lambda z_i, \quad T_i(\lambda z_i) = \lambda(\lambda z_i) = \lambda^2 z_i,$$

$$T_i(\lambda^{n_i-2} z_i) = \lambda(\lambda^{n_i-2} z_i) = \lambda^{n_i-1} z_i,$$

$$\begin{aligned} T_i(\lambda^{n_i-1} z_i) &= \lambda(\lambda^{n_i-1} z_i) = \lambda^{n_i} z_i = (d_i(\lambda) - b_{i0} - b_{i1}\lambda - \cdots - b_{in_i-1}\lambda^{n_i-1}) z_i \\ &= d_i(\lambda) z_i - b_{i0} z_i - b_{i1}\lambda z_i - \cdots - b_{in_i-1}\lambda^{n_i-1} z_i \quad d_i(\lambda) z_i = 0 \\ &= -b_{i0} z_i - b_{i1}\lambda z_i - \cdots - b_{in_i-1}\lambda^{n_i-1} z_i. \end{aligned}$$

所以 T_i 在 $z_i, \lambda z_i, \cdots, \lambda^{n_i-1} z_i$ 下的矩阵为 B_i.

由于 V 是 $V_1, \cdots, V_s$ 的直和, $z_1, \lambda z_1, \cdots, \lambda^{n_1-1} z_1, \cdots, z_s, \lambda z_s \cdots, \lambda^{n_s-1} z_s$ 构成 V 的一组基. T 在这组基下的矩阵为

$$B = \begin{pmatrix} B_1 & & & \\ & B_2 & & \\ & & \ddots & \\ & & & B_s \end{pmatrix},$$

其中每个 B_i 是 $d_i(\lambda)$ 的相伴矩阵. B 称为线性变换 T 的**有理标准形**.

从 $F[\lambda]$-模 V 的分解以及 T 的不变因子可以得到下列事实.

(i) $\dim V = \sum\limits_{i=1}^{s} \dim V_i = \sum\limits_{i=1}^{s} \deg d_i(\lambda)$.

(ii) V 的零化子 $\mathrm{ann}(V) = (d_s(\lambda))$, 即 $d_s(\lambda)$ 是线性变换 T 的极小多项式. 这是因为, 对任意 $f(\lambda) \in \mathrm{ann}(V)$, 有 $f(\lambda) \cdot z_s = 0$, 从而 $d_s(\lambda) \mid f(\lambda)$, $f(\lambda) \in (d_s(\lambda))$, $\mathrm{ann}(V) \subseteq (d_s(\lambda))$; 反之, 设 $f(\lambda) \in (d_s(\lambda))$, 则 $d_i(\lambda) \mid d_s(\lambda) \mid f(\lambda)$, 于是对所有 i, 有 $f(\lambda) \cdot z_i = 0$, 于是 $f(\lambda) \in \mathrm{ann}(V)$, 故 $(d_s(\lambda)) \subseteq \mathrm{ann}(V)$, 因此 $\mathrm{ann}(V) = (d_s(\lambda))$.

称多项式 $f(\lambda) = |\lambda E - A|$ 为线性变换 T 的**特征多项式**, 它与 V 的基的选择无关. 事实上, 若从基 $u_1, \cdots, u_n$ 转化为基 $v_1, \cdots, v_n$, 线性变换 T 的矩阵从 A 转化为 $B = P^{-1}AP$, 故有

$$|\lambda E - B| = \left|\lambda E - P^{-1}AP\right| = \left|P^{-1}(\lambda E - A)P\right| = |\lambda E - A| = f(\lambda).$$

(iii) 由行列式的性质可以得到 $|\lambda E_{ni} - B_i| = d_i(\lambda)$, 故线性变换 T 的特征多项式为 $|\lambda E - A| = \prod\limits_{i=1}^{s} d_i(\lambda)$, 因此线性变换 T 的特征多项式与其极小多项式有相同的不可约因子. 显然, A 是线性变换 T 的特征多项式 $f(\lambda)$ 的根.

2) 若尔当标准形

假设 $F[\lambda]$-模 V 的不变因子 $d_i(\lambda)$ 在 $F[\lambda]$ 内可以分解为一次因式的方幂的乘积, 则线性变换 T 的矩阵还有另一个标准形式, 即若尔当标准形. 特别地, 当 F 为复数域时, 这个假设对任何线性变换都是成立的. 设 $d_s(\lambda)$ 在 $F[\lambda]$ 内可以分解为

$$d_s(\lambda) = \prod_{i=1}^{r} (\lambda - \lambda_j)^{e_{s_j}}, \quad e_{s_j} \geqslant 1, \quad \lambda_i \neq \lambda_j, \quad i \neq i,$$

于是 $d_1(\lambda), \cdots, d_{s-1}(\lambda)$ 都可以分解为

$$d_i(\lambda) = \prod_{j=1}^{r} (\lambda - \lambda_j)^{e_{i_j}}, \quad e_{i_j} \geqslant 0,$$

由于 $d_i(\lambda) | d_{i+1}(\lambda)$, 故有

$$0 \leqslant e_{1_j} \leqslant e_{2_j} \leqslant \cdots \leqslant e_{s_j}, \quad j = 1, \cdots, r.$$

根据定理 7.6.1 和定理 7.6.2, $F[\lambda] \cdot z_i$ 可以分解成一些循环 $(\lambda - \lambda_j)$-模的直和

$$F[\lambda] \cdot z_i = \bigoplus_j F[\lambda] \cdot z_{i_j},$$

其中 $\operatorname{ann}(z_{i_j}) = (\lambda - \lambda_j)^{e_{i_j}}$, $e_{i_j} \geqslant 1$, 于是

$$V = \bigoplus_i \bigoplus_j F[\lambda] \cdot z_{i_j}.$$

每个 $F[\lambda] \cdot z_{i_j}$ 是 T 的一个循环不变子空间, 由 T 在其中诱导出的线性变换只有一个特征值 λ_j, 而且它只有一个初等因子 $(\lambda - \lambda_j)^{e_{i_j}}$, 这个初等因子也是它的极小多项式.

设 $F[\lambda] \cdot z$ 是上述分解中的任一项, 不妨设 $\operatorname{ann}(z) = (\lambda - \lambda_1)^e$, $e \geqslant 1$, $(\lambda - \lambda_1)^e$ 是它唯一的不变因子, $F[\lambda] \cdot z$ 简记作 V_1, 仿上可知 $z, \lambda z, \cdots, \lambda^{e-1} z$ 是 V_1 的一组基, 从而 $z, (\lambda - \lambda_1)z, \cdots, (\lambda - \lambda_1)^{e-1} z$ 也是 V_1 的一组基, 下面分析线性变换 T 在 V_1 内诱导出的线性变换 T_1 在基 $z, (\lambda - \lambda_1)z, \cdots, (\lambda - \lambda_1)^{e-1} z$ 下的矩阵. 由

计算知

$$\begin{aligned}
&T(z)=\lambda z,\\
&T((\lambda-\lambda_1)z)=\lambda(\lambda-\lambda_1)z=\lambda_1(\lambda-\lambda_1)z+(\lambda-\lambda_1)^2z,\\
&\cdots\cdots\\
&T((\lambda-\lambda_1)^{e-2}z)=\lambda_1(\lambda-\lambda_1)^{e-2}z+(\lambda-\lambda_1)^{e-1}z,\\
&T((\lambda-\lambda_1)^{e-1}z)=\lambda_1(\lambda-\lambda_1)^{e-1}z+(\lambda-\lambda_1)^{e}z=\lambda_1(\lambda-\lambda_1)^{e-1}z,
\end{aligned}$$

所以 T_1 在基 $z,(\lambda-\lambda_1)z,\cdots,(\lambda-\lambda_1)^{e-1}z$ 下的矩阵为

$$B=\begin{pmatrix}\lambda_1&&&\\1&\lambda_1&&\\&1&\ddots&\\&&\ddots&\lambda_1\\&&&1\end{pmatrix}.$$

矩阵 C_1 叫做线性变换 T 的**属于特征值λ_1 的 e 级若尔当块**.

在每个循环模 $(\lambda-\lambda_j)$-模 $F[\lambda]\cdot z_{i_j}$ 中取如上的标准基 $z_{i_j},(\lambda-\lambda_j)z_{i_j},\cdots,(\lambda-\lambda_j)^{e_{i_j}-1}z_{i_j}$, 把这些标准基按顺序连接起来就构成 V 的一组标准基, 在这组标准基下, 线性变换 T 的矩阵就是若干个若尔当块的准对角形:

$$C=\begin{pmatrix}C_1&&&\\&C_2&&\\&&\ddots&\\&&&C_t\end{pmatrix},$$

其中每个 C_i 是属于 T 的特征值的若尔当块. 这些若尔当块和矩阵 A 的初等因子 $(\lambda-\lambda_j)^{e_{i_j}}$ 成一一对应, 矩阵 C 称为线性变换 T 的**若尔当标准形**.

3) 线性变换的不变因子的计算

设 V 为域 F 上的一个 n 维线性空间, T 为 V 上的一个线性变换, V 看作一个 $F[\lambda]$-模, $\lambda\cdot x=T(x)$, $x\in V$. 设 $u_1,\cdots,u_n$ 为 V 的一组基, T 在基 $u_1,\cdots,u_n$ 下的矩阵为 $A=(a_{ij})$:

$$T(u_i)=\lambda\cdot u_i=\sum_{j=1}^{n}a_{ji}u_j,\quad i=1,2,\cdots,n.$$

为了计算 T 的不变因子, 作一个 n 秩自由 $F[\lambda]$-模 M, $e_1,\cdots,e_n$ 为它的一组基, 作 M 到 V 的 $F[\lambda]$-同态: $\eta:\sum\limits_{i=1}^{n}g_i(\lambda)\,e_i\mapsto\sum\limits_{i=1}^{n}g_i(\lambda)\,u_i$. 令 $N=\mathrm{Ker}(\eta)$,

由上式可知

$$\begin{cases} (\lambda - a_{11})u_1 - a_{21}u_2 - \cdots - a_{n1}u_n = 0, \\ -a_{12}u_1 + (\lambda - a_{22})u_2 - \cdots - a_{n2}u_n = 0, \\ \cdots\cdots \\ -a_{1n}u_1 - a_{2n}u_2 - \cdots + (\lambda - a_{nn})u_n = 0. \end{cases}$$

设

$$\begin{cases} f_1 = (\lambda - a_{11})e_1 - a_{21}e_2 - \cdots - a_{n1}e_n, \\ f_2 = -a_{12}e_1 + (\lambda - a_{22})e_2 - \cdots - a_{n2}e_n, \\ \cdots\cdots \\ f_n = -a_{1n}e_1 - a_{2n}e_2 - \cdots + (\lambda - a_{nn})e_n. \end{cases}$$

显然 $f_i \in N$ $(i = 1, 2, \cdots, n)$. 我们来证明, 元素 $f_1, f_2, \cdots, f_n$ 构成 N 的一组基.

将 N 的元素改写成如下的形式:

$$h = \lambda^m \sum_i b_{m,i}e_i + \lambda^{m-1}\sum_i b_{(m-1)i}e_i + \cdots + \sum_i b_{0i}e_i,$$

其中 $b_{ij} \in F$. 每个 f_i 也可写成

$$f_i = \lambda e_i - \sum_j a_{ji}e_j,$$

即有　$\lambda e_i = f_i + \sum\limits_j a_{ji}e_j.$

首先证明 f_i 是 N 的一组生成元. 设 $h \in N$, 对 h 的 “次数”m 作归纳法. 当 $m = 0$ 时, $h = \sum\limits_i b_{0i}e_i$, $\eta(h) = \sum\limits_i b_{0i}u_i = 0$, 故 $b_{0i} = 0$, $i = 1, 2, \cdots, n$, 从而 $h = 0$, 它当然可以表成 f_i 的组合. 假设当 h 的 “次数”$< m$ $(m > 0)$ 时, h 可以表成 f_i 的组合, 求证当 h 的 “次数”$= m$ 时结论也成立. 为此, 在 h 的表达式中将第一个和号中的 λe_i 换成 $f_i + \sum\limits_j a_{ji}e_j$, 得

$$\begin{aligned} h = \lambda^{m-1}\sum_i b_{mi}f_i + \lambda^{m-1}\sum_i\sum_j b_{mi}a_{ji}e_j \\ + \lambda^{m-1}\sum_i b_{(m-1)i}e_i + \cdots + \sum_i b_{0i}e_i, \end{aligned}$$

或者

$$h = \lambda^{m-1}\sum_i b_{mi}f_i + h_1.$$

因为 $f_i, h \in N = \mathrm{Ker}(\eta)$, 故 $\eta(h_1) = \eta(h) = 0$, 从而 $h_1 \in N$ 而且 h_1 的"次数"$< m$. 根据归纳假设, h_1 可以表成 f_i 的组合, 因而 h_1 也可以表成 f_i 的组合, 所以 f_i 是 N 的一组生成元.

其次证明 $f_1, f_2, \cdots, f_n$ 在 $F[\lambda]$ 上线性无关. 反证法, 假设 f_i 在 $F[\lambda]$ 上线性相关, 则存在一组不全为零的多项式 $g_i(\lambda) \in F[\lambda]$, 使得

$$\sum_i g_i(\lambda) f_i = 0.$$

在非零的 $g_i(\lambda)$ 中有一个次数最高的, 为方便起见, 不妨设 $g_1(\lambda) \neq 0$, 且 $\deg g_1(\lambda) \geqslant \deg g_i(\lambda), i \geqslant 2$. 将上式左端整理成 $e_1, e_2, \cdots, e_n$ 的组合, e_1 的系数为

$$q(\lambda) = \lambda g_1(\lambda) - a_{11} g_1(\lambda) - a_{12} g_2(\lambda) - \cdots - a_{1n} g_n(\lambda).$$

而 $\deg \lambda g_1(\lambda) = 1 + \deg g_1(\lambda) > \deg a_{1i}\, g_i(\lambda), i = 1, 2, \cdots, n$, 这与 $q(\lambda) = 0$ 矛盾. 所以 $f_1, f_2, \cdots, f_n$ 在 $F[\lambda]$ 上线性无关. $f_1, f_2, \cdots, f_n$ 构成 N 的一组基.

因此我们有

$$(f_1, f_2, \cdots, f_n) = (e_1, e_2, \cdots, e_n)(\lambda E - A),$$

$\lambda E - A$ 叫做矩阵 A 的**特征矩阵**, 根据上面的讨论我们得到

定理 7.7.3 设 V 为域 F 上一 n 维线性空间, T 是 V 的一个线性变换, A 是 T 在 V 的任一基下的矩阵. 设 $d_1, d_2, \cdots, d_n$ 为 A 的特征矩阵$\lambda E - A$ 的不变因子, 而且 $d_1 = \cdots = d_t = 1 \neq d_{t+1}$, 则 $d_{t+1}, \cdots, d_n$ 就是 A 的全部不变因子.

这个定理给我们提供了计算线性变换的不变因子的一个方法.

例 7.7.2 设 V 是有理数域 $\mathbf{Q}$ 上的一个 3 维线性空间, T 是 V 的一个线性变换, 在 V 的任一基 u_1, u_2, u_3 下的矩阵为 $A = \begin{pmatrix} -3 & -1 & -1 \\ -2 & -2 & -1 \\ 6 & 3 & 2 \end{pmatrix}$, 求 A 的不变因子和 T 的两种标准形.

解 首先应用初等变换求特征矩阵$\lambda E - A$ 的标准形

$$\lambda E - A = \begin{pmatrix} \lambda+3 & 1 & 1 \\ 2 & \lambda+2 & 1 \\ -6 & -3 & \lambda-2 \end{pmatrix} \xrightarrow[\text{列变换}]{} \begin{pmatrix} 1 & 1 & \lambda+3 \\ 1 & \lambda+2 & 2 \\ \lambda-2 & -3 & -6 \end{pmatrix}$$

$$\xrightarrow[\text{列变换}]{} \begin{pmatrix} 1 & 1 & \lambda+3 \\ 0 & \lambda+1 & -\lambda-1 \\ 0 & -(\lambda+1) & -\lambda^2-\lambda \end{pmatrix} \xrightarrow[\text{列变换}]{} \begin{pmatrix} 1 & 0 & 0 \\ 0 & \lambda+1 & -\lambda-1 \\ 0 & -(\lambda+1) & -\lambda^2-\lambda \end{pmatrix}$$

$$\xrightarrow[\text{列变换}]{}\begin{pmatrix}1&0&0\\0&\lambda+1&0\\0&-(\lambda+1)&-(\lambda+1)^2\end{pmatrix}\xrightarrow[\text{列变换}]{}\begin{pmatrix}1&0&0\\0&\lambda+1&0\\0&0&-(\lambda+1)^2\end{pmatrix}$$

$$\to\begin{pmatrix}1&0&0\\0&\lambda+1&0\\0&0&(\lambda+1)^2\end{pmatrix},$$

所以 A 的不变因子为$\lambda+1$, $(\lambda+1)^2$, 与它们相对应的有理块分别为

$$(-1)\ \text{和}\ \begin{pmatrix}0&-1\\1&-2\end{pmatrix},$$

所以 T 的有理标准形为

$$\begin{pmatrix}-1&0&0\\0&0&-1\\0&1&-2\end{pmatrix}.$$

与$\lambda+1$ 和 $(\lambda+1)^2$ 相对应的若尔当块分别为

$$(-1)\ \text{和}\ \begin{pmatrix}-1&0\\1&-1\end{pmatrix},$$

所以 T 的若尔当标准形为 $\begin{pmatrix}-1&0&0\\0&-1&0\\0&1&-1\end{pmatrix}$.

习　题　7.7

1. 构造出全部互不同构的 360 阶交换群.
2. 构造出全部互不同构的 392 阶交换群.
3. 算出 $(3, 3^2, 3^2, 3^5, 3^7)$ 类型的交换群中 9 阶子群的个数.
4. 算出下列矩阵的初等因子、不变因子、有理标准形、若尔当标准形:

(1) $\begin{pmatrix}1&0&-2\\2&6&8\\-1&-3&-4\end{pmatrix}$; (2) $\begin{pmatrix}4&-2&-1\\5&-2&-1\\-2&1&1\end{pmatrix}$;

(3) $\begin{pmatrix}1&0&1&0\\4&3&-2&0\\-2&1&5&0\\2&0&-1&3\end{pmatrix}$; (4) $\begin{pmatrix}2&2&1&0\\0&1&0&0\\-2&-2&-2&1\\-2&0&-3&2\end{pmatrix}$.

5. 设 T 是 n 维线性空间 V 的一个线性变换. 证明：V 为一循环空间当且仅当 T 的特征多项式与极小多项式相同.

6. 设 $A \in M_n(\mathbf{C})$, 证明：A 相似于一对角矩阵当且仅当 A 的极小多项式只有单根.

7. 设 $A \in M_n(F)$, F 为一域, 证明 A 与 A^{T} 相似.

8. 设 F 为一个域, 证明：矩阵 $A, B \in M_n(F)$ 相似当且仅当特征矩阵$\lambda E-A$ 与$\lambda E-B$ 等价.

9. 设 $V = \mathbf{Q}^3, u_1, u_2, u_3$ 是 V 在 $\mathbf{Q}$ 上的一组基, T 是 V 的一个线性变换, T 在 u_1, u_2, u_3 下的矩阵为 $A = \begin{pmatrix} -1 & -2 & 6 \\ -1 & 0 & 3 \\ -1 & -1 & 4 \end{pmatrix}$, 求 T 的不变因子和有理标准形.

7.8 模的其他例子 *

本节介绍整元素、格和代数的概念, 并给出模的几个新的例子.

定义 7.8.1 设 R 是整环 S 的含有单位元 1_S 的子环, $\alpha \in S$. 如果存在 $R[x]$ 中首项系数为 1 的多项式 $f(x)$ 使得 $f(\alpha) = 0$, 则称 α 为 R 上的**整元素**.

显然 R 中的元素都是整元素, 因为任一 $\alpha \in R$ 都是多项式 $x - \alpha$ 的根.

对于代数元, 可以证明 α 为域 F 上的代数元当且仅当 $F(\alpha)$ 为 F 上的有限扩张当且仅当 α 属于 F 的某个有限扩张. 关于整元素, 也有如下类似的结论：

定理 7.8.1 设 R 是整环 S 的含有单位元 1_S 的子环, $\alpha \in S$, 则以下三条等价：

(1) α 为 R 上的整元素;

(2) $R[\alpha]$ 为有限生成的 R-模;

(3) 存在 S 的一个包含 R 的子环 T, 使得 T 作为 R-模是有限生成的.

证明 先证明如果 (1) 成立, 则 (2) 成立.

如果 α 为 R 上的整元素, 则存在 $R[x]$ 中首项系数为 1 的多项式 $f(x)$ 使得 $f(\alpha) = 0$. 不妨设 $f(x) = x^n + a_1x^{n-1} + \cdots + a_n$, 则有

$$\alpha^n = -a_1\alpha^{n-1} - \cdots - a_n,$$

反复利用上式可以将 α 的任意方幂表示为 $1, \alpha, \cdots, \alpha^{n-1}$ 的 R-线性组合, 故 $R[\alpha]$ 作为 R-模, 是由 $1, \alpha, \cdots, \alpha^{n-1}$ 生成的有限生成模.

如果 (2) 成立, 令 $T = R[\alpha]$, 显然 (3) 成立.

最后证明如果 (3) 成立, 则 (1) 成立.

如果存在 S 的一个包含 R 的子环 T, T 作为 R-模是有限生成的, 设 $\varepsilon_1, \cdots, \varepsilon_n$ 为其生成元, 则对任意 $1 \leqslant i \leqslant n$, $\varepsilon_i\alpha$ 也可以表示为$\varepsilon_1, \cdots, \varepsilon_n$ 的 R-线性组合, 即有

$$\varepsilon_i\alpha = a_{i1}\varepsilon_1 + \cdots + a_{in}\varepsilon_n,$$

其中 $a_{ij} \in R, 1 \leqslant j \leqslant n$, 也即

$$(-a_{i1})\varepsilon_1 + \cdots + (\alpha - a_{ii})\varepsilon_i + \cdots + (-a_{in})\varepsilon_n = 0, \quad 1 \leqslant i \leqslant n.$$

用矩阵表示可以得到

$$\begin{pmatrix} \alpha - a_{11} & -a_{12} & \cdots & -a_{1n} \\ -a_{21} & \alpha - a_{22} & \cdots & -a_{2n} \\ \vdots & \vdots & \ddots & \vdots \\ -a_{n1} & -a_{n2} & \cdots & -a_{nn} \end{pmatrix} \begin{pmatrix} \varepsilon_1 \\ \varepsilon_2 \\ \vdots \\ \varepsilon_n \end{pmatrix} = \begin{pmatrix} 0 \\ 0 \\ \vdots \\ 0 \end{pmatrix}.$$

记 $A = (a_{ij})_{1 \leqslant i, j \leqslant n}$, 则有

$$(\alpha E_n - A) \begin{pmatrix} \varepsilon_1 \\ \varepsilon_2 \\ \vdots \\ \varepsilon_n \end{pmatrix} = \begin{pmatrix} 0 \\ 0 \\ \vdots \\ 0 \end{pmatrix}. \tag{7.8.1}$$

(7.8.1) 式左边乘以 $\alpha E_n - A$ 的伴随矩阵可以得到

$$\begin{pmatrix} \det(\alpha E_n - A) & 0 & \cdots & 0 \\ 0 & \det(\alpha E_n - A) & \cdots & 0 \\ \vdots & \vdots & \ddots & \vdots \\ 0 & 0 & \cdots & \det(\alpha E_n - A) \end{pmatrix} \begin{pmatrix} \varepsilon_1 \\ \varepsilon_2 \\ \vdots \\ \varepsilon_n \end{pmatrix} = \begin{pmatrix} 0 \\ 0 \\ \vdots \\ 0 \end{pmatrix},$$

于是对任意 $1 \leqslant i \leqslant n$, 有

$$\det(\alpha E_n - A) \cdot \varepsilon_i = 0.$$

又因为 $1_S \in R \subseteq T$, 故存在 $c_i \in R$, 使得 $1_S = c_1\varepsilon_1 + \cdots + c_n\varepsilon_n$, 从而

$$\det(\alpha E_n - A) = \det(\alpha E_n - A) \cdot 1_S = 0.$$

因此 α 为 $R[x]$ 中首项系数为 1 的多项式 $\det(xE_n - A)$ 的根, 故 α 为 R 上的整元素.

特别地, 如果一个复数 α 是整数环 $\mathbf{Z}$ 上的整元素, 也即存在 $\mathbf{Z}[x]$ 中首项系数为 1 的多项式 $f(x)$ 使得 $f(\alpha) = 0$, 则称 α 为**代数整数**. 可以证明复数域的任一子域 K 中的代数整数的全体构成一个环, 称为**代数整数环**, 记为 O_K.

例如, i 是一个代数整数, $\mathbf{Z}[\mathrm{i}] = \{\, a+ b\mathrm{i} \,|a,\, b \in \mathbf{Z}\}$ 为自由 $\mathbf{Z}$-模, 其中 1, i 为一组基 (称为**整基**). 又如, $\sqrt{-5}$ 也是一个代数整数, $\mathbf{Z}[\sqrt{-5}] = \{\, a+ b\sqrt{-5}|\ \ a,\, b \in \mathbf{Z}\}$ 也是自由 $\mathbf{Z}$-模, 1, $\sqrt{-5}$ 为一组基. 设 ζ 为复数域上的 n 次本原单位根, 则ζ 也是代数整数, $\mathbf{Z}[\zeta] = \{\, a_0 + a_1\zeta + \cdots + a_{n-1}\zeta^{n-1}|a_i \in \mathbf{Z}\}$ 为自由 $\mathbf{Z}$-模, 其中 $1, \zeta, \cdots, \zeta^{n-1}$ 为一组基.

下面介绍几何中格的概念.

定义 7.8.2 设 $\boldsymbol{b}_1, \cdots, \boldsymbol{b}_n$ 是线性空间 $\mathbf{R}^{(m)}$ 上的 n 个线性无关的向量, 则 $\boldsymbol{b}_1, \cdots, \boldsymbol{b}_n$ 生成的格 L 定义为

$$L(\boldsymbol{B}) = \left\{ \sum_{i=1}^{n} x_i \boldsymbol{b}_i \,\middle|\, x_i \in \mathbf{Z},\ 1 \leqslant i \leqslant n \right\},$$

称 $\boldsymbol{B} = [\boldsymbol{b}_1, \cdots, \boldsymbol{b}_n]$ 为**格基**, m 为格 L 的**维数**, n 为格 L 的**秩**.

可以证明格 L 是 $\mathbf{R}^{(m)}$ 的一个离散的加法子群, L 也是一个自由 $\mathbf{Z}$-模.

一个格往往有许多不同的 $\mathbf{Z}$-基, 基的不同会直接影响到一些具体问题如最短向量问题 (SVP) 和最近向量问题 (CVP) 求解的难度, 实际应用时希望寻找长度较短的基, 即所谓的约化基. 1982 年, Lenstra 等提出了一种可以求约化基的算法, 即著名的 LLL 格基约化算法. 利用格中的最短向量问题 (SVP) 和最近向量问题 (CVP) 也可以设计基于格的密码算法.

最后再介绍代数和群代数的概念.

定义 7.8.3 设 F 是一个域, A 是 F 上的有限维线性空间, A 同时又是一个含有单位元的环. 如果对于任意的 $k \in F$, 以及 $x,\, y \in A$, 都有

$$(kx)y = k(xy) = x(ky),$$

则称 A 为域 F 上的一个**结合代数**, 简称 F-**代数**或**代数**.

例如, 域 F 上全体 $n \times n$ 矩阵组成的矩阵环 $M_n(F)$ 还是 F 上的 n^2 维线性空间, 它构成一个 F-代数. n 维线性空间 V 到自身的全体线性变换的集合 $\mathrm{End}_F(V)$ 在通常定义的加法、乘法和数乘下也构成 F-代数.

类似也可以定义子代数、商代数、代数同态等. 如果不考虑结合律, 还存在 Lie 代数.

在有限群上还可以定义群代数, 这是另一类重要的结合代数.

定义 7.8.4 设 F 是一个域, $G = \{1 = a_1,\, a_2,\, \cdots,\, a_n\}$ 是一个有限群, 其中 $n = |G|$. 记

$$F[G] = \left\{ \sum_{i=1}^{n} f_i a_i \,\middle|\, f_i \in F \right\}$$

为 G 中元素用 F 中元素 (这里也称为数) 作系数的所有形式线性组合. 规定

$$\sum_i f_i a_i = \sum_i f_i' a_i \Leftrightarrow \text{对任意} i, \text{有} f_i = f_i',$$

并在 $F[G]$ 中自然地定义加法和数乘如下:

$$\sum_i f_i a_i + \sum_i f_i' a_i = \sum_i (f_i + f_i') a_i,$$

其中 $f_i, f_i' \in F$,

$$f\left(\sum_i f_i a_i\right) = \sum_i (f \cdot f_i) a_i,$$

其中 $f_i, f \in F$, 则 $F[G]$ 构成 F 上 n 维线性空间. 再定义乘法为

$$\left(\sum_i f_i a_i\right)\left(\sum_j f_j' a_j\right) = \sum_{i,j} (f_i f_j')(a_i a_j),$$

则 $F[G]$ 构成一个 n 维 F 代数, 称为群 G 在 F 上的**群代数**.

群、模和代数上的表示理论是现代数学研究的重要工具. 由于篇幅限制, 本书暂不介绍这些内容.

参 考 文 献

冯克勤, 李尚志, 章璞. 2009. 近世代数引论. 3 版. 合肥: 中国科学技术大学出版社.

胡冠章, 王殿军. 2006. 应用近世代数. 3 版. 北京: 清华大学出版社.

聂灵沼, 丁石孙. 2000. 代数学引论. 2 版. 北京: 高等教育出版社.

杨子胥. 2005. 近世代数. 3 版. 北京: 高等教育出版社.

Artin M. 2011. Algebra. 2nd ed. 北京: 机械工业出版社.

Jacobson N.2009. Basic Algebra I. 2nd. ed. New York: Dover Publications.

Lang S. 2004. Algebra. Graduate Texts in Mathematics 110. New York: Springer, 世界图书出版公司.

Hungerford T W. 2006. Algebra. Graduate Texts in Mathematics 73. New York: Springer, 世界图书出版公司.

